메이크업

미용사

필기

김 수 진   프로필
- 서경대학교 대학원 미용경영학석사
- 미용기능장
- 아담미용실 원장
- 포미킴스 헤어샵 원장
- 한국두피모발연구학회 강사
- 서울전문학교 겸임교수
- 한국미용전문학교 조교수
- 미용대회 심사위원, 심사위원장
- SB 국제미용대회 주최이사
- SB 미용전문학원 원장
- 서울전문학교 미용예술학과 학과장
- 삼육보건대학, 서정대학교 외래교수

우 미 옥
- 창신대학교 미용예술학과 교수
- 동아대학교 대학원 이학박사
- 한국미용학회 감사
- (사)한국메이크업미용사회교수자문위원
- 전)제주한라대학교 교수
- 전)지방기능경기대회 메이크업부문 심사위원

조 정 미
- 창원문성대학교 피부미용과 전문학사
- 경운대학교 시각디자인과 학사
- 윤선토탈패션 분장미용예술학원 강사
- 경남미용고등학교 교사
- 11회,12회 경상남도지사배 미용경진대회 진행
- 2014년 IBO국제미용경진대회 메이크업부문 분과장
- 미용대회 심사위원, 심사위원장
- 경남 미스코리아 심사

Ok Pass ⑤

메이크업 미용사 필기

2021년 1월   5일 개정초판 1쇄 인쇄
2021년 1월 10일 개정초판 1쇄 발행

펴 낸 이 | 김정철
펴 낸 곳 | 아티오
편   집 | 이효정
지 은 이 | 김수진
감   수 | 우미옥, 조정미
전   화 | 031-983-4092
팩   스 | 031-983-4093
등   록 | 2013년 2월 22일
홈페이지 | http://www.atio.co.kr

잘못된 책은 바꾸어 드립니다.

* 아티오는 Art Studio의 줄임말로 혼을 깃들인 예술적인 감각으로 도서를 만들어 독자에게 최상의 지식을 전달해 드리고자 하는 마음을 담고 있습니다.

이 도서의 국립중앙도서관 출판예정도서목록(CIP)은 서지정보유통지원시스템 홈페이지(http://seoji.nl.go.kr)와 국가자료공동목록시스템 (http://www.nl.go.kr/kolisnet)에서 이용하실 수 있습니다.(CIP제어번호: CIP2016010528)

Preface

어떠한 직업이든 직업을 갖기 위해 갖추어야 하는 조건들이 있습니다. NCS에서 요구하는 과정의 일환으로 메이크업의 직무에 필요한 메이크업 자격증을 취득하는 것이 메이크업 아티스트(Makeup artist)가 되는 길입니다. 메이크업 미용사는 필기시험 합격 후 2년 이내에 실기시험에 합격함에 의해 취득하게 되는데 메이크업 미용사 자격증 시험기준에 맞게 합격을 해야만 합니다.

필자가 메이크업 자격증을 취득하기 위한 내용들을 공부하면서 느낀 것은 메이크업 미용에 관한 이론이 이론에만 국한된 것이 아닌 실기를 위한 바탕이 된다는 점입니다. 물론, 공중보건이나 소독학. 위생법규 등은 기술과는 직접적인 연관성을 갖지 않지만 개업과 폐업, 메이크업실의 위생상태는 메이크업 미용산업의 경영적 측면과 관련이 있으며 보건은 메이크업 미용인의 건강이나 고객의 건강과 연관성을 갖고 있습니다. 이러한 측면에서 자신에게 필요한 공부를 하고 있다고 생각한다면 이론시험 자체가 힘들게만 느껴지지는 않을 것입니다.

그래도 빠른 합격은 자격증을 취득하려는 사람의 공통된 마음일 것입니다. 그럼 어떻게 하면 좀 더 빠른 시일에 합격을 할 수 있을까요? 그 해답은 섹션(Section)별로 나누어진 부분에서 핵심을 찾아 그 내용들을 정확하게 파악하고 익히는 것입니다. 핵심을 찾아내는 방법에는 어떠한 문제들이 다루어져 있는지를 알아내어 문제에서 다루어질 수 있는 주변의 내용까지 살펴보는 것입니다. 섹션별로 나눈 이론과 그 이론을 통해 출제된 문항을 직접 풀어보면서 자연스럽게 핵심을 찾아낼 수 있도록 구성하였으며 사진과 그림들은 시각을 통한 빠른 정보인식을 돕도록 구성되었습니다.

메이크업 미용사가 되고자 하는 분들의 보다 빠른 합격을 바라는 마음을 담아 봅니다.
"꼭 합격하세요." 인간의 아름다움을 책임질 미래의 메이크업 아티스트가 되시길 기원해 봅니다.

메이크업 미용사가 되려는 분이라면 누구나 가지고 있어야 하는 책이자 합격 후에도 갖고 있고 싶은 책으로 만들고자 노력하였으며 본 교재를 위해 노력해 주신 아티오 출판사 사장님 이하 팀원들께도 감사의 말씀을 전합니다.

김수진

Preview

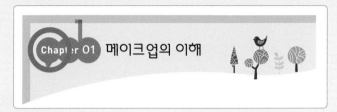

Chapter 01 메이크업의 이해

● 페이스 파우더는 얼굴 전체나 부분적으로 사용되기도 하며 심하게 건조한 피부는 베이스 파우더의 사용을 피하기도 한다.

TIP
● 파운데이션 바르는 기법 중 하이라이트와 쉐이딩 처리를 하는 기법으로서 굴기 기법과 브랜딩 기법이 있다. 굴기 기법은 롯대나 코 배 등 좁고 긴 부위에 하이라이트나 쉐이딩 처리할 때 쓰이며 색의 사용으로 눈썹뼈나 눈동자 중앙에 주로 사용한다.

메인 컬러	주가 되는 컬러로 전체색의 느낌을 가장 잘 표현할 수 있는 컬러이다.
하이라이트 컬러	밝은 색에 의한 팽창효과로 돌출되어 보이거나 넓어 보이고자 하는 부위에 사용한다. 흰색, 으화색, 연한 핑크, 밝은 색상의 팔색 등 밝고 연한 색의 사용으로 눈썹뼈나 눈동자 중앙에 주로 사용한다.
언더 컬러	눈 밑에 사용되는 컬러를 말하며 깔끔하게 발라 눈매를 다양하게 표현한다.

② 아이 메이크업(Eye makeup)

아이 새도우 기법(테크닉)은 일반적으로 다양한 크기의 새도우 붓을 이용해 아이 새도우를 묻혀 손등에 올려 색상과 농도를 확인한 후 눈두덩에 바르게 된다.

바르는 색상의 순서를 정해놓은 것은 아니지만 일반적으로는 베이스 컬러로 눈두덩 전체를 눈머리에서 눈꼬리 쪽으로 바른 후 포인트 컬러를 이용하여 눈의 형태와 원하는 색상에 맞게 안에서 밖으로 바르고 쉐이딩 컬러로 음영을 준 후 하이라이트 컬러로 끝내고 눈을 뜨며 언더라인을 그려주며 마무리한다.

이때 쉐이딩 컬러로 포인트를 주는 경우도 있으므로 쉐도우 컬러가 포인트 컬러가 되기도 한다.

● 짙게 강조하여 표현하고자 할 경우는 여러 번 덧발라 표현하고아이 새도우 가싸가 너무 날리지 않도록 하며 바른다.

● 아이 새도우 바르는 방법으로 기본 터치 방법은 사선, 세로, 가로 터치법이 있다.

■ 아이 새도우 메이크업(Eye shadow makeup)

● 아이 새도우는 눈에 색감 및 음영을 주어 전체적인 분위기나 입체감을 주는 것으로 색상 선택의 중요성과 더불어 얼굴 구조, 피부색과의 조화를 고려한 기법이 되어야 한다.

● 아이 새도우의 색상 선택법은 의상색과 동계열이나 조화가 잘 되는 색, 계절을 고려한 색, 색의 감성을 이용한 색, 눈의 형태를 고려한 색, 이미지를 고려한 색, T.P.O에 맞는색, 유행색, 선호색 등이다.

● 아이 새도우의 컬러 명칭은 베이스 컬러(Base color), 포인트 컬러(Point color), 쉐이딩 컬러(Shading color) 메인 컬러(Main color), 하이라이트 컬러(Highlight color)와 언더 컬러(Under color)로 나누어 살펴볼 수 있다.

베이스 컬러	눈두덩 전체에 도포하는 색으로 가장 넓게 바르게 되며 포인트 컬러를 돋보이게 한다.
포인트 컬러 (액센트 컬러)	눈을 강조하여 표현하고자 하는 색으로 포인트 컬러의 색상이 이미지를 크게 좌우한다.
쉐이딩 컬러 (새도우 컬러)	음영을 주는 컬러로 아뜰에 표현하면 들어가 보이게 하거나 좁아 보이게 하는 색상으로 브라운색나 그레이 계열을 주로 사용한다. 하이라이트 컬러와의 조화로 입체적인 문화를 만들어 낸다.

■ 아이라이너 메이크업(Eye liner makeup)

● 눈매를 또렷하고 생동감 있게 연출하고자 할 때 눈의 윗선을 따라 펜슬이나 붓으로 그리는 것이 아이라이너 메이크업이다.

● 눈의 크기와 형태를 조금은 수정 가능한 부분으로 일반적인 검정색을 기본으로 청색, 회색, 갈색, 보라색, 녹색, 흰색 등 다양한 색이 아이라이너 메이크업에 사용된다. 보라, 청색, 녹색은 아이 새도우와 맞추어 눈 화장을 더욱 돋보이게 할 수 있고 흰색은 눈 밑 점막에 사용하는 경우도 있다.

● 기본형 아이라이너 그리는 기법은 먼저 붓을 용기위에 아이라이너를 소량 덜어 아이라이너 붓에 고루 묻혀 눈을 감은 상태에서 눈꺼풀 끝을 아래쪽 속눈썹이 난 바로 윗부분에 속눈썹 사이사이를 메우듯이 눈의 형태에 따라 가늘게 그리며 긋는다.

● 일반적으로 기본 아이라이너 그리는 방법은 눈머리 쪽 1/3~

41

TIP
● 이집트시대HBC5000년전의 눈 화장은 바람이나 곤충, 강한 태양 모래로부터 눈을 보호하기위한 것에서 점차 장식적으로 확대화였으며, 가슴과 귀갑불의 철관을 푸른색으로 강조하고 머리를 빨게 막고 기법을 사용하였다.

● 1930년대 글래머리스크는 말이 유행하였다. 인위적 눈썹을 만드는데 1시간이 소요되었으며 30년대 중반부터 헤어브러치가 분석활되기 시작하였다.

● 1940년대 빨간립의 급발머리색이 유행하였고 컬러필름의 등장으로 화장물 산업이 발전하는 게기가 마련되었는눈썹을 다양한 색조.

● 1950년대 빛은 금발에 빨간색 입술이 유행되었으며 모리건 헵번의 빨게 카브한 머리에 깔은 눈썹화장이 유행하였다.

● 1960년대 트위기의 기하학적 커컬러말나쉬의 헤어스타일이 주목받았다.

● 1970년대 글은 이후 현대적 여성 이미지로 편안함과 자연스러움 그 자체의 미가 젊고 활동적인 현대의의 기준이 되었다. 70년대 펑크라는 하위문화를 형성하였다.(메코화장-남녀 구분 없이 창백한 얼굴에 직선적 굵은 눈썹, 검정색을 위주로 한 다양한 색상과 기하학적 표현의 눈 화장, 입술은 검붉은 색, 공격적 퇴폐적 성향 표현)

TIP
중국의 메이크업

중국	● 실미도(0가지 눈썹모양를 현종이 소개) ● 수하미인도에서 홍장백분 위에 바름 사용 ● 연지(양볼에 바름, 액체)(0미색 바름) ● 주종 - 소홍(세기 874~660년) 때 입술화장이 붉은 것을 미인이라 함 ● 기원전 2000년경 하니라 시제에 분 사용 ● 기원전 1150년경 은나라의 주왕 때 연지화장 사용 ● 기원전 246~250년 야황궁 3천명의 미희들에게 백분과 연지를 바르고 눈썹을 그리게 하였다.

요점 정리
Beautician

◇ 메이크업의 정의는 색조 화장을 뜻하며 무대화장을 의미하기도 하고 화장품을 바르거나 문질러서 얼굴을 곱게 꾸미는 것이다.

◇ 화장에 대한 순수 한국어는 단장, 장식, 야용이며 화장의 농도에 따라 농장, 단장, 성장으로 구분하고 옅은 화장을 담장이라 하였다.

◇ 영어의 메이크업은 페인팅(Painting), 드레싱(Dressing), 토일렛(Toilet)이며 프랑스어인 마뀌아쥬(Maquillage) 등으로 표현된다.

◇ 메이크업의 기원설에는 본능설(종족 보존설), 보호설, 위장설, 신분 표시설, 장식설, 종교설 등이 있다.

◇ 고구려 화장은 신분과 빈부의 차이 없이 머리치장과 함께 얼굴 치장도 했다.

◇ 메이크업의 목적은 단점을 보완하고 장점을 부각시키며 피부보호 및 피부의 표현과 색조에 의한 용모 변화로 시각적인 아름다움이나 원하는 얼굴 형태로 보이게 하는 것으로 개성의 존중, 심리적 욕구도 포함된다.

◇ 고려시대의 분대화장은 기생 중심의 짙은화장으로 여염집의 여성의 옅은 화장과 이원화 되었으며 분대화장의 영향은 조선시대까지 연결되었다.

◇ 1940년대 컬러필름의 등장으로 화장품 산업이 발전하였으며 영화의 분장용 팬케익이 사용되었다.

◇ 메이크업 아티스트는 미용에 대한 다양한 지식을 통해 전문가의 위치는 물론이고 기본적인 소양도 갖추어야 한다.

◇ 1970년대 펑크라는 하위문화가 형성되었다.

◇ 이집트시대에 코울을 이용한 짙인 형태의 눈썹과 푸른색의 아이 새도우, 검은 아이라이너, 물고기 꼬리모양의 눈꼬리 등의 화장이 나타났다.

28

5 예상 문제 : 하나의 단원이 끝날 때마다 배운 내용을 바탕으로 실제 시험에 대비한 예상 문제를 풀어보면서 복습을 할 수 있도록 하였습니다.

6 정답 해설 : 각 문제마다 이해하기 쉽게 해설을 달아놓아 본문에서 배운 내용을 다시 한 번 반복 복습할 수 있도록 하였습니다.

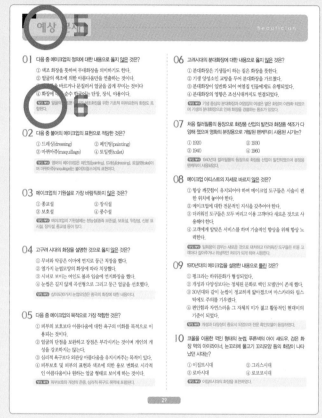

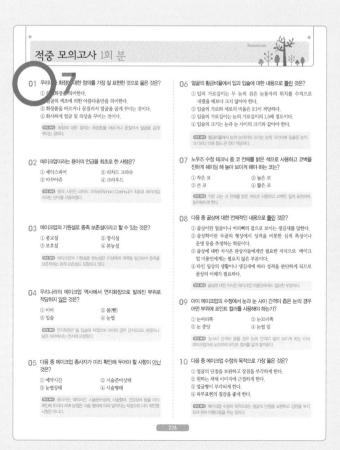

7 적중 모의고사 : 출제 빈도가 높은 문제 및 다년간의 강의 경험에 비추어 출제 가능성이 높은 다양한 문제를 자세한 설명과 함께 배치하였습니다.

Contents

Contents

Contents

Contents

미용사(메이크업) 자격시험 안내 – 필기

직무분야	이용 · 숙박 · 여행 · 오락 · 스포츠	중직무분야	이용 · 미용
자격종목	미용사(메이크업)	적용기간	2021. 1. 1. ~ 2021. 12. 31

● 직무내용 : 얼굴 · 신체를 아름답게 하거나 특정한 상황과 목적에 맞는 이미지분석, 디자인, 메이크업, 뷰티코디네이션, 후속관리 등을 실행하기 위해 적절한 관리법과 도구, 기기 및 제품을 사용하여 메이크업을 수행하는 직무

필기검정방법	객관식	문제수	60	시험시간	1시간

필기과목명	문제수	주요 항목	세부 항목	세세 항목
메이크업개론, 공중위생관리학, 화장품학	60	1. 메이크업개론	1. 메이크업의 이해	1. 메이크업의 정의 및 목적 2. 메이크업의 기원 및 기능 3. 메이크업의 역사(한국, 서양) 4. 메이크업 종사자의 자세
			2. 메이크업의 기초이론	1. 골상(얼굴형)의 이해 2. 얼굴형 및 부분 수정 메이크업 기법 3. 기본메이크업 기법(베이스, 아이, 아이브로우, 립과 치크)
			3. 색채와 메이크업	1. 색채의 정의 및 개념 2. 색채의 조화 3. 색채와 조명
			4. 메이크업 기기 · 도구 및 제품	1. 메이크업 도구 종류와 기능 2. 메이크업 제품 종류와 기능
			5. 메이크업 시술	1. 기초화장 및 색조화장법 2. 계절별 메이크업 3. 얼굴형별 메이크업 4. T.P.O에 따른 메이크업 5. 웨딩 메이크업 6. 미디어 메이크업
			6. 피부와 피부 부속 기관	1. 피부구조 및 기능 2. 피부 부속기관의 구조 및 기능
			7. 피부유형분석	1. 정상피부의 성상 및 특징 2. 건성피부의 성상 및 특징 3. 지성피부의 성상 및 특징 4. 민감성피부의 성상 및 특징 5. 복합성피부의 성상 및 특징 6. 노화피부의 성상 및 특징

필기과목명	주요 항목	세부 항목	세세 항목
메이크업개론, 공중위생관리학, 화장품학	1. 메이크업개론	8. 피부와 영양	1. 3대 영양소, 비타민, 무기질 2. 피부와 영양 3. 체형과 영양
		9. 피부와 광선	1. 자외선이 미치는 영향 2. 적외선이 미치는 영향
		10. 피부면역	1. 면역의 종류와 작용
		11. 피부노화	1. 피부노화의 원인 2. 피부노화현상
	2. 공중위생 관리학	1. 공중보건학 총론	1. 공중보건학의 개념 2. 건강과 질병 3. 인구보건 및 보건지표
		2. 질병관리	1. 역학 2. 감염병관리 3. 기생충질환관리 4. 성인병관리 5. 정신보건 6. 이·미용 안전사고
		3. 가족 및 노인보건	1. 가족보건 2. 노인보건
		4. 환경보건	1. 환경보건의 개념 2. 대기환경 3. 수질환경 4. 주거 및 의복환경
		5. 산업보건	1. 산업보건의 개념 2. 산업재해
		6. 식품위생과 영양	1. 식품위생의 개념 2. 영양소 3. 영양상태 판정 및 영양장애
		7. 보건행정	1. 보건행정의 정의 및 체계 2. 사회보장과 국제 보건기구
		8. 소독의 정의 및 분류	1. 소독관련 용어정의 2. 소독기전 3. 소독법의 분류 4. 소독인자

미용사(메이크업) 자격시험 안내 – 필기

필기과목명	문제수	주요 항목	세부 항목	세세 항목
메이크업개론, 공중위생관리학, 화장품학	60	2. 공중위생 관리학	9. 미생물 총론	1. 미생물의 정의 2. 미생물의 역사 3. 미생물의 분류 4. 미생물의 증식
			10. 병원성 미생물	1. 병원성 미생물의 분류 2. 병원성 미생물의 특성
			11. 소독방법	1. 소독 도구 및 기기 2. 소독시 유의사항 3. 대상별 살균력 평가
			12. 분야별 위생 · 소독	1. 실내환경 위생 · 소독 2. 도구 및 기기 위생 · 소독 3. 이 · 미용업 종사자 및 고객의 위생 관리
			13. 공중위생관리법의 목적 및 정의	1. 목적 및 정의
			14. 영업의 신고 및 폐업	1. 영업의 신고 및 폐업신고 2. 영업의 승계
			15. 영업자 준수사항	1. 위생관리
			16. 이 · 미용사의 면허	1. 면허발급 및 취소 2. 면허수수료
			17. 이 · 미용사의 업무	1. 이 · 미용사의 업무
			18. 행정지도감독	1. 영업소 출입검사 2. 영업제한 3. 영업소 폐쇄 4. 공중위생감시원
			19. 업소 위생등급	1. 위생평가 2. 위생등급
			20. 보수교육	1. 영업자 위생교육 2. 위생교육기관
			21. 벌칙	1. 위반자에 대한 벌칙, 과징금 2. 과태료, 양벌규정 3. 행정처분
			22. 법령, 법규사항	1. 공중위생관리법시행령 2. 공중위생관리법시행규칙

필기과목명	문제수	주요 항목	세부 항목	세세 항목
메이크업개론, 공중위생관리학, 화장품학	60	3. 화장품학	1. 화장품학 개론	1. 화장품의 정의 2. 화장품의 분류
			2. 화장품 제조	1. 화장품의 원료 2. 화장품의 기술 3. 화장품의 특성
			3. 화장품의 종류와 기능	1. 기초 화장품 2. 메이크업 화장품 3. 바디(body)관리 화장품 4. 방향화장품 5. 에센셜(아로마) 오일 및 캐리어 오일 6. 기능성 화장품

미용사(메이크업) 자격시험 안내 – 실기

직무분야	이용 · 숙박 · 여행 · 오락 · 스포츠	중직무분야	이용 · 미용
자격종목	미용사(메이크업)	적용기간	2021. 1. 1. ~ 2021. 12. 31

● 직무내용 : 얼굴 · 신체를 아름답게 하거나 특정한 상황과 목적에 맞는 이미지분석, 디자인, 메이크업, 뷰티코디네이션, 후속관리 등을 실행하기 위해 적절한 관리법과 도구, 기기 및 제품을 사용하여 메이크업을 수행하는 직무

● 수행준거 : 1. 작업자와 고객 위생관리를 포함한 메이크업 용품, 시설, 도구 등을 청결히 하고 안전하게 사용 할 수 있 도록 관리 · 점검할 수 있다.
　　　　　　 2. 고객과의 상담을 통해 메이크업TOP(Time, Place, Occasion)를 파악할 수 있다.
　　　　　　 3. 메이크업의 기본을 알고 기본, 웨딩, 미디어 등의 메이크업을 실행할 수 있다.

실기검정방법	작업형	시험시간	2시간 30분 정도

실기과목명	주요 항목	세부 항목	세세 항목
메이크업 미용실무	1. 메이크업샵 안전 위생관리	1. 메이크업샵 위생관리하기	1. 메이크업시설, 설비 및 도구/기기 등을 소독하거나 먼지를 제거할 수 있다. 2. 메이크업 작업 환경을 청결하게 청소할 수 있다. 3. 메이크업 시행에 필요한 기기 · 도구 · 제품 체크리스트를 만들 수 있다. 4. 메이크업 도구관리 체크리스트에 따라 사전점검 작업을 실시할 수 있다.
	2. 메이크업 상담	1. 얼굴특성분석 및 메이크업 상담하기	1. 고객과의 상담을 통해 메이크업 TPO를 파악할 수 있다. 2. 메이크업에 반영될 고객(작품)의 직업, 연령, 환경 등의 정보를 파악할 수 있다. 3. 고객 상담을 통해 원하는 스타일, 콘셉트 등을 파악할 수 있다. 4. 고객의 심리적, 정서적 특성을 고려하여 메이크업 디자인 정보를 고객에게 전달 수 있다. 5. 고객 요구와 관찰을 통해 얼굴형태, 특성 등을 파악할 수 있다. 6. 메이크업 시행 전 피부상태를 문진표, 기기 등등 통해 파악할 수 있다. 7. 얼굴특성 분석에 따른 메이크업 방향과 보완책을 고객에게 설명할 수 있다.
	3. 기본 메이크업	1. 기초제품사용하기	1. 메이크업을 하기 위한 클렌징을 실시할 수 있다. 2. 피부타입, 상태에 따라 기초제품 제형, 바르는 순서 등을 선택할 수 있다. 3. 기초제품으로 피부의 일시적인 이상, 트러블에 대한 조치를 취할 수 있다.

실기과목명	주요 항목	세부 항목	세세 항목
메이크업 미용실무	3. 기본 메이크업	2. 베이스 메이크업하기	1. 피부상태, 디자인 등에 따른 메이크업 제형, 색상을 선택할 수 있다. 2. 얼굴형태, 피부색 등을 고려하여 자연스러운 피부 표현을 할 수 있다. 3. 피부의 추가적인 결점 보완을 위한 제품을 선택할 수 있다. 4. 얼굴형태, 피부상태에 따른 윤곽 수정 제품을 사용할 수 있다
		3. 아이 메이크업하기	1. 재료의 특성에 따른 질감, 발색, 밀착성, 발림성 등을 구분·선택할 수 있다. 2. 메이크업목적, 디자인 등을 반영하여 아이섀도우을 표현할 수 있다. 3. 메이크업목적, 디자인과 조화로운 아이라인을 표현할 수 있다. 4. 아이 메이크업 디자인과 조화되는 마스카라 제품을 활용할 수 있다. 5. 속눈썹표현을 위하여 제품을 가공하여 표현할 수 있다. 6. 최신 아이메이크업 트렌드, 제품정보를 고객에게 설명할 수 있다.
		4. 아이 브로우 메이크업하기	1. 눈썹형태, 얼굴형, 디자인 등에 따른 아이브로우 이미지를 구분할 수 있다. 2. 메이크업디자인, 스타일 등에 따른 아이브로우를 표현할 수 있다. 3. 고객의 자기 관찰을 통한 요구 사항을 분석하여 아이브로우 메이크업을 수정할 수 있다. 4. 최신 아이브로우 표현 트렌드, 제품 정보 등을 고객에게 설명할 수 있다.
		5. 립&치크 메이크업	1. 스타일과 조화로운 립&치크 기본 형태를 디자인할 수 있다. 2. 재료의 질감, 발색, 밀착성, 발림성 등을 구분할 수 있다. 3. 메이크업 디자인과 조화되는 제품을 선택하여 립&치크 메이크업을 할 수 있다. 4. 립&치크 메이크업 트렌드, 제품정보를 고객에게 설명할 수 있다.

실기과목명	주요 항목	세부 항목	세세 항목
메이크업 미용실무	3. 기본 메이크업	6. 마무리 스타일링하기	1. 스타일, 표현 이미지와 조화되는 수정보완 메이크업을 실시할 수 있다. 2. 메이크업 관련 스타일링, 코디네이션 트렌드를 고객에게 전달할 수 있다
	4. 웨딩메이크업	1. 웨딩이미지파악하기	1. 결혼식 장소의 조명, 크기, 공간디자인 등을 파악할 수 있다 2. 웨딩촬영(화보)콘셉트, 촬영 장소 특성 등을 파악할 수 있다 3. 웨딩드레스, 헤어스타일 등으로 고객이 선호하는 웨딩이미지를 파악할 수 있다. 4. 수집된 정보를 종합 분석하여 고객이 원하는 웨딩콘셉트를 제시할 수 있다. 5. 웨딩관련 최신 트렌드와 메이크업정보를 고객에게 제공할 수 있다.
		2. 웨딩메이크업 이미지제안하기	1. 웨딩메이크업 이미지 연출을 위한 소품을 준비할 수 있다. 2. 수집된 정보를 분석하여 웨딩메이크업 이미지를 제안할 수 있다. 3. 고객 요구를 반영하여 웨딩메이크업 이미지를 수정할 수 있다. 4. 다양한 콘셉트의 웨딩 메이크업 포트폴리오, 시안을 제작할 수 있다.
		3. 웨딩메이크업 실행하기	1. 웨딩환경, 드레스, 스타일링 등을 고려한 웨딩 메이크업을 실행할 수 있다. 2. 웨딩콘셉트와 신부메이크업방향을 고려하여 신랑메이크업을 실행할 수 있다. 3. 웨딩콘셉트와 조화로운 관계자(혼주등) 메이크업을 실행할 수 있다. 4. 이미지유지와 고객요구에 따라 웨딩현장에서 메이크업을 보완할 수 있다.

실기과목명	주요 항목	세부 항목	세세 항목
메이크업 미용실무	5. 미디어 메이 크업	1. 미디어기획의도 파악하기	1. 클라이언트, 연출자관계자 회의에서 작품의도와 목적을 파악할 수 있다. 2. 촬영관계자 회의에서 촬영의도를 파악할 수 있다. 3. 작품종류, 내용에 대한 사전분석을 통해 기획의도를 분석할 수 있다. 4. 미디어 장르별 표현 특징을 디자인 기획에 반영할 수 있다.
		2. 미디어 현장 분석하기	1. 세트장크기, 전체배경, 색감, 디자인의도, 촬영환경 등을 파악할 수 있다. 2. 시대적 배경, 시대환경, 촬영시간대 등의 현장상황을 파악할 수 있다. 3. 조명, 색과 조도변화에 따른 메이크업 강도, 색조를 조절할 수 있다. 4. 현장분석 결과를 통해 메이크업 실시 시의 고려사항을 도출해 낼 수 있다.
		3. 미디어 메이크업 이미지 분석하기	1. 기획의도가 반영된 자료를 통해 모델 이미지를 분석할 수 있다. 2. 관계자 회의에서 모델 코디네이션, 스타일요구를 파악할 수 있다. 3. 제작회의 등에서 표현될 메이크업 이미지 시안을 발표할 수 있다. 4. 작품의도, 목적을 부각시킬 수 있는 메이크업방향 변화를 제안할 수 있다.
		4. 미디어 메이크업 캐릭터 개발하기	1. 인물 간 역학관계, 성격, 특성 등을 파악하여 캐릭터를 설계할 수 있다. 2. 캐릭터 개발을 위해 연기자(모델)의 이미지, 체형 등을 분석할 수 있다. 3. 개발 캐릭터의 특징, 메이크업 방향 등을 시안으로 표현할 수 있다. 4. 캐릭터 특성을 표현하기 위한 부가적인 소품을 구비할 수 있다. 5. 작품의도, 목적 부각을 위해 메이크업 캐릭터 콘셉트를 조정할 수 있다.
		5. 미디어 메이크업 실행하기	1. 미디어현장의 조명에 따라 적합한 메이크업 제품을 선택하여 사용할 수 있다. 2. 작성된 캐릭터 시안을 중심으로 미디어 메이크업을 표현할 수 있다. 3. 미디어의 종류와 표현 색감에 따라 메이크업을 수정할 수 있다. 4. 미디어촬영 현장에서의 메이크업 유지를 위하여 수정·보완할 수 있다. 5. 표현 미디어의 특성과 최신 트렌드를 지속적으로 수집·반영할 수 있다.

메이크업
개론

PART **1**

Chapter 01 메이크업의 이해

01 S·e·c·t·i·o·n 메이크업의 정의 및 목적

1 메이크업의 정의

■ 메이크업의 사전적 정의

- 메이크업(Makeup)의 국어사전적 의미는 기초 화장을 한 다음에 하는 색조 화장을 뜻하며 무대 화장을 의미하기도 한다.
- 메이크업(Makeup)이란 화장(化粧)을 뜻하며 화장품을 바르거나 문질러서 얼굴을 곱게 꾸미는 것을 의미한다.
- 화장이라는 말은 개화 이후에 사용된 외래어로 가화나 가식, 꾸밈 등의 의미를 지니고 있으며 화장에 대한 순수 한국어는 단장, 장식, 야용이며 화장품은 장식품, 장렴, 장구였다. 야용은 얼굴의 화장만을 말하고 단장은 몸단장까지를 의미하며 장식은 일반적인 화장, 성장은 특별히 옷차림까지 화사하게 하였을 때이다. 화장의 농도에 따라서는 짙은 색조 화장의 경우 농장, 단장, 성장으로 구분하고 옅은 화장인 경우를 담장이라 하였다.
- 영어의 메이크업은 페인팅(Painting), 드레싱(Dressing), 토일렛(Toilet) 또는 프랑스어인 마뀌아쥬(Maquillage) 등으로 표현된다.

■ 메이크업의 일반적 정의

- 16C 세익스피어의 희곡에 페인팅(Painting)이란 말로 언급되어졌으나 대중적이지 못했고, 17C 영국 시인인 리차드 크라슈가 싯귀에서 메이크업을 여성의 매력을 최고로 높여주는 행위라고 표현함에 의해 최초로 메이크업이라는 단어를 사용하였으나 이또한 대중화되지 못하다가 20C 헐리우드 전성기에 맥스 팩터가 메이크업이란 말을 대중화 시켰다.
- 일반적인 의미로는 화장을 한다는 의미로 화장품이나 도구의 사용으로 신체의 장점을 부각하고 단점을 수정하고 보완하는

미적 행위로 표현되며 자신의 정체성이나 가치관을 표현하는 것이다.

- 기초 메이크업과 색조 메이크업으로 나누어 살펴볼 수 있다. 기초 메이크업의 경우는 피부를 아름답게 다듬고 색조 메이크업을 효과적으로 하기 위한 기초적인 화장을 뜻하고 색조 화장은 색의 강하고 약한 정도나 짙고 옅은 정도를 상태로 나타내어 얼굴에 표현하는 화장을 의미하며 분장도 색조 화장에 포함시킨다. 분장이란 원하는 인물에 맞는 화장과 꾸밈을 말한다.

■ 메이크업 미용의 정의

- 메이크업은 화장과 분장을 총칭하며 메이크업 미용은 미용의 한 분야로 얼굴을 관리하여 아름답게 꾸미고 원하는 얼굴로 만드는 작업을 의미한다.
- 현행 법령에 따른 미용업(화장·분장)은 얼굴 등 신체의 화장·분장 및 의료기기나 의약품을 사용하지 아니하는 눈썹 손질을 하는 영업이다. 또한 관련 규정의 미용업(메이크업)의 직무범위는 얼굴·신체를 아름답게 하거나 상황과 목적에 맞는 이미지 분석, 디자인, 메이크업, 뷰티코디네이션, 후속관리 등을 실행하기 위해 적절한 관리법과 도구, 기기 및 제품을 사용하여 메이크업을 수행하는 직무이다.

2 메이크업의 목적

■ 메이크업의 목적

- 메이크업의 목적은 피부보호 및 피부의 표현과 색조에 의한 용모 변화로 시각적인 아름다움이나 원하는 얼굴 형태로 보이게 하는 것이다.

● 외부적인 요인의 먼지나 자외선, 대기오염이나 온도 변화에 내한 피부의 보호와 아름다움에 대한 욕구의 기본적인 미화를 목적으로 이용된다. 생활의 편의 도모 및 종족보존에 영향을 미치며 궁극적으로는 얼굴의 단점을 보완하고 장점은 부각시키는 것에서부터 개인의 개성을 강조해 주는데 그 목적의 다양성을 갖고 있다.

■ 메이크업 미용의 목적
● 메이크업 미용의 목적은 미용의 목적과 동일 시 된다.
● 메이크업 미용은 인간의 심리적, 미적 욕구를 만족시켜주고 생활의욕을 높이며 자신감을 향상시켜주고 외관상 아름다움을 유지시켜주는 목적이 있다.

02 S·e·c·t·i·o·n 메이크업의 기원 및 기능과 종사자의 자세

1 메이크업의 기원

■ 메이크업의 기원
● 메이크업의 기원에 대한 정확한 기록은 없으나 벽화나 토우(흙으로 만든 인형) 등의 유물과 문헌들로 미루어 짐작하면 구석기 시대 집단생활을 하기 시작한 때부터 메이크업(화장)을 한 것으로 추정해 볼 수 있다.
● 메이크업은 얼굴이나 전신의 피부에 색을 바르고 칠하는 것에서 시작한 것으로 볼 수 있다. 주술적 의미의 종교적 행위나 보호 차원에서의 은폐와 위장술, 공격적 의미의 장식, 신분의 표시, 성별과 집단 소속의 표시 등이 계기가 되었으나 점차 구분을 위한 기본적인 바탕 위에 조금의 개별적인 차별화로 나름의 매력을 발산했다.
● 분장의 경우 원시인의 안면 채색으로부터 고대 이집트나 그리스에서도 안료를 사용했다는 기록이 있다. 무대화장으로 독립하여 무대예술로서는 그리스의 가면극이 쇠퇴하여 옥내로 설치되면서 르네상스 이후부터는 분장의 필요성도 생겼다. 또한 인공조명의 발달로 무대 화장법이 고안되고 19C 후반에는 사실주의 연극으로 각종 안료 연구를 통해 보다 정교한 분장이 탄생되었다.

■ 메이크업 기원설
● 메이크업의 기원설에는 본능설(미화설, 이성 유인설), 보호설, 위장설, 신분 표시설, 장식설, 종교설 등이 있다.

본능설	미를 표현하여 아름답게 보이려는 인간의 본능적인 욕망과 자신의 우월성을 나타내고 미로 인해 이성에게 매력을 발산하고 타인으로부터 위엄까지 있어 보이려고 했다는 설이다(종족 보존설).
보호설	문신과 상흔(흉터)으로 적에게 공포감을 주고 악한 것으로부터 자신을 보호하는 수단으로 이용했다. 이집트의 짙은 눈화장의 경우는 곤충이나 태양 빛으로부터 눈을 보호하기 위한 것이며 1800년대 백납분의 사용은 촛불의 그을음과 태양으로부터 피부를 보호하는 차원에서 메이크업을 했다는 설이 있다.
위장설	얼굴이나 신체를 동물의 뿔이나 털과 식물의 색소를 이용하여 위장함으로써 사냥과 전쟁에서 승리하고자 메이크업을 했다는 설로 눈에 띄지 않게 하는 군복과 얼굴의 위장은 현재에도 행해지는 부분이다.
신분 표시설	신분이나 계급, 종족, 성별을 나타내기 위한 머리장식, 코걸이, 귀걸이, 목걸이, 팔찌, 얼굴 채색 등을 하였다는 설이다.
장식설	원시 시대에 옷을 입기 전 나체에 색채나 문신을 새겨 장식을 함에 의해 우월성을 나타 내려고 했다는 설이다.
종교설	주술적이고 종교적인 것으로 특정 지역별로 신성시 하는 색이나 향에 의미를 부여하고 진흙을 이용한 채색이나 문신은 부적의 의미로 사용되었다는 설이다.

2 메이크업의 기능

● 메이크업의 기능은 물리적 기능과 심리적 기능, 사회적 기능으로 나누어 살펴볼 수 있다.

■ 미적 기능
● 가장 기본적인 아름다움을 추구하는 기능으로 제품에 의한 외형적으로 미화된 미적효과의 변화를 의미한다.
● 외형적, 물리적 기능으로 제품의 효능에 의해 변화된 미적 변화의 기능이다.

■ 심리적 기능
● 심리적 기능에는 자신과의 의사소통과 타인과의 의사소통으로 나누어 살펴볼 수 있다.
● 자신과의 의사소통의 심리적 기능은 자신감이나 안정감, 만족감, 여유로움을 주는 것으로 메이크업을 함으로 해서 얻는 심리적인 기능이다.
● 타인과 의사소통의 심리적 기능은 사고방식이나 가치추구의 방향을 제시하는 기능으로 캐릭터 메이크업과 미디어 메이크업, 분장 등의 인물묘사를 위한 기능이다.

■ 사회적 기능
● 사회적 관습, 예의, 신분 및 직업을 표시하는 기능도 나타내며 간접적인 의사전달의 역할까지 지닌다.

③ 메이크업 미용의 영역

● 메이크업의 영역은 일반적으로 기본 메이크업, 웨딩 메이크업, 미디어 메이크업의 3가지 영역으로 나눈다.

■ 기본 메이크업

● 기본 메이크업은 기초적인 피부화장에서 색조화장까지의 기본적인 메이크업을 의미하며 베이스 메이크업, 아이 메이크업, 립 메이크업, 치크 메이크업이 기본적으로 된 상태의 메이크업을 말한다. 기본 메이크업에 T.P.O가 표현되면 목적형 메이크업이 된다.

■ 웨딩 메이크업(격식 메이크업)

● 격식을 갖춘 메이크업으로 웨딩에 필요한 메이크업을 의미한다.
● 웨딩 메이크업과 전통혼례 메이크업으로 나누어 살펴볼 수 있다.

■ 미디어 메이크업

● 미디어 메이크업은 예술성, 창의성, 대중성을 요하며 테마별 메이크업, 이미지별 메이크업, 매체별 메이크업, 인물분석에 따른 메이크업 등을 다양하게 표현해야 하는 메이크업이다.

④ 목적에 따른 메이크업 분류

데이타임 메이크업 (보통 화장, 낮 화장)	낮에 보통으로 하는 화장으로 외출시 가볍게 하는 화장이다. 윤기있고 산뜻하게 하며 분을 적게 사용한다.
소셜 메이크업 (짙은 화장, 성장 화장)	결혼식이나 야외에서도 드러나는 짙은 화장으로 데이타임 메이크업보다 정성을 들인 화장이다.
스테이지 메이크업 (무대 화장)	무대용 화장으로 패션쇼나 무용 등 무대 위에서의 효과를 증대시키기 위한 화장이다.
그리스 페인트 메이크업 (무대 화장)	TV, 영화, CF 등의 출연자에게 하는 화장으로 스포트라이트나 하이라이트를 강하게 반사하는 경우를 대비해 섬세하게 화장을 해야 한다.
컬러포토 메이크업	모델 사진용 화장으로 피부의 결점(주근깨, 점, 거친 피부 등)을 커버할 수 있는 화장이다. TV나 영화, 광고, 연극, 무용 등에 쓰인다. 무대화장과 달리 자연스럽게 보이도록 처리한다.

⑤ 메이크업 종사자의 자세

● 메이크업 미용인은 미용인으로서 미용인이 가져야 할 기본적인 사명과 교양, 준수사항을 갖추기 위한 자세가 필요하다.
● 메이크업 미용에 대한 다양한 지식을 통해 전문가의 위치는 물론이고 기본적인 소양도 갖추어야 한다.

■ 고객에 대한 메이크업 전문인의 자세

● 고객의 얼굴 상태 및 제품사용에 따른 피부상태를 파악할 수 있어야 하며 선택 가능한 시술방법을 설명할 수 있어야 한다. 메이크업에 대한 전문적인 지식을 갖추어야 하고 고객관리카드 작성 시 기록해야 할 것과 그렇지 않은 것을 구별하여 작성할 수 있어야 한다.

■ 고객 응대에 대한 기본 자세

● 고객에게 공정함과 공평함을 유지해야 하며 예약제로 이루어질 경우 약속을 충실히 이행하고 안전규정과 수칙을 지키고 충실히 준수하여야 한다. 고객에게 알맞은 서비스를 하며 기술적인 향상을 위해 항상 노력한다.

■ 메이크업 종사자의 작업 자세

● 메이크업 미용의 경우 주로 고객의 옆쪽에서 서서 작업하게 되므로 안정적인 자세가 되도록 해야 하며 시술 시 팔이나 손목에 피로가 많이 쌓일 수 있으므로 중간 중간 적당히 휴식시간을 활용하여 피로를 풀어준다. 장시간의 시술 시에는 중간 중간 휴식을 취해주는 것이 좋다.

■ 메이크업 미용의 준비 상태

● 작업장은 냉·난방 시설을 갖추고 메이크업 테이블과 도구들은 항상 깨끗함이 유지되어야 하며 메이크업 도구들은 시술시 편한 위치에 놓아야 한다. 일회용이나 더러워진 도구들은 이용 고객마다 갈아주거나 위생적인 처리가 되게 하여 사용한다. 시술에 방해되는 액세서리는 미리 빼어놓고 작업자는 깨끗한 가운을 입어 전문성을 갖는다.

■ 확인사항

● 시술 전 확인사항

예약시간	예약시간의 엄수로 상호간 시간절약이 된다.
준비상태	고객의 시술에 맞는 시술준비를 미리 한다.
건강상태	시술자의 건강상태와 고객의 건강상태를 확인한다.
시술형태	원하는 시술형태를 확인한다.
복장	시술자는 전문가의 이미지로 신뢰감을 주는 복장이 되게 한다.

03 메이크업의 역사(한국, 서양)

1 한국의 메이크업 역사

■ 선사시대
● 원시화장의 흔적으로는 흰 피부를 선호해 쑥과 마늘이라는 미백제를 단군신화에서 찾아 볼 수 있다. 북방인(읍루인– 우리나라 상고시대의 한 부족)은 돼지기름으로 겨울철 동상을 예방하고 피부를 연화시켰으며 남방인(변한인)은 신분과 부족의 표시 및 보호의 차원에서 문신을 하였다. 선사시대 유적지인 조개더미 '패총'에서 발견된 원시 장신구들은 계급과 신분에 따라 치장을 달리 하고 미의식이 어느 정도 있었다는 것을 알려준다.

■ 삼국시대(B.C 37~A.D 935)
● 삼국시대에는 화장술과 화장품 제조기술이 뛰어나 일본에 전해 주었다는 기록과 중국의 화장과 비교되는 부분을 언급한 것으로 미루어 중국의 영향이 아닌 독자적인 화장 문화를 이루었던 것을 알 수 있다.
● 고구려, 백제, 신라는 4~6C 불교의 전래로 인한 청결 목적을 위해 목욕이 대중화 되었고 목욕용품도 발달하였다. 쌀겨에 의한 피부미용과 서민층에 사용된 팥, 녹두, 콩 껍질 등으로 만들어진 원시 비누가 사용되었고 원시비누에 의한 비린내는 향수와 향료의 사용으로 가시게 했다.

고구려 (B.C37~A.D668)	고분벽화에 연지화장을 한 여인상이 나타나고 삼국사기에 무녀와 악공의 이마에 연지로 둥근 치장을 했다는 기록이 있으며 머리치장과 함께 얼굴 치장에도 열중했던 것을 엿볼 수 있다.
백제 (B.C18~A.D660)	분은 바르되 연지를 바르지 않는다(시분무주)는 기록으로 엷고 은은한 화장을 했음을 알 수 있다. 화장에 대한 구체적 기록은 없으나 일본에게 화장술과 화장품 제조기술을 전했다는 기록에 근거하여 뛰어난 화장기술을 보유하고 있었음을 알 수 있다.
신라 (B.C57~A.D935)	고구려나 백제보다 조금 늦게 문화의 발전이 있었으나 좀 더 앞선 화장문화가 발달된 것으로 보여진다. 남성인 화랑들이 여성에 뒤지지 않는 화장과 장식을 하였고 귀천에 관계없이 향낭을 찼다. 홍화(잇꽃)로 연지를 만들어 이마와 뺨, 입술에 바르고 백분 외에 산단으로 색분을 만들어 사용하였다. 692년 승려가 일본에서 연분을 만들어 주고 상을 받았다는 사실로 미루어 7C경에 이미 연분을 만들었다는 것을 알 수 있다. 백분의 사용과 납분의 발명, 유병과 분합, 화장합, 장신구, 향로 등으로 미루어 화장술과 화장품 제조기술이 뛰어났음을 알 수 있다. 지, 용, 체의 합일(영육일치 사상)은 정신과 육체를 하나로 보는 견해로 인해 청결과 화장을 중시하게 하였으며 목욕과 화장 문화의 발전을 가져왔다.

■ 고려시대(918~1392년)
● 고려 초기에는 신라의 패망이 사치에서 비롯된 것이라 여겨 사치금압을 주장하였으나 신라의 문화를 계승한 면이 많아 화장도 이와 유사하게 계승되고 진보되어졌다. 중국의 기록에 의하면 고려인의 화장은 짙은 화장을 즐기지 않아 분은 사용하되 연지를 바르지는 않았으며 눈썹은 가늘고 아름답게 그렸고 비단 향료 주머니를 차고 다녔다고 하는 것으로 보아 화장이 담장에 그쳤던 것으로 보여진다.
● 고려 초에 제도화된 기생 문화로 눈썹과 연지화장, 백분을 많이 펴 바르는 짙은 화장(분대화장)이 성행했고 여염집의 여성은 엷은 화장을 함으로써 화장의 경향이 이원화 되었으며 기생의 분대화장으로 인해 화장을 경멸하는 풍조가 있었다.
● 향을 애용했으며 기생양성소인 교방을 두어 기생에게 화장법(눈썹을 가늘게 다듬고 또렷이 그리며 입술에 연지를 짙게 바르고 얼굴 피부는 하얗게 바르고 머릿기름도 바른다)을 가르치고 사용할 화장품을 지급한 것으로 보아 기생화장이 화장의 보급과 화장품의 발전에 많은 기여를 하였다.
● 관청에서 거울과 빗 기술자를 두어 수요를 충당하였다.
● 고려 후기에는 서민 노인도 염색할 만큼 머리염색도 유행하였으며 희고 깨끗한 피부를 선호해 갓난아이에게 복숭아 꽃물로 세안을 시켰고 향유에 목욕도 하였다.
● 고려와 원의 왕실 혼인으로 고려문화가 원에 전파되었으며 고려시대에 청동거울이 정교하게 많이 만들어지고 유병과 화장품 용기인 청자상감보자합이 만들어진 것으로 보아 화장에 대한 높은 관심이 있었다고 판단된다.

■ 조선시대[1392~대한제국(1897년~1910년)]
● 조선전기는 고려시대 초기의 사치풍조를 금압한 것처럼 외면적인 화려함을 감소시키고 내면의 미를 강조하였으나 화장품 생산이나 화장술이 덜해진 것은 아니었다.
● 기생과 무녀, 악공 등의 특수층 여성의 짙은 의식화장과 여염집 여성들의 평상시 청결위주의 화장, 여염집 여성들의 의례나 연회, 나들이 때의 장식 화장 등으로 화장의 개념이 세분화 되었다고 할 수 있다.
● 유교사상이 주를 이루었으며 외면보다 내면의 아름다움이 강조되고 여성의 화장이 본래의 모습을 은폐하거나 위장하는 부덕한 행위로 간주되기도 하였다.
● 숙종(1674~1720년)때 화장품 행상인 매구부가 있었고 의인소

설인 여용국전에 18여 종의 화장품과 화장도구가 등장하고 일시적으로 궁중에 보염서라는 화장품을 전담하는 관청이 설치된 적이 있었다. 선조 때 일본에 발매한 아침이슬이라는 화장수가 조선의 최신제법으로 제조되었다고 하는 구절이 있는 것으로 보아 조선 중기까지 화장품의 생산과 판매가 산업화 조짐을 보일 정도로 대량 소비되었다고 판단되나 후기로 갈수록 다른 분야와 마찬가지로 수공업 수준을 탈피하지 못하는 등의 뒤쳐진 산업화로 인해 화장품 기술이 외국에 비해 떨어지게 되었다.

■ 현대(1910년 이후)

● 1910년(한일 병탄) 이전 1876년 강화도 조약에 따른 개항 이후부터 신식 메이크업 테크닉과 화장품이 주로 일본과 청나라로부터 유입되었다.

● 1920년 프랑스를 위주로 한 유럽을 통해 수입선이 확대되어 수입 화장품(크림, 백분, 비누, 향수 등)이 사용되었다. 1922년 국산품 제조허가 1호인 박가분은 큰 인기를 얻었으나 생산방식이 재래식인 상태에서 납 성분의 부작용으로 인해 수입 백분(납 성분 부작용이 적음)이 더 인기를 끌게 되었다. 수입 화장품과 함께 입체 화장기법의 도입은 환영을 받았는데 신여성과 기생중심의 빠른 보급과정으로 화장에 대한 경원 감정이 확대되었다.

● 1930년대 일본에서 공부한 오엽주가 화신 백화점 내에 화신 미장원을 개업(1933년)하고 신식 화장법으로 새로운 메이크업 테크닉과 바니싱 크림을 소개하였으며 아랫입술에만 빨갛게 입술연지를 바르고 초생달 모양의 눈썹을 그리는 화장법도 유행시켰다. 신식 화장법은 입술연지의 색은 짙어지고 향도 진했다.

● 1940년대 초에 현대식 화장법이 도입되어 얼굴은 희게, 눈썹은 반달모양, 붉은 입술에 볼연지를 했으며 1945년 번들거리는 화장기법과 아이라이너와 마스카라를 사용한 눈화장이 강조되었다. 일본의 패망으로 일제 화장품 자리에 국산 화장품(엘레나 크림, 모나미 크림, 바니싱 크림, 스타 화장품 등)이 생산되는 전환기를 맞이하였으나 원료부족과 제조회사의 영세성 등으로 발전적이지는 않았다.

● 1950년 6 · 25 동난으로 화장을 하지 않는 경향이 나타났다가 53년 휴전을 전후해서 수입 화장품, PX 유출품, 밀수 화장품이 들어오다가 1956년 블란서 코디사와 기술제휴를 계기로 코티분이 국산화되어 품질을 혁신했다.

● 1960년대는 화장품 시장의 성숙기로 영화의 상영에 의해 영화배우의 헤어, 화장, 복식 등을 모방하는 것이 유행하였다. 정부의 국산품 보호정책에 따라 안정적인 화장품 산업이 되었고 색조 화장품을 생산했다. 하얀 분의 부자연스러운 화장에서 기초화장을 중심으로 한 자연스러운 피부표현에 수정 화장을 가미한 대체로 세련된 느낌의 화장이었으나 인조 속눈썹의 사용으로 인하여 눈 화장은 꾸민 느낌을 주었다.

● 1970년대 화장품 회사의 캠페인으로 색채화장에 대한 거부인식을 줄여 입체화장이 생활화되었고 샴푸나 바디 화장품, 팩 제품 등 화장품 산업이 급성장 되었으며 의상에 맞는 화장이라는 개념이 생겨 토탈 코디네이션이라는 말이 생겼다. 의상의 유행이 화장에 영향을 주기 시작했으며 1972년에는 복고의상에 복고화장이 나타나기도 했다.

1976년 패션과 함께 동양적인 이미지가 가미된 화장이 선보였고 색상은 올리브 그린, 브라운, 크림 베이지, 오렌지, 핑크, 파란색의 부드러우면서 침착한 색조가 주를 이루었다. 1978년 미용 캠페인의 영향으로 토탈패션에 메이크업이 조화되어야 한다는 인식이 생겼고 계절별 화장과 T.P.O 미용법이 정착화되었다. 이때 계절별 화장은 봄에는 입술화장, 여름은 자외선 차단, 가을에는 눈 화장, 겨울에는 기초 피부손질에 중점을 두어야 한다는 기본이 확립되었다.

● 1980년대 컬러 TV의 영향으로 색채에 대한 수요가 복식을 비롯한 화장에도 폭발적으로 일어났으며 일부 수입 자유화된 선진국의 다양한 색채 화장품 수입으로 소비자의 개성과 라이프 스타일에 맞게 선택하는 소비자 시대가 되었다.

해외와의 교류로 세계의 유행 소식이 한국에도 바로 유입되었으며 젊은 층은 자연적인 굵은 눈썹으로 자신감 있는 활동적 여성상을 표현했고 세련되고 다양한 색조화장을 하였다. 동양인의 피부에 잘 맞는 코랄 색상(오렌지와 핑크의 중간 색상)이 유행하고 주조색이 갈색의 황금색펄과 벽돌색의 조화는 매혹적이고 세련된 색조화장으로 유행되었다. 1980대 초 교복 자율화로 개성적인 자기표현을 중시 했으며 1988년 올림픽을 계기로 개성적인 면이 더 과감하게 표출되었으며 색상의 사용이 더욱 다양해졌다.

화장품 수입은 1980년대 초에는 외국제품에 비해 경쟁력이 떨어져 외제 화장품의 수입을 금지시키고 기술 제휴에 의해 품질을 향상시키려 노력했다. 1983년 이후부터는 화장품 수입은 부분적으로 자유화 되었고 1986년에서야 전면 수입이 되었다. 1980년대 후반에는 일본보다 유럽의 영향을 많이 받기 시작하여 아이 섀도우를 이용한 아이홀 화장(더블패턴)을 하였는데 이는 평면적인 동양인의 얼굴에 입체감을 주려고 한 것이다.

●1990년대는 미용산업의 발전으로 패션과 더불어 메이크업도 유행을 창출하며 선도적인 역할을 하고 라이프스타일 변화의 흐름에 따라 감성을 중시하게 여겼다.

사회전반에 에콜로지의 경향으로 자연보호 의식과 건강에 대한 관심이 고조되면서 브라운, 베이지, 오렌지 계열을 중심으로 자연스러운 색조가 강했다. 특히 시즌마다 각각의 브랜드에서 컬러를 제시하며 유행을 선도해 나가는 현상이 나타나고 소비자의 개성이 강조되면서 자유로움을 추구하는 가운데 선택에 의한 시대가 시작되었다.

혼합색의 다양성에 의해 색채 예술적인 감각으로 눈과 볼, 입술 화장을 표현했으며 1990년 후반 화장은 어두운 무채색 계열의 패션경향과 퇴폐적 분위기와 함께 오리엔탈리즘과 결합된 풍부하고 깊이 있는 표현이 되었다. 오리엔탈 테마에 맞게 한국적인 것을 모던하게 표현하며 창백한 피부 톤에 가는 아치형의 검은 눈썹과 붉은 립스틱 메이크업도 나타났으며 우주공간의 어두운 색채와 금이나 구리 등의 금속적인 광택의 색이 혼합되어 깊이감이 있는 색, 스모키한 느낌의 음침한 분위기의 색이 나타났다.

파우더를 사용한 투명한 피부에 어두운 색조화장은 냉철하고 지적인 세련미를 표현하였고 화장을 하는 대상 연령이 낮아져 화장품 시장이 점차 확대되었다.

●2000년대는 개성적 화장을 중시하면서도 기능성 화장품 등 건강한 피부에 중점을 두게 되었다. 두꺼운 화장보다는 옅은 화장으로 화사함을 만들고 아이 섀도우도 튀지 않게 사용하되 눈매를 강조하는 화장을 기본으로 하며 입술화장은 다양한 색상으로 표현되었다.

화사함을 위해 볼터치를 광대쪽으로 올려 둥글게 표현하기도 하였으나 유행의 민감성으로 빠르게 지나갔다. 일부에서는 아이라이너를 두껍게 하거나 연장 마스카라를 이용하고 일회용 속눈썹보다는 한가닥씩 붙이는 속눈썹으로 자연스러움을 강조했다.

전문 메이크업 샵과 속눈썹 전문점이 생겼으나 미용실과 네일샵에서 메이크업이나 속눈썹을 병행하는 경우가 많아 규모가 크게 활성화되지는 않았다.

●2010년대는 화장기가 거의 없는 상태의 깨끗한 피부를 선호하고 자연스러운 색조화장으로 자신만의 이미지를 만들려고 노력했으며 미용의 세분화로 메이크업 미용사까지 생겼다. 일부에서는 여전히 개성적이거나 직업에 따른 화장을 하였으나 짙은 색조화장을 하지는 않았다.

 TIP

• 고구려의 화장은 눈썹은 길지 않은 곡선형 눈썹에 둥근 얼굴을 선호하고 연지화장을 즐겼다.
• 조선시대에도 고려시대 분대화장의 영향으로 기생과 무녀, 악공 등의 특수층 여성의 짙은 의식화장을 하였다.
• 조선시대 화장품 판매상을 매분구라 하였으며 주로 사별한 여인이나 소박 맞은 여인들이 그 역할을 하였다.
• 고려시대 면약(안면용 화장품)이 사용되었다.

② 서양의 메이크업 역사

■ 고대(기원전~476년)

이집트	BC5000년 시대로 제사를 지낼 재단에 향을 피웠으며 왕족과 귀족은 실내에서 향을 피웠고 향유도 피부손질에 사용되었다. 미이라를 만들 때 다량의 향유를 사용했으며 장례식, 종교의식 등의 주술적 행사에서 메이크업의 시작을 살펴볼 수 있다. 클레오파트라 시대에는 눈 아래쪽에 초록색을 바르고 눈썹과 눈꺼풀, 속눈썹을 짙게 칠한 눈화장이 유행했으며 피부에 적갈색의 헤나(Henna) 피부를 희게하는 백납, 눈화장에 코올(Kohl) 등의 색채화장을 비롯한 다양한 향수와 머리염색에 사용되는 헤나와 인디고(Indigo)가 있었다. 코올을 이용한 문신한 듯한 굵고 진한 꺾인 형태의 눈썹, 푸른색과 녹색, 엷은 녹청색의 아이 섀도우, 검은 화장 먹의 아이라이너로 눈을 크게 만들어 강조하고 코올을 이용해 눈꼬리에 물고기 꼬리모양의 화장, 입술과 볼은 곱고 붉은 진흙가루로 채색, 손톱과 손바닥, 발닥 등에 헤나를 이용하여 적동색으로 물들였다.
그리스	우유와 밀가루를 사용한 팩(스킨케어의 시초)이 있었다. 향유를 사용하고 하얀 피부를 매우 선호하여 얼굴에 백납으로 하얗게 발랐으며 볼과 입술은 다홍색을 사용하고 광대뼈는 둥글게 표현하는 볼연지를 하였고 눈썹 사이는 좁아 보이게 가까이 그렸으며 선명하고 섬세한 눈썹을 그렸다. 코는 윤곽이 뚜렷이 표현되게 하였으며 섀도우는 적갈색, 녹색, 회색을 사용하고 검은 색 코올을 사용하여 아이라인 위쪽에만 강조한 경우가 많았다. 입술과 뺨에 단사(붉은 열매)를 사용하였다. 일반 여성은 기초피부 손질 외에 거의 화장을 하지 않았고 인정된 창부들은 짙은 화장을 하였는데 이들의 화장은 이집트에서 전해진 것이 대부분이다(연백을 짙게 칠한 얼굴에 볼과 입술에 연지를 사용하고 눈썹은 길게 그리며 인조눈썹을 사용하기도 했다).
로마	생활필수품으로 오일과 향수 등이 화장품으로 등장하였으며 남녀 모두 희고 아름다운 피부를 선호하여 목욕문화를 즐겼다. 얼굴과 목, 팔, 어깨에 백납분을 칠했다. 동물의 지방, 벌꿀, 곡물가루에 우유를 섞어 바르는 등 당나귀 젖을 이용한 씻기나 팩이 유행되었고 장미향유를 즐겼으며 양볼과 입술에 붉은 색을 사용하는 화장술이 발전하였다. 귀족 남성들은 향유, 마사지, 향수, 증기탕을 즐겼다. 이전부터 내려오는 화장품과 화장인 눈을 강조하기 위한 코올 화장과 식물성 염료와 적토에 의해 뺨과 입술을 붉게 하는 것을 남녀 모두 하였다. 로마의 의사 갈렌에 의해 콜드크림의 원형으로 시원해지는 연고를 만들었으며 화장품 제조에 대한 처방전도 남겼다.

●히포크라테스 시대(460~377 B.C)에 히포크라테스는 피부병을 연구, 식이요법이나 운동, 마사지, 특수탕, 햇볕 등의 조화로 건강한 아름다움이 이루어진다고 주장하여 화장을 마술이나 미신, 종교 등에서 분리하여 과학적 원리에 기초를 두는 계기를 마련했다.

■ **중세시대(476년 이후~1500년)**
●종교가 생활습관에 미치는 영향이 절대적인 시대였다.
●목욕이나 화장 등을 기피하게 되었으며 방향성 물질은 종교의식에 주로 쓰였고 극소수의 왕족에게만 사용되었다.

■ **근세(1501년~1800년)**
●르네상스(문예 부흥 운동) 시대를 거쳐 근세로 접어들게 되었으며 메이크업이 발달하면서 색채의 다양성이 이루어지고 의학으로부터 향장을 분리시키기 시작했다.
●15C 눈썹은 가늘게 하는 것이 유행되었고 흰 피부를 강조하였다.
●16C에는 이탈리아 화장법이 유럽에 확산되어 얼굴에 분칠을 하고 연지를 찍는 화장이 유행되었으며, 염기성 탄산납과 염화수은의 사용으로 위험성이 있어 연백을 사용하지 않은 여러 가지 분이 고안되었다.
16C 말(엘리자베스 1세)에는 분칠의 두께가 1.3cm 정도까지 진해져 얼굴 표정을 알 수 없었고 주름이나 곰보자국을 감추기 위한 두터운 화장이 되었다. 또한 머리카락에 소다나 명반을 이용한 베니스식 탈색법을 사용하고 힘든 염색 대신에 가발을 쓰고 다니는 여성들도 많아졌다. 프랑스 앙리 3세는 이탈리아 양식에 취미를 갖고 분이나 연지를 찍어 화장을 시작하였으며 궁정 사람들 사이에 확대되면서 남성화장이 유행되었다.
●17C 진주를 태워 가루로 만든 것, 돼지 턱뼈를 가루로 만든 것, 질 좋고 광택 있는 석고분말 등이 등장했으며 전분에 향을 넣은 것이 반응이 좋았다. 17C 프랑스 루이 왕조 궁정의 여성들은 붉은 화장을 유행시켰다. 17C(바로크시대)에는 극장의 성행으로 스테이지 메이크업이 유행하였고 결점 커버용 애교점이 등장하였다.
이때 영국의 시인이 여성이 얼굴을 열심히 치장하는 것을 보고 메이크업이라고 불러 용어의 유래가 되었다. 화장의 특징은 홍조를 띠거나 붉은 연지를 칠한 뺨, 장미꽃과 같은 색상의 입술화장이다.
●18C 분으로 얼굴을 도기같이 두텁게 칠한 후에 선명한 색의 홍(紅)이 첨가 되었다. 18C(로코코) 시대는 메이크업이 과장되

고 장식적인 면이 특징으로 창백한 피부에 뺨보다 약간 밑에 위치한 볼 화장, 깨끗하게 표현된 눈썹, 장미꽃 봉오리 같은 입술을 들 수 있으며 남성들도 여성적 메이크업을 하였다. 펜슬 타입의 립스틱과 향수가 등장하고 남녀 모두 거대한 가발과 화려하면서 정교한 의상을 즐겼다.

■ **근대(1801년~1900년)**
●프랑스 대혁명(1789년) 이후 청백의 감성적 화장이 유행하면서 연지를 칠하는 과거 화장은 천하게 여겨졌다.
●1861년 빅토리아 여왕은 남편을 잃은 후 상복을 계속 입으면서 화장을 하지 않아 상류사회의 풍속을 바꾸어 놓았다. 입술은 연지도 칠하지 않고 가볍게 묻혀서 입술의 혈색을 좋아 보이게만 했고 화장한 여자는 성실치 못한 여자로 비춰졌으며 연극과 영화계 등의 소수 여성만 하게 되었다.

■ **현대 (1901년 이후, 20C 이후)**
●비누의 등장과 함께 분과 연지의 두터운 화장에서 산뜻하고 단순한 화장을 추구하게 되었다.
●1909년 러시아 발레단이 파리에서 연 공연으로 인해 오리엔탈붐(동양적 강한 색조)이 일어나 화장의 색조가 풍부해졌다.
●제 1차 세계대전(1914~1918년) 이후에는 현대적 화장이 발달하면서 화장품의 사용이 신뢰할 수 있게 되었다.
●여성의 사회 진출과 화장품 회사의 생성은 새로운 화장품을 등장시키고 분과 크림의 대량생산으로 비누 세안 후 적당한 크림을 바르고 퍼프로 분을 발랐다.
●1915년에 검은 눈썹 연필과 슬라이드식 튜브의 립스틱이 처음 만들어 졌으며 1921년경부터 일반화 되었다.
●1920년 대도시에 뷰티살롱이 등장하면서 가정에서 이루어지던 화장이 뷰티살롱에서 많이 행해졌다. 헐리우드 배우 화장법의 유행으로 인해 눈썹을 뽑은 후 가늘게 검은 선을 그렸으며 무대화장의 영향으로 속눈썹에 마스카라를 하고 연필로 아래 속눈썹에 가볍게 선을 그리는 손질도 하였다. 붙이는 속눈썹이 일반여성들 사이에 사용되었고 입술은 선명하고 반짝이는 붉은 색으로 강조하였다. 미국사회에서는 헐리웃 영화배우의 화장이 모방되었다.
●1930년대는 20년대와는 다른 불황속에서 도피하려는 성향이 나타나면서 새로운 이미지의 성숙한 분위기의 화장을 하였다. 1930년대 초반에는 나이트 메이크업으로 마스카라와 아이 새도우가 유행했으며 눈아래 속눈썹 부분을 새도우로 그리기도 했다.
1930년대 중반에는 선탠을 한 색이 유행하여 피부손상이 없는

선탠로션과 다시 피부색으로 되돌리는 화장품이 만들어졌으며 선탠피부에 어울리는 립스틱과 분이 만들어졌다. 이후 제2차 세계대전(1939~1945년) 때 자연 그대로의 네츄럴 메이크업이 잠시 나타났다.

● 1940년대 제 2차 세계대전(1939~1945년)을 기준으로 40대 전반에는 유럽보다 미국 헐리웃 스타의 화장이 주목을 받았다. 전쟁으로 인해 기능성 화장품(화상방지용 립스틱, 위장용 크림 등)이 개발되었고 이전보다 화장이 더 두터워 졌으며 분장용으로 개발된 팬케익을 사용하였다.

선명한 눈 화장과 진하면서 풍만하게 강조된 입술 화장이 초점이 되었으며 선명한 빨간 입술에 빨간 손톱과 발톱의 매치가 유행되었다. 관능적이며 생동감 있는 화장형태가 나타났으며 컬러필름의 등장으로 화장품의 색조가 다양해 졌다.

● 1950년 눈 화장으로 마스카라와 아이 섀도우가 다시 부활하였으며 1955년에서 1958년에 걸쳐서는 여성잡지에 눈 화장법에 대한 내용이 많은 공간을 차지했다고 한다. 영화 스타들의 짙은 화장이 세계적으로 모방되었다.

● 1960년대 중반의 화장은 더욱 장식화 되고 극단적으로 대담해졌다. 평범하지 않은 특이함이 주목 받았으며 눈에 꽃을 닮은 형태의 포인트를 그려주기도 했다. 1967년에 붙이는 속눈썹이 멋쟁이 여성들에게 갑자기 급부상하였다. 1968년 영국 잡지에서 눈의 형태에 따른 붙이는 속눈썹을 다루었으며 같은 해 미국의 타임즈에 20종류의 붙이는 속눈썹 사진이 실렸다.

● 1970년에는 에너지 파동으로 인한 경제 위기와 침체 속에 30년대와 같이 눈썹이 정교하게 얇아 졌으며 마스카라와 립스틱도 외곽선을 뚜렷이 그리고 반짝이를 칠했다. 성숙되고 세련된 이미지와 더불어 기성세대에 대한 분노와 기존 사회 질서에 대한 반항, 거부가 투영된 파괴적이고 퇴폐적인 이미지가 공존했으며 자연스러운 색조 사용의 투명 화장과 함께 사이버틱한 색상이 인기를 끌었다.

70년대 중반으로 갈수록 개성과 다양성이 중요시 되었으며 전문 흑인모델이 등장하였다. 70년대 말 전위적인 펑크화장이 성행되었으며 남성과 여성의 성을 초월하고자 하는 일부의 문화가 시도되었다.

● 1980년대는 경제 부흥으로 컬러의 강세가 이루어진 시대이다. 메이크업에서는 질감과 투명감을 중시하였다. 경쟁 시대에 맞는 생존전략의 화장으로 화려하고 강한 여성미가 부각되게 선명하고 붉은 색의 입술과 두껍고 강한 눈썹을 표현했다. 80년대 초에는 화려함이 강조되어 다양한 컬러와 펄이 많이 들어간 컬러가 유행하였으나 80년대 중반부터는 오존층 파괴로 인

한 자외선에 의한 피부손상에 관심을 갖게 되면서 피부에 더 많은 관심을 보여 내추럴 메이크업이 자리 잡았다.

● 1990년대는 20대를 중심으로 한 누드 메이크업이 유행되었고 다른 문화나 시대를 모방하려는 경향이 나타났다.

● 2000년대에는 펄 제품이 등장하고 기능성을 가진 화장으로 피부 질감표현이 세분화 되었으며 나름의 개성이 부각되는 화장을 추구하게 되었다.

● 2010년대에는 개성과 함께 직업에 따른 분위기 화장과 다양한 정보를 통해 자신만의 이미지를 만드는데 치중되었다.

3 서양의 현대(1900년대) 메이크업 인물

■ 시대 메이크업을 대표하는 서양의 미디어 인물

1920년	클라라 보우 : 밝게 표현된 얼굴, 눈썹 사이가 멀고 눈을 따라 그린 듯한 가늘고 선명한 인위적 눈썹 표현, 짧은 코, 언더라이너이 강조된 크며 검게 표현된 눈, 눈꼬리 쪽으로 길게 뺀 강조된 인조 속눈썹, 둥글고 작으며 볼륨있는 곡선표현의 빨간 입술, 광대뼈 아래의 둥근 볼터치(글로리아 스완슨의 화장)
1930년	그레타 가르보 : 밝고 흰 피부, 가늘고 높은 활모양의 눈썹, 눈 가장자리가 강조되어 밖으로 뻗은 아이라인, 얼굴뼈의 강조(이마와 코뼈, 눈썹 밑 뼈, 광대뼈, 중심턱뼈), 붉은 계열의 색으로 윗입술을 얇게 하고 입꼬리를 길게 늘임, 긴 인조 속눈썹, 외곽 전체를 M자 사선형으로 턱을 좁아 보이게 하는 볼 터치로 얼굴 길이를 길어보이게 함
1940년	리타 헤이워드 : 넓은 이마에 강조된 턱선의 네모난 얼굴, 밝은 핑크톤 피부, 눈머리 눈썹이 두터워지기 시작, 과장된 인조 속눈썹, 눈꼬리 부분을 올려 강조한 눈매, 넓은 입술에 두툼한 큰 윗입술
1950년	마를린 먼로 : 밝은 색 피부에 인위적 얼굴윤곽 강조, 진하고 두꺼운 눈썹, 살구색의 아이홀에 밝은 색 하이라이트를 준 눈, 강조된 속눈썹과 강조된 긴 아이라이너, 입가의 애교점, 선명한 빨간 입술(오드리 햅번의 굵은 눈썹화장)
1960년	튀기 : 화사하고 밝은 핑크빛 피부, 아이라인이 강조된 아이홀 화장, 속눈썹을 위와 아래에 모두 붙여 강조, 진주빛 펄색으로 가볍게 표현한 창백한 입술, 얼굴 앞쪽을 중심으로 한 핑크톤의 볼터치(브리짓 바르도의 큰눈 화장)
1970년	파라파세트 : 눈썹은 뽑아서 자연스럽게 정리, 언더라인은 아이 섀도우로 강조, 립라이너를 사용한 후 위에 립그로스 사용(70년대 말 극단적 형태의 펑크화장)
1980년	다이애너비 : 투명한 피부, 자연스럽고 긴 듯한 눈썹, 파스텔톤 아이 섀도우, 포인트를 준 입술, 부드럽게 강조된 볼(브룩쉴즈의 강한 눈썹)
1990년	과거 모든 스타일의 메이크업이 융합되어 표현, 개인의 선호도에 따라 선택된 메이크업으로 개성화된 메이크업 (에콜로지풍, 내추럴풍, 신복고풍)

- 이집트시대(BC5000년)의 눈 화장은 바람이나 곤충, 강한 태양, 모래로부터 눈을 보호하기위한 것에서 점차 장식적으로 확대되었다. 가슴과 관자놀이의 혈관을 푸른색으로 강조하고 머리를 짧게 깎고 가발을 사용하였다.
- 1930년대 글래머러스라는 말이 사용되었다. 인위적 눈썹 한쪽을 만드는데 1시간이 소요되었으며 30년대 중반부터 헤어브리치가 본격화되기 시작하였다.
- 1940년대 빨간머리와 금발머리색이 유행하였고 컬러필름의 등장으로 화장품 산업이 발전하는 계기가 마련되었다(눈썹용 펜슬, 다양한 색조).
- 1950년대 밝은 금발에 빨간색 입술이 유행되었으며 오드리 햅번의 짧게 커트한 머리에 굵은 눈썹화장이 유행하였다.
- 1960년대 튀기의 기하학적 커팅(비달사순의 헤어스타일)이 주목받았다.
- 1970년대 중반 이후 현대적 여성 이미지로 편안함과 자연스러움 그 자체의 미가 젊고 활동적인 현대미의 기준이 되었다. 70년대 말에는 펑크라는 하위문화를 형성하였다. (펑크화장-남녀 구분 없이 창백한 얼굴에 직선적 굵은 눈썹, 검정색을 위주로 한 다양한 색상과 기하학적 표현의 눈 화장, 입술은 검붉은 색, 공격적, 퇴폐적 성향 표현)

- 중국의 메이크업

중국	• 십미도(10가지 눈썹모양)를 현종이 소개 • 수하미인도에서 홍장(백분 위에 바름) 사용 • 연지(양불에) 바름, 액황(이마에 바름) • 희종·소종(서기 874~890년) 때 입술화장이 붉은 것을 미인이라 함 • 기원전 2200년경 하나라 시대에 분 사용 • 기원전 1150년경 은나라의 주왕 때 연지화장 사용 • 기원전 246~250년 아방궁 3천명의 미희들에게 백분과 연지를 바르고 눈썹을 그리게 하였다.

요점 정리 - - - - - - - - - - - - - - - - - - - Beautician

◇ 메이크업의 정의는 색조 화장을 뜻하며 무대화장을 의미하기도 하고 화장품을 바르거나 문질러서 얼굴을 곱게 꾸미는 것이다.

◇ 화장에 대한 순수 한국어는 단장, 장식, 야용이며 화장의 농도에 따라 농장, 단장, 성장으로 구분하고 옅은 화장을 담장이라 하였다.

◇ 영어의 메이크업은 페인팅(Painting), 드레싱(Dressing), 토일렛(Toilet)이며 프랑스어인 마뀌아쥬(Maquillage) 등으로 표현된다.

◇ 메이크업의 기원설에는 본능설(종족 보존설), 보호설, 위장설, 신분 표시설, 장식설, 종교설 등이 있다.

◇ 고구려 화장은 신분과 빈부의 차이 없이 머리치장과 함께 얼굴 치장도 했다.

◇ 메이크업의 목적은 단점을 보완하고 장점을 부각시키며 피부보호 및 피부의 표현과 색조에 의한 용모 변화로 시각적인 아름다움이나 원하는 얼굴 형태로 보이게 하는 것으로 개성의 존중, 심리적 욕구도 포함된다.

◇ 고려시대의 분대화장은 기생 중심의 짙은화장으로 여염집의 여성의 엷은 화장과 이원화 되었으며 분대화장의 영향은 조선시대까지도 연결되었다.

◇ 1940년대 컬러필름의 등장으로 화장품 산업이 발전하였으며 영화의 분장용 팬케익이 사용되었다.

◇ 메이크업 아티스트는 미용에 대한 다양한 지식을 통해 전문가의 위치는 물론이고 기본적인 소양도 갖추어야 한다.

◇ 1970년대 펑크라는 하위문화가 형성되었다.

◇ 이집트시대에 코올을 이용한 꺽인 형태의 눈썹과 푸른색의 아이 섀도우, 검은 아이라이너, 물고기 꼬리모양의 눈꼬리 등의 화장이 나타났다.

01 다음 중 메이크업의 정의에 대한 내용으로 옳지 않은 것은?

① 색조 화장을 뜻하며 무대화장을 의미하기도 한다.
② 얼굴의 색조에 의한 아름다움만을 연출하는 것이다.
③ 화장품을 바르거나 문질러서 얼굴을 곱게 꾸미는 것이다
④ 화장에 대한 순수 한국어는 단장, 장식, 야용이다.

정답 해설 얼굴의 색조뿐 아니라 색조화장을 위한 기초적 피부표현의 화장도 포함된다.

02 다음 중 불어의 메이크업의 표현으로 적당한 것은?

① 드레싱(dressing)
② 페인팅(painting)
③ 마뀌아쥬(maquillage)
④ 토일렛(toilet)

정답 해설 영어의 메이크업은 페인팅(painting), 드레싱(dressing), 토일렛(toilet)이며 마뀌아쥬(maquillage)는 불어(프랑스어)의 표현이다.

03 메이크업의 기원설로 가장 바람직하지 않은 것은?

① 종교설
② 장식설
③ 보호설
④ 풍수설

정답 해설 메이크업의 기원설에는 본능설(종족 보존설), 보호설, 위장설, 신분 표시설, 장식설, 종교설 등이 있다.

04 고구려 시대의 화장을 설명한 것으로 옳지 않은 것은?

① 무녀와 악공은 이마에 연지로 둥근 치장을 했다.
② 열가지 눈썹모양의 화장에 따라 치장했다.
③ 시녀로 보이는 여인도 볼과 입술에 연지화장을 했다.
④ 눈썹은 길지 않게 곡선형으로 그리고 둥근 얼굴을 선호했다.

정답 해설 십미도(10가지 눈썹모양)은 중국의 화장에 대한 내용이다.

05 다음 중 메이크업의 목적으로 가장 적합한 것은?

① 피부의 보호보다 아름다움에 대한 욕구의 미화를 목적으로 이용되는 것이다.
② 얼굴의 단점을 보완하고 장점은 부각시키는 것이며 개인의 개성을 강조하지는 않는다.
③ 심리적 욕구보다 외관상 아름다움을 유지시켜주는 목적이 있다.
④ 피부보호 및 피부의 표현과 색조에 의한 용모 변화로 시각적인 아름다움이나 원하는 얼굴 형태로 보이게 하는 것이다.

정답 해설 피부보호와 개성의 존중, 심리적 욕구도 목적에 포함된다.

06 고려시대의 분대화장에 대한 내용으로 옳지 않은 것은?

① 분대화장은 기생들이 하는 짙은 화장을 뜻한다.
② 기생 양성소인 교방을 두어 분대화장을 가르쳤다.
③ 분대화장이 일반화 되어 여염집 인들에게도 유행되었다.
④ 분대화장의 영향은 조선시대까지도 연결되었다.

정답 해설 기생 중심의 분대화장과 여염집의 여성은 엷은 화장이 이원화 되었으며 기생의 분대화장으로 인해 화장을 경멸하는 풍조가 있었다.

07 처음 컬러필름의 등장으로 화장품 산업의 발전과 화장품 색조가 다양해 졌으며 영화의 분장용으로 개발된 팬케익이 사용된 시기는?

① 1920
② 1930
③ 1940
④ 1960

정답 해설 1940년대 컬러필름의 등장으로 화장품 산업이 발전하였으며 분장용 팬케익이 사용되었다.

08 메이크업 아티스트의 자세로 바르지 않은 것은?

① 항상 깨끗함이 유지되어야 하며 메이크업 도구들은 시술시 편한 위치에 놓아야 한다.
② 메이크업에 대한 전문적인 지식을 갖추어야 한다.
③ 더러워진 도구들은 모두 버리고 이용 고객마다 새로운 것으로 사용해야 한다.
④ 고객에게 알맞은 서비스를 하며 기술적인 향상을 위해 항상 노력한다.

정답 해설 일회용의 경우는 새로운 것으로 대처하고 더러워진 도구들은 이용 고객마다 갈아주거나 위생적인 처리가 되게 하여 사용한다.

09 1970년대의 메이크업을 설명한 내용으로 틀린 것은?

① 펑크라는 하위문화가 형성되었다.
② 개성과 다양성보다는 정체된 문화로 백인 모델만이 존재 했다.
③ 30년대와 같이 눈썹이 정교하게 얇아졌으며 마스카라와 립스틱에도 주의를 기우렸다.
④ 편안함과 자연스러움 그 자체의 미가 젊고 활동적인 현대미의 기준이 되었다.

정답 해설 개성과 다양성이 중요시 되었으며 전문 흑인모델이 등장하였다.

10 코올을 이용한 꺾인 형태의 눈썹, 푸른색의 아이 섀도우, 검은 화장 먹의 아이라이너, 눈꼬리에 물고기 꼬리모양 등의 화장이 나났던 시대는?

① 이집트시대
② 그리스시대
③ 로마시대
④ 로코코시대

정답 해설 이집트시대의 화장을 표현하였다.

04 S·e·c·t·i·o·n 골상(얼굴형)의 이해

1 골상

● 사전적 의미의 골상이란 얼굴이나 머리뼈의 겉으로 보이는 생김새를 말하며 골상학이란 두골의 형상에서 성격을 비롯한 심적 특성이나 운명 등을 추정하는 학문이라고 한다. 사람들은 타인을 관찰할 때 그들의 생김새나 습관에서 어떠한 결론을 내리게 되는데 의식적이든 무의식적이든 일상의 생활에서 생김새에 따른 성격을 판단하게 된다. 무대 위의 등장인물에게도 같은 방법으로 결론을 내리게 되므로 골상에 대한 지식이 메이크업 미용인에게는 필요한 부분이다.

● 골상에 따른 기본적인 느낌은 비슷할 수 있으나 보는 이에 따라서 혹은 전체적이거나 부분적인 다른 부분의 영향을 받아서 조금은 다른 느낌을 받을 수도 있다.

■ 이마의 골상

● 이마의 골상은 이마의 부위마다 발달되었는지 그렇지 않은지를 보고 판단하는 것이다. 발달되었다는 것은 보기 좋게 도톰한 경우이고 그렇지 않은 경우는 움푹 꺼져있거나 좋아 보이지 않는다는 것이다.

● 보는 기준의 느낌적인 판단은 A부분은 논리력과 이성적인 사고를 B부분은 문화적 소양을, C부분은 인식 능력, 통찰력, D부분은 기초 지식과 원리, 통찰력이다.

■ 눈썹의 골상

● 눈썹이 짙고 옅은 경우나 짧다, 길다라는 표현은 일반적인 얼굴과의 비교와 본인의 얼굴전체 비율에서의 기준이다. 또한 올라가거나 내려갔다는 표현은 일자눈썹을 기준으로 한 상태이다.

● 짙은 눈썹은 행동적, 힘, 용맹, 야성적, 야만, 긴장, 투박함, 무지, 천박 등의 느낌이다.

● 흐린 눈썹은 온화함, 온순, 신성, 깨끗함, 피동적, 여성적, 병약, 허약 등의 느낌이다.

● 긴 눈썹은 눈썹의 길이 정도에 따라 안정감, 인품, 인격, 성숙, 점잖음, 고상함, 무서움, 의혹 등의 느낌이다.

- 짧은 눈썹은 밝음, 명랑, 경쾌함, 동적, 날렵함, 위선, 허구 등의 느낌이다.
- 각진 눈썹은 활동적, 엄격함, 주관적, 박력, 절도, 날카로움 등의 느낌이다.
- 아치형의 둥근 눈썹은 온화함, 유순함, 부드러움, 섬세함, 고전적, 동양적, 자애로움, 친절 등의 느낌이다.
- 일자형 눈썹은 젊음, 단정함, 객관적, 긴장감, 이기적 등의 느낌이다.
- 눈썹 자체의 폭이 넓은 눈썹은 투박함, 힘, 젊음, 순수함, 소박함, 건강, 야성적, 산만 등의 느낌이다.
- 올라간 눈썹은 눈썹꼬리가 올라간 정도에 따라 활동적, 능동적, 시원함, 야성미, 거만, 날카로움, 사나움 등의 느낌이다.
- 처진 눈썹은 처진 정도에 따라 온화함, 겸손함, 부드러움, 어리석음, 모자람, 천박함 등의 느낌이다.
- 눈썹과 눈썹 사이가 넓은 눈썹은 온화함, 너그러움, 여유, 낙천적, 어리석음, 멍청함 등의 느낌이다.
- 눈썹과 눈썹 사이가 좁은 눈썹은 예리함, 긴장, 성급함, 날카로움, 인색, 답답, 짜증, 신경질, 옹색함 등의 느낌이다.
- 눈썹과 눈의 사이가 폭이 넓은 경우 인내심, 강한 의지 등의 느낌이다.
- 눈썹과 눈의 사이가 폭이 좁은 경우는 비밀스러움 서구적인 느낌이다.

■ 눈의 골상
- 눈이 크고 작은 경우나 둥글거나 가는 표현은 일반적인 얼굴과의 비교와 본인의 얼굴전체 비율에서의 기준이다. 또한 올라가거나 내려갔다는 표현은 일자눈을 기준으로 한 상태에서의 기울어짐이다.
- 이상적인 눈은 얼굴과 코, 입의 크기와 조화를 이루는 눈으로 우아, 밝음, 고상, 총명, 희망, 신선, 너그러움, 인자 등의 긍정적인 느낌이다.
- 큰 눈은 시원함, 감성의 풍부함, 환상, 번민, 당황 등의 느낌이다.
- 작은 눈은 귀여움, 소극적, 편협, 답답함, 옹색함, 비밀 등의 느낌이다.
- 둥근 눈은 발랄, 경쾌함, 놀람, 공포, 당혹, 불안 등의 느낌이다.
- 가는 눈은 섬세함, 예리함, 관찰력, 냉정, 잔인 등의 느낌이다.
- 쌍꺼풀 눈은 풍부한 감성, 성숙, 노련함, 활발함, 서구적, 현대적, 슬픔 등의 느낌이다.
- 외겹 눈은 청순, 내성적, 담백함, 깔끔함, 순박함, 단순, 고집, 냉정 등의 느낌이다.

- 짝눈은 미성숙, 동성적, 불안, 비애, 모자람 등의 느낌이다.
- 처진 눈은 온순, 순진, 모자람, 천박, 비굴 등의 느낌이다.
- 올라간 눈은 적극적, 주관적, 날카로움, 고집 등의 느낌이다.
- 눈두덩이 나온 눈은 건강, 의지, 고집, 심술, 퉁명스러움 등의 느낌으로 동양인에게 많은 눈이다.
- 눈두덩이 들어간 눈은 관찰력, 부드러움, 현대적, 시원함, 조숙함, 노숙함, 피곤 등의 느낌으로 서양인에게 많은 눈이다.
- 눈과 눈 사이가 먼 눈은 낙천적, 너그러움, 대범, 느긋함 등의 느낌이다.
- 눈과 눈 사이가 좁은 눈은 소극적, 답답함, 편협, 협소, 비애 등의 느낌이다.

■ 코의 골상
- 코가 크고 작은 경우나 높거나, 낮은 코, 넓거나 좁은 코 등의 표현은 일반적인 얼굴과의 비교와 본인의 얼굴전체 비율에서의 기준이다.
- 큰 코의 경우 힘, 정력적, 열정적, 긍정적 등의 느낌이다.
- 작은 코의 경우 소극적, 소심함, 섬세함 등의 느낌이다.
- 높은 코의 경우는 강한자존심, 섬세함, 날카로움 등의 느낌이다.
- 낮은 코의 경우는 귀여움, 순함, 비공격적, 욕심, 변덕, 고집 등의 느낌이다.
- 넓은 코의 경우는 대범함, 활동적, 욕망, 수다 등의 느낌이다.
- 좁은 코의 경우는 날렵함, 섬세함, 예민함, 소극적, 답답함 등의 느낌이다.
- 코끝이 쳐들린 코는 낙천적, 열광적, 무지함, 회의적 등의 느낌이다.
- 매부리코는 귀족적, 풍요, 무서움, 비밀스러움 등의 느낌이다.

■ 입술의 골상
- 입술이 크고 작은 경우나 얇거나 도톰하다는 표현은 일반적인 얼굴과의 비교와 본인의 얼굴전체 비율에서의 기준이다. 또한 올라가거나 처졌다는 표현은 일자 입술을 기준으로 한 상태이다.
- 큰 입술은 활달, 호방함, 너그러움, 비실속 등의 느낌이다.
- 작은 입술은 귀여움, 소극적, 소심함, 비밀스러움 등의 느낌이다.
- 일자 입술은 단호함, 확고한 느낌이다.
- 곡선 입술은 따뜻함, 사교성, 부드러운 느낌이다.
- 도톰한 입술은 풍부한 정서, 온화함, 동정, 사교적, 방종, 나태함 등의 느낌이다.

- 엷은 입술은 정확성, 냉정함, 형식적, 가벼움, 질투심 등의 느낌이다.
- 입 끝이 올라간 입술은 사교성, 따뜻함, 긍정적 등의 느낌이다.
- 입 끝이 내려간 입술(처진 입술)은 진지함, 비관적, 부정적 등의 느낌이다.
- 느슨하게 다문 입술은 부드러움, 정서적 등의 느낌이다.
- 윗입술이 풍부한 입술은 자존심, 권위, 자만심 등의 느낌이다.
- 아랫입술이 풍부한 입술은 여성적, 화려함, 질투심 등의 느낌이다.

② 얼굴의 황금비율

- 메이크업 작업에 중요한 것은 가장 이상적인 얼굴의 비율을 알고 있는 것이다.
- 이상적인 얼굴 비율은 비율이 정한 미인의 기준을 만들어 메이크업에서 일정 부분 기준의 역할을 한다.
- 이상적인 얼굴은 타원형(계란형)으로 세로와 가로의 비율이 1.5:1이고 이마가 턱보다 약간 넓다.

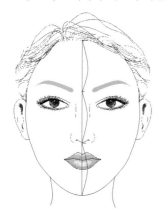

얼굴폭	가로 전체 간격을 5등분으로 구분지었을 때 귀에서 눈꼬리까지, 눈꼬리에서 눈앞머리까지, 눈과 눈 사이이다.
얼굴길이	얼굴 전체 길이를 3등분으로 구분지었을 때 이마의 머리카락이 난 부분에서 눈썹까지, 눈썹에서 코끝까지, 코끝에서 턱까지의 간격이다.
귀	이상적인 귀의 위치는 코와 동일한 높이를 유지하는 것이다.
눈썹	눈썹의 길이는 콧망울과 눈꼬리를 잇는 연장선상에 눈썹꼬리가 위치하는 것이다.
눈	가로 5등분의 폭 중 1에 해당하며, 눈의 세로 길이는 가로 길이의 1/3이다.
코	콧망울 부분의 코의 가로길이는 코 전체 길이의 6.4/10 정도이다.
입술	입의 가로길이는 두 눈의 검은 눈동자의 위치를 수직으로 내렸을 때보다 크지 않아야 하고 입술의 가로와 세로의 비율은 3:1이 적당하며 입술의 가로길이는 눈의 가로길이의 1.5배 정도이다.
턱	턱의 위치는 이마에서 수직으로 연장한 선상에 놓여져야 하며 턱의 크기는 눈과 눈 사이의 간격과 동일하다.

 TIP

- 메이크업에서 골상에 대한 지식이 필요한 가장 큰 이유는 등장인물(캐릭터)의 생김새로 성격을 판단하기 때문이다.
- 이상적인 얼굴의 비율은 얼굴에서 가로 5등분, 세로 3등분에 의한 15등분의 위치와 크기를 살펴보는 것이다.

05 Section 얼굴형 및 부분 수정 메이크업 기법

① 얼굴형과 부분 수정 메이크업

● 얼굴 수정 메이크업은 원하는 얼굴을 만들기 위해 얼굴의 형태나 눈, 코, 입, 볼 등의 얼굴의 구조를 수정하는 것을 말한다.

● 얼굴 수정 메이크업의 궁극적인 목적은 얼굴의 단점을 보완하고 장점을 부각시키며 개성적인 얼굴이나 원하는 이미지의 얼굴이 되게 하는 것이다.

② 얼굴형

● 사람의 얼굴은 비슷할 수 있으나 각기 다른 모양을 하고 있다. 우리가 일반적으로 형태라고 하는 틀에 맞추어 크게 나누어 보면 얼굴은 타원형, 둥근형, 사각형, 삼각형, 역삼각형, 다이아몬드형, 긴형 등이 있다. 더 세부적으로 살펴보면 하나의 형태로는 설명할 수 없는 2가지의 복합적 형태나 혹은 그 이상의 복합적인 형태를 볼 수 있으나 전체 얼굴에서 비중을 가장 많이 차지하는 얼굴의 형태를 보고 기본적인 판단을 하는 것이 옳을 것이다. 얼굴형태의 파악은 모든 모발을 뒤로하고 앞에서 밝은 전등을 수평으로 비추어 보았을 때 나타나는 명암의 구조로 기본적인 형태 찾기를 할 수 있으며 가장 이상적인 얼굴 형태는 타원형인 계란형으로 알려져 있다.

■ 타원형(Oval face)

● 가장 이상적인 얼굴형으로 계란형의 얼굴을 말한다. 얼굴형태에서의 수정 메이크업은 필요치 않고 다른 형태의 얼굴형을 타원형의 얼굴로 보여지도록 수정 메이크업을 하는 것이 일반적이다.

■ 둥근형(Round face)

● 얼굴이 둥근 모양을 한 얼굴로 타원형을 기준으로 볼 때는 세로길이가 짧고 중간부분이 넓은 형태이다.

■ 사각형(Square face)

● 얼굴이 네모 모양을 한 얼굴로 얼굴의 모서리 부분이 모두 나와 있는 상태이며 정사각형인가 직사각형인가에 따라 얼굴의 길이가 달라질 수 있다.

■ 삼각형(Triangle face)

● 얼굴이 삼각형의 형태를 한 얼굴로 이마의 중심부가 올라가 있으며 관자놀이 부분은 함몰된 상태에서 턱부분이 중심턱과 비슷한 형태로 넓게 퍼지며 각이 있는 형태이다.

■ **역삼각형(Uninverted Triangle face)**

● 삼각형의 얼굴과 반대로 이마 쪽이 넓게 퍼져 있으며 턱 쪽이 뾰족한 형태를 한 경우로 볼이 함몰된 형태이다.

■ **다이아몬드형(Diamond face)**

● 윗부분의 삼각형과 아랫부분의 역삼각형이 합쳐진 얼굴 형태로 이마의 중심부와 턱의 중심부는 너무 돌출되어 있다. 이마의 양쪽 모서리분과 턱의 양쪽 모서리부분이 함몰되어 있는 반면 광대뼈와 윗볼 부분이 돌출되어 있는 형태이다.

■ **장방형(Oblong face)**

● 타원형의 얼굴을 기준으로 이마의 중심부와 턱의 중심부가 조금 길며 볼이 약간 일자형으로 길어진 형태의 긴형이다.

■ **복합형(Compound face)**

● 복합형의 얼굴이란 윗부분은 둥근 얼굴에 아랫부분은 타원형일 수도 있으며 윗부분은 타원형에 아랫부분은 사각형일 수도

있는 얼굴 형태들을 말한다. 복합형의 얼굴은 얼굴 형태에서 비중을 많이 차지하는 쪽의 얼굴을 기본으로 하되 정확한 얼굴 분석에 의해 수정 메이크업이 들어가야 한다.

3 부분 수정 메이크업

■ **얼굴의 존**

● T존 : 이마와 콧등을 T자로 연결하는 존이다.
● O존 : 눈주위와 입주위를 O자로 그을 수 있는 존이다.
● Y존 : 눈밑과 입밑의 턱 중앙을 Y자로 연결하는 존이다.
● S존 : 귀밑에서 턱선까지 S자형으로 덮히는 볼부분의 존이다.
● U존 : 턱선 라인 전체를 U자로 연결하는 존이다.
● 헤어라인(Hair line)존 : 얼굴과 머리가 맞닿는 곳의 경계선의 존이다.
● V존 : 양볼의 중앙과 턱의 중앙부분을 연결하는 존이다.

■ **메이크업 기본 수정 방법**
● 하이라이트와 쉐이딩에 의한 수정 방법

하이라이트 (가장 밝음)	밝게 표현하여 넓어 보이고 높아보이는 효과를 주는 수정 방법이다. 색상은 가장 밝은, 밝은, 밝은 색 펄 등이 사용된다.
쉐이딩(음영)	어두운 부분을 주어 음영을 표현해 주므로 좁아 보이고 낮아 보이는 효과를 주는 수정 방법이다. 색상은 어두운 컬러들이 주로 사용된다.

● 굴형의 보완을 원할 때는 타원형(계란형)을 기준으로 확장되어 져야 할 부분과 축소되어져야할 부분을 가려 얼굴형의 수정 메이크업을 한다. 얼굴형의 경우 파운데이션에 의한 밝은 컬러의 파운데이션을 하이라이트로 사용하고 어두운 컬러의 파운데이션을 쉐이딩 컬러로 사용하며 섀도우의 밝은 컬러와 어두운 컬

러를 이용하여 화장 마무리 단계에서 다시 한번 블로셔 브러쉬를 이용한 섀도우 수정을 한다.

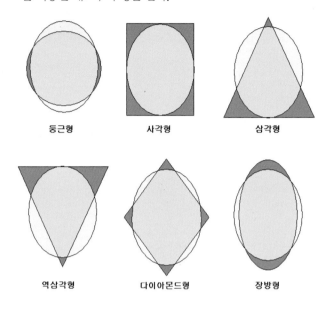

둥근형	사각형	삼각형
역삼각형	다이아몬드형	장방형

●둥근 얼굴의 경우 이마와 턱은 하이라이트 처리하여 길어보이게 하고 양쪽 튀어나온 부분은 쉐이딩 처리하여 좁아 보이도록 한다.
●사각형 얼굴의 경우 각이진 부분은 쉐이딩 처리하여 좁아 보이도록 하고 얼굴의 중심부를 살려 얼굴의 윤곽이 덜 들어나 보이도록 한다.
●삼각형 얼굴의 경우 들어간 부분인 양쪽 이마부분과 관자놀이 부분을 넓어 보이게 처리하고 턱 양쪽부분의 각과 이마 중심부를 쉐이딩 처리하여 좁아 보이도록 한다.
●역삼각형 얼굴의 경우 이마 양쪽부분과 턱중심부 끝을 쉐이딩 처리하여 들어가 보이게 하고 볼부분을 하이라이트 처리하여 넓어 보이게 한다.
●다이아몬드형 얼굴의 경우 이마중심부 끝과 턱중심부 끝, 광대뼈의 튀어나온 부분은 쉐이딩 처리하고 이마 양쪽 부분과 볼과 턱 부분을 하이라이트 처리하여 넓어보이게 한다.
●장방형 얼굴의 경우 이마와 턱부분을 쉐이딩 처리하고 양쪽 관자놀이부터 볼 부분에 걸친 옆 얼굴 부분은 하이라이트 처리한다.

■ 눈썹 수정 메이크업
●눈썹은 얼굴형과 관련이 깊은 부분으로 얼굴형에 따른 눈썹 수정 메이크업으로 얼굴을 보완할 수 있다.

얼굴형	얼굴형에 어울리는 눈썹의 형태 그리기
타원형	계란형의 얼굴로 어떤 눈썹이든 다 잘 어울린다.
둥근형	전체적으로 올라간 듯 각진 눈썹으로 그려 세로 느낌을 강조한다.
사각형	각진 얼굴을 완화시키게 부드러운 곡선으로 가늘지 않게 그리며 아치형이나 화살형이 좋다.
삼각형	화살형에 눈썹꼬리를 약간 완만히 내리거나 아치형 눈썹을 올라간 듯하게 그린다.
역삼각형	날카로움을 감소키기 위해 부드러운 아치형으로 그려 눈썹 산의 위치를 1/2 정도에 둔다.
다이아몬드형	강조된 광대뼈를 완화시키기 위해 눈썹의 앞머리에 포인트를 준 화살형 눈썹으로 시선을 분산시킨다.
장방형	수평적인 느낌의 일자형 눈썹으로 자연스러운 굵기의 가로선을 만든다.

■ 눈썹의 여러 가지 형태

	표준형 : 어떤 얼굴형이든 무난히 어울리며 귀엽고 발랄한 느낌이다.
	일자형 : 남성적 느낌이며 젊어보이고 기본형보다 조금 짧게 그린다. 장방형의 얼굴에 어울린다.
	아치형 : 여성적, 안정적, 노숙한 느낌이며 눈이 커 보이는 효과도 준다. 이마가 넓은 사람, 역삼각형, 턱이 각진 사람, 다이아몬드형에 어울린다.
	화살형 : 올라간 눈썹으로 동적, 지적, 개성적인 느낌이다. 눈이 조금 작아 보이는 효과도 주며 둥근얼굴, 턱이 각진 얼굴에 어울린다.
	각진형 : 갈매기형으로 세련됨, 단정함, 성숙함, 샤프한 느낌이다. 둥근얼굴, 삼각형 얼굴, 오피스 메이크업에 어울린다.

●아치형의 눈이 커 보이는 효과일 때는 눈썹 산을 많이 올려주고 화살형의 눈이 조금 작아 보이는 효과는 눈썹을 기본형보다 조금 짧게 그린다.

■ 아이 섀도우 수정 메이크업 (눈의 형태에 따른 수정)
●눈의 형태는 알맞은 눈, 큰눈, 작은 눈, 눈두덩이 나온 눈, 눈두덩이 들어간 눈, 올라간 눈, 처진 눈, 동그란 눈, 가는 눈, 쌍꺼풀 눈, 외겹 눈, 눈과 눈 사이 간격이 넓은 눈, 눈과 눈 사이 간격이 좁은 눈, 짝눈 등이 있다. 눈의 형태에 맞는 섀도우 기법도 기본 눈의 기준으로 보이도록 색상을 표현한다.

● 알맞은 눈 : 표준이 되는 눈의 크기와 위치로 형태를 다르게 보이게 할 필요는 없으며 의상이나 계절, 연령, 개성에 맞게 색상을 선택하여 연출한다.

● 큰 눈 : 큰 눈을 조금 작아 보이게 하는 아이 메이크업을 해야 하며 눈이 더 커 보이지 않도록 주의하여 짙은 색보다는 옅은 색으로 자연스럽게 그라데이션하고 포인트 컬러도 약하게 처리하는 것이 좋다. 언더 컬러는 사용하지 않거나 눈꼬리 쪽의 1/3만 옅은 컬러로 연출한다.

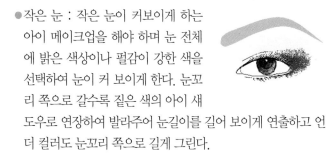

● 작은 눈 : 작은 눈이 커보이게 하는 아이 메이크업을 해야 하며 눈 전체에 밝은 색상이나 펄감이 강한 색을 선택하여 눈이 커 보이게 한다. 눈꼬리 쪽으로 갈수록 짙은 색의 아이 섀도우로 연장하여 발라주어 눈길이를 길어 보이게 연출하고 언더 컬러도 눈꼬리 쪽으로 길게 그린다.

● 눈두덩이 나온 눈 : 눈두덩이 들어가 보이게 하는 아이 메이크업을 해야 하므로 매트한 브라운이나 그레이 색상을 사용하여 옅게 전체에 바르고 포인트 컬러로 눈 형태에 따라 선을 긋듯 발라주어 눈매를 강조한다. 펄감이나 붉은색 계열은 더 튀어나와 보이게 하므로 피해야 한다.

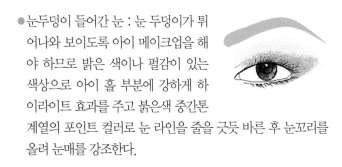

● 눈두덩이 들어간 눈 : 눈 두덩이가 튀어나와 보이도록 아이 메이크업을 해야 하므로 밝은 색이나 펄감이 있는 색상으로 아이 홀 부분에 강하게 하이라이트 효과를 주고 붉은색 중간톤 계열의 포인트 컬러로 눈 라인을 줄을 긋듯 바른 후 눈꼬리를 올려 눈매를 강조한다.

● 올라간 눈 : 눈꼬리가 내려와 보이게 해야 하는 아이 메이크업으로 눈머리와 눈꼬리 밑 부분에 포인트 컬러를 주고 언더 컬러를 넓게 발라준다.

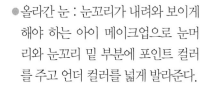

● 처진 눈 : 눈꼬리가 올라가 보이도록 해야 하는 아이 메이크업으로 포인트 컬러로 눈머리 부분은 가늘게 시작하여 점차 눈꼬리 쪽을 사선방향으로 폭넓게 바르며 올려주고 언더 컬러로 눈꼬리쪽을 연결시켜 올려준다. 컬러의 색상은 한색계열의 청색이나 녹색이 알맞다.

● 동그란 눈 : 동그란 느낌을 줄이기 위해 눈이 가늘게 보이도록 해야 하는 아이 메이크업으로 눈머리와 눈꼬리 쪽을 짙게 하여 눈매를 길어 보이게 한다. 포인트 컬러는 브라운이나 그레이계의 어두운 색을 사용하여 눈꼬리 쪽을 더 넓고 길게 표현하며 언더컬러도 눈꼬리 쪽으로 길게 발라준다. 눈 중앙의 짙은 포인트 컬러는 눈을 더 동그랗게 보이게 하므로 주의해야 한다.

● 가는 눈 : 가는 눈을 둥글게 보이게 해야 하는 아이 메이크업으로 포인트 컬러를 이용해 눈 중앙에 넓게 발라주고 눈머리와 눈꼬리 쪽으로 갈수록 가늘게 그라데이션한다. 언더 컬러의 경우도 중앙에서 넓게 발라 그라데이션 하며 아이홀은 밝은 하이라이트 컬러로 넓고 둥글게 발라 전체적으로 둥근 느낌을 표현한다.

● 쌍꺼풀 눈 : 쌍꺼풀 진 부분이 감추어진 경우와 드러나는 경우를 살펴볼 수 있다. 쌍꺼풀이 두꺼워 드러난 경우는 아이 섀도우 표현에 크게 영향을 미치지 않으며 쌍꺼풀이 들어간 경우는 감추어진 라인을 섬세하게 포인트 컬러로 처리하고 아이홀 전체에 자연스러운 색상으로 부드럽게 표현한다.

●외겹 눈 : 눈이 크고 뚜렷하게 보이기 위해 라인을 강조하고 평면적으로 보일 수 있는 눈을 입체적으로 보여지도록 한다. 포인트 컬러를 눈꼬리에 사선방향으로 그라데이션한 후 아이홀 부분까지도 포인트 컬러를 펴 바르고 눈썹아래를 강하게 하이라이트 컬러를 주어 입체감을 잘 표현한다.

●눈과 눈 사이 간격이 넓은 눈 : 눈의 간격이 좁아 보이게 하는 아이 메이크업으로 눈머리에 포인트 컬러를 준다.

●눈과 눈 사이 간격이 좁은 눈 : 눈의 간격이 넓어 보이게 하는 아이 메이크업으로 눈꼬리에 포인트 컬러를 넓게 발라준다. 눈머리에서 눈 중앙은 밝게 표현하여 눈 사이의 간격이 넓어 보이게 하며 언더 컬러도 눈꼬리 방향으로 표현한다.

●짝눈 : 짝눈의 느낌이 덜 들도록 하는 아이 메이크업으로 두 눈 중 어느 한 쪽의 눈에만 맞추는 것이 아니라 전체적으로 두 눈이 비슷해 보이게 해야 한다. 기본적으로는 둘 중 예쁘게 표현되는 눈을 기준으로 다른 눈을 최대한 수정하며 균형을 맞춘 후 두 눈의 어울림을 살펴 예쁘게 표현되는 눈도 수정을 필요로 할 때가 있다.

■ 아이 라인 수정 메이크업(눈의 형태에 따른 수정)
●눈의 형태에 따른 아이라인 기법(테크닉)은 알맞은 눈으로 보여지게 하는데 목적이 있다.

●알맞은 눈 : 알맞은 눈의 크기와 위치로 원하는 아이라인을 그려 연출한다.

●큰 눈 : 큰 눈은 아이라인으로 너무 강조하지 않는 것이 좋다. 펜슬 타입으로 가늘고 섬세하게 그려 부드럽게 보이도록 하며 위쪽 아이라인과 언더라인의 아이라인이 연결되는 것이 자연스럽다.

●작은 눈 : 윗 눈꺼풀 아이라인의 눈꼬리 부분을 수평으로 빼주듯 그리고 언더라인도 수평으로 빼주듯 그려줌에 의해 눈의 길이를 좀 더 길게 그려 크게 보일 수 있다. 이때 언더라인은 눈꼬리 쪽에서 1/3만 그려준다. 눈꼬리 쪽에서 아이라인이 만나면 눈이 더 작아 보이며 언더라인을 앞쪽에서부터 하여도 눈이 좁아 보인다.

●눈두덩이 나온 눈 : 전체적으로 아이라인을 그리며 눈꼬리 쪽은 굵게 강조하여 그린다.

●눈두덩이 들어간 눈 : 눈꼬리 부분을 굵게 그리며 끝을 끌어 올리듯 그려 연출한다.

●올라간 눈 : 눈머리 쪽은 약간의 강함을 주고 나머지 부분은 가늘게 그리며 언더라인은 눈꼬리 쪽 1/3만 수평으로 굵게 그린다.

●처진 눈 : 윗 눈꺼풀의 실제 선보다 눈꼬리 부분을 올려 그려주고 언더라인은 꼬리부분을 가늘게 그리다가 윗라인에 붙여서 올려 그린다.

●동그란 눈 : 동그란 느낌을 줄이기 위해 눈머리와 눈꼬리 쪽을 굵게 그린다. 눈꼬리 쪽을 길게 빼어주고 언더라인도 길게 빼어주되 윗 라인과 아래라인이 만나지 않아야 더 길게 느껴지며 동그란 느낌이 줄어든다.

●가는 눈 : 눈의 중앙 부분을 넓고 강하게 그려주어 둥근 느낌이 나게 하며 언더라인도 중심부를 그려 채워주어 눈이 둥글어 보이게 한다. 언더라인은 펜슬로 점막부위를 검게 채워주기도 한다.

● 쌍꺼풀 눈 : 쌍꺼풀 진 부분이 감추어 진 경우와 드러나는 경우가 있다. 쌍꺼풀이 두꺼워 드러난 경우는 보통의 아이라인을 그리고 쌍꺼풀이 반은 들어가 있는 경우는 눈머리는 가늘게 그리고 차츰 조금씩 굵게 그려준다. 언더라인은 눈꼬리쪽만 가볍게 그려준다.

● 외겹 눈 : 아이라인이 눈에 튀지 않게 자연스럽게 표현한다.

● 눈과 눈 사이 간격이 넓은 눈 : 눈머리 쪽을 강하게 표현한다.

● 눈과 눈 사이 간격이 좁은 눈 : 눈꼬리 쪽을 강하게 표현하며 눈꼬리 쪽을 조금 길게 그린다.

● 짝눈 : 짝눈의 느낌이 덜 들도록 어느 한 쪽의 눈에만 맞추는 것이 아니라 전체적으로 두 눈이 비슷해 보이게 아이라인을 그려준다.

■ 입술의 수정 메이크업
● 입술의 수정은 1~2mm의 범위에서 줄이고 늘려야 한다.

● 큰 입술 : 구각 쪽을 본래의 입술보다 1~2mm 작게 줄여서 그려주고 입술 중앙에 짙은 색을 바른다.

● 작은 입술 : 전체적으로 1~2mm 넓게 그린다. 색상을 밝게 하고 아랫입술 중앙에 펄 제품을 발라 부피감을 준다.

● 얇은 입술 : 위쪽과 아래쪽의 폭을 1~2mm 늘려주어 둥글고 풍만하게 그리고 입술산도 그려주는 것이 효과적이며 펄감이 있는 밝은 색상을 바른다.

● 두꺼운 입술 : 본래의 입술보다 위쪽과 아래쪽의 폭을 1~2mm 정도 줄여 안쪽으로 그려주고 입술산은 완만히 그린다. 립스틱 색상은 짙은 색을 발라 축소 효과를 주며 입술 외각은 흐리게 발라준다.

● 입 꼬리가 처진 입술 : 입술 구각을 1~2mm 정도 올려 그려주고 윗입술은 스트레이트 커브식으로 하며 아랫입술은 아웃커브로 처리해 입꼬리가 올라가 보이게 한다.

● 윗 입술이 두꺼운 경우 : 윗 입술은 본래의 길이보다1~2mm 정도 줄이고 아랫 입술은 조금 늘려서 그리고 동색 계열 립스틱으로 윗 입술을 아랫 입술보다 진하게 연출한다.

● 아랫 입술이 두꺼운 경우: 아랫 입술을 본래의 길이보다 1~2mm 정도 줄여주고 윗 입술은1~2mm 정도를 늘려서 그려주며 입술산을 강조한다.

● 입술산이 흐린 경우: 립 펜슬로 입술산을 선명하게 표현하고 짙은 계열의 색으로 표현한다.

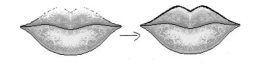

● 돌출된 입술 : 립 라인을 강하게 그리고 짙은 색의 브라운 계열, 레드 계열, 퍼플 계열의 색상으로 연출한다.

■ 코의 형태별 수정 메이크업

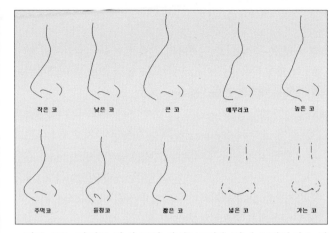

작은 코   낮은 코   큰 코   메부리코   높은 코

주먹코   들창코   짧은 코   넓은 코   가는 코

● 작은 코는 전체를 밝게 표현 한 후 코벽을 짙게 표현하여 높아 보이게 한다.

● 낮은 코는 코벽을 짙은 색으로 하고 콧등은 밝은 색을 사용하여 높아 보이게 한다.

● 큰 코는 코 전체를 짙은 색을 사용하여 두드러지지 않게 표현한다.

● 메부리코는 콧등의 튀어나온 부분을 피부 베이스 화장에서부터 어두운 파운데이션으로 처리한다.

● 높은 코는 코 전체를 짙은 색으로 사용하되 코벽과 콧망울은 옅은 색을 사용한다.

● 주먹코의 경우는 콧망울에 짙은 색을 바르고 코끝은 옅은 색을 바른다.

● 들창코의 경우는 콧등을 파운데이션으로 하이라이트를 주고 코벽은 어두운 파운데이션을 사용하여 1차 음영을 준 다음 파우더로 눌러주고 콧등은 하이라이트를 코벽은 어두운 갈색 새도우를 발라준다.

● 짧은 코는 하이라이트와 새도우를 길게 주어 코가 길어 보이게 표현한다.

● 넓은 코는 하이라이트 할 부분의 면적을 좁게 잡아 표현하고 길이감을 주어 퍼져보임을 줄여야 한다.

● 가는 코는 하이라이트 할 부분을 넓게 하며 코벽의 새도우는 짧게 표현하여 길이감을 줄이는 것이 좋다.

06 Section 기본 메이크업 기법(베이스, 아이, 아이브로우, 립과 치크)

1 베이스 메이크업(Base makeup, 바탕화장)

● 베이스 메이크업이란 바탕화장을 의미하는 것으로 얼굴 피부를 표현하는 화장이라는 뜻이다. 메이크업 베이스, 파운데이션, 페이스 파우더가 베이스 메이크업에 속한다.

■ 메이크업 베이스(Makeup base)

● 화장수를 바른 후 파운데이션을 사용하기 전에 펴 바르는 것으로 두껍지 않게 라텍스나 손으로 두드리며 바른다.
● 사람의 여러 존(T존, U존, Y존 등)을 고려한 색과 타입을 결정해야 하며 소량을 이마, 볼, 코, 턱에 찍어 바른 다음 잘 펴 바른다.
● 메이크업 베이스의 양을 많이 펴 바를 경우 파운데이션의 밀림 현상이 있을 수 있으므로 적당량을 바르는 것이 중요하다.
● 건성피부의 경우 메이크업 베이스를 생략한 가운데 파운데이션만 바를 경우 피부가 메마르게 되어 좋지 않다.
● 넓은 부위인 이마나 볼을 먼저 바르고 좁은 부위인 코와 턱은 나중에 바르며 눈과 입의 주변 부분은 좀 더 얇게 펴 바르면서 마무리한다.
● 피부 결의 방향으로 안에서 밖으로 발라준다.

■ 파운데이션(Foundation)

● 파운데이션은 영어로 기초를 의미하며 베이스 메이크업 중 가장 중요한 역할을 한다. 메이크업 베이스를 바른 이후에 파운데이션을 펴 바른다.
● 얼굴의 확장과 축소 부분을 고려한 파운데이션의 색과 피부를 고려한 타입을 선택하여 이마, 볼, 코, 턱 등에 찍어 잘 펴 바른다.
● O존(눈과 입 주위)과 T존(이마 중심과 콧등) 부분은 주름이 쉽게 지게 되므로 얇게 꼼꼼히 바른다.
● 소량씩 여러 번 두드리듯 발라 피부에 흡착시키는 것이 더 오래 유지될 수 있다.
● 얼굴의 피부 결에 따라 안에서 밖으로 바르며 피부의 상태와 피부 톤을 고려한 파운데이션의 종류와 색의 선택을 해야 한다.
● 바르는 순서는 메이크업 베이스를 바르는 순서와 동일하게 하는 경우나 넓은 부위부터 펴 바르는 경우가 있고 얼굴의 아래에서 위로 진행하며 바르는 경우가 있다. 아래에서 위로 바를 경우 아래턱 부위와 뺨을 바른 후 입 주변을 바르고 코와 콧등을 바른 후 이마와 관자놀이 부분을 바른다. 목은 턱과의 경계를 잘 살피며 마지막에 바른다.

● 눈 주변은 인지 끝을 이용하여 가볍게 문질러 꼼꼼히 발라주고 눈꺼풀 쪽은 내각에서 외각으로 발라주며 눈 아래부위는 외각에서 내각으로 발라준다.
● 파운데이션에 의한 명암을 잘 표현하기 위해서는 손가락(검지, 중지, 손가락 끝)이나 스펀지를 이용해 문지르거나 두드리는 기법을 이용한다. 문지르는 기법은 슬라이딩(Sliding) 기법이라고 하며 두드리는 기법은 패팅(Patting)기법이라고 한다. 일반적으로 오래 유지시키기 위해 문질러 바르고 두드리는 기법을 반복해서 이용하게 된다.

두드리고 문지르기	가볍게 두드린 후 손끝으로 곱게 문지르면 실제 피부와 유사한 효과가 있다.
두드리고 두드리기	상흔, 주근깨, 붉은 기 등을 감추는데 쓰이며 명암조절로 깨끗한 피부로 보이게 한다.
문지르고 두드리기	피부표현이 자연스럽게 보이며 명암을 조화시키는데 가장 좋다.
문지르고 문지르기	파운데이션의 색조를 밝게 변화시킬 때나 두껍게 발라진 부분을 얇게 할 때 사용하며 처음부터 문지르기만 반복하면 고운 화장이 되기 어렵다.

● 페이스라인(이마와 머리카락의 경계선)이나 얼굴과 목의 경계선은 드러나지 않도록 색상과 펴 바름에 주의해야 한다.
● 바를 때 사용되는 스펀지는 용도에 맞게 다양한 크기를 사용하며 가능한 부드러운 스펀지가 피부 표면의 손상을 최소화시킬 수 있다.

■ 페이스 파우더(Face powder)

● 베이스 메이크업(메이크업 베이스-파운데이션-페이스 파우더)의 마지막 단계에 사용되며 파운데이션을 바른 이후 사용한다.
● 분말과 압축형의 형태로 퍼프로 두드리듯 바르거나 페이스 파우더 브러시를 이용해 발라주며 지나치게 눌러 바르지 않아야 한다.

퍼프를 이용한 방법	브러쉬를 이용한 방법
퍼프에 페이스 파우더를 적당량 덜어서 골고루 편 후 얼굴 전체에 눌러준다. 눈과 목선은 꼼꼼히 눌러주고 눈밑, 눈꼬리, 코밑은 퍼프를 반으로 접어 사용한다.	적당량을 손이나 용기에 덜어서 둥근 페이스 파우더 브러시를 이용해 얼굴 전체에 도포한 후 페이스 파우더 제거용 브러시로 털어준다. 이때 얼굴의 측면에서 중앙으로 굴리듯 도포하며 털 때는 안에서 밖으로 털어준다.

● 페이스 파우더는 얼굴 전체나 부분적으로 사용되기도 하며 심하게 건조한 피부는 페이스 파우더의 사용을 피하기도 한다.

TIP
• 파운데이션 바르는 기법 중 하이라이트와 쉐이딩 처리를 하는 기법으로 긋기 기법과 브랜딩 기법이 있다. 긋기 기법은 콧대나 코벽 등 좁고 긴 부위에 하이라이트나 쉐이딩을 처리할 때 쓰이며 브랜딩 기법은 하이라이트와 쉐이딩의 경계를 자연스럽게 연결할 때 쓰인다.

2 아이 메이크업(Eye makeup)

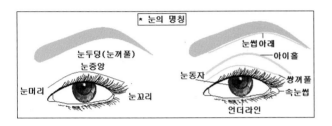

・눈의 명칭

■ **아이 섀도우 메이크업(Eye shadow makeup)**

● 아이 섀도우는 눈에 색감 및 음영을 주어 전체적인 분위기나 입체감을 주는 것으로 색상 선택의 중요성과 더불어 얼굴 구조, 피부색과의 조화를 고려한 기법이 되어야 한다.

● 아이 섀도우의 색상 선택법은 의상색과 동계열이나 조화가 잘 되는 색, 계절을 고려한 색, 색의 감성을 이용한 색, 눈의 형태를 고려한 색, 이미지를 고려한 색, T.P.O에 맞는색, 유행색, 선호색 등이다.

● 아이 섀도우의 컬러 명칭은 베이스 컬러(Base color), 포인트 컬러(Point color), 쉐이딩 컬러(Shading color) 메인 컬러(Main color), 하이라이트 컬러(Highlight color)와 언더 컬러(Under color)로 나누어 살펴볼 수 있다.

베이스 컬러	눈두덩 전체에 도포하는 색으로 가장 넓게 바르게 되며 포인트 컬러를 돋보이게 한다.
포인트 컬러 (액센트 컬러)	눈을 강조하여 표현하고자 하는 색으로 포인트 컬러의 색상이 이미지를 크게 좌우한다.
쉐이딩 컬러 (섀도우 컬러)	음영을 주는 컬러로 어둡게 표현하여 들어가 보이게 하거나 좁아 보이게 하는 색상으로 브라운계나 그레이 계열을 주로 사용한다. 하이라이트 컬러와의 조화로 입체적인 윤곽을 만들어 낸다.

메인 컬러	주가 되는 컬러로 전체색의 느낌을 가장 잘 표현할 수 있는 컬러이다.
하이라이트 컬러	밝은 색에 의한 팽창효과로 돌출되어 보이거나 넓어 보이고자 하는 부위에 사용한다. 흰색, 은회색, 연한 핑크, 밝은 색상의 펄색 등 밝고 연한 색의 사용으로 눈썹뼈나 눈동자 중앙에 주로 사용한다.
언더 컬러	눈 밑에 사용되는 컬러를 말하며 깔끔하게 발라 눈매를 다양하게 표현한다.

● 아이 섀도우 기법(테크닉)은 일반적으로 다양한 크기의 섀도우 붓을 이용해 아이 섀도우를 묻혀 손등에 올려 색상과 농도를 확인한 후 눈두덩이에 바르게 된다.

바르는 색상의 순서를 정해놓은 것은 아니지만 일반적으로는 베이스 컬러로 눈두덩 전체를 눈머리에서 눈꼬리 쪽으로 바른 후 포인트 컬러를 이용하여 눈의 형태와 원하는 색상에 맞게 안에서 밖으로 바르고 쉐이딩 컬러로 음영을 준 후 하이라이트 컬러로 끝내고 눈을 떠서 언더라인을 그려주며 마무리한다.

이때 쉐이딩 컬러로 포인트를 주는 경우도 있으므로 쉐도우 컬러가 포인트 컬러가 되기도 한다.

● 짙게 강조하여 표현하고자 할 경우는 여러 번 덧발라 표현하고 아이 섀도우 가루가 너무 날리지 않도록 하며 바른다.

● 아이 섀도우 바르는 방법으로 기본 터치 방법은 사선, 세로, 가로 터치법이 있다.

사선 터치　　　세로터치　　　가로 터치

■ **아이라이너 메이크업(Eye liner makeup)**

● 눈매를 또렷하고 생동감 있게 연출하고자 할 때 눈의 윗선을 따라 펜슬이나 붓 등으로 그리는 것이 아이라이너 메이크업이다.

● 눈의 크기와 형태를 조금은 수정 가능한 부분으로 일반적인 검정색을 기본으로 청색, 회색, 갈색, 보라색, 녹색, 흰색 등 다양한 색이 아이라이너 메이크업에 사용된다. 보라, 청색, 녹색은 아이 섀도우와 맞추어 눈 화장을 더욱 돋보이게 할 수 있고 흰색은 눈 밑 점막에 사용하는 경우도 있다.

● 기본형 아이라이너 그리는 기법은 먼저 작은 용기위에 아이라이너를 소량 덜어 아이라이너 붓에 고루 묻혀 눈을 감은 상태에서 눈꺼풀 가장 아래쪽 속눈썹이 난 바로 윗부분에 속눈썹 사이사이를 메우듯 눈의 형태에 따라 가늘게 그리며 긋는다.

● 일반적으로 기본 아이라이너 그리는 방법은 눈머리 쪽 1/3~

1/4지점에서 눈꼬리 쪽으로 먼저 그린 후 눈꼬리 쪽을 마무리하고 눈머리 쪽을 앞쪽에서 뒤쪽으로 연장한다. 눈머리 쪽은 언더 아이라이너를 그린 후 그리기도 한다.

언더 아이라이너는 눈을 뜬 상태에서 눈꼬리 쪽만 안에서 밖으로 그려주며 위쪽 아이라인과 아래쪽 아이라인이 붙지 않게 그린다.

● 위쪽 아이라인과 아래쪽 아이라인의 비율은 7:3 정도로 한다.

■ 마스카라 메이크업(Mascara makeup)

● 마스카라는 속눈썹을 길고 풍성하게 하여 깊이 있고 선명한 눈매를 만들며 눈이 커보이게 한다.

● 마스카라를 하기 전 보통은 뷰러(아이래쉬 컬러)를 사용하여 속눈썹을 집어서 올린다. 뷰러는 속눈썹이 처져 있거나 일자인 경우에 주로 사용한다.

● 마스카라를 바르는 기법(테크닉)은 마스카라 브러시에 마스카라 액을 충분히 묻힌 후 속눈썹 바깥쪽을 3~4회 정도 쓸어주고 속눈썹 안쪽을 지그재그로 3~4회 올려준다. 아래 속눈썹은 마스카라 브러시를 세워 좌우로 3~4회 쓸어준 후 속눈썹 브러시로 속눈썹을 쓸어주어 자연스럽게 연출한다.

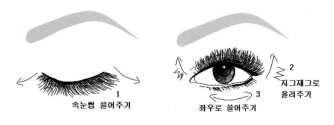

속눈썹 쓸어주기　　　좌우로 쓸어주기　지그재그로 올려주기

● 일반적으로 바르는 테크닉 외에도 속눈썹의 길이와 숱, 제품에 따라 사용기법의 표현이 조금은 달라질 수 있다.

짧은 속눈썹	롱래쉬 마스카라로 고르게 섬유소를 무치며 쓸어 올리고 내려 뭉침이 없게 해야 한다.
성근 속눈썹	볼륨 마스카라를 이용해 여러 번 두껍게 발라준다.

● 케익 마스카라의 경우는 매트한 제품으로 안료가 혼합되어 있고 가장 오래된 형태의 마스카라로 사용할 때는 물이나 스킨을 이용하여 마스카라용 붓으로 찍어서 사용한다.

■ 인조 속눈썹

● 인조 속눈썹은 자신이 속눈썹에 가모를 붙여 속눈썹을 길고 풍성하게 보이게 한다.

● 인위적으로 만든 속눈썹을 속눈썹 바로 위에 속눈썹용 풀을 사용하여 붙이거나 속눈썹에 가모를 연장하여 눈썹이 길고 숱이 많아보이게 연출한다.

● 형태와 길이, 색상이 다양하며 붙이는 속눈썹은 자연스러움은 덜하지만 가격이 저렴하고 손쉽게 떼었다 붙였다 할 수 있어 편리하다. 속눈썹 연장의 경우 하나씩 속눈썹에 연장하는 것으로 자연스럽긴 하지만 혼자서 시술은 거의 불가능하다. 붙이는 시간이 1시간 가량으로 오래 걸리며 비용도 비싸고 기대만큼 풍성한 상태로 오래가지 않아 14일 주기로 다시 시술을 받아야 하는 번거로움이 있다.

❸ 아이브로우 메이크업(Eyebrow makeup)

● 아이브로우 메이크업은 눈썹 화장으로 눈썹의 형태나 색상을 만들어 주는 것이다.

■ 눈썹 형태 만들기

● 눈썹을 결대로 빗은 후 펜슬로 눈썹의 형태를 그리고 형태에 벗어나는 부분은 족집게, 눈썹용 칼이나 가위를 사용하여 제거한다. 제모에 의한 기본 제거를 한 후에 형태를 만들기도 한다.

● 일반적인 정리는 눈썹 아래쪽을 먼저 한 후 눈썹 위쪽을 정리하며 이때 눈썹 꼬리에서 눈머리 쪽으로 정리한다.

■ 기본형 눈썹 그리기

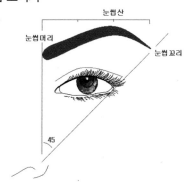

눈썹 앞머리	콧망울 지점을 수직으로 올렸을 때 동일 선상에 눈썹 앞머리가 위치하도록 한다.
눈썹 산	눈썹 전체 길이를 3등분으로 할 때 2/3 지점(7/12~8/12 지점), 턱의 중심에서 검은 눈동자나 검은 눈동자 바깥쪽을 지나 만나는 지점. 눈을 위로 치켜뜰 때 눈썹의 근육이 삼각으로 패이는 지점에 위치하도록 한다.
눈썹 꼬리길이	콧망울과 눈꼬리의 각도가 45도 되었을 때 연장해서 만나는 지점에 위치하도록 한다.

● 눈썹은 펜슬이나 브러시를 이용해 회색이나 갈색 등 원하는 색으로 눈실이보다 짧지 않게 그려주거나 쓸어주듯 그린다.
● 기본형 눈썹 그리는 방법은 입체감을 주기 위해 눈썹 산을 먼저 조금 진하게 칠하고 눈썹 머리 쪽으로 엷게 펴 바르며 그린 후 눈썹 꼬리 쪽은 섬세한 선으로 엷게 그린다.
● 얼굴의 형태나 이미지를 고려해 눈썹 전체에 동일한 톤의 색상을 사용하거나 눈썹 머리를 진하게 강조하는 경우도 있다.
● 펜슬을 사용할 경우 중간 면적이 되게 눈썹 산을 표현하고 눈썹 앞머리 쪽은 펜슬의 넓은 면적을 이용해 그리며 눈썹 꼬리 쪽은 펜슬이 좁은 면적이 되게 하여 선으로 그리듯 사용한다.
● 눈썹용 브러시도 펜슬과 비슷하게 사용하지만 브러시의 장점을 이용해 눈썹머리 쪽은 굴리듯 사용하여 자연스러움을 준다.

4 립 메이크업(Lip Makeup)

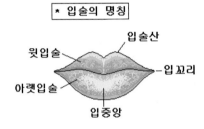

★ 입술의 명칭

● 립 메이크업은 얼굴에서 눈만큼이나 중요한 포인트 역할을 한다. 입술의 표정이 많고, 많은 움직임으로 눈에 잘 띄는 부분이다. 입술 화장은 입술의 모양과 색상에 따라 느낌이 달라지기도 하므로 다양한 연출을 위해서는 립 메이크업 기법을 잘 활용해야 한다.
● 립의 색상을 이용해 얼굴의 포인트를 강조하고 입술 형태를 보완하여 보다 아름다운 얼굴로 꾸미며 피부톤과 섀도우 컬러, 의상 컬러를 고려하여 립의 색상을 선택해야 한다.
● 립(입술)은 피지와 땀을 분비하지 않는 부분으로 평소 입술 관리에 신경 써서 윤기와 촉촉함을 잘 유지해야 입술 표현에 용이하다.
● 입꼬리의 위치는 정면에서 눈동자 안쪽에서 일직선으로 내렸을 때 만나는 위치(눈동자 중앙에서 수직으로 내린 선의 조금 안쪽)가 이상적이며 윗입술과 아랫입술은 1 : 1.5가 적당한 비율이다.

■ 입술 윤곽 그리기

1. 파운데이션을 이용하여 본래의 입술 선을 지운다.
2. 립 크림을 바른다.
3. 립 라이너 펜슬이나 브러시로 윤곽을 잡아준다.
4. 립 붓으로 원하는 립스틱 색을 입술 전체에 바른다.
5. 티슈를 이용해 유분기를 가볍게 제거한다.
6. 다시 립스틱을 덧바른다.
7. 립 클로즈나 펄을 입술 중앙에 발라 마무리한다.

■ 입술 라인 그리는 3가지 기법(테크닉)

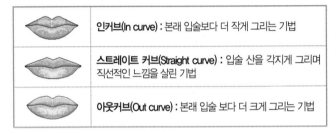

	인커브(In curve) : 본래 입술보다 더 작게 그리는 기법
	스트레이트 커브(Straight curve) : 입술 산을 각지게 그리며 직선적인 느낌을 살린 기법
	아웃커브(Out curve) : 본래 입술 보다 더 크게 그리는 기법

● 인커브는 귀엽고 사랑스러우며 여성스러워 보이고 한복 메이크업에 많이 이용된다.
● 스트레이트 기법은 딱딱해 보이며 강해 보이고 샤프하고 이지적이고 세련되어 보이며 활동적으로 보이기도 한다.
● 아웃커브는 풍만해 보이는 입술로 관능적이고 성숙해 보이며 시대에 따라 세련된 형태로 나타난다.

5 치크 메이크업(Cheek makeup)

● 볼 화장으로 볼(Cheek)에 색조를 입히는 것으로 치크 브러시를 이용해 사선이나 수평선, 원형 등으로 표현하여 얼굴의 분위기를 살리는 것이다.

■ **치크의 기본 위치와 범위**
● 치크의 기본적인 위치는 검은 눈동자의 바깥 부분에서 수직으로 내려 코끝의 연결선 위쪽에 위치한다.
● 지나치게 길어지지 않도록 위치를 정해야 한다.
● 치크의 범위는 얼굴형이나 이미지를 고려해 좁거나 넓게 표현한다.

■ **치크 메이크업 기법(테크닉)**

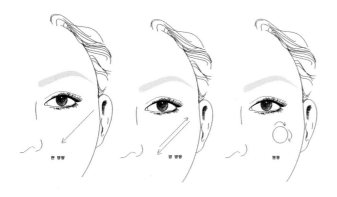

● 치크 메이크업은 한 방향으로만 사용하거나 양 방향으로 터치되며 원형터치를 하기도 한다. 한 방향 일 경우는 귀에서 코나 입쪽을 향하는 터치가 이루어진다.
● 선이 생기지 않도록 해야 하며 짙은 부분에서 점차 옅게 펴 바르며 피부와 색감이 자연스럽게 연결 되도록 해야 한다.
● 얼굴형에 따른 치크의 방향은 둥근형일 경우 입꼬리를 향한 터치, 사각형의 경우 턱 끝을 향한 터치, 역삼각형일 경우 코끝을 향한 터치, 긴 얼굴형일 경우 눈머리 쪽을 향한 가로터치를 하는 것이 좋다.

⑥ 노우즈 메이크업(Nose makeup)

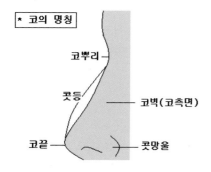

● 노우즈 메이크업은 코(Nose) 화장으로 시각적으로 코의 높이나 코의 형태에 변화를 주는 것이다.
● 눈이나 입에 비해 움직임이 적으나 얼굴의 중심부에 있으며 얼굴에서 가장 강한 입체감을 주는 부분이라 눈에 띄기 쉽다.

■ **노우즈 메이크업 기법(테크닉)**
● 콧날이 낮아 보이거나 수정의 필요가 있을 때는 피부 베이스 단계인 파운데이션의 사용에서부터 파운데이션 색을 달리 해 주어야 한다.
● 콧날을 높일 경우 2단계 정도 어두운 파운데이션을 코의 측면(코벽)에 발라 연결 시킨 후 파우더를 사용해 눌러주고 피부색과 가까운 갈색 섀도우로 코의 측면에 발라 주고 노우즈 섀도우 효과를 위해 콧날에 밝은 하이라이트를 준다.
● 하이라이트와 피부, 피부와 섀도우, 하이라이트와 섀도우의 맞닿는 면적이 좁지만 연결이 자연스러워야 한다.

◇ 이상적인 얼굴형의 얼굴길이는 머리카락이 난 부분에서 눈썹까지, 눈썹에서 코끝까지, 코끝에서 턱까지의 3등분이 적당하다.

◇ 이상적인 입술의 가로와 세로의 비율은 3:1이 적당하며 입술의 가로길이는 눈의 가로길이의 1.5배 정도가 적당하다.

◇ 역삼각형의 얼굴은 삼각형의 얼굴과 반대로 이마 쪽이 넓게 퍼져 있으며 턱 쪽이 뾰족한 형태이다.

◇ T존은 이마와 콧등을 T자로 연결하는 존이며 U존은 턱선 라인 전체를 U자로 연결하는 존이다.

◇ 아이라인에서 처진 눈의 경우는 윗꺼풀의 눈꼬리 부분을 올려 그린다.

◇ 눈과 눈 사이 간격이 넓은 눈은 아이 메이크업으로 눈머리에 포인트 컬러를 주며, 눈과 눈 사이 간격이 좁은 눈은 눈꼬리에 포인트 컬러를 넓게 발라준다.

◇ 입술의 수정은 1~2mm의 범위에서 줄이고 늘려야 한다.

◇ 짧은 코는 하이라이트와 섀도우를 길게 주어 코가 길어 보이게 표현한다.

◇ 캐릭터의 생김새에 따른 분석으로 성격을 판단하게 되므로 골상에 대한 지식이 중요시 된다.

◇ 메이크업 수정의 궁극적인 목적은 단점을 보완하고 장점을 부각시키며 개성적 얼굴이나 원하는 이미지의 얼굴이 되게 하는 것이다.

◇ 파운데이션 바르는 기법 중 브랜딩 기법은 하이라이트와 쉐이딩의 경계를 자연스럽게 연결할 때 쓰인다.

◇ 아웃커브는 풍만해 보이는 입술로 관능적이고 성숙해 보이며 시대에 따라 세련된 형태로 나타난다.

◇ 눈썹 산의 위치는 눈썹 전체 길이의 눈머리에서 2/3 지점이다.

◇ 아이 섀도우는 눈에 색감 및 음영을 주어 입체감을 주는 것이다.

01 다음 중 이상적인 얼굴형에 대한 설명으로 옳지 않은 것은?

① 얼굴폭은 귀에서 눈꼬리까지, 눈꼬리에서 눈앞머리까지, 눈과 눈 사이로 5등분이 적당하다.
② 얼굴길이는 머리카락이 난 부분에서 눈썹까지, 눈썹에서 코끝까지, 코끝에서 턱까지의 3등분이 적당하다.
③ 입술은 가로와 세로의 비율이 2:1이 적당하며 입술의 가로길이는 눈의 가로길이의 2배 정도가 적당하다.
④ 눈의 세로 길이는 가로길이의 1/3이 적당하다.

> **정답 해설** 입술은 가로와 세로의 비율이 3:1이 적당하며 입술의 가로길이는 눈의 가로길이의 1.5배 정도이다.

02 다음 노우즈 수정 테크닉 중 코 전체를 짙은 색으로 사용하되 코벽, 콧망울은 옅은 색을 사용해야 하는 코는?

① 작은 코
② 높은 코
③ 큰 코
④ 짧은 코

> **정답 해설** 높은 코는 코 전체를 짙은 색으로 사용하되 코벽과 콧망울은 옅은 색을 사용한다.

03 골상의 이해에서 골상이 메이크업에 중요시 되는 이유로 가장 옳은 것은?

① 화려한 메이크업을 할 때 골상에 대한 지식이 메이크업에서 중요시 된다.
② 캐릭터의 생김새에 따른 분석으로 성격을 판단하게 되므로 골상에 대한 지식이 메이크업에서 중요시 된다.
③ 미인형의 기준에 맞게 색채 수정을 할 때 골상의 지식이 메이크업에서 중요시 된다.
④ 여러 명의 인물들을 거의 동일한 메이크업을 할 때 골상의 지식이 메이크업에서 중요시 된다.

> **정답 해설** 사람들은 타인의 생김새나 습관에서 성격을 판단하여 어떠한 결론을 내리게 되는데 무대 위의 등장인물(캐릭터)에게도 같은 방법으로 결론을 내리게 되므로 골상에 대한 지식이 메이크업에서 중요시 된다.

04 다음 중 메이크업 수정의 목적이 아닌 것은?

① 얼굴의 단점을 보완한다.
② 원하는 이미지에 근접하게 한다.
③ 얼굴의 장점이 부각되게 한다.
④ 보습효과로 촉촉한 피부를 표현한다.

> **정답 해설** 보습효과는 수정이 아닌 기초 피부손질의 목적이다.

05 얼굴의 메이크업에서 밝은 컬러의 사용으로 돌출과 넓어 보이는 효과를 주는 수정 컬러에 대한 용어로 적당한 것은?

① 하이라이트 컬러
② 쉐이딩 컬러
③ 메인 컬러
④ 포인트 컬러

> **정답 해설** 하이라이트 컬러는 밝은 색상을 사용하여 돌출되어 보이고 넓어 보이는 효과를 준다.

06 다음 중 얼굴형태 윤곽을 쉐이딩 처리하여 좁아 보이게 하기 위한 존의 부위로 적당하지 않은 것은?

① S존을 쉐이딩 처리한다.
② U존을 쉐이딩 처리한다.
③ T존을 쉐이딩 처리한다.
④ 헤어라인 존을 쉐이딩 처리한다.

> **정답 해설** T존은 이마와 코를 있는 T자 형태로 얼굴형태 윤곽의 쉐이딩 처리로는 적당하지 않다.

07 다음 중 일반적인 메이크업에서 아이 섀도우의 언더 컬러를 눈꼬리 쪽에 바르는 범위로 적당한 것은?

① 1/2
② 1/3
③ 1/4
④ 1/5

> **정답 해설** 일반적인 메이크업의 언더 컬러는 눈꼬리 부분 1/3 지점을 바르는 것이 적당하다.

08 눈두덩이 나온 눈의 경우의 수정 메이크업으로 옳은 것은?

① 밝은 색이나 펄감의 색상을 사용하여 전체에 바른다.
② 포인트 컬러로 눈 형태에 따라 선을 긋듯 발라주어 눈매를 강조한다.
③ 붉은색 계열로 눈두덩 전체를 발라 강조한다.
④ 매트한 컬러 대신 글로시 컬러를 사용한다.

> **정답 해설** 매트한 브라운 색상을 사용하고 포인트 컬러로 눈 형태에 따라 선을 긋듯 발라주어 눈매를 강조하며 펄감이나 붉은색 계열은 피해야 한다.

09 립 라인 그리는 기법(테크닉) 중 풍만해 보이는 입술로 관능적이고 성숙해 보이며 시대에 따라 세련된 형태로 나타나는 기법은?

① 인커브(In curve)
② 스트레이트 커브(Straight curve)
③ 아웃 커브(Out curve)
④ 롱 커브(Long curve)

> **정답 해설** 아웃 커브는 풍만해 보이는 입술로 관능적이고 성숙해 보이며 시대에 따라 세련된 형태로 나타난다.

10 다음 중 눈썹 산의 위치를 설명한 내용으로 알맞지 않은 것은?

① 눈썹 전체 길이를 3등분으로 할 때 눈머리에서 2/3 지점
② 턱의 중심에서 검은 눈동자나 검은 눈동자 바깥쪽을 지나 만나는 지점
③ 눈썹머리에서 눈썹꼬리까지의 길이 기준에서 1/2 지점
④ 눈을 위로 치켜뜰 때 눈썹의 근육이 삼각으로 패이는 지점

> **정답 해설** 눈썹 산의 위치는 눈썹 전체 길이의 눈머리에서 2/3 지점이다.

07 Section 색채의 정의 및 개념

1 색채의 정의

■ 색
● 사전적인 의미는 빛을 흡수하고 반사하는 결과에서 나타나는 사물의 명암이나 빨강, 노랑, 파랑 등의 물리적 현상을 말하며 색상, 명도, 채도를 나타내는 시각적인 사물들의 성질이다.

■ 색채
● 사전적 의미는 사물을 표현하거나 대하는 태도 따위에서 드러나는 일정한 성질이나 경향을 말하며 빛깔이라고도 표현한다.
● 색채는 물리적 현상인 색이 사람의 눈인 감각기관을 통해 지각되거나 지각현상과 같은 경험효과를 가리키는 현상이다.
● 색채는 빛이 시각에 의해 지각되는 것으로 광원과 물체, 눈(시각 자극)이 있어 뇌를 통해 느껴지는 감각이다.

■ 색과 색채
● 색이 물리적인 현상이라면 색채는 심리적인 현상이라고 표현할 수 있으며 색은 물리적 현상으로의 색과 지각색의 총칭으로 사용되고 색채는 물체라는 개념이 있어 지각적인 요소가 더 많이 포함되어 있다.
● 색은 물리색과 지각색의 총칭이며 색채는 지각과정을 통한 심리적 변화를 포함하는 것이다.
● 색은 색광의 의미로 한정되지만 색채는 물체가 발광하지 않고 빛을 투과하거나 반사하여 색상을 띠게 되는 물체의 색에 대해 느끼는 것으로 한정되기도 한다.

■ 물체의 색
● 빛이 물체에 닿았을 경우 가시광선의 파장이 분해되면서 반사, 투과, 흡수의 현상이 일어나며 결국 빛의 반사에 의해 물체의 색이 감지되는 것이다.

● 빛이 물체에 닿아 모두 반사하면 흰색, 모두 흡수하면 검정색, 반만 흡수하는 경우 중간색인 회색을 띠게 된다.
● 물체의 표면색은 빛이 물체의 표면에 닿았을 때 어떠한 파장의 빛이 반사되는가에 의해 색이 결정된다.
● 모든 빛은 각기 다른 파장을 갖고 있으며 물체를 비추었을 때 물체의 특성에 따라 특정 범위의 파장은 반사하며 나머지는 흡수하거나 투과하게 된다. 유리나 셀로판지 등은 투과색으로 물체에 빛이 투과할 때 나타나는 색이다.

2 색채의 개념

■ 색채 지각의 3요소
● 색채를 지각하는데 빛, 물체, 지각의 3가지 요소가 필요하다. 빛은 하나의 파동으로서 모든 방향으로 직선적으로 이동하는 전자기적 진동으로 구성된 에너지 형태이다. 사람의 눈은 가시광선인 380nm(보라)~780nm(빨강)의 파장을 지각할 수 있다.

■ 색의 3속성
● 색의 3속성은 색이 가지는 중요한 3가지 성질을 말하며 색상, 명도, 채도가 있다.
● 색상 : 색으로 구별되는 색의 요소를 가진 것으로 색상을 순환적으로 배열한 원을 색상환이라고 한다.
● 명도 : 색의 밝고 어두운 정도를 말하며 고명도, 중명도, 저명도로 표현한다. 색이 밝을수록 명도가 높은 고명도의 색이다.
● 채도 : 색의 선명한 정도(색의 순도)를 말하며 색이 탁하고 선명한 정도를 나타내는 척도로 고채도, 중채도, 저채도로 표현한다. 색이 선명할수록 채도가 높은 고채도의 색이다.

■ 색의 3원색
● 빨강, 노랑, 파랑이며 다른 차원에서는 3원색을 마젠타(Magenta), 노랑(Yellow), 시안(Cyan)이라고도 한다.

■ 빛의 3원색
● 빨강(Red), 녹색(Green), 파랑(Blue)이다.

■ 무채색과 유채색
● 무채색 : 백색, 회색, 흑색으로 흰색에서 검정색 사이에 들어가는 회색들을 통틀어 말하며 유채색의 기미가 없는 계열의 색들이다. 명도는 있으나 색상과 채도의 속성은 없다.
● 유채색 : 빨강, 주황, 노랑, 초록, 파랑, 남색, 보라 등 무채색을 제외한 색감을 갖고 있는 모든 색을 말한다. 색상, 명도, 채도의 속성을 갖는다.

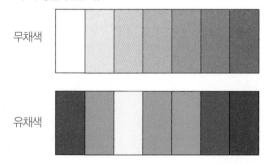

■ 색의 혼합
● 색의 혼합은 2가지 이상이 서로 혼합되었을 때 다른 색채 감각을 일으키는 것이다.
● 1차색의 혼합에 의해 만들면 2차색이 되고 1차색과 2차색의 혼합에 의해 만들면 3차색이 된다.
● 색의 혼합에서 물리적인 혼합은 감법 혼합과 가법 혼합이 있으

며 생리적 혼합에는 중간 혼합(회전 혼합과 병치 혼합)이 있다.
● 감법 혼합의 1차색은 가법 혼합의 2차색이 되고 감법 혼합의 2차색은 가법 혼합의 1차색이 된다.

가법 혼합	빛의 혼합으로 기본색이 빨강, 녹색, 파랑이며 색광의 혼합이다. 혼합될수록 더 밝아지고 맑아지며 3원색을 모두 합치면 흰색이 된다.
감법 혼합	색료의 혼합으로 기본색은 빨강, 노랑, 파랑(마젠타, 노랑, 시안)이다. 혼합될수록 어둡고 칙칙해진다.
중간 혼합	시각적인 혼합으로 주변의 환경적 요인에 따라 실제 혼합된 것처럼 보이는 착시적 혼합으로 색들의 평균 밝기를 갖게 된다. 회전혼합: 색들을 회전판에 회전시키며 눈의 망막에서 혼색된 하나의 다른 색이 보이는 것이다. 병치 혼합 : 여러 점들이 조밀하게 병치되어 혼합되어 보이는 현상으로 모자이크, 점묘화, 컬러TV 등에서 볼 수 있다. 베졸트 효과는 병치 혼합의 원리를 이용한 것이다.

■ 난색과 한색
● 난색은 따뜻하게 지각되는 색으로 빨강, 주황, 노랑 등이며 주황기미의 빨강을 제외하고 모든 색에 노랑이나 빨강을 소량 첨가하므로 좀 더 난색을 만들 수 있다.
● 한색은 차갑게 지각되는 색으로 밝은 청록, 연한 청자색, 파랑 색조 등이며 가장 차가운 한색은 망간청색이다. 소량의 파랑, 청록, 흰색을 첨가하면 색조를 좀 더 차갑게 만들 수 있다.

■ 보색 관계
● 원래의 색보다 더 선명하게 보이고 채도도 더 높게 보이는 색의 관계이다.
● 색상환(비슷한 색을 순서대로 나열한 것)에서 마주보고 있는 색이 보색 관계의 색이다.

녹색과 빨강	적자색과 황녹색
오렌지색과 청색	적등색과 청녹색
보라색과 노랑	등황색과 청자색

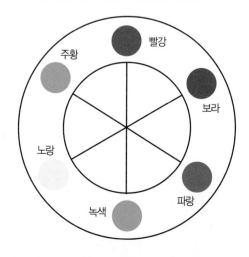

■ 색의 활용

● 색의 주목성 : 색의 강한 자극에 의해 눈에 잘 띄는 성질이다.

● 색의 명시도 : 색상, 명도, 채도의 차이로 멀리서도 잘 보이게 하는 성질을 말한다.

● 색의 시인성 : 색이 눈에 잘 들어와 인지할 수 있는 성질이다.

● 색의 대비 : 서로 인접해 있는 색끼리 영향을 주어서 본래의 색과 다르게 느껴지는 현상이다. 동시 대비와 계시 대비가 있다.

동시 대비	
색상 대비	동일한 초록색도 파랑 바탕보다 빨강 바탕에서 더 선명한 초록색으로 보이는 현상이다.
명도 대비	동일한 하얀색도 명도가 낮은 검정색 바탕에서 더 밝게 보이는 현상이다.
채도 대비	같은 주황이라도 채도가 낮은 바탕에서 더 선명하게 보이는 현상이다.
보색 대비	보색끼리 놓았을 때 색상이 더 뚜렷하고 선명하게 보이는 현상이다.
계시 대비	앞에 보던 색의 잔상으로 다음 색을 보았을 때 영향을 주는 현상이다.

● 색의 동화 : 대비현상과 반대로 주변색의 영향을 받아 주변색과 비슷하게 변화는 현상이다.

색상 동화	어떤 색이 주변색에 동화되어 주변색과 근접한 색상으로 동화되는 현상이다.
명도 동화	주변색에 동화되어 밝은색의 주변색은 밝아 보이고 어두운색의 주변색은 어두워 보이는 현상이다.
채도 동화	중채도의 색이 고채도의 주변색이 되면 중채도보다 채도가 더 높아 보이며 주변색이 저채도이면 중채도보다 채도가 낮아 보이는 현상이다.

TIP

- 빛의 삼원색인 빨강, 파랑, 녹색에서 빨강과 파랑을 섞으면 마젠타 색상이, 파랑과 녹색을 섞으면 시안 색상이, 빨강과 녹색을 섞으면 노란 색상이 표현되고 이들을 모두 합치면 흰색이 된다.
- 세계적으로는 3,200개 정도의 색명이 있고 우리나라에는 300개 정도의 색명이 있다.

③ 톤(Tone)

● 명도와 채도를 포함한 복합적인 개념으로 색상과는 다른 개념이다. 톤이란 색의 상태를 말하는 것으로 밝은 톤, 어두운톤, 탁한 톤, 엷은 톤 등으로 표현된다.

● 원색의 혼합색인 순색에 무채색이 섞이는 정도로 표현되며 명도와 채도를 합친 형태를 톤이라 한다. 덜 선명한 빨강의 채도

가 낮은 색에 명도가 높은 흰색이나 명도가 낮은짙은 회색을 섞으면 분홍색 계열의 밝은 톤과 검붉은 색의 어두운 톤이 된다.

■ 톤의 표현하는 단어

● PCCS의 톤에 사용되는 용어는 비비드 톤(Vivid tone), 브라이트 톤(Bright tone), 라이트 톤(Light tone), 페일 톤(Pale tone), 딥 톤(Deep tone), 다크 톤(Dark tone), 스트롱 톤(Strong tone), 덜 톤(Dull tone), 소프트 톤(Soft tone), 그레이시 톤(Grayish tone), 라이트 그레이시 톤(Light grayish tone), 다크 그레이시 톤(Dark grayish tone) 등이 사용된다.

톤명	기호	단어사용
비비드	v	해맑은, 강렬한
브라이트	b	밝은, 깨끗한
라이트	lt	연한, 가벼운, 엷은
페일	p	아주연한, 약한
딥	dp	짙은, 진한
다크	dk	어두운
스트롱	s	기본색, 선명한
덜	d	칙칙한, 탁한
소프트	sf	부드러운
그레이시	g	회색
라이트 그레이시	ltg	연한 회색
다크 그레이시	dkg	어두운 회색

TIP

- PCCS(Practical Color Coordinate System)는 1964년 일본 색채연구소에서 발표한 컬러 시스템이다.
- 색의 3속성(색상, 명도, 채도)은 먼셀이 처음 생각한 개념이다.
- 먼셀의 최초 기준색은 빨강, 노랑, 녹색, 파랑, 보라의 5색이며 색 사이에 주황, 연두, 청록, 남색, 자주색이 배열된다.
- 톤(Tone)은 색공간을 만들며 12톤으로 분류된다.
- 우리나라는 음양오행에서 비롯된 오방색(적색, 청색, 황색, 백색, 흑색)이었다.
- 한국산업규격에서는 먼셀의 표색계를 채택하여 유채색의 기본색명은 빨강, 주황, 노랑, 연두, 녹색, 청록, 파랑, 남색, 보라, 자주이며 무채색의 기본색명은 흰색, 회색, 검정색이다.
- 관용색명은 옛날부터 사용되어 전해져 사용되는 색명이다.

08 Section 색채의 조화

1 색채 조화

- 색채 조화는 두 가지 이상의 색을 배색 시 서로 다른 느낌을 주면서도 조화되는 원리를 나타내는 것을 말하며 색채의 조화는 배색을 기본으로 한다.
- 조화로운 색채는 일상적인 생활에서는 아름다움과 쾌적한 환경을 만들고 조형적, 미적인 원리의 이해를 돕는다.
- 색채 조화론은 먼셀, 오스트발트, 저드, 문과 스펜서, 비렌 등의 색채 조화론이 대표적이다.
- 메이크업에서의 색채 조화는 얼굴에 두 가지 이상의 색상이 조화를 이루는 것으로 피부색과 눈화장, 입술화장, 볼화장 등의 배색이다.

■ 먼셀의 색채 조화론

- 먼셀(화가, 색채 연구가)은 색채 조화에서 기본은 균형의 원리라고 보았다.
- 명도를 N10으로 나누고 중간 명도인 N5가 색들을 균형있게 조화시킨다고 보았으며 색들이 평균 명도 5N이 될 때 색들이 서로 조화를 이룬다고 하였다.

단색의 조화	하나의 색상에서 명도가 같거나 채도가 같을 때 다른 색들과 조화된다.
보색의 조화	중간 채도를 갖는 보색끼리의 조화, 중간 명도에서 채도를 다르게 보색배색 할 때 저채도는 크게 하고 고채도는 작게 하면 조화, 같은 채도에서 명도가 다른 보색의 배색은 조화된다.
다색의 조화	3가지 이상의 색일 때 고명도색과 저명도색에 두 색의 중간명도의 색을 배색하면 조화(고명도의 색은 크기를 작게 하면 더 효과적), 색상들이 다를 때 명도와 채도는 같게 하면서 그라데이션 배색을 하면 조화된다.

■ 오스트발트의 색채 조화론

- 오스트발트(화학자, 색채학자)는 1918년 색채 조화를 발표하면서 질서와 조화를 같은 의미로 보았다.
- 2색 이상의 색 사이에 존재하는 규칙적인 관계 속에 서열이 존재하며 서열 사이에 조화로움이 설립된다고 보았다.
- 색상은 24색을 기본색으로 하였으며 색 삼각형을 만들어 등순색, 등백색, 등흑색, 등가색환 계열로 색을 보았다.
- 백색과 흑색량의 함량을 a, c, e, g, i, l, n, p로 나타내고 명도를 8단계로 하여 등색상 삼각형에 28개로 나누어 색입체를 수평과 수직으로 나타냈다.

무채색의 조화	8단계 무채색 계열의 등간격으로 배색하여 조화를 찾았으며 간격을 2~3간격으로 주어 바꿔 배색하여도 조화된다.
등색상 삼각형에서의 조화	등백 계열의 평행선 위에 있는 색의 조화(백색량이 모두 같음), 등흑 계열의 평행선 위에 있는 색의 조화(흑색량이 모두 같음), 등순색 계열의 평행선 위에 있는 색의 조화(순색량이 모두 같음), 등색상의 조화(등백과 등흑과 등순 계열을 모두 조합), 등가치색 계열(수평으로 잘랐을 때 백색, 흑색, 순색량이 같은 색에서의 조화), 유사색상의 조화(24색에서 2~40내 범위의 색상차이의 조화), 이색의 조화(24색에서 6~80내의 범위의 색의 조화), 보색의 조화(수직 단면의 마름모꼴은 서로 마주보는 보색 관계의 삼각형이고 12의 색상차이의 조화)가 있다.
기호가 동일한 색의 조화	기호의 앞문자나 뒤문자가 같은 색, 앞문자와 뒤문자가 같은 색의 조화가 있다.

■ 문과 스펜서의 색채 조화론

- 문과 스펜서(건축가, 색채학자)는 먼셀 시스템을 기본으로 하여 3가지 구성요소(기하학적 형식, 면적, 미도 측정)로 색채 조화론을 발표했다.
- 색의 조화를 동일 조화, 유사 조화(유사색이 조화), 대비 조화(반대색의 조화)로 분류하여 오메가 색입체 공간을 설정하고 먼셀의 색입체 개념과 같다고 보았다.
- 미감의 정도를 수량적으로 취급하여 M=O/C의 공식을 제시하여 0.5 이상이면 배색이 조화된다고 하였다.
- 균형있는 무채색 배색이 유채색과 동등한 아름다움이 있고 동등한 색상의 배색이 가장 조화로우며 동등한 명도의배색을 조금 조화롭고 동등 색상이면서 채도가 비슷한 색의 배색이 복잡한 배색보다 미도가 높다.

■ 저드의 색채 조화론

- 저드(색채학자)는 색채 조화의 원리를 4가지로 규정하여 미적 원리 이해를 돕고 적용시키는데 기본원칙을 발전시켰다.
- 사람마다 색채 조화를 다르게 보고 의미 없는 색의 배합도 익숙하게 되면 호감을 갖는다고 하였다.

질서의 원리	오스트발트 색채 조화론의 영향으로 색의 요소가 체계적인 질서 속에 규칙적이고 일정하면 더 조화롭다.
친근성의 원리	인간에게 익숙한 색(자연의 색)은 친밀감과 조화로움을 준다는 것이다.
유사성의 원리	명도, 색상, 톤 등 배색에 공통적인 면이 있으면 조화롭다는 것이다. 3속성의 차이가 적을수록 조화롭다는 것이다.
명료성의 원리	명료성의 원칙에서 색상차이, 명도, 채도, 면적차이가 분명한 배색의 조화가 애매한 색의 조화보다 더 조화롭다는 것이다.

■ 파버 비렌의 색채 조화론

- 비렌(색채 전문가)은 오스트발트 조화론을 간략히 정리하였고 색채 조화에 심리적 색채 배합을 적용하여 새로운 방향을 제시하였다.
- 독자적인 색채 체계를 구축하여 기본색을 결합한 2차원적인 색조군을 7개의 범주로 만들어 색의 조화 이론을 말했다.
- 2차적인 4개의 색조는 백색과 흑색이 합쳐진 조(회색조), 순색과 백색이 합쳐진 조(밝은 색조), 순색과 흑색이 합쳐진 조(어두운 색조), 순색과 백색, 흑색이 모두 합쳐진 조(톤)이다.
- 시각적인 요소가 포함되었으며 호감에 의한 조화로움이 있다는 것으로 중립의 색은 회색이 아니라 톤이라고 주장하였고 자주색을 순색 중 중립되는 색이라고 하였다.

② 배색(색의 구성)

- 색채 조화에 의한 배색(색의 구성)은 크게 동일색상 배색, 유사색상 배색(근사색상 배색), 보색 배색으로 분류된다.

■ 동일 색상 배색

- 명도나 채도가 달라도 같은 색으로 통합하여 조화가 생기는 배색이다.
- 색채의 조화가 자연스러운 통일감 있는 배색이다.
- 다른 색을 넣지 않은 배색으로 동화감과 조화감이 있는 배색이며 명도나 채도 차이를 더하면 더 좋은 배색이 된다.

■ 유사색상 배색(근사색상 배색)

- 색상환에서 가장 가까이 인접한 색들의 조합으로 조화가 생기는 배색이다.
- 가까이 인접한 색상은 색의 기운이 공통이며 차이가 적어 부조화가 되기 쉽기 때문에 명도나 채도에 차이를 크게 주어 배색해야 한다. 근접도가 조금 멀어지면 색상 차이가 느껴져 배색이 조금 쉽고 유사성의 조화가 잘 이루어진다. 색상환에서 유사색의 범위가 60도 각도 이상이 되면 중차색상의 배색이 된다.

■ 대조색상 배색(대비색상 배색)

- 색상환에서 반대편에 위치해 있는 색의 조합으로 조화가 생기는 배색이다.
- 대조색상 배색에는 보색 배색, 준보색 배색, 반대색 배색 등이 있다. 보색 배색의 경우 배색 중 가장 강한 느낌이며 보색끼리의 대비는 생동감을 준다. 보색 색상에서 빨강과 녹색은 현란한 느낌의 보색 배색이며 노랑과 청보라는 명도가 낮아 명쾌한 배색이 된다. 보색끼리는 색성이 대립되어 뚜렷한 배색이 되지만 명도와 채도에 변화를 준 배색이 다양한 조화로움을 준다.

③ 다양한 배색

- 명도 배색, 채도 배색, 톤 배색, 균형 배색, 그라데이션 배색, 세퍼레이션 배색, 도미넌트 배색, 액센트 배색, 레피티션 배색, 톤온톤 배색, 톤인톤 배색 등이 있다.

■ 명도 배색

- 색상의 명도를 사용한 배색으로 동일명도(명도차가 거의 없음), 유사명도(명도차가 조금 있음), 중차명도(명도차가 중간 정도), 대조명도(명도차가 큼) 배색이 있다.

■ 채도 배색

- 색상의 채도를 사용한 배색으로 동일채도(채도차 거의 없음), 유사채도(채도차 조금 있음), 대조채도(채도차 큼) 배색이 있다.

■ 톤 배색

- 명도와 채도에 의한 PCCS의 톤 분류로 톤을 사용한 배색이며 동일톤, 유사톤, 대조톤 배색이 있다.

■ 균형 배색

- 색상환을 삼등분한 지점을 기점으로 삼각형을 이루는 색의 배색으로 트라이어드(Triads) 배색이라고도 하며 삼색 배색을 의미한다.

■ 그라데이션 배색

- 단계적으로 변화되는 배색으로 자연스러운 리듬감을 줄 수 있는 배색이다. 색상순, 명도순, 채소순, 톤순에 의한 그라데이션 배색이 있다. 저채도에서 고채도로, 저명도에서 고명도로 등의 점진적인 변화의 배색이다.

그라데이션

■ 세퍼레이션 배색

- 분리시킴으로 인해 조화되게 만드는 배색으로 조화롭지 못한 명도나 채도, 색상 사이에 분리색이나 무채색, 무채색과 유사한 색을 넣어 색관계를 변화시키는 배색이다.

세퍼레이션 배색

■ 도미넌트 배색
● 지배적이고 우세한의 의미의 배색이며 여러 속성들 중 공통된 요소로 전체에 통일감을 주는 원리로 색상에 의한 도미넌트와 톤에 의한 도미넌트 배색이 있다.

도미넌트 배색

■ 액센트 배색
● 강조, 두드러짐의 의미로 단조로운 배색에 대조색을 소량 사용하여 전체를 돋보이게 하는 배색으로 액센트 배색은 색상, 명도, 채도, 톤의 대조적 색상의 조합이며 변화나 집중 효과가 있다.

액센트 배색

■ 레피티션 배색
● 반복의 의미를 가지며 2색 이상의 사용으로 일정한 질서 속에 반복되는 효과에 의해 조화되는 배색이다.

레피티션 배색

■ 톤온톤 배색
● 톤을 겹친다는 의미로 동일 색상이나 유사 색상을 톤의 차이로 조합한 배색이다. 동일 색상에 명도나 채도차이를 변화시켜주는 배색으로 동색계의 농담 배색이라고도 한다.

톤온톤 배색

■ 톤인톤 배색
● 동일한 톤이나 유사한 톤 안에서 다양한 컬러들의 배색으로 톤의 차이를 적게 하여 전체적으로 연하거나 전체적으로 선명한 톤의 색구성에 의한 배색이다. 명도나 채도 차이가 적다.

톤인톤 배색

4 색채의 심리효과

● 채색은 보인 사람에게 여러 가지 감정을 이끌어 내며 색에서 보는 각기 다른 느낌을 받는다. 감정작용은 민족, 지역, 성별, 연령에 따라 차이가 있으나 대부분은 비슷한 느낌을 받게 된다.
● 색에는 긴장감을 주는 색과 흥분을 주는 색, 안정을 취하게 하는색이 있는 것처럼 색채는 마음과 몸을 긴장시키거나 흥분시키고 안정시키는 작용이 있다.

■ 온도감
● 색에 있어서 따뜻함, 차가움, 중간 정도의 온도감을 느낄 수 있다는 것이다. 따뜻한 색은 충동적인 느낌을 차가운 색은 슬픔 느낌을 준다.

난색 (따뜻한 색)	장파장의 색, 적색, 주황, 황색, 팽창색, 진출색, 느슨함, 여유, 흥분색
한색 (차가운 색)	저채도의 색, 저명도의 색, 청록, 청색, 청자색, 수축색, 후퇴색, 긴장감, 진정색
중성색	어느 쪽에도 속하지 않는 색, 녹색, 황록색 등

■ 중량감
● 색의 무게감으로 시각적 감각현상에서 오는 것으로 명도와 관련이 깊다.
● 중량감에 의한 배열은 흰색-노랑-초록-주황-보라-빨강-파랑-검정 순이다.

가벼운 색	고명도의 색, 밝은 색, 흰색
무거운 색	저명도의 색, 어두운색, 검정색

■ 경연감
● 색에 따라 딱딱한 정도가 시각적으로 느껴지는 것을 의미하며 색의 명도와 채도에 의해 결정된다.

딱딱한 느낌	고명도의 색, 밝은 색, 흰색
부드러운 느낌	난색계의 고명도와 저채도의 색에 무채색이 많이 혼합된 색, 파스텔 톤

■ 강약감
● 색에 의한 강함과 약한 느낌으로 채도에 의해 결정된다.

강한 느낌	고명도의 색, 밝은 색, 흰색
약한 느낌	중성색, 회색

■ **시간감**
- 색에 의해 시간의 속도감이 다르게 느껴진다는 것으로 색상, 채도와 관련이 있다.

빠른 느낌	장파장의 색 (적색계열)
느린 느낌	단파장의 색 (청색계열)

■ **진출색과 후퇴색**
- 색에 의해 튀어나와 보이는 느낌(가까운 느낌)과 들어가 보이는 느낌(먼 느낌)이 있다는 것으로 명도와 더 관련이 있어 한색계도 명도와 채도가 높을 경우 진출되어 보이며 난색계도 명도가 아주 낮을 경우 후퇴색으로 보인다.
- 같은 넓이에 같은 중량의 물체가 밝은 색 쪽이 크게 보이며 어두운 색 쪽이 더 작게 보여 좁은 공간을 넓은 느낌이 나도록 할 때 효과적이다.

진출색(팽창색)	난색계, 고명도, 고채도
후퇴색(수축색)	한색계, 저명도, 저채도

■ **화려함과 소박함**
- 색에 의해 화려함과 소박함을 느낄 수 있는 것으로 채도와 관련이 깊어 채도가 높은 색은 화려한 느낌을 주며 채도가 낮은 색은 소박한 느낌을 준다.

TIP
- 빨강색은 흥분, 파란색은 차분하게 하는 것은 색채에 따른 심리가 육체에 반응을 주는 것이다.
- 색채의 감각은 미각, 후각, 촉각, 청각 등의 감각기관의 느낌을 수반하는 공감각으로 뇌에 전달된다.

5 색과 이미지

- 이미지는 사전적 의미로 어떤 사물이나 사람으로부터 받는 느낌으로 심상, 인상, 영상으로 순화된 것을 의미하며 색으로부터 받는 느낌을 이미지로 표현하기도 한다.
- 사람은 형태보다 색상에 더 강한 영향을 받아 색을 보는 사람에게 구체적으로나 추상적으로 연상을 시키며 경험이나 기억, 환상 등이 설정된 것으로 심리와 관계가 깊다.
- 색은 상징적 의미와 더불어 이미지 전달의 역할도 하여 상업적으로도 사용된다.

■ **빨강(Rad)**
- 불, 피, 정열, 흥분, 공포, 활동적, 강함, 위험, 경고, 정지 등을 연

상시키며 강한 이미지를 주고 빨강색은 감정에 가장 빠르게 나타난다.

■ **주황(Orange)**
- 희망, 활력, 만족, 적극, 따뜻함, 창조적, 온화함 등을 연상시키며 비타민 컬러라고도 하는 건강한 이미지를 준다.

■ **노랑(Yellow)**
- 명랑, 생동, 활기, 화려, 즐거움, 젊음, 청순, 경박, 부(돈) 등의 이미지이며 밝고 뚜렷한 색으로 시각적으로 눈에 잘 띈다.

■ **녹색(Green)**
- 숲, 안정, 평화, 희망, 휴식, 편안함, 위안, 신선함, 회복, 냉정함, 이성적 등의 이미지로 눈의 피로를 풀어주는 대표적인 색이다.

■ **파랑(Blue)**
- 하늘, 바다, 청춘, 청량감, 차가움, 소극적, 냉정, 정신, 노동, 희망, 청결, 자유 등의 이미지로 젊은 층이 많이 선호하는 색이다. 시인성과 주목성이 낮으나 흰색 배색에 의해 판독성이 우수해진다.

■ **보라(Purple)**
- 우아함, 화려함, 풍부함, 고귀, 권위, 극기, 창조, 허세, 속임수, 고상, 고독, 환상 등의 이미지로 시인성과 주목성이 낮다.

■ **갈색(Brown)**
- 가을, 낙엽, 돌, 자연, 평온, 목재, 퇴색 등의 이미지로 중성색이다.

■ **흰색(White)**
- 순수, 단순, 깨끗, 청결, 순결, 평화, 위생, 소박, 신성, 정직, 고독, 공허, 지루함 등의 이미지이다.

■ **회색(Gray)**
- 지성, 겸손, 세련, 성숙, 독립, 우울, 중성 등의 이미지로 중성색이며 다른 색에 크게 영향을 주지 않는다.

■ **검정색(Black)**
- 밤, 권위, 종교, 신비, 침묵, 허무, 죽음, 불안, 절망 등의 이미지로 빛을 흡수하며 유채색과 배색 시 선명함이 있다.

■계절별 색의 이미지
●봄은 온화하고 부드러움, 귀여움, 따뜻함 등의 이미지로 라이트 톤, 브라이트 톤으로 표현하게 된다.
●여름은 푸름, 열정, 젊음 등의 이미지로 소프트 톤, 비비드 톤, 페일 톤, 라이트 그레이시 톤으로 표현하게 된다.
●가을은 성숙함, 지적, 차분함 등의 이미지로 덜 톤, 딥톤, 그레이시 톤으로 표현하게 된다.
●겨울은 선명함, 차가움 등의 이미지로 스트롱 톤, 비비드 톤, 다크 그레이시 톤으로 표현하게 된다.

⑥ 이미지 용어에 따른 색상

■로맨틱 이미지
●귀엽고 사랑스러운 이미지로 핑크, 옐로우, 피치, 퍼플 계열 등의 파스텔 컬러가 사용되며 톤은 페일 톤, 라이트 톤, 브라이트 톤 등이 어울린다.

■엘레강스 이미지
●우아함, 고상함, 세련된 이미지로 색상은 인디언 핑크, 레드퍼플, 퍼플 등이며 톤은 라이트 그레이시 톤이 어울린다.

■내츄럴 이미지
●자연의, 친근함, 편안함의 이미지로 색상은 자연적인 색, 소박함을 주는 색으로 베이지, 옐로우, 아이보리, 올리브그린, 카키, 브라운 계열이며 톤은 라이트 그레이시톤, 덜 톤이 어울린다.

■캐주얼 이미지
●생동감, 활동적, 역동적, 개방적, 유쾌함, 명랑함의 이미지로 색상은 화려한 색과 선명한 색 계열이며 톤은 비비드 톤, 스트롱 톤, 브라이트 톤이 어울린다.

■모던 이미지
●현대적, 기능적, 도회적, 기하학적, 명확함, 심플한 이미지로 색상은 백색과 흑색 등의 무채색과 차가운색의 청색 계열이며 톤은 딥 톤과 다크 톤이 주를 이루고 라이트 톤과 함께 사용하면 더 효과적이다.

09 Section 색채와 조명

① 색채와 조명

●색의 관찰이나 비교, 판별 등을 하기 위해 일정한 조명이 필요하다. 형광등 아래에서의 색은 푸른색 기미가 있으며 백열등 아래에서는 노란색 기미가 있는 등 광원에 따라 색은 다르게 보인다. 보다 정확한 색의 판별을 위해서는 일정하고 객관적인 조명을 필요로 하며 필요한 색채를 얻고자 할 경우 조명을 활용하기도 한다.

■광원색
●광원색은 형광등이나 촛불과 같이 그 자체가 빛을 발하는 색이며 같은 물체도 광원색의 차이로 색을 다르게 인식하게 된다.
●광원색에는 자연광, 백열등, 형광등, 나트륨 등이 있으며 색의 보여짐을 결정하는 광원의 성질을 연색성이라고 하고 서로 다른 두 가지 색이 하나의 광원에서는 같은 색으로 보이는데 이것을 메타메리즘(조건등색)이라고 한다.
●자연광에서의 가시광의 영역은 장파장, 중파장, 단파장 영역으로 나눌 수 있다.

장파장	600~780mm	빨강, 주황
중파장	500~600mm	노랑, 초록
단파장	380~500mm	파랑, 보라

■조명
●조명은 사전적 의미로 광선으로 밝게 비추는 것이나 그 광선을 의미하며 조명은 주광조명(태양광에 의한 채광)과 인공조명(전등 등의 인공광원)이 있다. 인공조명은 실내조명과 옥외조명으로 나누어진다. 주광조명은 태양광에 의한 조명으로 모든 빛의 근원이지만 계절이나 기후, 시간에 따라 변화가 있다. 즉, 자연광 아래에서도 한낮과 저녁에 보이는 색채가 다르며 계절과 날씨에 따라서도 다르게 보인다. 우리가 사용하는 색채의 쓰임을 알고 광원의 특성을 고려한 색상 표현이 중요하다.
●생활주변에서 물체를 본다는 것은 어떠한 조명이든 조명에 의해 보이며 조명에 의해 색의 판단을 잘 못하는 경우가 있다. 이는 조명이 가지는 특성 때문이다.

■ 조명 방식
● 조명 방식은 직접 조명과 간접 조명, 반직접 조명과 반간접 조명, 전반확산 조명이 있다.

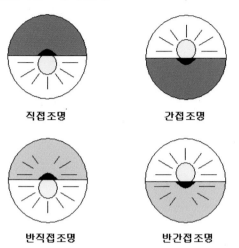

직접조명   간접조명

반직접조명   반간접조명

● 직접 조명은 전등의 빛이 직접 작업 면에 조사되는 방식이다. 천장이나 벽으로부터 반사의 영향이 적으며 설계가 간편하다. 효율은 높으나 눈부심이 일어나기 쉽고 강한 그림자가 생긴다.
● 간접 조명은 전등의 빛을 천장에 비추어서 반사되는 빛을 조명으로 하는 방식으로 효율성은 낮으나 눈부심이 적고 방바닥면의 조도가 균일하며 빛이 물체에 가려져도 심하게 그늘이 생기지 않고 차분한 분위기가 연출된다.
● 반직접 조명은 위쪽 방향에도 어느 정도의 빛이 조사되게 하는 방식으로 상향 조명이 10~40% 정도이고 하향 조명이 60~90% 정도이다.
● 반간접 조명은 간접 조명을 보완하여 아랫방향에도 어느 정도 빛이 조사 되게 하는 방식으로 상향 조명이 60~90% 정도이고 하향 조명이 10~40% 정도가 된다.
● 전반확산 조명은 확산성 덮개의 사용으로 모든 방향으로 빛이 똑같이 확산되도록 하는 방식이다.

■ 색 온도
● 색 온도는 광원의 빛을 수치적인 표시로 나타내는 방법이며 온도에 따라 빛의 색이 발생한다. 물체의 색 온도는 흑체의 캘빈 온도(절대온도 K)로 표시되고 온도가 낮을수록 붉은빛이며 온도가 높을수록 푸른빛이다.

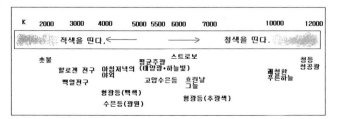

● 일반적인 화창한 날은 평균주광인 5500K로 백색이며 이를 기준으로 적색이나 청색을 띤다.
● 흐리거나 그늘진 날씨는 6500K로 푸르스름한 색이며 주광색 형광등도 6500K로 푸른빛을 띤다.
● 백색 형광등과 광원 수은등은 4500K 정도로 태양광(평균주광)보다 약간 낮아 연한 분홍빛을 띤다.
● 백열 전구나 할로겐 전구는 3000K 정도로 붉은빛을 띠며 촛불은 2000K로 이보다 더 붉은빛을 띤다.
● 아주 푸른 하늘은 10000K 이상으로 청색을 띤다.

TIP
• 색 온도는 광원의 실제적인 온도가 아닌 대응되는 온도로 낮은 색 온도는 따뜻한 색에 대응되며 높은 온도는 차가운 색에 대응된다.
• 광원의 연색성은 광원에 따라 색이 달라지는 효과이다.
• 백열등은 따뜻한 느낌으로 가정집이나 분위기 있는 공간에 이용되며 할로겐 등은 전시물의 조명으로 이용된다.

② TV조명과 메이크업
● 조명이나 TV 카메라의 특성에 의해 메이크업의 색상이 영향을 받는다.
● TV에서 보여지는 재현색을 염두에 두어야 한다.
● 핑크계 파운데이션을 짙게 바른 경우 TV 모니터 상에서는 붉은 얼굴로 재현된다.
● 원색의 빨간 립스틱은 립스틱이 번진 것처럼 보인다.
● 배경색이 주는 영향의 경우 붉은 계열의 배경색 앞에서는 피부색이 붉은 빛으로 지저분하게 보이며 배경색이 녹색이나 파랑 계열일 경우 피부는 청결하게 보이고 백색 배경일 경우 반사광에 의해 피부가 검게 보인다. 아이보리색 배경일 경우는 피부색이 부드러워 보인다.
● 의상색이 주는 영향은 반사광으로 번져 보인다. 붉은색이 반사되는 질감은 피부색을 붉게 나타내고 흰색이 반사되는 질감은 피부색을 검게 보이게 한다. 금속제 액세서리나 스팽글, 원색의 의상, 반사되는 질감의 의상은 주의해야 한다.

◇ 색의 삼속성은 색상, 명도, 채도이다.

◇ 그라데이션 배색은 색상순, 명도순, 채도순, 톤순에 의한 리듬감을 줄 수 있는 점진적인 배색이다.

◇ 먼셀은 색채 조화에서 기본은 균형의 원리라고 보았고 명도를 N10으로 나누고 중간 명도인 N5가 색들을 균형있게 조화 시킨다고 보았다.

◇ 색상을 24색을 기본색으로 하여 색 삼각형을 만든 후 색에 대한 규칙을 설명한 사람은 오스트발트이다.

◇ 오스트발트의 색입체에 등순색, 등백색, 등흑색, 등가색환 계열이 있으며 등가색환은 무채색 축을 중심에 두고 순색량, 백색량, 흑색량이 같은 색환이다.

◇ 톤온톤 배색은 동일색상이나 유사색상에 명도나 채도 차이를 변화시켜주는 배색이다.

◇ 레피티션 배색은 2색 이상의 사용으로 질서 속에 반복되는 효과에 의한 조화 있는 배색이다.

◇ 톤인톤 배색은 동일한 톤이나 유사한 톤 안에서 다양한 컬러들의 배색으로 톤의 차이를 적게 한 배색으로 명도나 채도 차이가 적다.

◇ 색채의 온도감이라는 심리효과에 의해 따뜻함, 차가움, 중간정도 등 따뜻한 색은 충동적인 느낌을, 차가운 색은 슬픈 느낌을 주게 된다.

◇ 조명에서의 색온도는 캘빈 온도로 절대온도 K로 표시된다.

◇ 색 온도에서 온도가 낮을수록 붉은빛이며 온도가 높을수록 푸른빛이다.

◇ 조명에서 메이크업의 피부색을 은은하고 아름답게 보이게 하는 것은 간접 조명이다.

01 다음 중 색의 삼속성이 <u>아닌</u> 것은?

① 명도　　　　　　　② 색상
③ 톤　　　　　　　　④ 채도

> **정답 해설** 색의 삼속성은 색상, 명도, 채도이다.

02 다음 중 그라데이션 배색을 설명한 내용으로 옳지 <u>않은</u> 것은?

① 단계적인 변화의 배색이다.
② 자연스러운 리듬감을 줄 수 있는 배색이다.
③ 채도와 명도순으로만 이루어지는 점진적 배색이다.
④ 저명도에서 고명도로의 점진적인 변화의 배색이다.

> **정답 해설** 그라데이션 배색은 색상순, 명도순, 채도순, 톤순에 의한 점진적 배색이다.

03 먼셀의 색채 조화론의 내용으로 <u>틀린</u> 것은?

① 먼셀은 색채 조화에서 기본은 균형의 원리라고 보았다.
② 명도를 N10으로 나누고 중간 명도인 N5가 색들을 균형있게 조화시킨다고 보았다.
③ 단색의 조화, 보색의 조화, 다색의 조화를 조화롭다고 했다.
④ 색상을 24색을 기본색으로 하여 색 삼각형을 만들어 색에 대한 규칙을 설명하였다.

> **정답 해설** 색상의 기본색을 24색으로 하여 색 삼각형을 만들어 색의 조화를 말한 사람은 오스트발트이다.

04 다음 중 오스트발트의 색채 조화론에서 색 삼각형에 의한 계열의 색환이 <u>아닌</u> 것은?

① 등순색환　　　　　② 등흑색환
③ 등청색환　　　　　④ 등가색환

> **정답 해설** 오스트발트의 색 삼각형에는 등순색, 등백색, 등흑색, 등가색환 계열이 있다.

05 톤온톤 배색에 대한 내용으로 가장 올바르지 <u>않은</u> 것은?

① 동일 색상에 채도 차이를 변화시켜주는 배색이다.
② 2색 이상의 사용으로 일정한 질서 속에 반복되는 효과에 의해 조화되는 배색이다.
③ 유사 색상에 명도 차이를 변화시켜주는 배색이다.
④ 동일 색상에 명도나 채도차이를 변화시켜주는 배색이다.

> **정답 해설** 레피티션 배색은 2색 이상의 사용으로 질서 속에 반복되는 효과에 의한 조화있는 배색이다.

06 동일한 톤이나 유사한 톤 안에서 다양한 컬러들로 톤의 차이를 적게 한 색구성에 의한 배색으로 명도나 채도 차이가 <u>적은</u> 배색은?

① 톤인톤 배색　　　　② 톤온톤 배색
③ 그라데이션 배색　　④ 동일 배색

> **정답 해설** 톤인톤 배색은 동일한 톤이나 유사한 톤 안에서 다양한 컬러들의 배색으로 톤의 차이를 적게 한 배색으로 명도나 채도 차이가 적다.

07 따뜻함, 차가움, 중간정도 등 따뜻한 색은 충동적인 느낌을 차가운 색은 슬픔 느낌을 주는 것은 색채의 어떤 심리효과에 의한 것인가?

① 온도감　　　　　　② 중량감
③ 강약감　　　　　　④ 경연감

> **정답 해설** 색채의 온도감이라는 심리효과에 의해 따뜻함, 차가움, 중간정도 등의 느낌을 주게 된다.

08 다음 중 조명에서의 색온도의 단위를 표시한 것으로 옳은 것은?

① N　　　　　　　　② T
③ K　　　　　　　　④ L

> **정답 해설** 조명에서의 색온도는 캘빈 온도로 절대온도 K로 표시된다.

09 색온도에 대한 내용으로 <u>틀린</u> 것은?

① 온도가 높을수록 붉은빛이며 온도가 낮을수록 푸른빛이다.
② 물체의 색온도는 흑체의 캘빈 온도(절대온도 K)로 표시된다.
③ 온도에 따라 빛의 색이 발생한다.
④ 색 온도는 광원의 빛을 수치적인 표시로 나타내는 방법이다.

> **정답 해설** 색 온도에서 온도가 낮을수록 붉은빛이며 온도가 높을수록 푸른빛이다.

10 다음 중 조명 방식을 표현한 것이 <u>아닌</u> 것은?

① 직접 조명　　　　　② 간접 조명
③ 반경 조명　　　　　④ 반간접 조명

> **정답 해설** 조명 방식에는 직접 조명, 간접 조명, 반직접 조명, 반간접 조명, 전반확산 조명이 있다.

Chapter 04 메이크업 기기 · 도구 및 제품

S·e·c·t·i·o·n
10 메이크업 도구 종류와 기능

1 베이스 메이크업 도구 종류와 기능

● 베이스 메이크업을 하기 위해 사용되는 도구와 도구의 기능
이다.

■ 메이크업 베이스(Makeup base) 도구와 기능

● 스펀지(Sponge) : 베이스를 펴 바를 때 사용하며 바르는 부
위에 맞추어 잘라 쓰기도 한다. 사용 후에는 1회용 개념으
로 잘라내어 버리거나 필요에 의해 세척하여 사용하기도
한다. 종류는 라텍스 스펀지(Latex sponge), 합성 스펀지
(Compex spoge), 해면 스펀지(Sea sponge)가 있으며 형태
는 다양하다.

■ 파운데이션(Foundation) 도구와 기능

● 스펀지(Sponge) : 파운데이션이나 메
이크업 베이스를 펴 바를 때 사용하며
사용 면적에 따라 넓은 면은 평평한 스
펀지를 사용하고 좁은 면은 각진 면을
사용하면 더 용이하다.

● 파운데이션 브러시(Foundation brush) : 탄력있는 합성모
나 천연모로 되어 있으며 파운데이션이나 메이크업 베이스
을 펴 바를 때 사용한다. 비누 세척이 가능하다.

■ 페이스 파우더(Face Powder) 도구와 기능

● 파우더 퍼프(Powder puff) : 분첩이라
고도 하는 것으로 가루 파우더를 펴 바
를 때 사용되며 피부에 눌러주듯 바르
는데 사용된다.

● 파우더 브러시(Powder brush) : 부드
러우며 숱이 많고 길어 블루밍 효과(피
부가 보송보송해지는 효과)가 좋고 파
우더 퍼프보다 섬세하게 발라지며 얼
굴 전체에 넓게 펴 바르기가 용이하다.

● 팬 브러시(Fan brush) : 부채 모양의 브러
시로 여분의 파우더를 털어낼 때 사용되며
파우더 브러시 사용 후 팬 브러시를 사용하
면 효과적이다. 눈밑 떨어진 아이 섀도우를
털어 내거나 방지용으로 눈밑에 파우더를
얹을 때도 사용된다.

■기타 베이스 메이크업 도구
- 노우즈 브러시(Nose brush) : 콧대를 세워주는 역할로 쉐이딩에 이용되는 브러시이다.

- 윤곽 수정용 브러시 : 블로셔 브러시와 비슷한 크기로 하이라이트용 브러시와 쉐이딩용 브러시를 사용한다. 쉐이딩용 브러시는 파우더 브러시보다 힘이 있다.

- 페이스 브러시(Face brush) : 메이크업 브러시 중 가장 큰 브러시로 부드러워 퍼프 대신 소량의 파우더를 사용할 때나 과다 사용된 파우더를 털어 낼 때도 사용한다.

- 스파튤라(Spatular) : 화장품을 덜어내거나 색상을 믹스할 때 사용한다. 스테인레스나 플라스틱이 있으며 위생적으로 화장품을 사용할 수 있다.

- 파렛트(Palette) : 파운데이션이나 크림타입의 컬러, 립스틱 등 재료 혼합을 목적으로 할 때 섞거나 농도 조절용으로 사용한다.

2 아이 메이크업 도구 종류와 기능
- 아이 메이크업을 하기 위한 도구와 기능이다.

■아이 섀도우 메이크업(Eye shadow makeup) 도구와 기능
- 아이 섀도우 브러시(Eye shadow brush) : 일반적으로 다양한 호수를 사용하며 베이스용, 메인컬러용, 하이라이트용, 쉐이딩용, 포인트용 등으로 준비해 두는 것이 깨끗한 색상을 표현하기에 적합하다. 좀 더 큰 것은 베이스 컬러에 사용하고 작고 가는 것은 선명한 표현을 하는 포인트 컬러에 사용한다.
- 팁 브러시(Tip brush) : 인조나 인모의 브러시 대신 둥글고 납작한 형태의 스펀지가 브러시 역할을 하는 형태로 아이 섀도우 브러시에 비해 색상 표현이 강하게 되며 아이 섀도우 브러시와 병행해서 사용한다.

■아이라인 메이크업(Eye line makeup) 도구와 기능
- 아이라이너 브러시(Eye liner brush) : 가늘고 섬세한 브러시로 아이라인을 그려줄 때 쓰이며 케익타입 아이라이너를 물이나 토너에 개어 사용할 때에도 사용한다.

■마스카라 메이크업(Mascara makeup) 도구와 기능
- 마스카라 브러시(Mascara brush) : 마스카라를 칠할 때 사용되는 브러시로 스크루 브러시의 형태이다.
- 콤 브러시(Comb brush) : 플라스틱으로 된 아주 작은 빗의 형태로 마스카라가 뭉쳤을 때 빗어주는 역할을 하는 속눈썹용 빗이다.

■속눈썹 도구와 기능
- 아이래쉬 컬러(Eyelash curler) : 속눈썹을 집어 올려 속눈썹이 위로 향하게 컬을 만들어주는 집게식 도구로 다양한 형태가 있다. 일반적으로 3단계로 나누어 집어주므로 컬을 자연스럽게 잡아 준다.
- 인조 속눈썹 핀셋 : 인조 속눈썹을 붙이기 위해 인조 속눈썹을 잡는 용도로 사용되는 핀셋이다.

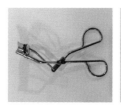 

■기타 아이 메이크업 도구
- 면봉 : 좁은 부위를 깨끗하게 하거나 섀도우를 펴 바를 때 사용되며 주로 수정할 때 사용된다. 눈끝이나 언더라인, 아이라인, 마스카라의 번짐이나 뭉침에 사용하여 깨끗하게 한다.
- 티슈 페이퍼 : 피부의 유분기를 제거하거나 컬러의 농도조절, 립스틱 사용 시 고정력을 높이기 위해 사용한다.
- 화장솜 : 화장수를 바를 때나 각질 제거, 포인트 메이크업을 지울 때 사용한다.

③ 아이브로우 메이크업 도구 종류와 기능

● 아이브로우 메이크업을 하기 위한 도구와 기능이다.

■ 눈썹 손질과 형태 만들기 도구와 기능

● 수정 가위 : 눈썹용 가위로 눈썹의 길이 조절과 형태 조절에 사용된다.

● 족집게 : 눈썹 수정 시 눈썹을 뽑는데 필요한 도구로 눈썹 모근까지 뽑아내어 깨끗함을 준다.

● 눈썹용 면도날 : 눈썹을 다듬고 정리할 때 불필요한 눈썹을 제거하는 용도로 사용한다.

● 콤 브러시(Comb brush) : 눈썹 길이를 고르게 잘라주기 위해 사용하거나 눈썹 및 속눈썹을 빗어 줄 때도 사용한다.

● 아이브로우 브러시(Eyebrow brush) : 눈썹을 그릴 때 사용되는 브러시로 브러시의 면이 사선으로 납작하게 되어 있어 눈썹을 선으로 그리기에 용이하다.

● 스크루 브러시(Screw brush) : 나선형에 짧고 단단한 합성모가 달린 형태의 돌돌 말려진 브러시로 짙게 표현된 눈썹을 빗어서 옅게 하거나 눈썹결을 정리할 때 사용한다. 때로는 마스카라 브러시와 비슷한 형태로 마스카라가 뭉쳤을 때도 사용한다.

④ 립과 치크 메이크업 도구 종류와 기능

● 립 메이크업과 치크 메이크업을 하기 위한 도구와 기능이다.

■ 립 메이크업(Lip makeup) 도구와 기능

● 립 브러시(립 붓, Lip brush) : 입술에 립스틱을 바르기 위해 사용되는 붓 형식의 브러시로 탄력 있는 천연모가 좋다. 립 라인과 입술 전체를 채울 때 사용한다.

■ 치크 메이크업(Cheek makeup) 도구와 기능

● 브로셔 브러시(Blusher brush) : 볼화장용 브러시로 브로셔는 볼연지를 뜻한다. 파우더 브러시보다 조금 작고 털이 길며 부드럽다.

⑤ 분장 메이크업 도구 종류와 기능

● 스펀지(Sponge) : 파운데이션을 펴 바르는 용도의 라텍스 스펀지, 수염이나 긁힌 자국 표현에 이용되는 플라스틱 점각 스펀지, 러브 마스크 그리스의 점각을 위한 고무 점각 스펀지 등 다양한 종류가 있다.

● 블랙 스펀지(곰보 스펀지) : 나일론계 스폰지로 벌집 형태의 구조로 되어 있다. 수염 자국, 긁힌 자국, 기미, 주근깨 등의 표현에 사용된다.

● 수염 빗 : 수염을 가지런히 할 때 사용하는 빗이다.

● 핀셋(Tweezers) : 라텍스 조각을 부착한 후 섬세한 특수 작업에 사용된다. 수염이 있는 캐릭터 메이크업의 수염의 뭉친 부분이나 숱을 고르고 방향정리를 하는데 사용된다.

● 스파튤라(Spatula) : 헤라라고도 하며 주걱 형식의 나무막대나 쇠막대, 플라스틱 막대이다. 메이크업에서의 조형작업에 바르고 자르고 긁는 등의 용도로 폭넓게 사용된다.

● 에어 브러시(Air brush) : 압축공기를 이용하여 물감이나 도료를 뿜어내는 기구로 바디페인팅, 마스크 착색 등에 사용되는 도구이며 에어 컴프레서와 연결하여 사용한다. 여러 규격의 노즐에 의해 안개 상태로 뿌리게 되어있어 용도에 맞는 것을 선택하여 사용한다.

● 가위(Scissors) : 수염 분장시 수염을 다듬거나 생사를 자르고 인조 속눈썹과 볼드 캡(대머리 모자) 등을 알맞게 자를 때 사용된다.

● 드라이어(Dryer) : 라텍스나 여러 제품을 말릴 때 사용하거나 수염의 형태와 머리카락의 형태를 잡을 때 사용한다.

11 메이크업 제품 종류와 기능

1 베이스 메이크업 제품 종류와 기능

● 베이스 메이크업 제품의 종류는 메이크업 베이스, 파운데이션, 페이스 파우더가 있다.

■ 메이크업 베이스(Makeup base) 제품 종류와 기능

● 메이크업 베이스의 제품 종류에는 언더 베이스 커버 베이스, 컨트롤 컬러가 있다.

제품 종류	기능
언더 베이스 (Under base)	피부의 지방분을 흡수하며 화장의 지속성을 높인다.
커버 베이스 (Cover base)	'안티스틱'이라고도 하며 기미나 주근깨, 눈밑의 그림자 등을 커버한다.
컨트롤 컬러 (Control color)	피부색을 조절한다.

● 메이크업 베이스의 색상 선택은 피부색과 보색 관계에 있는 색상을 선택하는 것이 바람직하다.

색상	적합한 피부
화이트 계열	피지량이 많은 피부(칙칙함, 지저분해 보임), 어두운 피부색을 맑고 투명하게 한다.
옐로우 계열	조금 검은 피부를 노란색이 감도는 피부로 중화시킬 때 사용한다.
오렌지 계열	썬탠한 피부처럼 건강한 피부색을 표현할 때 사용한다.
핑크 계열	창백해 보이는 노란피부에 혈색을 부여해 밝고 화사한 피부색을 표현할 때 사용한다.
그린 계열	얇은 피부, 모세혈관 확장피부, 붉은 피부, 여드름 자국이 있는 피부 등 붉은 기가 있는 피부에 적합하다.
퍼플 계열	누렇게 뜬 피부, 칙칙한 피부, 동양인의 피부 표현에 적합하다(연보라색의 경우 웨딩이나 나이트 메이크업에 효과적이다).

● 메이크업 베이스의 전체적인 기능은 파운데이션이나 색조 화장 등으로부터 피부를 보호하며 피부색을 조절하여 피부색 보정 역할을 한다. 파운데이션의 밀착력을 높이며 메이크업을 오래 유지되게 한다.

■ 파운데이션(Foundation) 제품 종류와 기능

● 파운데이션의 제품 종류에는 리퀴드 파운데이션, 크림형 파운데이션, 스틱형 파운데이션, 스킨커버, 파우더 파운데이션, 투웨이 케익, 팬 케익, 컨실러 등이 있다.

제품 종류	기능
리퀴드 파운데이션	수분 함량이 가장 많아 촉촉하며 피부 친화력과 밀착력이 좋고 투명하고 자연스럽게 표현된다. 커버력과 지속력은 떨어지며 건성피부와 결점이 없는 피부에 적합하다.
크림형 파운데이션	외부로부터 효과적인 보호막 역할을 하며 모든 피부에 일반적으로 사용된다. 리퀴드 파운데이션보다 커버력이 좋으며 건성피부에 좋고 지성피부에는 적합하지 않다.
스틱형 파운데이션	유분과 수분의 배합을 적절히 한 고체화된 제품으로 커버력이 우수해 결점보완에 좋아 방송, 무대 등 폭넓게 사용된다. 두껍게 표현할 경우 부자연스러움을 주므로 주로 전문 아티스트용으로 사용된다.
스킨커버	피부 잡티를 완벽히 커버할 때 사용되며 클린징에 신경을 써야한다.
파우더 파운데이션	매트한 타입으로 넓은 면을 빠르게 메이크업 할 때나 여름철에 많이 사용되며 휴대가 간편하다. 커버력은 약하다.
투웨이 케익	자외선 차단제가 포함된 매트한 타입으로 휴대가 간편하다. 봄, 여름철에 많이 사용된다.
팬 케익	수용성 파운데이션으로 스펀지를 적셔 바르며 내수성과 지속성이 좋아 장시간 유지된다. 밀착감이 좋고 편리하며 신부화장, 모델 등에 용이하게 사용되며 리퀴드 파운데이션보다는 색 혼합이 쉽지 않다.
컨실러	피부의 상처, 자국, 음영등 함몰된 부위의 피부톤을 조절해 주는 효과가 있고 커버력이 우수하여 부분 커버에 이용되며 기미, 주근깨, 점, 문신, 잔주름 등의 결점 커버에도 효과적이다. 펜슬, 크림, 스틱타입이 있다.

● 파운데이션 메이크업 제품 종류와 적합한 피부

크림 타입, 리퀴드 타입	건성피부
리퀴드 타입, 파우더 파운데이션	지성피부
스킨커버, 스틱 파운데이션	잡티피부

● 파운데이션 메이크업의 전체적인 기능은 외부의 유해자극(공해, 먼지, 바람, 추위, 자외선 등)으로부터 피부를 보호하고 피부색을 일정하게 표현하여 이상적인 피부색을 표현하며 피부의 결점(기미, 여드름, 잡티, 주근깨 등)을 커버한다. 2~3단계의 파운데이션 색상을 이용하여 얼굴에 입체감을 주고 얼굴 윤곽을 수정 보완한다.

● 파운데이션의 색상을 고르는 방법은 뺨과 목 부분에 발라보고 색상 테스트는 손목 안쪽에 발라 본다.

●파운데이션의 색상은 피부톤과 비슷한 여러 색상들로 이루어
져 있다. 피부톤을 고려한 주조색(베이스 컬러)과 보조색인 그
보다 밝은 색(하이라이트 컬러)과 어두운 색(쉐이딩 컬러)으로
구성된다.

색상	사용범위
베이스 컬러 (주조색)	원하는 피부표현이 주조색으로 많은 면적에 사용된다.
하이라이트 컬러(밝은 색)	입체감을 주기 위해 파운데이션에서의 하이라이트 색조로 사용된다.
쉐이딩 컬러(어두운 색)	음영에 의한 입체감을 살리는 색조로도 사용되며 얼굴축소 및 들어가 보이게 하는 용도로 사용된다.

■ 페이스 파우더(Face Powder) 제품 종류와 기능
●페이스 파우더의 제품 종류에는 분말형 파우더와 압축형 파우
더가 있다.

제품 종류	기능
분말형	가루형으로 입자가 섬세하여 피부에 얇고 곱게 발려지며 물이나 땀에 얼룩지지 않는다. 투명한 피부를 표현할 때 사용하며 가루가 날려 휴대용으로 불편하다.
압축형	가루날림이 없어 휴대가 편리하고 피지 흡수력이 좋다. 색상표현이 진하게 나타나 두껍게 피부표현이 되기 쉬워 피부를 자연스럽게 표현하기는 어렵다.

●페이스 파우더의 색상은 투명 파우더, 오렌지 계열 파우더, 핑
크 계열 파우더, 그린 계열 파우더, 퍼플 계열 파우더, 휘니쉬
계열 파우더로 구분된다.

색상	효과
투명	파운데이션의 색상을 그대로 유지하여 깨끗하고 투명한 피부 표현이 된다.
오렌지 계열	화사하고 생동감이 있고 신선한 느낌의 건강한 피부 표현이 된다.
핑크 계열	혈색이 없거나 창백한 피부를 귀엽고 사랑스러운 느낌의 화사한 피부 표현으로 되게 한다.
그린 계열	붉은색의 기운이 많은 얼굴에 붉은색을 중화시켜 깨끗한 피부로 표현되게 한다.
퍼플 계열	화려한 피부 표현이 되게 하며 파티나 나이트 메이크업에 효과적이다.
휘니쉬 계열	펄을 함유하고 있어 튀는 화려함을 연출할 수 있는 피부로 표현된다. 쇼메이크업이나 대회용 메이크업에 효과적이다.

●페이스 파우더 메이크업의 전체적인 기능은 기초 및 색조 메
이크업을 오래 유지시켜주고 자외선으로부터 피부를 보호한
다. 피부표면의 땀이나 피지를 흡수하여 번들거림을 방지하며
메이크업을 고정시켜주고 파운데이션의 유분 및 수분을 흡수
하여 투명하고 자연스러운 피부를 표현해 준다.

TIP

• 다양한 피부표현 제품

B.B 크림	피부과 치료 후 피부보호와 피부재생 목적으로 사용되는 것으로 독일의 크리스틴 슈라멕이라는 의사가 개발하였다. 피부 진정, 커버, 재생기능이 있다.
B.C 크림	B.B크림보다 화사하고 C.C크림보다는 부드러우며 커버력도 조금 더 낫다.
C.C 크림	보습효과가 있는 화장수에 B.B크림의 효과가 있는 것으로 커버력은 아주 약하다.

• B.B크림(Blemish balm cream)은 자외선 차단, 미백, 주름개선 등의 기능까지
강화된 형태도 출시되고 있으며 C.C크림(Correct care cream)은 피부색 보정
효과와 스킨케어 효과가 있다.
• 페이스 글램은 펄이 가미된 제품으로 부분적으로 빛나게 해주는 제품이다.
• 에어쿠션 파운데이션은 파운데이션이 스펀지에 스며들어 있는 형태를 퍼프를
사용하여 바르는 형태의 제품이다.

② 아이 메이크업 제품 종류와 기능

■ 아이 섀도우 메이크업(Eye shadow makeup) 제품의 종류와 기능

●아이 섀도우 제품 종류에는 케익타입 아이 섀도우, 크림타입
아이 섀도우, 펜슬타입 아이 섀도우가 있다.

제품 종류	기능
케익 타입	일반적인 타입으로 피부 밀착감이 좋고 눈에 자극이 없으며 색상이 다양하다. 그라데이션이 용이하나 지속성은 떨어진다.
크림 타입	유분이 함유된 타입으로 발색도가 선명하고 지속력이 높아 사진, TV, 무대 메이크업에 많이 이용된다. 뭉침이 있어 주의하며 사용해야 한다.
펜슬 타입	휴대와 사용이 간편하지만 색상표현과 그라데이션의 표현이 어렵다.

●아이 섀도우 메이크업의 전체적인 기능은 눈에 색감과 음영을 부여하여 눈매를 수정하고 보완한다. 다채로운 색상과 색의 조화로 다양한 이미지를 표현한다.

●아이 섀도우는 다양한 색상으로 컬러가 가지는 거의 대부분의 색으로 표현되며 컬러색이 가지는 이미지에 따라 표현된다.

●피부색에 어울리는 아이 섀도우 색상으로는 흰 피부는 파스텔톤의 핑크, 연보라, 옅은 청회색 컬러이며 희고 붉은 피부는 청회색 청보라, 청색 컬러가 어울리고 노란색이 감도는 피부는 밝은 녹색, 청록색, 오렌지 컬러, 짙은 황갈색 피부는 카키색, 황금색 컬러가 어울린다.

■ 아이라인 메이크업(Eye line makeup) 제품의 종류와 기능

●아이라인 메이크업 제품 종류에는 리퀴드 타입 아이라이너와 펜슬 타입 아이라이너, 케익 타입 아이라이너, 붓펜 타입 아이라이너가 있다.

제품 종류	기능
리퀴드 타입	색상이 선명하고 뚜렷하게 표현된다. 부자연스러운 광택이 있어 사진 촬영에는 주의가 필요하다.
펜슬 타입	사용이 편리하며 자연스러운 눈매로 표현된다.
케익 타입	고형으로 물을 이용해 사용한다. 광택이 없어 자연스럽게 표현되나 지속성은 떨어진다.
붓펜 타입	색상이 진하게 표현되며 자연스럽게 그리기 편리하다. 광택은 없다.

●아이라인의 색상은 검정색을 기본으로 청색, 회색, 갈색, 보라색, 녹색, 흰색 등 다양한 색이 사용된다.

검정색	가장 무난하게 많이 사용되며 선명한 눈동자를 나타낼 때 쓰인다.
청색	젊고 깨끗한 이미지와 차갑고 시원한 느낌을 주며 여름철에 주로 사용한다.
회색	세련된 분위기가 자연스러우며 이국적 느낌이 있는 반면 노숙한 이미지도 줄 수 있다.
갈색	큰 눈이나 인상이 강한 눈을 부드럽게 표현할 때 쓰이며 이국적 느낌도 줄 수 있다.

●아이라인 메이크업의 전체적인 기능은 눈을 선명하고 생동감

있게 표현하여 또렷한 눈매를 연출하고 눈 크기를 결정하여 눈 형태를 수정한다.

■ 마스카라 메이크업(Mascara makeup) 제품의 종류와 기능

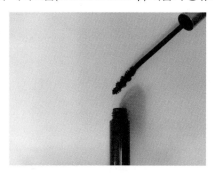

●마스카라 메이크업 제품 종류에는 리퀴드 마스카라, 볼륨 마스카라, 롱래쉬 마스카라, 워터프루프 마스카라, 케익 마스카라가 있다.

제품 종류	기능
리퀴드 마스카라	액상 타입으로 속눈썹을 선명하게 해주며 접착성과 지속성이 우수하다.
볼륨 마스카라	성근 속눈썹에 두껍게 발라 풍성하고 깊은 속눈썹을 표현한다.
롱래쉬 마스카라	섬유소가 들어있어 기존 속눈썹에 섬유소가 연결되어 속눈썹이 길어 보인다.
워터프루프 마스카라	내수성이 좋아 물에 젖어도 표현에는 지장이 없으며 건조가 빠르다. 여름철에 효과적이다.
케익 마스카라	지속성이 있고 사용하기 쉬우나 물기에 의해 쉽게 번지고 눈을 자극하는 단점이 있다.

●마스카라의 색상은 검정, 청색, 녹색, 갈색, 보라색 등 다양하다.

검정색	가장 많이 사용되며 선명한 눈매와 깊이 있는 눈매를 연출한다.
청색	시원한 느낌을 주며 여름철에 청색계열의 아이 섀도우와 사용하면 더 효과적이다.
녹색	생동감을 느끼게 하며 노랑, 주황, 그린 등의 아이 섀도우와 사용하면 효과적이다.
갈색	부드러운 눈매를 연출하며 자연스럽고 지적인 느낌을 준다.
보라색	우아하고 화려하며 신비함을 연출 할 때 퍼플계열의 아이 섀도우와 사용하면 효과적이다.

●마스카라 메이크업의 전체적인 기능은 속눈썹을 길어 보게 하여 선명한 눈매로 표현하고 처진 속눈썹을 올려주어 눈을 커보이게 하며 아름다운 눈을 연출한다.

■ 인조 속눈썹 제품의 종류와 기능

● 인조 속눈썹 제품 종류에는 일회용 속눈썹(하나로 연결된 전체 속눈썹), 심는 속눈썹(여러가닥 속눈썹), 연장 속눈썹(한가닥 속눈썹)이 있으며 이들을 붙이는 속눈썹 글루가 있다.

제품 종류	기능
일회용 속눈썹	속눈썹의 형태를 그대로 하고 있는 하나로 연결된 붙이는 속눈썹으로 길이와 컬러가 다양한 형태이다. 단시간에 간편하게 사용할 수 있어 편리하나 부자연스럽고 혼자서 시술이 가능하며 여러 번 사용하면 지저분한 상태가 된다.
심는 속눈썹	속눈썹 가모가 여러 개 뭉쳐있는 형태로 일회용 보다는 지속성과 자연스러움이 조금 더 있고 시술자의 도움을 받아야 한다.
연장 속눈썹	속눈썹 가모를 한가닥 한가닥씩 붙이는 형태로 일회용이나 심는 속눈썹보다 지속성과 자연스러움이 있다. 시술자의 도움을 받아야 하며 시술 시간이 심는 속눈썹 보다 길다.

● 속눈썹 글루는 일회용과 장시간용이 있다.

제품 종류	기능
일회용 글루	일회용과 심는 속눈썹에 사용되어 속눈썹을 붙이며 자극은 거의 없다.
장시간용 글루	연장 속눈썹에 사용되는 글루로 속눈썹을 한가닥씩 붙이며 접착력은 우수하지만 자극이 심하다.

TIP

• 아이 섀도우의 색상선택의 기준이 되는 것은 의상색상, 피부색, 립스틱색 등이다.

③ 아이브로우 메이크업 제품 종류와 기능

● 아이브로우 메이크업의 제품과 종류에는 펜슬 타입 아이브로우와 샤프 타입 아이브로우, 섀도우 타입 아이브로우, 케이크 타입 아이브로우가 있다.

제품 종류	기능
펜슬 타입	연필 타입으로 눈썹에 자극 없이 메우듯 부드럽게 그릴 수 있다. 깎아서 사용해야 하는 불편함이 있다.
샤프 타입	깎는 번거로움이 없이 돌리면 아이브로우 연필심이 나오는 방식으로 실용적이다.
섀도우 타입	아이브로우 브러시로 회색, 갈색, 검정색의 섀도우를 눈썹에 발라준다. 펜슬 타입보다 자연스러운 눈썹 표현이 된다.
케이크 타입	지속성이 좋으나 섬세한 기술이 필요하다.

■ 눈썹의 색상

● 눈썹의 색상은 주로 검정, 회색, 갈색을 사용하거나 이들의 복합적인 색을 많이 사용하지만 개성이 강한 경우 평범하지 않는 색을 사용하기도 한다.

● 검정색일 경우 강함과 확실성, 고전적인 분위기로 흰 피부나 한복 메이크업에 잘 어울린다.

● 회색일 경우 검정색보다 자연스러우며 우아함과 젊어 보이는 효과가 있고 대부분의 동양인에게 잘 어울린다.

● 갈색일 경우 자연스러움, 지적임, 노숙함 등의 분위기로 현대적이고 세련된 메이크업에 잘 어울린다.

● 아이브로우 메이크업의 전체적인 기능은 얼굴의 인상을 바꿀 수 있으며 얼굴의 균형을 맞춰주고, 얼굴 표정을 변화시키며 얼굴형과 눈매를 보완할 수 있다. 또한 원하는 인물의 이미지를 의도대로 표현할 수 있다.

④ 립과 치크 메이크업 제품 종류와 기능

■ 립 메이크업(Lip makeup) 제품 종류와 기능

● 립 메이크업의 제품 종류에는 립크림, 립스틱, 립글로즈, 립라이너, 립코트가 있다.

제품 종류	기능
립크림	입술의 상태를 촉촉하게 유지시키기 위한 입술용 크림
립스틱	스틱 상태나 용기형태의 다양한 색상과 질감으로 입술에 발라 입술의 형태는 물론 이미지를 변화시킨다.
립글로즈	입술을 촉촉하고 윤기있게 해주며 립스틱 위에 덧바른다. 보통은 투명한 색이며 립스틱의 색상을 더 맑게 표현해 준다.
립라이너	펜슬 타입으로 입술선을 뚜렷하게 표현해 준다. 입술의 형태를 수정, 보완하며 입술화장의 번짐을 막고 지속성을 높인다.
립코트	립스틱 위에 발라 립스틱의 지속성을 높여준다.

● 립 메이크업의 전체적인 기능은 외부자극으로부터 입술을 보호하고 입술에 색상을 더하여 포인트를 강조하며 입술의 형태를 수정하여 원하는 이미지로 만든다.

■ 립의 색상 선택 요령

● 피부색, 치아에 따른 색, 연령에 따른 색, 입술 색을 고려한 색, 전체 이미지를 고려한 색, 의상 색, 유행색, 선호색 등이 있다.
● 피부색의 경우는 흰 피부는 선명한 색이거나 핑크 계열, 밝은 퍼플 계열, 레드 계열이 알맞고 푸른빛이 도는 피부는 강한 와인색, 블루 계열, 퍼플 계열이 좋다. 황색피부는 오렌지 계열, 어두운 레드 계열, 브라운 계열 등이 좋고 황갈색피부의 경우 벽돌색, 브라운 계열이 알맞다.
● 치아색상의 경우는 누런 치아의 경우 퍼플 계열의 짙은 색상, 치열이 고르지 못한 경우는 레드 계열이 좋다.
● 연령에 따른 색은 젊은 층은 중간색을 중년층은 오렌지, 어두운 레드 계열, 브라운 계열이 알맞다.
● 입술 색의 경우는 옅은 경우는 파스텔 계열을, 짙은 경우는 선명하고 짙은 색이 좋다.
● 입술의 형태의 경우 입술이 큰 경우는 짙은 색을 입술이 작은 경우는 옅은 색이나 펄감이 있는 색상을 사용하고 입술이 튀어 나온 경우는 짙은 색이 알맞다.
● 입술에 주름이 많은 경우는 립 펜슬로 라인을 선명하게 그린 후 유분기 적은 연한 계열의 색이 좋다.

■ 립의 제품 선택

● 립은 향이 강하지 않고 은은한 것을 선택하고 색상이 얼룩지지 않고 전체가 균일한 것, 사용 시 퍼짐성이 좋아 매끄럽게 발려지는 것을 선택해야 한다.

■ 치크 메이크업(Cheek makeup) 제품 종류와 기능

● 치크 메이크업의 제품 종류에는 케익 타입과 크림 타입이 있다. 케익 타입은 파우더 사용 후에 바르며 크림 타입은 파우더 사용 전에 바른다.

제품 종류	기능
케익 타입	일반적으로 사용되는 타입으로 색감 표현이 용이하고 자연스러우며 사용하기 간편하다.
크림 타입	피부의 혈색처럼 느껴져 케익 타입보다 더 자연스러우나 경계가 생기지 않도록 잘 펴서 발라야 한다.

● 치크의 색상은 아이 섀도우의 색상과도 조화롭게 하는 것이 좋으며 입체감의 강조로 2색을 사용하기도 한다.
● 기본적으로 많이 사용되는 색은 피부톤과 크게 벗어나지 않는 색상으로 핑크, 브라운, 오렌지, 로즈 계열을 이용한다.

핑크 계열	귀여움, 어림, 화사함 등의 이미지로 피부 혈색을 밝게 한다.
브라운 계열	이지적, 성숙함, 현대적, 세련됨 등의 이미지를 갖는다.
오렌지 계열	생동감, 활동적, 건강함 등의 이미지를 갖는다.
로즈 계열	장미색 계열로 여성스러움, 사랑스러움, 요염함 등의 이미지를 갖는다.

● 치크 메이크업의 전체적인 기능은 피부에 혈색을 부여하고 생기를 주며 얼굴에 음영을 주어 윤곽을 살리고 눈과 입술의 색조 화장을 자연스럽게 조화시킨다.

TIP

- 립글로즈는 입술을 보호하고 광택을 주며 주로 투명한 색상으로 되어 있다.
- 에보니 펜슬은 본래 미술용 연필이었으나 눈썹의 색상과 잘 어울리고 발림성과 저렴한 가격으로 인해 아이 브로우 메이크업에 많이 애용되는 연필이다.
- 눈썹의 색상에 주로 사용되는 색은 검정, 회색, 갈색이다.
- 흰 피부와 젊은 층은 핑크계열, 중년 이후 흰 피부는 자홍색계열, 검은 피부(소맥색 피부)는 적색계열의 립스틱 색상이 좋으며 오렌지계열은 모든 피부에 거의 어울린다.

5 분장 메이크업 제품 종류와 기능

■ 라텍스(Ratex)
● 주름이나 얼굴 변형에 필요한 재료이다. 울퉁불퉁한 피부결의 표현이나 나이 주름의 표현, 대머리를 표현하기 위한 형을 만드는데도 필수품이고 티슈나 탈지면과 결합하여 얼굴을 변형시키며 유연한 고무조각을 만든다.

■ 글리세린(Glycerine)
● 눈물자국이나 땀방울 등을 표현하거나 젤 스킨 제조 시 첨가물로 사용한다. 냄새가 없는 투명 점액질로 표면 장력에 의한 방울처럼 뭉치는 현상을 이용한 것으로 식용과 공업용이 있어 용도에 맞게 선택한다.

■ 글라잔(Glazan)
● 입체적 상처나 볼드 캡(대머리 모자)을 만들 때 사용되는 액체 플라스틱으로 냄새가 인체에 유해하여 방독면을 착용하거나 반드시 환기가 되는 곳에서 작업해야 한다. 볼드 캡 제작 시 매끈하고 얇게 만들 수 있어 좋으며 점도를 묽게 만들거나 글라잔 볼드 캡을 녹일 때에는 맥이나 아세톤을 사용한다.

■ 팬케익(Pancake, 케익 파운데이션)
● 신체의 넓은 부위나 얼굴의 분장 시 사용되는 고체 상태의 수성 베이스이다. 분첩을 사용하여 바르거나 스펀지 퍼프에 물을 적셔 피부에 바른다. 파우더로 처리할 필요가 없는 매트한 표현이 될 수 있다. 건조가 빨라 사용하기 편리하고 피부 질감을 그대로 살릴 수 있다.

■ 러버 마스크 그리스(Rubber mask grease)
● 그리스 페인트나 T.P.M 등으로 제품화 되어 있는 점도가 높은 유성 커버 페인트이다. 라텍스, 플라스틱, 폼 마스크, 실리콘 등의 표면 채색에 사용하거나 무대 메이크업으로 사용된다. 부착력과 피복력이 우수하지만 높은 점도로 인해 얇게 채색 하기는 어려우며 일반 라텍스 스펀지보다 고무 스펀지를 사용하는 것이 좋다.

■ 라이닝 컬러(Lining color, 크림 라이너)
● 크림 타입의 컬러로 다양한 색상이 있으며 파운데이션이나 러버 마스크 그리스의 색상을 조절할 때 사용한다. 유성 컬러이며 색이 선명하지만 번지거나 묻어날 수 있다. 멍, 화상, 수염자국의 표현에도 사용되며 바디 페인팅과 페이스페인팅에 주로 사용된다.

■ 아쿠아 컬러(Aqua color, 워터 컬러, 워터 메이크업)
● 수성 페인팅 제품으로 바디 페인팅이나 페이스 페인팅에 주로 사용된다. 물의 양으로 농담을 조절하며 고형 타입, 크림 타입, 리퀴드 타입이 있다. 라이닝 컬러보다 마른 후 발색력이 떨어지고 빨리 말라 신속한 작업을 해야 하며 두껍게 발려진 경우 움직임에 의해 갈라지고 벗겨질 수 있다. 땀이나 물에 약하므로 픽스 스프레이로 고정시켜 이용한다.

■ 다텍스(Datex)
● 암모니아를 제거한 라텍스로 얼굴, 손등 피부의 주름을 만들 때 사용되며 라텍스에 민감한 피부의 사람은 피해야 한다.

■ 수염
● 분장에서 수염의 경우는 털의 효과를 나게 하는 모나 실을 사용하게 된다.

생사	누에 고치에서 얻은 비단실로 부드러워 직접 피부에 붙이는데 주로 사용된다. 흰색 생사에 염색하여 사용하며 윤기와 힘이 적다.
인조사	나일론사로도 불리며 윤기가 있고 습에 강하지만 뻣뻣하여 붙이기 어렵다. 여러 종류의 굵기와 다양한 수염 색상이 있으며 생사와 혼합하여 사용하면 효과적이다. 뜬 수염이나 가발제작에 주로 사용되고 일반적인 수염 부착의 경우 2데니어 정도의 굵기가 적당하다.
크레이프 울	양털을 꼬아 놓은 것으로 생사보다 길이가 짧고 웨이브가 있으며 굵기가 가늘어 서양인의 수염 표현에 적당하여 유럽에서 많이 사용되며 습기에 약하고 힘이 없어 흐트러지기 쉽다.

■ 왁스(Wax)
● 간편하고 신속하게 사용할 수 있어 각종 상처나 효과 표현 등에 폭넓게 사용되었으나 특수 분장의 활성화로 활용도가 낮아졌다. 정교한 색상 표현이 어렵고 움직임이 많은 부위는 형태를 유지하며 붙이기 어렵고 무게가 있어 큰 부위의 표현은 적합하지 않으며 열에 약하다. 더마왁스, 퍼티 왁스, 스카왁스, 노즈왁스, 플라스토 등이 있으며 조금 씩 점도나 색상 차이가 다른 제품들이다. 작업 시 손에 붙는 것을 방지하기 위해 오일이나 클렌징 크림을 손가락에 묻혀 사용하면 좋다. 작은 범위의 입체효과를 주는 자국, 상처, 화상 등의 표현에 적합하다.

■ 오브라이트(Oblate)
● 주성분이 녹말인 얇은 식용 비닐로 되어 있으며 기포가 생긴 화상 캐릭터 메이크업에 주로 사용된다. 여러 겹 구겨서 소량의 물을 뿌려주며 피부에 밀착시켜 파우더로 처리한 후 원하는 베이스를 바른다. 물의 양이 너무 많으면 오브라이트가 녹을 수 있다.

■ 콜로디온(Collodion)

● 유연하거나 딱딱한 2가지 종류의 투명한 액체 상태인 콜로디온이 있으며 유연한 타입은 티슈나 솜과 함께 상처 표현에 사용되고 딱딱한 타입은 오래된 칼자국, 피부 굴절, 깊은 흉터에 사용된다. 유해한 냄새가 있어 환기가 잘 되는 곳에서 작업해야 하며 사용 후 반드시 뚜껑을 닫아 기화되는 것을 막아야 한다. 눈 근처의 사용은 자제하며 스킨 테스트 후 사용하는 것이 좋다. 아세톤으로 녹일 수 있다.

■ 젤 스킨(Gel skin)

● 글리세린과 젤라틴, 물을 혼합하여 말랑한 젤리 형태의 젤 스킨을 만들 수 있다. 간단한 제조로 넓은 부위의 화상이나 상처, 울퉁불퉁한 피부, 썩은 피부 등의 표현에 사용되며 사용할 때는 중탕하여 녹인 후 적당히 따뜻한 상태로 사용한다. 굳기 전에 빠른 작업이 되어야 하며 심한 돌출표현은 무게로 인해 떨어질 수 있다.

■ 튜플러스트(Tuplast)

● 투명한 젤 타입의 액체 플라스틱으로 튜브의 형태이며 물집이나 상처를 표현하는데 사용된다. 상처의 경계선의 섬세한 표현이 가능하며 짜면서 바로 피부에 부착시켜 표현한다. 아세톤에 녹는다.

■ 실러(Sealer)

● 젤 타입의 액체로 살색 및 투명한 색이 있으며 접착력이 약하고 굳는 속도도 느리다. 분장한 부위에 뿌리거나 발라 주어 표면을 밀봉하며 커버하여 가장자리를 표시나지 않도록 하는 역할과 왁스를 이용한 상처 표면 위에 발라 코팅효과를 준다. 인체에는 무해하며 제거 시에는 알코올이나 아세톤을 사용하여 녹인다.

■ 인조 피(Artificial blood)

● 식용 색소와 물엿, 초콜릿 시럽, 물 등을 이용하여 여러 가지 점도와 색상의 인조 피를 만들 수 있다. 제조된 것보다는 직접 만들어 사용하는 것이 상황에 더 잘 맞을 수 있다.

브러드 페인트	액체 타입의 인조피로 많은 양의 피를 표현할 때 알맞다.
캡슐 블러드	입에서 흐르는 피의 효과를 연출할 때 사용하며 캡슐을 입속에 넣고 있다가 터트린다.
픽스 블러드	굳거나 덩어리가 진 피의 표현에 효과적이며 아세톤에 의해 제거된다.
블러드 파우더	붉은색 파우더로 머리카락 속이나 피부에 붓에 묻힌 후 물을 뿌려서 피가 흐르는 효과를 표현한다.
아이 블러드	충혈된 눈, 광기 어린 눈의 표현에 사용되며 스포이드 형태의 액체 성분으로 다량의 사용은 눈에 좋지 않다. 1~2분 정도의 지속 효과가 있다.

■ 스피리트 검(Spirit gum)

● 송진을 메틸 알코올로 용해한 재료이며 수염이나 가발, 볼드캡, 상처, 마스크 등을 붙일 때 사용하는 일종의 접착제이다. 제품에 따라 광택에 차이가 있으며 번들거림을 적게 하려면 카보실을 스피리트 검에 첨가한다. 탈지면과 섞어 얼굴 모양을 바꾸거나 눈썹을 지우는데 사용도 되며 스페셜 이펙트 메이크업이나 캐릭터 메이크업 등 광범위하게 사용된다.

■ 듀오 접착제(Duo adhesive)

● 속눈썹이나 마스크를 붙일 때, 눈가 주름을 만들 때 사용되는 재료로 라텍스를 정제하여 독성과 자극적 냄새를 없앤 액체 라텍스의 일종이다. 흰색과 검정색이 있으며 흰색의 경우는 마른 후에는 투명한 고체가 된다.

■ 고착 스프레이(Fixative spray)

● 바디페인팅 시술 후나 분장 후 색의 고정을 위해 분사를 시켜 사용하는 재료로 뿌린 면에 얇은 막이 형성되어 장시간 분장을 지속시켜 준다.

■ 알지네이트(Alginate)

● 아교성 물질인 알긴산의 염제로 암갈색 해초에서 추출되며 치아의 본을 뜨는 치과용 재료를 응용한 것으로 인체를 복사하는 몰드 작업에 쓰인다. 물과 함께 혼합하여 쓰게 되며 굳는 시간이 2~3분으로 빨라 찬물을 사용한다. 따뜻한 물의 사용은 굳는 시간을 더 단축시킨다.

■ 실리콘(Silicon)

● 본이나 틀을 만들기 위한 재료로 간편하게 사용할 수 있으며 유연성과 색상에 따라 여러 가지 제품이 있다. 분리 시 다른 재료와 분리되어 작업이 용이하나 가격이 비싸다.

■ 돈피션(Donpishan)

● 인조 속눈썹의 접착, 얼굴 주름 표현, 상처 부착, 상처 가장자리 그라데이션에 사용되는 재료이다.

■ 투스 에나멜(Tooth enamel)

● 액체 상태의 유색물질로 빨강, 아이보리, 흰색, 브라운 칼라가 있고 치아가 빠져 보이거나 변색된 효과를 표현할 때 사용하며 사용 부위는 물기를 제거하고 발라야 한다. 색이 쉽게 벗겨지고 지속력이 짧다.

■ 의료용 접착제(Medical adhesive)

● 본스피리트 검의 사용이 부적합 할 경우 인체에 무해한 의료용 접착제를 쓴다. 접착력이 약하며 아세톤이나 전용 제거제로 제거된다.

◇ 립글로즈는 립스틱 위에 덧발라 색상을 맑게 표현하고 입술을 보호하며 광택을 주는 제품이다.

◇ 아이래쉬 컬러는 속눈썹을 올리는 도구로 속눈썹을 3등분으로 나누어 집어주며 안쪽에서 밖으로 나올수로 강도를 약하게 한다(안쪽을 더 강하게 집어준다).

◇ 분첩이라고도 하는 것으로 베이스 메이크업의 파우더를 펴 바를 때 사용되는 것은 파우더 퍼프(Powder puff)이다.

◇ 아이 섀도우의 기능은 눈에 색감을 부여하여 음영을 주고 눈의 단점을 보완하며 다양한 색상과 색의 조화로 이미지를 표현한다.

◇ 컨실러는 피부의 상처, 자국, 음영 등 함몰된 부위의 피부톤을 조절해 주는 효과가 있고 커버력이 우수하다.

◇ 스틱형 파운데이션은 커버력이 우수해 결점 보완에 좋다.

◇ 리퀴드 파운데이션은 수분함량이 가장 많고 피부 친화력과 밀착력이 좋은 파운데이션이다.

◇ 파우더는 파운데이션의 유분 및 수분을 흡수하여 투명하고 자연스러운 피부를 표현해 준다.

◇ 파운데이션에서 얼굴 축소를 하기 위한 파운데이션의 색상은 쉐이딩 컬러이다.

◇ 그린 계열의 메이크업 베이스는 얇은 피부나 붉은 기가 있는 피부에 적합하다.

◇ 펜슬 타입의 아이라이너는 사용이 편리하며 자연스러운 눈매로 표현된다.

◇ 아이 브로우 브러시는 눈썹을 그릴 때 사용되는 브러시로 브러시의 면이 사선으로 납작하게 되어 있다.

01 다음 중 립스틱 위에 덧바르며 입술을 보호하고 립스틱의 색상을 맑게 표현해 주는 것으로 적당한 것은?

① 립틴트 ② 립크림
③ 립글로즈 ④ 립라이너

정답 해설 립글로즈는 립스틱 위에 덧발라 색상을 맑게 표현하고 입술을 보호하며 광택을 주는 제품이다.

02 아이래쉬 컬러의 사용 방법으로 옳은 것은?

① 속눈썹을 1번에 올리면 꺽임이 좋다.
② 속눈썹의 가장 안쪽은 힘을 빼고 집어준다.
③ 시선을 위로 하여 눈꺼풀이 집히지 않도록 한다.
④ 속눈썹을 3등분으로 나누어 집어주고 안쪽을 더 강하게 집어준다.

정답 해설 시선을 아래로 하고 속눈썹을 3등분으로 나누어 집어주며 안쪽을 더 강하게 집어준다.

03 다음 중 아이 메이크업의 사용 도구가 아닌 것은?

① 아이래쉬 컬러 ② 콤 브러시
③ 마스카라 브러시 ④ 파우더 퍼프

정답 해설 파우더 퍼프(Powder puff)는 분첩이라고도 하는 것으로 베이스 메이크업의 파우더를 펴 바를 때 사용된다.

04 다음 중 아이 섀도우의 기능으로 옳지 않은 것은?

① 눈에 색감을 부여하며 음영을 준다.
② 눈의 단점을 보완한다.
③ 언더 컬러로 다크서클을 커버해 젊어 보이게 한다.
④ 다양한 색상과 색의 조화로 다양한 이미지를 표현한다.

정답 해설 언더 컬러로 다크서클을 커버할 수는 없다.

05 다음 중 파운데이션의 종류와 기능의 연결이 잘못된 것은?

① 컨실러– 피부의 돌출된 부위에 발라 축소해주는 효과가 있고 커버력이 우수하나 문신과 잔주름의 커버에는 효과적이지 않다.
② 스틱형 파운데이션– 유분과 수분의 배합을 적절히 한 고체화된 제품으로 커버력이 우수해 결점보완에 좋다.
③ 크림형 파운데이션– 외부로부터 효과적인 보호막 역할을 하며 모든 피부에 일반적으로 사용된다.
④ 리퀴드 파운데이션– 수분함량이 가장 많아 촉촉하며 피부 친화력과 밀착력이 좋고 투명하고 자연스럽게 표현된다.

정답 해설 컨실러는 피부의 상처, 자국, 음영 등 함몰된 부위의 피부톤을 조절해 주는 효과가 있고 커버력이 우수하여 부분 커버에 이용되며 기미, 주근깨, 점, 문신, 잔주름 등의 결점 커버에도 효과적이다.

06 다음 중 페이스 파우더의 내용으로 옳지 않은 것은?

① 분말형 파우더와 압축형 파우더가 있다.
② 파우더의 색상은 투명 파우더, 오렌지 계열 파우더, 핑크 계열 파우더, 그린 계열 파우더, 퍼플 계열 파우더, 휘니쉬 계열 파우더로 구분된다.
③ 전체적인 기능은 기초 및 색조 메이크업을 오래 유지시켜주고 번들거림을 방지하는 것이다.
④ 파운데이션을 바르기 전에 발라 유분 및 수분을 차단하여 피부를 보호해 준다.

정답 해설 파우더는 파운데이션을 바른 다음 파운데이션의 유분 및 수분을 흡수하여 투명하고 자연스러운 피부를 표현해 준다.

07 다음 중 얼굴 축소를 하기 위한 파운데이션의 색상으로 옳은 것은?

① 베이스 컬러 ② 하이라이트 컬러
③ 쉐이딩 컬러 ④ 스킨 컬러

정답 해설 쉐이딩 컬러(어두운 색)는 음영에 의한 입체감을 살리며 얼굴이 축소되어 보이게 하는 용도로 사용된다.

08 메이크업 베이스의 색상 중 그린 계열 색을 발랐을 때 좋은 피부로 적합하지 않은 것은?

① 모세혈관 확장피부 ② 붉은 피부
③ 여드름 자국이 있는 피부 ④ 두꺼운 피부

정답 해설 그린 계열의 메이크업 베이스는 얇은 피부, 모세혈관 확장피부, 붉은 피부, 여드름 자국이 있는 피부 등 붉은 기가 있는 피부에 적합하다.

09 아이라이너의 종류와 기능이 잘못 연결된 것은?

① 리퀴드 타입– 색상이 선명하고 뚜렷하게 표현된다.
② 붓펜 타입– 색상이 연하게 표현되며 광택이 있다.
③ 케익 타입– 고형으로 물을 이용해 사용한다.
④ 펜슬 타입– 사용이 편리하며 자연스러운 눈매로 표현된다.

정답 해설 붓펜 타입은 색상이 진하게 표현되며 자연스럽게 그리기 편리하고 광택은 없다.

10 다음 중 사용의 편리성에 의해 브러시의 면이 사선으로 납작하게 되어 있는 브러시는?

① 아이 브로우 브러시 ② 스크루 브러시
③ 아이라인 브러시 ④ 마스카라 브러시

정답 해설 아이 브로우 브러시는 눈썹을 그릴 때 사용되는 브러시로 브러시의 면이 사선으로 납작하게 되어 있다.

12 Section
기초 화장 및 색조 화장법

① 기초 화장

- 기초 화장은 색조 화장을 제외한 상태의 화장으로 피부에 색을 입히는 작업이 아닌 깨끗하고 맑은 피부를 위한 기초적인 피부 보호차원의 영양처리를 의미한다.
- 기초 화장은 색조 화장을 돕는 역할과 피부보호 역할을 동시에 갖고 있다.
- 피부보호 역할은 피부에 유·수분을 공급하여 촉촉함을 유지하므로 주름방지 및 얼굴의 형태를 오래 지속시킬 수 있으며 기초 화장의 기능 화장품에 의한 미백 효과도 가지고 있다.
- 색조 화장을 돕는 역할은 베이스 메이크업에서 피부의 번짐이나 밀림을 없게 하고 색조 화장의 발색을 잘 표현 할 수 있게 한다.

■ 기초 화장의 순서

- 기초 화장을 세안에서부터 시작 할 수 있으나 기초적인 화장의 개념으로 씻어냄이 아니라 바르는 것에서 시작하면 스킨(유연 화장수) – 로션(영양 화장수) – 에센스(수분 영양제) – 아이크림(눈 주름 방지 크림) – 영양크림 – 선크림의 순이 일반적이다. 로션 다음 아스트리젠트(수렴 화장수)를 바르는 경우가 많았으나 생략되는 경우가 더 많으며 화장품에 따라 로션을 바르기 전에 에센스를 바르기도 한다.
  유연 화장수의 경우는 피부결의 정돈으로 닦아내는 세안용으로 이용되기도 한다.
- 마지막 단계의 선크림은 자외선으로부터의 보호차원으로 외출 전 30분 전에 바르며 소량을 2~3회 겹쳐 바르는 것이 더 효과적이다.

■ 기초 화장의 목적과 쓰임

- 기초 화장은 크게 3가지의 역할로 나누면 세안용과 정돈용, 1차 피부보호(균형과 영양), 2차 피부보호(영양제)의 역할이 있다.

세안용	물, 비누, 클렌징 제품 사용목적 : 피부 노폐물 제거
세안용 정돈용	유연 화장수와 수렴 화장수 사용 목적 : 피부의 산성도 유지(약산성), 수렴효과와 탄력 효과 수렴 화장수는 유연 화장수에 비해 알코올 함량이 높아 지성피부의 사용에는 좋으나 민감성 피부에는 적합하지 않다.
1차 피부보호	로션(영양 화장수)과 영양크림 사용 목적 : 유분과 수분의 균형을 유지, 인공 피지막 형성과 영양을 공급 로션은 촉촉하고 산뜻한 느낌을 주며 영양크림은 사용감은 좋으나 끈적임이 있다.

2차 피부보호	에센스와 아이크림 사용 목적 : 유분과 수분의 공급 에센스는 수분 위주의 고 영양제 역할을 하며 아이크림은 눈주위 주름 관리 제품으로 젤리타입과 크림타입이 있다. 젤리타입은 수분 위주로 지성피부에 좋고 낮화장 용이며 크림타입은 유분위주로 건성피부에 좋으며 밤의 기초적 손질에 좋다.

② 세안을 기초로 한 기초 화장

● 기초 화장품을 세안제, 화장수, 크림, 팩 등으로 말할 때 기초 화장은 세안과 팩을 포함한다. 세안은 얼굴 피부에 쌓여 있는 노폐물을 제거하는 것이며 팩은 얼굴의 기본적인 보습력을 갖게 하고 영양을 주어 피부보호 역할을 하는 것이라고 할 수 있다.

● 세안은 피부, 땀, 각질 등 생리적인 분비에 의한 잔여물과 대기 오염이나 색조 화장을 깨끗이 씻어내는 것으로 물, 비누, 클렌징 제품, 화장수가 있다.

● 팩은 기본적으로 화장이 잘 될 수 있도록 피부의 상태를 개선하거나 유지시키기 위한 가장 기초적인 피부 바탕의 기초 화장으로 볼 수 있다. 심한 지성피부의 경우 지성피부를 개선할 수 있는 팩을 사용함에 의해 지성피부로 인한 화장의 밀림 현상이나 번들거림, 오랜 지속의 어려움 등이 완화된다는 차원에서의 가장 기초적인 피부 바탕의 기초 화장에 포함시키는 것이다.

■ 클렌징

● 클렌징은 얼굴의 화장을 깨끗하게 닦아내거나 닦아낼 때 사용되는 화장품을 뜻하며 클렌징은 노폐물의 제거를 통해 피부호흡과 신진대사를 원활하게 하여 건강한 피부를 유지하기 위한 것이다.

■ 클렌징의 단계

● 클렌징은 1차, 2차, 3차 단계로 나눌 수 있으며 1차 클렌징은 포인트화장의 제거로 눈화장과 입술화장의 제거이다. 2차 클렌징은 안면과 데콜테 클렌징으로 얼굴과 목, 데콜테를 클렌징 마사지 후 티슈를 이용해 닦아낸 후 다시 해면으로 닦아내는 것이다. 3차 클렌징은 화장수의 도포로 피부유형에 따른 화장수를 면패드에 묻혀 얼굴과 목, 데콜테를 부드럽게 닦아내는 것을 말한다.

● 1차 클렌징은 얼굴 전체의 클렌징을 하기 전 민감한 눈, 입술 화장의 제거로 마스카라와 립스틱은 비누나 얼굴 클렌징 제품 사용보다는 포인트 메이크업 클렌징 전용제품(아이 메이크업 리무버)을 사용해야 한다. 유성타입이 색조화장 제거에 주로 사용되나 예민한 피부에는 수성타입이 알맞다.

● 2차 클렌징의 경우 얼굴, 목, 데콜테에 사용하게 되는데 클렌징제에 의한 마사지시 장시간에 의한 실시는 피부에 흡수 될 수 있으므로 약 3분 가량만 실시해야 한다.

● 3차 클렌징으로 화장수를 사용하는 경우 전문화장수는 유형별 활성성분과 알코올류를 함유하고 있지만 피부가 민감한 경우는 알코올을 함유하고 있지 않은 경우도 있다.

■ 포인트 메이크업 클렌징

● 포인트 메이크업 클렌징은 눈화장과 입술화장을 지우는 것을 말한다.

● 눈화장의 클렌징은 콘택트렌즈를 뺀 후 시술하며 제거 시 안에서 밖으로, 위에서 아랫방향으로 닦아내고 마스카라를 짙게 한 경우에도 눈에 자극이 덜 가게 하면서 닦아낸다.

● 입술화장을 클렌징 시 윗입술은 위에서 아래로 닦고 아랫입술은 아래에서 위로 닦는다. 즉, 클렌저를 묻힌 화장솜으로 입술의 바깥쪽에서 안쪽으로 닦는다.

● 포인트 메이크업은 일반 클렌징 제품으로는 완전한 제거가 이루어 지지 않으므로 전용제품을 사용하는 것이 좋다.

● 포인트 메이크업의 전용제품(메이크업 리무버)에는 유성과 수성타입이 있으며 유성이 더 잘 지워지는 반면 수성은 자극이 적어 예민한 피부나 민감한 피부에 사용된다.

● 메이크업 리무버는 자극적이지 않으면서 효과적으로 닦아낼 수 있어 눈화장과 입술의 클렌징에 이용된다.

● 퍼프(탈지면, 코튼)에 메이크업 리무버를 적당량 적셔 눈 위에 1~2분 가량 얹었다가 아이새도우와 눈썹, 마스카라를 닦아낸다. 이때 두꺼운 마스카라의 경우 눈꺼풀을 살짝 올려 곡선 모양의 퍼프를 밑에 깔고 면봉에 리무버를 묻혀 속눈썹 하나하나를 닦아낸다.

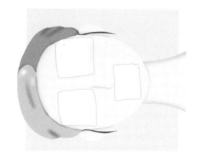

■ 클렌징의 시술법

● 이상적인 클렌징 방법은 피지, 먼지, 메이크업의 깨끗한 제거이다.

● 클렌징제의 선택은 건성, 중성, 지성, 복합성, 민감성, 여드름 피부 등에 따라 선택을 달리해야 하며 더러움의 종류에 따라서도 유성과 수성의 제품을 선택해야 한다.

클렌징 시술법	
1	볼에 따뜻한 물을 담아 해면 4장을 담가둔다.
2	포인트 메이크업 클렌징-안면, 데콜테 클렌징(티슈이용 후 해면사용)-화장수 도포

● 안면의 클렌징 제품 도포법은 목-턱-뺨-코-이마-관자놀이 순이며 안면의 해면 사용은 물기를 적당히 짠 후 클렌징의 도포법과 같이 목-턱-뺨-코-이마-관자놀이 를 닦아낸 후 턱 쪽으로 내려가 턱을 닦으면서 귀를 닦으며 마무리한다.

● 안면 클렌징은 근육결 방향으로 하며 일정속도, 리듬감을 유지한다.

■ 클렌징 마무리

● 클렌징 동작이 마무리되면 삼각형으로 접은 티슈를 이용해서 코를 중심으로 상단에 올려 눌러 준 후 피부와 접하지 않은 부분을 다시 하단으로 넘겨 눌러주거나 얼굴의 왼쪽, 오른쪽을 눌러주기도 한다.

● 다시 삼각형의 티슈를 손가락에 끼워 밑에서 위쪽, 안쪽에서 바깥쪽을 향해 가볍게 닦아준다.

● 티슈로 닦은 후 해면을 이용하여 닦아낸다(해면사용 후 다시 습포를 사용해 닦아내기도 한다).

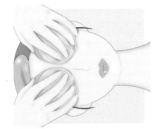

● 해면의 사용은 양손을 이용하여 가볍게 잡은 후 눈두덩 위를 닦고 눈밑을 닦은 후 이마를 아래에서 위로 올리며 닦아 올려 관자놀이까지 닦는다. 다음은 콧등, 귀앞, 입술 위 아래를 닦아 귀 쪽까지 닦고 턱 아래에서 귀쪽으로 닦은 후 목을 쓸어 올려닦고 데콜테는 중앙에서 어깨를 따라 목으로 쓸어올리며 닦는다.

● 습포의 사용은 양손으로 펼친 후 코아래 턱을 감싼 다음 코의 숨구멍만 남기고 각각을 눈두덩위로 포개어 적당한 누르기로

닦아낸다(클렌징, 딥클렌징 후 팩과 마스크 사용 중이나 후에 습포 사용).

TIP

• 클렌징 제품이 눈이나 코, 입에 들어가지 않도록 하면서 가볍게 문질러 닦아주어야 하며 클렌징 제품 사용은 피부 타입에 따라 선택하여야 한다.

• 포인트 메이크업 클렌징 시 눈과 입은 포인트 메이크업 리무버를 사용하며 색조화장의 여분은 색소침착을 남길 수 있다.

• 세안 시 1일 2회이상 세안이나 비누세안은 산성막이 파괴될 수 있으므로 피하고 미지근한 물이거나 따뜻한 정도의 물을 사용한다(뜨거운 물의 사용은 피부의 수분을 탈수시킨다).

■ 딥 클렌징

● 클렌징으로 제거되지 않는 얇은 각질층의 죽은 세포나 피부 노폐물을 인위적으로 없애는 작업을 의미한다.

● 딥 클렌징의 종류에는 물리적, 효소적, 복합적, 화학적(AHA) 딥 클렌징이 있다.

■ 팩(Pack)과 마스크(Mask)

● 팩(Pack)이란 Package(싸다, 둘러싸다)라는 의미에서 유래된 말로 팩제로 피부를 싸는 의미로 사용되었다.

● 고대이집트와 그리스, 로마시대때부터 진흙을 바르거나 우유와 꿀을 사용한 팩과 곡식가루를 개어 팩으로 사용했음을 문헌을 통해 알 수 있으며 고대 우리나라에서도 곡물을 이용한 팩이 있었음을 알 수 있다.

● 팩(Pack)과 마스크(Mask)의 개념은 구별되지만 근래에는 두 가지가 거의 같은 의미로 통용되고 있다.

● 팩(Pack)은 피부 위에 팩 재료를 발라도 팩하는 동안에는 공기가 통할 수 있어 어떤 막이나 굳기를 형성하지 않는 것을 말하며 막의 형성이 없으므로 열과 수분의 통과가 가능하다. 팩제의 제거는 물로 헹구거나 해면(스펀지)을 이용하여 닦아낸다.

● 마스크(Mask)는 얼굴에 바른 후 점차 굳어져서 딱딱하게 되는 것으로 닦아내는 것이 아닌 떼어내는 것을 말한다. 외부로부터의 공기 유입이 차단되고 내부에서는 수분의 증발 차단으로 유효성분의 침투를 용이하게 하고 피부의 보습력을 향상시키게 된다.

■ 팩(Pack)의 효과

● 팩과 마스크의 효과는 팩의 재료에 따라, 상태 및 온도에 따라 다르나 다양한 효과를 거둘 수 있다.

● 1차와 2차의 효능으로 구별되기도 하는데 1차의 팩과 마스크의 효과는 각질제거, 피지와 노폐물(청정효과), 염증완화와 살균효과이며 2차의 효능으로는 순환촉진, 수분과 영양공급, 진정효과, 미백효과 등으로 나누어진다.

각질제거, 링효과	죽은 각질세포를 연화시켜 팩제와 함께 제거
노폐물, 피지제거 (청정효과)	노폐물과 불순물의 제거와 과잉피지의 흡착으로 피부를 청결하게 함
살균효과, 염증완화	pH조절과 진정효과의 강화에 의한 염증의 완화 (여드름피부)
순환촉진	피부표면에 팩제에 의해 형성된 피막은 차단효과에 의해 온도의 상승에 따른 혈액, 피부신진대사, 림프순환 촉진
수분 및 영양공급	피막의 형성에 의한 수분증발의 차단은 각질층 수분함유와 함께 땀샘과 모공의 확장으로 팩제의 유효성분의 침투를 용이하게 함 (보습, 세포재생, 탄력강화)
진정작용	자외선의 노출 및 찬바람에 의한 자극으로부터 피부를 진정시킴
미백효과	팩제 자체의 미백효과에 따른 미백
피부 안정	팩제의 건조시간에 따른 휴식에 의한 피부의 안정, 스트레스 완화효과

■ 팩과 마스크의 형태에 의한 분류

종류	적용피부	효과와 형태타입
크림형태	민감성, 건성	보습, 유연
젤 형태		피막형성형태(필오프타입)
	지성, 민감성피부	진정, 보습효과 피막형성이 안되는 형태 (워시오프타입)
분말(파우더) 형태		워시오프타입(젖은 해면이나 습포, 물로 씻어 제거)
클레이(점토) 형태	복합성, 지성, 여드름 피부	피지, 노폐물제거

■ 팩과 마스크의 제거 방법에 따른 분류

● 팩을 제거하는 방법에 따라 필름막을 떼어내는 필름타입인 필오프타입(Peel off type), 물로 씻어 제거하는 워시오프타입(Wash off type), 티슈로 닦아내는 티슈오프타입(Tissue off type)이 있다.

필오프타입 (필름타입) (Peel off type)	• 필름타입으로 도포 후 굳어져서 필름막이 형성되면 떼어내는 방법으로 젤이나 액체형태의 수용성 점액질을 바른 후 건조되면서 얇은 피지막을 형성 • 필름막 제거시 먼지, 불순물, 피지, 각질세포가 함께 제거 (딥클린징, 청정효과) • 보습효과를 위한 보습성분 첨가 • 얇고 균일하게 발라야 고르게 효과를 볼 수 있으며 제거시 피부자극이 없도록 유의 • 대부분이 젤, 액체형태로 석고마스크나 고무마스크로 오프타입에 해당
워시오프타입 (Wash off type)	• 도포 후 일정시간의 경과 후에 물로 씻어 제거하는 방법으로 피부자극이 적으며 가볍게 제거 • 팩을 바른 후 10~30분의 적정시간이 지난 후 습포나 젖은 해면을 이용하거나 미온수로 세안에 의한 제거 • 물로 씻어내므로 상쾌한 느낌을 주며 가장 많이 사용하는 대중적인 타입 • 크림, 젤 클레이, 분말, 거품 등 형태가 다양
티슈오프타입 (Tissue off type)	• 도포 후 10~15정도 놓아두어 흡수시킨 후 흡수되지 않고 남아있는 여분을 티슈로 닦아내거나 그대로 두는 방법 • 보습과 영양공급 효과가 뛰어나 건성이나 노화피부에 적당 • 홈케어용의 제품이 많으며 매일 사용도 가능하지만 복합성 피부나 지성피부의 경우 수렴, 청결효과의 결핍에 의해 여드름을 유발할 수도 있으므로 주의 • 크림이나 젤 형태로 흡수가 잘되는 형태

TIP

• 수렴 화장수는 코튼에 묻혀 피지 분비가 많은 T존 부위부터 두드리듯 바른다.
• 로션에는 밀크 로션, 모이스처라이저 로션이 있으며 크림에는 데이 크림, 나이트 크림, 에몰리언트 크림, 나리싱 크림 등이 있다.

3 색조 화장

● 색조 화장은 피부에 색을 입히는 작업으로 2차적인 피부보호를 하면서 얼굴에 아름다움을 가지는 것이다.

■ 색조 화장의 순서

● 베이스 메이크업(메이크업 베이스 – 파운데이션–파우더) – 아이 메이크업(아이 섀도우 – 아이라인 – 마스카라 및 속눈썹) – 립 메이크업(립스틱) – 치크 메이크업(볼 터치) – 정리의 순이 일반적이다. 필요에 따라 치크 메이크업과 립 메이크업의 순서를 바꾸어 시술하기도 한다.

■색조 화장의 목적과 쓰임
● 베이스 메이크업 : 피부에 색을 입혀 피부색의 아름다움을 만든다.
● 아이 메이크업 : 눈에 색을 입혀 윗 얼굴 표정을 만든다.
● 립 메이크업 : 입술에 색을 입혀 아래 얼굴 표정을 만든다.
● 치크 메이크업 : 전체적인 혈색과 밝기, 입체감을 조절하여 전체 분위기를 조화롭게 만든다.

4 색조 화장법

● 색조 화장을 하는 방법에는 여러 가지가 있을 수 있다. 가장 먼저 손쉽게 손가락을 이용하여 바르거나 붓이나 퍼프 등 화장도구를 이용하여 바르는 방법이 있다. 어디를 먼저 바르고 나중에 바르는가에 대한 것도 수정의 차원에서 보면 크게 차이가 없으나 정석적인 의미에서는 넓은 부위를 먼저 바르고 좁은 부위는 나중에 바른다는 것과 옅은 색상을 먼저 바르고 차츰 짙은 색상을 바른다는 것에서의 차이는 있다.

■베이스 화장법
● 베이스 메이크업의 사용은 화장수를 바른 다음 파운데이션을 바르기 전에 바르며 베이스 색상을 선택한 후 소량을 덜어 손이나 스펀지를 이용해 펴 바르거나 두드리듯 바른다. 다량이 사용될 경우 밀림현상이나 들뜸 현상이 있다.
● 파운데이션의 사용은 소량을 여러 번 나누어서 바르는 것이 좋으며 얼굴 중심의 안에서 밖으로 펴 발라준다. 손이나 브러시, 스펀지 등을 이용하여 슬라이딩 기법과 패팅 기법을 반복해서 이용하며 하이라이트와 쉐이딩 부분의 처리는 밝은 파운데이션이나 어두운 파운데이션의 색상으로 처리해야 하므로 발라주는 손이나 붓, 스펀지의 다른 면을 이용하여야 한다. 넓은 부위를 먼저 바른 후 좁은 부위를 발라 전체적으로 얼굴 피부톤에 맞는 파운데이션을 바른 후 하이라이트와 쉐이딩은 그 위에 덧바르거나 파운데이션 바를 때부터 베이스 파운데이션과 하이라이트 파운데이션, 쉐이딩 파운데이션을 원하는 부위에 바로 펴 바른 후 그라데이션 시켜서 연결한다. 눈 밑, 턱선, 페이스라인 부분은 소량을 발라 어색함이 없게 한다.
● 파우더의 사용은 원하는 색상의 페이스 파우더를 퍼프나 브러시에 묻혀 바르며 퍼프 사용 시 피부 밀착력을 높이기 위해 가볍게 눌러주며 바르고 브러시의 사용 시 얼굴 중심의 안에서 밖으로 발라주며 T존 부위는 T자의 형태로 발라준다.

■아이브로우 화장법
● 눈썹의 표현을 위해서는 가장 먼저 원하는 눈썹의 형태를 다듬어 놓는다.

● 아이브로우의 사용은 4번의 기본적인 선택이 있다. 첫 번째는 눈썹에 바를 아이브로우 색상을 선택하는 것이며 두 번째는 재질을 선택하는 것으로 연필을 사용할 것인지 섀도우의 색상을 이용할 것인지를 선택해야 한다. 섀도우의 색상으로 바를 경우 아이브로우 브러시를 이용하게 된다. 세 번째는 눈썹의 형태를 선택하는 것으로 어떠한 형태의 눈썹을 그릴 것인지를 선택하는 것이다. 네 번째는 눈썹의 짙고 옅음을 선택해야 하는 것으로 특정 부분을 짙게 하거나 옅게 할 수도 전체를 짙거나 옅게 표현하게 된다.
● 아이브로우 화장의 경우 인상을 좌우하며 이미지의 변화에 중요한 요인으로 작용하는 만큼 섬세한 표현이 되어야 한다. 머리카락에 의해 눈썹이 가려진 경우나 다른 얼굴부위에서 크게 부각되는 부분이 있다면 눈썹이 차지하는 비중은 조금 줄어들 수 있으나 눈썹의 표현이 드러나는 경우에는 전체적인 비율과 조화에 맞추어 섬세한 표현을 해야 한다.

■아이 화장법
● 아이 섀도우의 사용은 아이 섀도우 컬러가 눈 밑에 떨어져 베이스 화장에 지장을 줄 수 있어 먼저 파우더를 눈 밑에 얹어 놓아서 섀도우가 떨어지더라도 팬브러시를 이용해 털어낼 수 있게 한다. 섀도우의 색상은 베이스 컬러, 포인트 컬러, 하이라이트 컬러, 섀도우 컬러로 나누어 선택한다.
먼저 베이스 컬러를 이용해 눈의 넓은 부위를 바를 때는 넓은 브러시로 얇게 전체를 펴 바른다. 포인트 컬러나 섀도우 컬러 등 좁은 부위를 바를 때는 좁은 브러시를 이용한다. 짙고 옅은 색상의 사용에 따라 붓의 사용은 따로 하는 것이 좋다. 색상의 혼합은 파렛트(Palette)나 손등을 이용하며 색상 표현을 위해 여러번 덧발라 자연스러운 색감이 되게 한다.
색과 색 사이의 자연스러움을 위해서는 좁은 부위에서도 그라데이션이 정확해야 하며 포인트의 경우에는 그라데이션보다는 정확한 표현이 더 중요시 된다. 바르는 힘의 조절에서는 눈두덩이를 바르는 만큼 손목에 힘을 뺀 상태에서 부드럽게 바를 수 있어야 한다. 바르는 방향은 일반적으로는 눈꺼풀의 바깥쪽에서 안쪽으로 바르지만 경우에 따라 다른 방향을 취해 바르기도 한다.
● 마스카라의 사용은 먼저 고객의 시선을 밑으로 15도 정도 응시하게 한 후 아이래쉬컬을 이용해 속눈썹을 3번 정도 집어 위쪽으로 자연스럽게 향하게 올려준다. 집어 줄 때는 안쪽을 강하게 하며 속눈썹 끝쪽으로 갈수록 아이래쉬컬의 각도를 위쪽으로 올려준다.
바르는 방법은 마스카라의 색상과 마스카라의 종류를 선택하여 속눈썹의 위쪽에서 어 내린 후 아래쪽은 안쪽에서 지그재그 방향을 그리며 올리듯 발라준다. 언더 속눈썹의 경우 브러시를 세로로 하여 브러시의 끝으로 발라준다.

● 아이라이너는 눈의 이미지를 변화시키는 역할을 하므로 그리는 선을 잘 선택하여야 한다. 원하는 이미지에 맞는 아이라이너의 색상과 기능에 따른 종류를 선택하여 기본적으로는 눈머리에서 눈꼬리 쪽으로 발라준다.

■ 립 화장법

● 립 화장의 사용은 입술의 모양을 먼저 선택하고 입술 수정을 (1~2mm)의 범위에서 파악한 후 질감을 선택하여 발라준다. 입체적인 표현을 위해서는 하이라이트와 쉐이딩 립 컬러를 이용한다.

● 입술 모양에 의한 이미지와 전체적인 이미지를 잘 조화롭게 표현한다.

■ 치크 화장법

● 블로셔(Blusher)라고도 하는 볼 화장의 사용은 색상의 선택, 방향, 위치, 범위, 재질(케이크 타입, 크림타입) 등을 고려한 화장이 되어야 한다.

■ 노우즈 화장법

● 코의 화장은 코의 입체감을 주기 위해 베이스에서부터 단계별 하이라이트와 쉐이딩에 의한 효과를 주기도 하며 갈색 섀도우로 눈썹머리에서 콧망울 방향의 코벽을 발라 입체감을 주며 콧 망울 중심부에 하이라이트나 코끝에 쉐이딩 처리 등 얼굴 중심부에 있는 코의 수정과 보완에 의한 얼굴의 조화를 이루어야 한다.

● 파운데이션이나 섀도우에 의한 경계선은 자연스럽게 그라데이션이 이루어져야 한다.

13 S·e·c·t·i·o·n 계절별 메이크업

1 봄 메이크업(Spring makeup)

● 봄 메이크업은 봄의 느낌이 이미지로 승화될 수 있도록 메이크업을 하는 것을 말한다. 봄의 느낌은 생동감, 발랄함, 화사함, 산뜻함 등이다. 옐로우, 그린, 핑크계의 컬러가 중심이 되며 고명도, 저채도의 파스텔 톤이 주를 이룬다. 유사대비(옐로우와 오렌지), 보색대비(핑크와 그린)를 이용한다. 메이크업의 질감은 촉촉한 느낌이 들도록 표현한다.

● 봄 메이크업의 전체적 특징은 자연스러운 형태의 색감을 강조하지 않는 맑고 투명한 고명도, 저채도의 메이크업이다.

● 온화하고 부드러운 색의 옐로우 베이스가 신체 색상이며 4계절 중 가장 연한 색이다.

■ 베이스 메이크업

● 리퀴드 파운데이션으로 촉촉한 느낌이 나게 하며 무겁게 느껴지지 않도록 하고 투명 파우더를 이용하여 피부의 투명감을 살리고 입체감이 너무 강하게 표현되지 않도록 연출한다.

■ 아이브로우 메이크업

● 약간의 각을 살린 두껍고 짧은 기본형이나 면을 강조한 상승형의 기본형 눈썹으로 생동감 있게 그려준다.

■ 아이 메이크업

● 아이 섀도우는 옅은 파스텔 톤 색상으로 가로 터치를 이용하고 리퀴드 아이라이너를 사용해 눈꼬리를 3mm 정도 올라간 상태로 길게 표현한다. 투명 마스카라를 사용하여 눈매에 깔끔한 이미지를 준다. 인조 속눈썹을 사용할 경우 눈꼬리 쪽 반만 붙여준다.

■ 립 메이크업

● 연하고 밝게 파스텔 톤의 립스틱 색상을 바르고 립글로스로 촉촉함을 표현하고 입술산은 각지지 않도록 완만한 곡선으로 그려준다.

■ 치크 메이크업

● 옅게, 가볍게 표현될 수 있는 오렌지 빛이나 복숭아 빛 컬러를 사용하여 곡선형 터치를 한다.

❷ 여름 메이크업(Summer makeup)

● 여름 메이크업은 시원하고 상쾌함을 줄 수 있는 메이크업으로 활동적, 동적 이미지에 강렬함, 정열 등의 이미지도 가미되어 있으므로 자극적인 표현도 가능하다. 표현되는 대표적 색상은 블루, 오렌지, 화이트 계열이며 색조의 경우 초여름과 한여름의 색조를 다르게 할 수 있는데 초여름의 경우는 저명도와 고채도의 컬러를 활용하여 시원하고 산뜻함을 주며 한여름에는 저명도와 저채도의 컬러를 이용하여 보색대비와 펄을 사용해도 좋다. 메이크업의 질감은 분을 바른 듯한 파우더리한 질감으로 표현한다. 방수 효과를 위해 트윈 케익이나 팬 케익을 사용한다.

● 여름 메이크업의 전체적인 특징은 비격식 화장, 자외선으로부터 보호, 방수 효과에 중점을 둔 눈과 입술 중 하나에만 포인트가 가는 원 포인트 메이크업이며 차갑고 부드러운 블루 베이스가 신체 색상이다.

■ 베이스 메이크업
● 다갈색 피부의 표현이나 산뜻한 느낌의 피부 표현으로 메이크업 베이스를 얇게 사용하고 리퀴드 파운데이션을 얇게 발라 가벼운 느낌을 연출한다.

■ 아이브로우 메이크업
● 눈썹은 조금 뚜렷하고 선명한 상승형으로 그려주어 생동감을 준다.

■ 아이 메이크업
● 아이 섀도우는 중간톤의 회색빛이 감도는 청색 색조를 기조로 포인트를 주어 눈의 한 부분만 강조되게 표현하며 마스카라와 아이라이너는 방수 제품을 사용한다.

■ 립 메이크업
● 스크레이트 커브로 선명하게 하거나 레드 계열의 컬러로 포인트를 주거나 저채도의 색상에 펄이 가미된 메이크업을 한다.

■ 치크 메이크업
● 생략하거나 가벼운 터치만 준다.

❸ 가을 메이크업(Autumn makeup)

● 가을 메이크업은 깊이감, 차분함, 성숙함, 지적임, 풍요로움, 사색적, 안정감, 무게감 등의 이미지를 표현할 수 있는 메이크업으로 대표적인 색조는 브라운, 골드, 카키 계열의 색이며 그 외에도 다크 옐로우나 다크 오렌지, 벽돌색 등의 색감을 주로 사용한다. 메이크업의 질감은 부드러운 크림의 느낌인 소프트 크리미 질감이다.

● 가을 화장의 전체적인 특징은 격식 화장의 형식이며 중명도, 저채도 톤의 색으로 라인을 강조한 메이크업으로 중간 톤과 어두운 톤의 깊이감 있는 옐로우 베이스가 신체 색상이다.

■ 베이스 메이크업
● 컨실러로 부분 결점을 커버하고 건조를 막기 위한 크림 파운데이션을 사용하며 베이지 계열의 파우더를 사용한다.

■ 아이브로우 메이크업
● 케익 타입의 브라운 계열 섀도우로 직선적 느낌의 기본형이나 아치형으로 그려준다.

■ 아이 메이크업
● 아이 섀도우는 브라운, 짙은 골드, 옥색, 올리브 그린 등의 다색을 사용하고 섬세한 그라데이션을 활용해 표정이 풍부한 눈매를 만들고 아이라이너는 검정색이나 짙은 갈색의 리퀴드 아이라이너로 가늘고 길게 그려 정적 분위기를 연출한다. 마스카라는 검정이나 짙은 갈색으로 풍성하게 표현하거나 인조 속눈썹으로 풍성한 눈매를 연출한다.

■ 립 메이크업
● 브라운 계열의 색으로 립 라이너로 둥글고 넓은 형태를 만들고 볼륨감이 있도록 짙은 적색을 이용해 발라주거나 브라운 계열의 부드러운 색조로 표현한다.

■ 치크 메이크업
● 오렌지나 브라운 계열의 색상으로 광대뼈를 감싸듯 발라준다.

❹ 겨울 메이크업(Winter makeup)

● 겨울 메이크업은 차가움, 냉소적임, 서늘함, 공허함 등과 반대되는 차분한 색조의 따뜻하고 심플한 이미지로 표현한다. 대표적인 색조는 와인과 딥 레드 계열이고 적갈색 등의 난색 계열의 저명도의 색이나 유사색을 많이 이용한다. 메이크업의 질감은 매트한 크림의 느낌인 하드 크리미 타입으로 스틱 파운데이션이나 스킨 커버를 사용한다.

● 겨울 화장의 전체적인 특징은 격식 화장의 형식이며 밝은 베이스에 선과 명암에 의한 입체감을 살리는 메이크업으로 차가운 톤의 블루 베이스가 신체 색상이다.

■ 베이스 메이크업
● 베이스는 조금 두꺼운 느낌이 들게 하여 의상의 두께감과 비례하도록 한다. 본래 피부색보다 한 단계 밝게 표현하며 혈색 있는 피부로 보라색 메이크업 베이스에 컨실러에 의해 결점을 보완하고 한 단계 밝은 크림 파운데이션을 사용한다. 핑크 파우더로 깨끗하고 화사한 피부를 표현한다.

■아이브로우 메이크업
●펜슬을 이용해 브라운이나 회색계의 색상으로 선을 강조한 눈썹을 그리며 새도우를 사용하여 마무리 터치를 해 준다.

■아이 메이크업
●아이 섀도우는 뚜렷하고 선명하게 하며 짙은 색 위주의 레드 브라운, 그레이 블루, 그린 블루, 블랙 브라운 색상으로 명도 대비 효과에 의한 입체감을 표현한다. 베이스 컬러의 범위를 넓게 하고 포인트 컬러를 은은하게 이용한다. 아이라이너는 검정색의 펜슬이나 케익 타입으로 진하게 강조하며 풍성한 속눈썹을 위해 검정색 마스카라를 이용하고 인조 속눈썹을 사용한다.

■립 메이크업
●색감을 이용한 또렷하고 볼륨감 있는 입술로 입체감을 살린다. 겨울철의 특성으로 립 글로스를 이용하기도 한다. 아이 메이크업보다 립메이크업이 강조되게 립에 중점을 둔 메이크업이 되게 한다.

■치크 메이크업
●4계절 중 치크 메이크업이 가장 강조되므로 수정과 보완보다는 건강미와 혈색을 강조한 치크 메이크업이 되도록 한다.

14 S·e·c·t·i·o·n 얼굴형별 메이크업

1 둥근형의 메이크업

베이스 (피부 표현)	하이라이트 : 이마, 눈밑, 콧등, 입주위, 턱끝을 세로 느낌으로 길게 하이라이트 준다.
	쉐이딩 : 노우즈 섀도우로 얼굴선을 따라 길게 펴 발라 길이감을 준다.
아이브로우(눈썹)	전체적으로 올라간 듯 각이 지게 그려 세로 느낌을 준다.
아이(눈)	눈꼬리가 처지지 않게 그라데이션 한다.
립(입술)	약간 각진 입술 형태로 눈썹의 각도와 비슷하게 한다.
치크(볼)	귀 윗부분에서 구각 위쪽을 향해 세로로 길게 펴 바른다.

●둥근형 얼굴의 메이크업은 전체적으로 세로선을 이용해 길이를 길게 하는 것에 중점을 둔 메이크업을 한다.

■사각형의 메이크업

베이스 (피부 표현)	하이라이트 : 콧등에 세로 길이의 강조를 위해 하이라이트를 준다.
	쉐이딩 : 각진 이마의 양끝과 턱의 양끝 부위에 쉐이딩 하여 갸름하게 보이게 한다.
아이브로우(눈썹)	부드러운 곡선으로 가늘지 않게 그린다.
아이(눈)	관자놀이 방향으로 그라데이션 한다.
립(입술)	눈썹의 상승각과 유사한 각도로 전체적으로 부드러운 곡선형을 그린다.
치크(볼)	전체적으로 둥근 느낌이 나도록 볼 넓이에 알맞게 펴 바른 후 각진 턱에는 좀 더 어둡게 표현한다.

●사각의 네 모퉁이의 각진 부분을 가리면서 동시에 각진 부분의 완화를 위해 부드러운 곡선처리를 하는 메이크업을 한다.

■삼각형의 메이크업

베이스 (피부 표현)	하이라이트 : 넓은 이마로 보이도록 폭넓게 바르고 관자놀이 부분도 옅은 색으로 넓게 펴바른다.
	쉐이딩 : 이마의 중심부와 턱의 양쪽 모서리를 감소시키기 위해 쉐이딩 한다.
아이브로우(눈썹)	화살형으로 그리되 날카로움을 없애기 위해 눈썹꼬리를 약간 만들어 완만히 내리거나 아치형 눈썹을 올라간 듯하게 그린다.
아이(눈)	올라간 듯한 그라데이션을 한다.
립(입술)	눈썹의 상승각과 유사한 각도로 전체적으로 부드러운 곡선형을 그린다.
치크(볼)	전체적으로 둥근 느낌이 나도록 알맞게 펴 바른 후 턱의 양쪽 모서리는 좀 더 어둡게 표현한다.

●윗부분의 얼굴이 전체적으로 내려가 보이므로 올리는 사선을 이용하고 이마 중앙과 턱의 양쪽모서리를 가리는 메이크업을 한다.

■역삼각형의 메이크업

베이스 (피부 표현)	하이라이트 : 양쪽 아랫볼이 통통하게 보이게 하이라이트를 주고 턱 중앙은 하이라이트를 주지않는다.
	쉐이딩 : 뾰족한 턱끝과 넓은 이마의 양쪽에 쉐이딩 한다.
아이브로우(눈썹)	짧게 부드러운 아치형으로 그려 날카로움은 감소시킨다.
아이(눈)	그라데이션을 눈앞머리 안쪽까지 한다.
립(입술)	길고 조금 두껍게 그리며 밝은 색상을 사용한다.
치크(볼)	귀부분에서 구각 위쪽을 향해 부드럽게 펴 바른다.

●넓은 이마의 양쪽과 날카로워 보이는 턱 끝을 가리면서 아랫볼에 볼륨을 주는 메이크업을 한다.

■ 다이아몬드형의 메이크업

베이스 (피부 표현)	하이라이트 : 이마는 넓게 표현하고 턱선은 부드럽게 펴 바른다.
	쉐이딩 : 튀어나온 광대뼈와 턱 끝을 부드럽게 쉐이딩 한다.
아이브로우(눈썹)	강조된 광대뼈를 완화시키기 위해 화살형 눈썹으로 눈썹의 앞머리에 포인트를 주어 시선을 분산시킨다.
아이(눈)	눈앞머리에 포인트를 준 그라데이션을 한다.
립(입술)	눈썹의 상승각과 유사한 각도 그리며 두껍고 부드러운 선으로 그린다.
치크(볼)	볼뼈를 중심으로 따뜻한 톤의 색상을 이용해 부드러운 느낌으로 엷고 폭넓게 펴 바른다.

● 이마의 양쪽과 아랫볼의 양쪽을 돌출되어 보이게 하며 광대뼈와 윗볼은 함몰되어 보이게 하는 메이크업을 한다.

■ 장방형의 메이크업

베이스 (피부 표현)	하이라이트 : 코의 길이감이 느껴지지 않게 짧게 하이라이트하고 이마는 옆으로 가로선을 만들며 바르고 눈밑은 폭넓게 펴 바른다.
	쉐이딩 : 코벽은 짧게 바르고 이마와 턱끝은 길이감을 감소시키게 바른다.
아이브로우(눈썹)	일자형 눈썹으로 가로선을 만든다.
아이(눈)	수평에 의한 가로선의 그라데이션을 한다.
립(입술)	구각의 경사는 눈썹의 각도와 같은 수평을 유지하되 입꼬리는 올려 도톰하게 그린다.
치크(볼)	볼뼈를 중심으로 구각과 콧망울을 향해 긴 가로선으로 폭넓게 펴 바른다.

● 이마 중심부의 위쪽과 턱의 중심부 아래쪽을 쉐이딩 처리하여 길이감을 감소시키고 가로선을 주로 이용하는 메이크업을 한다.

15 Section T.P.O에 따른 메이크업

● T.P.O 메이크업은 Time(시간), Place(장소), Occasion(경우나 상황)에 따른 메이크업을 말한다.

1 시간(Time)에 따른 메이크업

● 시간에 따른 메이크업은 낮 화장(데이 메이크업)과 밤 화장(나이트 메이크업)으로 나누어 볼 수 있다.

■ 데이 메이크업(Day makeup)

● 낮 화장은 햇빛에 노출되는 정도가 많으므로 짙게 보이는 화장보다는 자연스럽게 보이는 화장을 해야 한다. 수정 메이크업보다는 개성을 돋보이게 하는 메이크업에 중점을 두는 것이 좋다. 사용되는 색상은 펄 기가 없는 차분한 컬러의 중명도, 저채도의 색상으로 의상색을 고려한 유사대비나 약한 보색대비를 이용한다. 베이스 색상은 자기 피부색과 유사한 톤으로 선정하는 것이 좋다.

베이스 (피부 표현)	베이스 메이크업은 액상 타입으로 사용하며 피부 톤과 유사 톤을 이용하고 입체감을 살리지 않는 것이 좀 더 자연스럽다.
아이브로우(눈썹)	본인의 실제 눈썹 형에 맞추어 그리되 약간의 각을 준다.
아이(눈)	아이 섀도우는 은은하고 부드러운 웜 컬러(Worm color)를 이용하고 아이 라이너는 타입에 관계없이 편하게 사용할 수 있는 것으로 하고 마스카라는 검정색이 좋으며 표시 나는 속눈썹은 붙이지 않는 것이 자연스럽다.
립(입술)	본인의 실제 입술 형태를 그대로 살려서 그리며 수정 시에는 정교한 표현이 되게 하면서 윤곽은 강조하지 않아야한다.
치크(볼)	컬러는 립스틱 색상과 맞춰주며 광대뼈 위를 자연스럽게 터치한다.

■ 나이트 메이크업(Night makeup)

● 밤 화장은 인위적인 변신이 가능한 화장으로 밝고 화려하며 대담한 느낌이 강조된 메이크업이다. 색상은 고채도, 저명도의 컬러를 이용해 명도대비, 보색대비로 자연스러운 음영효과에 의한 입체감을 준다. 베이스의 질감은 분을 바른 듯한 파우더리한 질감으로 표현한다.

베이스 (피부 표현)	약간의 두께감이 있고 커버력이 있게 표현하며 입체감을 강하게 표현한다.
아이브로우(눈썹)	길고 강조하고 정교하게 그린다.
아이(눈)	아이 섀도우는 명도대비로 입체감을 주거나 다색을 사용하여 화려함을 준다. 아이 라이너는 뚜렷하게 강조하며 마스카라는 정교하게 연출하여 풍성하게 하며 인조 속눈썹을 사용한다.
립(입술)	아웃커브에 의한 볼륨감을 표현하며 입체감을 주는 것도 좋다.
치크(볼)	성숙된 분위기는 저명도 컬러를 이용해 광대뼈 밑에 음영이 가게 하며 어리고 귀여운 분위기는 고명도 컬러를 이용하여 광대뼈 위를 감싸듯 터치해 준다.

② 장소에 따른 메이크업

● 장소는 수영장, 영업장, 사무실, 등산로, 산책길, 지하철안 등 여러 종류의 장소가 있을 수 있으나 크게는 실내와 실외 장소로 나누어 볼 수 있다. 실외 메이크업은 데이 메이크업과 비슷하게 연출되며 실내 메이크업은 나이트 메이크업과 유사하게 연출된다. 이는 햇빛이라는 강한 조명아래에서 보는 메이크업인가 아니면 인위적인 조명 아래에서 보는 메이크업인가에 따라 달라진다는 것이다.

■ 실내 메이크업
● 실내 메이크업의 경우는 나이트 메이크업보다는 입체감이나 강도를 약하게 하는 것이 좋다. 낮 시간대의 실내는 밤의 조명보다는 약한 조명으로 은은하게 비춰진다.

■ 실외 메이크업
● 데이 메이크업과 같이 실외에서 짙은 화장에 의한 인위적인 얼굴이 아닌 좀 더 자연스러운 메이크업으로 보여져야 한다.

③ 상황에 따른 메이크업(~날에 따른 메이크업)

● 파티날, 명절날, 면접날, 데이트 날, 상견례 날 등 ~날에 따라 혹은 ~할 때(파티 할 때, 명절 때, 면접 때, 데이트할 때, 상견례 할 때 등)에 따라 메이크업이 달라진다. 즉, 그 때 이루어지는 상황에 따라 달라지는 메이크업을 뜻한다.

---

16 S·e·c·t·i·o·n 웨딩 메이크업

① 웨딩 메이크업(Wedding makeup)

● 신성한 의식의 하나인 결혼식을 위한 메이크업은 신부와 신랑의 이미지와 얼굴형, 예식장소와 시간, 분위기, 조명 등을 고려하여 연출되어야 한다. 또한 신부의 우아함과 성숙한 아름다움을 연출하고 드레스 디자인과 신랑, 신부와의 조화까지 살피는 메이크업이 되어야 한다.

② 신부 메이크업

● 신부 메이크업의 가장 큰 특징은 실제 메이크업과 사진 메이크업을 동시에 소화하면서 화려한 아름다움을 표현하는 것이다.

■ 베이스 메이크업
● 잡티제거, 윤곽수정, 피부톤의 화사함 등이며 화장의 지속시간과 사진 촬영을 고려한 입체적이면서 화사한 피부 표현이 되어야 한다.

■ 아이브로우 메이크업
● 신부의 얼굴형에 맞게 그리면서 추가적으로 우아한 아름다움을 위해 각이 있거나 길이가 짧지 않도록 그려주며 눈썹이 짙게 표현되지 않아야 부드럽고 화사한 눈썹이 된다.

■ 아이 메이크업
● 아이 섀도우의 색상은 대부분 화사한 핑크 계열이나 오렌지 계열이 주를 이루며 여러 번 덧발라 지속성과 발색력을 좋게 하는 것이 중요하다. 이미지를 고려한 색상과 화사함을 주는 색이 서로 조화되게 하며 단계적인 그라데이션을 주어 섬세함으로 입체감을 살린다.

● 아이라인은 광택이 없는 케익타입으로 부드러운 눈매로 보이게 가늘게 그려주되 눈의 형태를 고려한다. 언더라인은 펜슬로 표현하고 아이 섀도우로 자연스럽게 연결한다.

● 속눈썹의 경우는 본래의 속눈썹을 아이래쉬 컬러로 올려주고 신부의 속눈썹의 길이나 숱에 맞추어 심거나 붙여준다. 본래 속눈썹과 인조 속눈썹이 조화되어 어색함이 없게 하며 마스카라로 정리하여 어색함을 보완해 준다.

■ 립 메이크업
● 여성스러움이나 부드러움이 표현될 수 있도록 본래의 입술 형태를 고려한 수정과 보완으로 깔끔한 입매가 되도록 한다.

■ 치크 메이크업
● 은은하고 화사하게 표현하여 우아한 이미지가 되게 한다.

③ 신랑 메이크업

● 신랑의 경우는 두꺼운 화장이 아닌 가벼운 베이스 화장에 얼굴의 입체감을 표현해야 하는 메이크업이다.

■ 베이스 메이크업
● 농도 있는 액체형 파운데이션 중에 피부색과 거의 동일한 색

상으로 얼굴 전체에 바르되 바른 느낌이 거의 나지 않도록 귀나 목의 연결선을 잘 살피며 고르게 발라준다.

■ 아이브로우 메이크업
● 본래의 눈썹을 살려 자연스럽게 표현하는 것이 중요하다. 숱이 없는 경우는 에보니 펜슬(눈썹용 펜슬)로 한올 한올 심듯이 그려 주거나 눈썹 색상과 어울리는 아이 섀도우 색으로 자연스럽게 그려준다. 눈썹 숱이 지나치게 많은 경우는 가벼운 눈썹 커팅과 스크루 브러시로 정리해 준다.

■ 아이 메이크업
● 눈매가 잘 드러날 수 있게 브라운 계열의 아이 섀도우로 자연스러우면서 선명한 눈매로 연출한다.

■ 립 메이크업
● 본래의 입술 색을 자연스럽게 살리거나 연한 베이지 계열로 가볍게 터치한다. 입술선이 지나치게 흐린 경우는 갈색 립 펜슬로 입술 선을 그려준 후 면봉으로 닦아 자연스럽게 윤곽만 드러나게 하고 립그로스나 옅은 립스틱으로 터치하듯 가볍게 발라주어 립 메이크업한 느낌은 없게 한다.

■ 치크 메이크업
● 브라운 계열로 윤곽 수정의 음영만 주어 표현한다.

④ 한복 메이크업
● 선을 강조한 우리 고유의상인 한복의 메이크업은 한복이 가지는 우아함이나 단아함, 한복의 질감 등을 고려한 메이크업이 되어야 한다.

베이스 (피부 표현)	밝고 화사한 느낌이 날 수 있게 기존 피부톤을 고려한 메이크업 베이스를 바른 후 한 단계 밝은 베이지 계열의 파운데이션을 선택하고 목선과의 경계가 생기지 않도록 메이크업 되어야 한다. 파우더의 사용도 밝게 표현되는 색상과 톤으로 마무리 한다.
아이브로우(눈썹)	아치형의 부드러운 가는듯한 곡선형 눈썹을 그려 반달의 느낌이 나도록 하며 모발 색과 견주어 강하지 않게 표현한다.
아이(눈)	아이 섀도우는 한복의 색상을 고려한 색의 선택을 해야 하며 눈두덩 전체에 강한 색감이 나타나지 않게 하며 은은하게 색상이 드러나도록 표현한다. 마스카라를 이용해 풍성한 속눈썹으로 표현하고 뚜렷한 눈매를 위해 아이라인을 눈에 맞게 그려준다.
립(입술)	의상 색에 맞춘 아이 섀도우 색상과 조화되게 색을 선택하며 윗입술을 인커브로 하며 아랫입술은 부드럽게 표현하는 것이 한복의 선에 어울린다. 입술도 눈매와 마찬가지로 또렷함은 주되 너무 강조되지 않도록 표현되어야 한다.
치크(볼)	핑크나 오렌지의 밝고 화사한 계열을 사용하여 표현한다.

17 S·e·c·t·i·o·n 미디어 메이크업

① 미디어 메이크업(Media makeup)
● 미디어의 사전적인 의미는 정보전달 매체, 감정이나 객관적 정보를 상호간 주고받을 수 있는 수단의 뜻이다. 그러한 매체에는 우편, 신문, 잡지, 전화, TV, 인터넷, 영화, 화보, 광고 등이 있다.
● 미디어 메이크업이란 이러한 매체에서 표현되는 메이크업을 뜻하지만 모든 미디어를 다 포함하지는 않는다. 즉, 보여짐으로 의미를 전달 할 수 없는 것에는 메이크업의 의미가 없기 때문이다. 그러므로 미디어 메이크업이란 시각적으로 보여지는 정보전달의 매체를 통해 상호가 정보를 주고받을 수 있는 메이크업을 말한다.
● 미디어의 형태와 방향성에 따라 특성을 파악한 후 연출되어지고 표현되어지는 메이크업이다.

② 광고 사진 메이크업
● 광고의 종류(미디어의 종류)와 목적을 표현해 주고 광고의 성향을 파악해 제품의 이미지를 최대한 부각시킬 수 있는 메이크업을 선정한다.
● 광고에서 이루어지는 사진들은 흑백과 컬러의 사진 메이크업이 있다.

■ 컬러 광고 사진 메이크업(Color C.F makeup)
● 광고 사진 대부분이 다양하게 활용되며 응용범위도 넓다.
● 패션이나 가전제품, 식품, 액세서리 광고 등 광고 사진용으로 많이 쓰이며 T.P.O에 따라 다양하게 작품을 표현해야 한다.

베이스 (피부 표현)	메이크업 베이스는 피부톤에 맞게 소량을 바르며 파운데이션은 밝은 조명에 의해 한 톤 밝게 표현되므로 조금 어둡게 표현하고 장시간 뜨거운 조명에 노출되어 촬영해야 하므로 지속력이 우수하고 커버력이 좋은 스틱 파운데이션이나 팬케익을 사용한다. 배경색이나 이미지 설정에 따른 피부색을 찾아 하이라이트와 쉐이딩처리를 섬세하게 표현한다.
아이브로우(눈썹)	광고의 이미지에 맞는 형태의 눈썹을 선택하여 표현해야 한다. 눈썹 브러시로 섬세하게 눈썹 결을 살려주며 선보다는 면적인 느낌이 나는 그라데이션을 한다. 인위적인 느낌이 나지 않도록 표현한다.
아이(눈)	아이 섀도우는 모델의 의상색상을 고려한 색선택을 해야 하며 밝은 계열의 파스텔톤으로 아이홀로 향하는 그라데이션을 하고 선명한 눈매를 위해 포인트는 다크 그레이나 다크 브라운 색을 이용해 강하게 표현한다.
립(입술)	번짐이 적은 립라인으로 입술 형태를 그리며 아이 섀도우 색과 톤을 고려한 립스틱 색을 선택한다. 섬세하게 바른 후 밀착력을 높이기 위해 티슈나 파우더로 매트하게 한 후 립코트를 립스틱 위에 덧발라 립스틱의 지속성을 높인다.
치크(볼)	파우더로 충분히 정리한 다음 얼굴형과 전체적인 조화를 고려한 색상으로 입체감을 살려 표현한다.

■ 흑백 광고 사진 메이크업(Mono C.F makeup)
● 광고용 사진이나 예술 작품에서 주로 사용되는 메이크업이다. 사진으로는 메이크업의 여부를 구별하기 어려운 정도이다.
● 흑과 백의 대비와 조화로 명암단계로 색조가 표현되며 색에 따른 명도를 감안한 메이크업을 한다.
● 진갈색과 붉은색의 사용은 사진을 어둡고 진하게 보이게 하므로 주의해서 표현해야 한다.

베이스 (피부 표현)	얼굴의 윤곽이 강조되게 피부색과 동일하거나 조금 밝은 파운데이션을 사용한다. 분홍빛은 피부를 탁하게 보이게 하므로 사용하지 말아야 하며 너무 짙은 색의 쉐이딩은 어둡게 표현되어 주의해야 한다. 충분한 파우더로 지속력을 높이고 유분기를 제거하여 촬영 시 반사가 일어나지 않도록 해야 한다.
아이브로우(눈썹)	자연스럽게 표현되도록 할 때는 회색으로 표현하며 강하고 짙게 표현할 때는 검정이나 진회색을 사용한다.
아이(눈)	아이 섀도우는 파스텔 브라운 계열로 노우즈 섀도우와 함께 눈전체에 바르고 내추럴 그레이로 아이홀 부분을 가볍게 쓸어준 후 다크 그레이로 포인트를 주어 음영을 나타낸다. 아이라인은 그리며 풍성한 속눈썹을 붙여 깔끔한 표현이 되게 한다.
립(입술)	흑백 사진에서의 저명도와 저채도의 다크 브라운이나 다크 로즈색은 선명하고 짙은 계열의 립스틱으로 표현되고 밝은 오렌지색은 고명도로 옅은 색으로 표현된다. 볼륨감은 펄을 이용해 입술 안쪽에 발라 입체감을 준다.
치크(볼)	광대뼈 밑을 쉐이딩 처리하여 세련된 이미지를 표현하고 페이스 라인은 섬세하게 표현한다.

③ 드라마 메이크업
● 드라마에 있어 중요시 되는 요소는 대본 속 인물을 정확하게 표현할 수 있는 캐릭터의 분석이다. 미를 추구하는 인물의 표현이 아닌 극중 인물의 성격을 잘 나타낼 수 있는 메이크업이 되어야 한다.
● 사극이나 시대물인 경우는 분장을 요구하기도 한다. 한번에 촬영되지 않는 장기적인 특성이 있는 만큼 다음 회차를 고려한 연결되는 메이크업이 되어야 한다.
● 인물의 섬세한 부분까지 생생히 전해지는 선명한 고화질로 인해 섬세한 메이크업이 더 요구된다.

베이스 (피부 표현)	붉은 기가 없는 HD용 미세 리퀴드 파운데이션, 컨실러로 잡티 없는 얇고 개끗한 피부를 표현하며 HD용 투명 파우더로 유분기 없는 매끈한 피부를 표현한다.
아이브로우(눈썹)	크림타입의 아이브로우 제품으로 자연스럽고 선명한 눈썹을 표현하며 헤어컬러를 염두에 둔 눈썹 색상이 되게 한다.
아이(눈)	아이 섀도우는 붉은 기가 없는 베이지와 브라운 컬러로 자연스럽게 표현하며 펜슬 아이라이너를 이용해 윗 속눈썹의 사이를 메워주어 선명한 눈매를 만들어 주며 마스카라는 뭉침이 없도록 바르며 풍성한 눈매를 표현한다.
립(입술)	자연스러운 색상 표현이 되도록 베이지 핑크, 피치, 누드 베이지 등의 색상으로 표현한다.
치크(볼)	짙은 갈색은 피하고 옅은 브라운이나 피치색을 이용해 음영을 준다.

④ 캐릭터 메이크업
● 단순한 아름다움의 추구가 아닌 전달하고자하는 작품 속에 설정된 인물의 성격이 잘 나타날 수 있도록 배우의 모습을 변화시키는 메이크업으로 성격 분장이라고 할 수 있다.
● 전문적인 지식과 테크닉이 메이크업 아티스트에게 요구되는 부분으로 극중에서의 인물과 성격과 개성, 나이, 건강상태 등이 반영될 수 있는 메이크업이 되어야 한다.

⑤ 스트레이트 메이크업
● 스트레이트 메이크업(Straight makeup)은 아나운서, TV리포터, 뉴스캐스터, TV 대담프로 출연자 등 캐릭터가 없는 배역자들에게 필요한 메이크업이다.
● 출연자의 개성이나 성격이 강조되기보다 소식 전달자로서의 역할을 담당하는 메이크업으로 건강하고 깨끗하게 보이는 이미지의 색상을 선택한다.
● 많은 색이나 선의 사용, 화려한 색상이나 펄의 사용으로 시청자의 눈을 자극하지 않도록 해야 하며 지적이고 단정한 표현의 메이크업이 좋으며 TV화면에서는 따뜻한 색상이 차가운 색상보다 더 잘 어울린다.

◇ 봄의 메이크업의 질감은 촉촉한 느낌이 들도록 표현한다.

◇ 여름 메이크업은 눈과 입술 중 하나에만 포인트가 가는 원 포인트 메이크업이다.

◇ 드라마 메이크업은 실제 배우의 성격이 아닌 대본 속 인물의 캐릭터의 분석이 가장 중요하다.

◇ 장방형 얼굴은 이마 중심부 위쪽과 턱의 중심부 아래쪽을 가려 길이 감을 감소시키고 가로선을 이용하는 메이크업을 한다.

◇ 미디어 메이크업이란 매체에서 표현되는 메이크업을 뜻한다.

◇ 미디어 메이크업은 캐릭터 분장과 광고 분장 외에도 드라마나 영화, 화보 등에서도 이루어진다.

◇ T.P.O 메이크업은 Time(시간), Place(장소), Occasion(경우나 상황)에 따른 메이크업을 말한다.

◇ 시간(Time)에 따른 메이크업은 낮 화장(데이 메이크업)과 밤 화장(나이트 메이크업)으로 나누어진다.

◇ 한복에 어울리는 눈썹 메이크업은 아치형의 부드러운 가는듯한 곡선형 눈썹이다.

◇ 둥근 얼굴의 입술 화장은 약간 각진 입술형태로 눈썹의 각도와 비슷하게 한다.

◇ 눈썹은 신부의 얼굴형에 맞게 그리면서 우아한 아름다움을 위해 각이 있거나 길이가 짧지 않도록 그려주어야 한다.

◇ 신부 메이크업의 아이 섀도우의 색상은 화사한 핑크계열이나 오렌지 계열이 주를 이룬다.

◇ 신랑 메이크업에서 중요한 것은 피부색상이며 본래의 피부색과 동일하거나 유사한 색상으로 표현해야 한다.

01 다음 계절 메이크업에서 여름 메이크업을 설명한 내용으로 옳지 않은 것은?

① 표현되는 대표적 색상은 블루, 오렌지, 화이트 계열이다.
② 메이크업의 질감은 촉촉한 느낌이 들도록 표현한다.
③ 여름 메이크업은 눈과 입술 중 하나에만 포인트가 가는 원 포인트 메이크업이다.
④ 방수효과를 위해 트윈 케익이나 팬케익을 사용한다.

정답 해설 여름철 메이크업의 질감은 분을 바른 듯한 파우더리한 질감으로 표현한다.

02 다음 중 기초와 색조 메이크업에서 메이크업의 성격이 <u>다른</u> 하나는?

① 색조 화장을 돕는 역할
② 피부 보호차원의 영양처리
③ 피부 결점커버와 건강한 피부표현
④ 유·수분을 공급하여 촉촉함을 유지

정답 해설 피부 결점 커버나 건강한 피부표현은 색조 화장인 파운데이션의 내용이다.

03 드라마 메이크업의 설명으로 가장 거리가 먼 것은?

① 캐릭터의 분석보다 배우의 성격분석이 우선이다.
② 극중 인물의 성격을 잘 나타 낼 수 있어야 한다.
③ 사극이나 시대물인 경우는 분장을 요구하기도 한다.
④ 선명한 고화질로 인해 섬세한 메이크업이 더 요구된다.

정답 해설 드라마 메이크업은 실제 배우의 성격이 아닌 대본 속 인물의 캐릭터의 분석이 가장 중요하다.

04 이마 중심부의 위쪽과 턱의 중심부 아래쪽을 쉐이딩 처리하여 길이감을 감소시키고 가로선을 주로 이용하는 메이크업을 해야 하는 얼굴형은?

① 장방형의 얼굴형
② 원형의 얼굴형
③ 사각형의 얼굴형
④ 삼각형의 얼굴형

정답 해설 장방형 얼굴은 이마 중심부 위쪽과 턱의 중심부 아래쪽을 가려 길이감을 감소시키고 가로선을 이용하는 메이크업을 한다.

05 미디어 메이크업에 대한 내용으로 옳지 <u>않은</u> 것은?

① 미디어 메이크업은 전파매체나 인쇄매체 등 모든 미디어에서 이루어지는 메이크업이다.
② 광고 메이크업의 경우 광고 목적을 파악해 제품의 이미지를 최대한 부각시킬 수 있는 메이크업을 선정한다.
③ 미디어 메이크업은 캐릭터 분장과 광고 분장으로만 구성된다.
④ 미디어 메이크업이란 매체에서 표현되는 메이크업을 뜻한다.

정답 해설 미디어 메이크업은 캐릭터 분장과 광고 분장 외에도 드라마나 영화, 화보 등에서도 이루어진다.

06 다음 중 데이 메이크업과 나이트 메이크업으로 구분지어 메이크업을 할 때 T.P.O 메이크업 중 무엇에 해당하는가?

① Time(시간)
② Place(장소)
③ Occasion(경우나 상황)
④ Purpose(목적)

정답 해설 T.P.O 메이크업 중 시간(Time)에 따른 메이크업은 낮 화장(데이 메이크업)과 밤 화장(나이트 메이크업)으로 나누어진다.

07 한복 메이크업의 눈썹에 대한 내용으로 옳은 것은?

① 아치형의 곡선형 눈썹
② 일자형의 굵은 눈썹
③ 화살형의 샤프한 눈썹
④ 직선형의 짧은 눈썹

정답 해설 한복에 어울리는 눈썹 메이크업은 아치형의 부드러운 가는듯한 곡선형 눈썹이다.

08 다음 중 둥근 얼굴형의 메이크업에 대한 내용으로 <u>틀린</u> 것은?

① 노우즈 섀도우로 얼굴선을 따라 길게 펴 발라 준다.
② 둥근 입술 형태의 아웃커브로 귀여움을 감소시킨다.
③ 눈썹은 전체적으로 올라간 듯 각이 지게 그려 세로 느낌을 준다.
④ 귀 윗부분에서 구각 위쪽으로 세로로 길게 펴 바른다.

정답 해설 둥근 얼굴의 입술 화장은 약간 각진 입술형태로 눈썹의 각도와 비슷하게 한다.

09 신부 메이크업에 대한 설명으로 가장 바람직하지 <u>않는</u> 것은?

① 아이 섀도우의 색상은 화사한 핑크계열이나 오렌지 계열이 주를 이룬다.
② 사진촬영을 고려한 입체적이면서 화사한 피부표현이 되어야 한다.
③ 아이라인은 광택이 없는 케익타입으로 부드러운 눈매로 보이게 그려준다.
④ 눈썹은 신부의 아름다움을 위해 각이 있거나 길이가 짧게 그려준다.

정답 해설 눈썹은 신부의 얼굴형에 맞게 그리면서 우아한 아름다움을 위해 각이 있거나 길이가 짧지 않도록 그려주어야 한다.

10 다음 중 웨딩 메이크업에서 신랑의 메이크업으로 가장 옳지 <u>않은</u> 것은?

① 신랑은 두꺼운 화장이 아닌 가벼운 화장이 되게 한다.
② 피부색과 거의 동일한 색상으로 바른 느낌이 거의 나지 않게 바른다.
③ 신랑의 얼굴도 화사해야 하므로 밝은 파운데이션으로 피부를 희게 표현한다.
④ 본래의 눈썹을 살려 자연스럽게 표현한다.

정답 해설 신랑 메이크업에서 중요한 것은 피부색상이며 본래의 피부색과 동일하거나 유사한 색상으로 표현해야 한다.

Chapter 06 피부와 피부 부속기관

Section 18 피부구조 및 기능

1 피부의 구조

- 피부는 외배엽에서 유래 되었으며 신체의 표면을 둘러싸고 있으면서 많은 기능을 수행하고 있는 중요한 기관이다.
- 외적인 요인(자외선, 온도의 변화(냉, 온), 대기오염, 습기, 먼지 등)으로부터 몸을 보호한다.
- 피부는 표피, 진피, 피하지방층의 3개 층으로 나누어져 있다.
- 피부의 변성물에는 모발, 손톱, 발톱, 치아가 있다.
- 피부나 모발의 발생은 배엽의 형성시 외배엽에서 이루어진다.
- 성인의 경우에 피부가 차지하는 무게의 비중은 체중의 15~17%를 차지, 총 면적은 1.6m², 피부의 두께는 2~2.2mm(연령, 영양상태, 성별에 따라 차이가 남)이다.
- 3층의 각각의 두께는 표피(Epidermis)는 0.07mm이며 진피(Dermis)는 1mm~3mm이고 피하조직의 두께의 경우는 피하지방의 양에 따라 결정되며 영양상태, 부위, 연령, 인종에 따라 차이가 크다.
- 가장 얇은 층은 눈꺼풀, 가장 두꺼운 층은 손바닥과 발바닥이다.

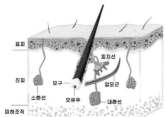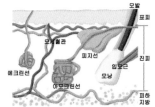

■ 피부의 표면

- 피부의 표면은 소릉(높은 곳)과 소구(낮고 우묵한 곳)로 되어 있으며 피부결이 곱다거나 거칠다는 것은 소릉과 소구의 차이의 대소로 나타난다. 차이가 적은 경우가 피부결이 곱고, 차이가 많이 나는 경우는 피부결이 거칠다.
- 표면을 관찰해 보면 그물모양이고, 소구와 소구가 서로 만나는 곳에 털이 나 있으며 소릉에는 한공이 있다.

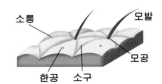

2 표피(Epidermis)

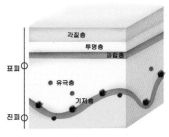

- 육안으로 볼 수 있는 피부의 가장 바깥층으로 혈관의 분포가 없다. 보통의 두께는 0.07~0.12mm의 두께의 얇은 막으로 4~5개의 층으로 이루어져 있으며 피부 표피 중 가장 두꺼운 층은 유극층이다.

●신체내부를 보호해 주는 보호막의 기능과 외부로부터의 유해 물질, 세균, 자외선의 침입을 막아주는 역할을 하며 눈꺼풀과 볼 부위의 두께가 비교적 얇고 손, 발바닥은 두껍다.

●표피층의 순서로는 피부의 가장 바깥부터 각질층, 투명층, 과립층, 유극층, 기저층이다. 진피에 인접한 것은 기저층이며 투명층은 손, 발바닥에만 존재한다.

●중층 편평 각화 상피조직으로서 각질형성세포(Keratinocyte)로 이루어져 있고, 그 외에 멜라닌세포(Melanocyte), 랑게르한스세포(Langerhans cell) 및 머켈세포(Merkel cell)가 존재한다.

●각질층은 케라틴 단백질로 10~20%의 수분을 함유하고 10% 이하가 되면 피부가 거칠어진다.

●기저층에서 생성된 각질형성세포는 28일을 주기로 사멸되는 과정에서 피부의 각화는 편평상피조직이 되어 떨어진다.

●표피는 5개의 층으로 되어 있는데 무핵층은 각질층과 투명층, 과립층이며 유핵층은 유극층과 기저층이다.

●표피는 각질형성세포인 케라티노싸이트(Keratinocyte)와 색소세포인 멜라노싸이트(Melanocyte)의 유기적 결합으로 이루어져 있다.

●신진대사 작용은 하지만 혈관은 분포되어 있지 않으며 대부분은 각질형성세포로 표피의 95%를 차지하고 있다.

●각질형성세포인 케라티노사이트는 케라틴을 만드는 세포이며 멜라닌세포인 멜라노사이트는 색소를 만들어내는 세포이다.

■ 각질층(Stratum corneum)

●표피의 가장 바깥층(비듬이나 때가 되는 층)으로 얇은 조각이 겹겹이 싸인 15~20개의 죽은 세포층을 이루고 있으나 피부상태와 유형에 따라 차이를 보인다.

●주성분은 케라틴 단백질 50%로 산과 알칼리에 잘 견디며 지방이 20%, 수용액이 23%, 수분이 7%이다.

●각질층의 수분함량으로 두께를 알 수 있으며 수분량이 적으면 각질이 두꺼워져 피부결이 거칠고 피부노화도 촉진시킨다.

●외부환경(광선과 공해)으로부터 피부보호 역할을 한다.

●기저층으로부터 생겨난 세포가 4주(28일) 정도 지나 각질층에서 떨어져 나가는 현상을 표피의 박리현상이라고 부르며 이때 표피 속의 불필요한 물질은 외부로 방출된다.

●각질층의 구성성분은 각질 단백질(케라틴)이 약 58%이며 각질세포 간 지질이 약 11%이고 천연보습인자가 약 31% 함유되어 있으며 천연보습인자(NMF)는 각질층의 수분량을 결정한다. 적당 수분함량은 10~20%이며 10% 이하의 수분함량은 건

조화 잔주름을 가져온다.

●각질층에는 각질세포가 있으며 각질층에 존재하는 세포간 지질은 각질세포간 영역에 세포간 지질로 형성된 부분을 말한다. 지질간 형성된 구조를 라멜라 구조라고 하고 라멜라 구조를 형성하는 것은 콜레스테롤(15%), 콜레스테롤 에스테르(5%), 지방산(30%), 세라마이드(50%)가 있으며 그 중 세라마이드가 가장 많이 함유되어 있다.

●라멜라 구조는 각질층의 결합세포와 결합을 단단히 하도록 도와 수분의 손실을 막는다.

●각질층은 약 14개의 층으로 되어 있다. 층과 층사이는 세라마이드로 채워져 있어 장벽기능을 하며 세라마이드는 각화과정에서 만들어져 피부의 재생을 순조롭게 한다.

각질세포   세포간 영역   라멜라 구조
콜레스테롤   세라마이드 ●   지방산

■ 투명층

●각질층의 바로 아래에 있는 무핵의 2~3개의 세포층으로 산성막을 형성하며 손바닥, 발바닥 같은 두꺼운 피부층에만 존재한다.

●반유동성 물질(엘라이딘)의 함유로 투명하고 맑아 보이며 빛을 굴절시키므로 빛을 차단, 외부의 수분침투 방지역할을 한다.

■ 레인방어막(Rein membrane, Barrier membrane, 흡수방어막, 수분 증발 저지막)

●흡수방어벽층이라고도 하며 특수한 화학적 성질을 지니고 있는 막으로 투명층과 과립층사이에 위치하고 있고 외부로부터 이물질의 침입을 막는 역할을 한다. 내부에서는 체내에 필요한 물질이 체외로 나가는 것을 억제시켜 수분의 증발을 막아 피부 건조를 방지한다. 외부로부터 물리적인 압력, 화학적 물질의 흡수를 저지시켜 피부염의 유발도 막는다.

●레인방어막을 기준으로 표피쪽은 10~20%의 수분을 함유하고 있으며 약산성을 띤다. 피부 안쪽은 70~80%의 수분량을 함유하고 있으며 약알칼리성을 띤다.

●레인방어막(흡수방어벽층)은 물이나 물질을 통과시키지 않으며 시용성 물질이나 알코올용액의 흡수는 용이하나 수용성 성분의 흡수는 용이하지 않다.

■ 과립층(Stratum granulosum)
● 편평형이나 방추형의 2~5개의 세포층으로 외부압력 방어, 광선을 굴절 반사시킨다.
● 각질이 가장 두꺼운 부위는 10개의 층으로 손, 발바닥이다.
● 표피의 세포가 퇴화되는 징조로 세포질 내 케라틴 전구물질(각질유리과립, Keratohyalin)이 형성되면서 각질화되는 1단계의 과정으로 세포가 건조해진다.
● 표피에서 지방세포를 생성해 내는 중요한 역할을 한다.
● 외부의 이물질 통과와 내부 수분증발을 저지한다.

■ 유극층(Stratum spinosum), 가시층
● 표피층 중 5~10층으로 가장 두껍다.
● 림프관 분포에 의해 면역기능 담당의 랑게르한스 세포가 존재한다.
● 세포간 노폐물 배출 및 물질교환이 이루어지는 세포간교형성, 표피의 영양을 관장한다.

■ 기저층(Stratum basale)
● 표피의 가장 아래층에 위치한 원추형 세포가 단층으로 이어져 있으며 70~72%의 수분을 함유하고 있다.
● 각질형성세포와 색소형성세포가 존재(멜라닌 색소 함유 ; 함유량의 차이로 피부색 좌우)한다.
● 기저층 세포분열은 밤 10~2시 사이가 가장 활발(피부재생)하며 기저층 세포의 상처는 흉터를 남긴다.

3 표피의 구성 세포와 각화과정

■ 표피의 구성 세포

각질형성 세포 (Keratinocyte)	기저층에서 발생된 각질을 형성하는 세포
멜라닌 세포 (Melanocyte)	세포돌기를 통하여 각질형성 세포와 접촉하여 전달되며 자외선의 유해작용으로부터 진피를 보호하는 기능을 가짐
랑게르한스 세포 (Langerhans cell)	• 별모양의 세포질 돌기인 가지돌기를 가지고 있고 유극층에 위치. 피부의 면역에 관계순환계와 관계, 신체 방어반응을 인지 • 분포범위는 구강점막, 질, 모낭, 피지선, 한선, 림프절
머켈 세포 (Merkel cell)	기저층에 위치, 촉각을 감지하는 역할(촉각세포), 신경종말이 붙어있고 불규칙한 모양의 핵을 가짐. 신경자극을 뇌에 전달하는 인지세포

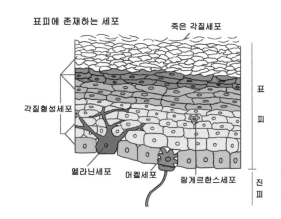

● 멜라닌 세포는 표피에 존재하는 세포의 5% 정도를 차지, 대부분 기저층에 위치, 문어발과 같은 수상돌기를 가진 세포로 주위의 각질형성 세포 사이로 뻗어있고 각질형성 세포로 전달된 멜라닌은 윗부분으로 확산되면서 자외선을 흡수 또는 산란시켜 기저층의 세포 손상을 막아주는 역할을 한다.
멜라닌이 함유된 각질형성 세포는 최종적으로 탈락되며 피부 표면에 가까워지면 산화되어 더 검게 되고 멜라닌 세포의 수는 인종이나 피부색에 관계없이 일정하다. 피부색을 결정하는 것은 멜라닌 세포가 생산하는 멜라닌의 양에 의해 결정된다.
● 랑게르한스 세포는 면역 담당세포로 외부로부터 유입된 이물질(항원)을 림프구로 전달하는 역할을 한다. 진피와 림프절, 흉선에서도 발견된다.
● 머켈 세포는 표피 전체에 광범위하게 퍼져 있으나 주로 표피의 기저층 부위에 많이 분포한다. 촉각세포라고도 하고 피부에서 손, 발바닥과 입술 등의 털이 없는 부위나 모낭의 외근초에서도 발견되며 신경섬유의 말단과 연결되어 있다.

■ 각화과정
● 각화작용(Keratinization)은 표피의 기저층에서 발생된 각질형성 세포가 원형에서 타원형으로 모양을 바꾸는 연속적인 변화로 수분의 감소와 함께 유극층-과립층-투명층-각질층으로 이동되어가는 현상이다.
● 각화과정의 기간은 약 4주로 28일 정도이다.

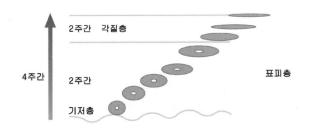

4 진피(Dermis, Corium, Cutis)

- 피부의 주체를 이루는 층으로 표피의 10~40배의 두께로 탄력섬유(Elastin fiber)와 교원섬유(Collagen fiber)로 되어있다. 비만세포(Mast cell), 대식세포(Macrophage), 섬유아세포(Fibrdblast), 신경세포, 골아세포, 심근세포 등으로 구성되어 있다.
- 피부를 지지하는 튼튼한 결합조직으로 되어 있으며 피부의 탄력을 유지한다.
- 유두층과 망상층으로 구별되나 서로 경계가 뚜렷하지는 않다.
- 신경관과 혈관, 피지선(기름샘), 한선(땀샘), 림프관, 모발과 입모근을 포함하고 있다.

■ 유두층(Papillary layer)

- 표피와 접하고 있는 융기된 돌기(유두)가 물결모양을 이루고 있는 진피층(전체진피의 10~20% 차지, 1/5 정도)이다.
- 얇은 교원섬유(Collageous fiber)가 성글고 불규칙하게 배열된 형태의 결합조직으로 구성되어 있고 섬유 사이는 수분이 많이 함유되어 있다.
- 유두의 모세혈관의 분포는 표피의 기저세포에 영양분을 공급하여 혈관분포가 없는 표피의 각화를 원활하게 돕고 피부표면을 매끄럽게 하며 온도조절과 영양전달을 담당한다.
- 세포들, 기질, 모세혈관, 신경종말, 림프관이 분포되어 있다.
- 모세혈관을 통해 표피로 영양과 산소를 운반하고 림프관은 표피 노폐물 배설, 신경종말에 의해 신경을 전달(촉각, 통각)한다.

■ 망상층(Reticular layer)

- 유두층의 아래에 있으며 진피의 대부분을 차지(80~90% 차지, 4/5 정도)한다.
- 단단하고 불규칙한 결합조직으로 굵은 교원섬유(아교섬유)가 치밀히 구성되어 있다.
- 콜라겐(Collagen), 엘라스틴(Elastin)은 결합섬유로 섬유아세포에서 합성된다.
- 그물모양이며 교원섬유와 탄력섬유에 콜라겐과 엘라스틴이 있어 피부를 지지해 주며 피부탄력을 유지시켜준다.
- 혈관, 피지선, 한선, 신경총 등이 분포되어 있고 모세혈관은 거의 없다.
- 감각기관이 분포되어 있어 압각, 온각, 냉각을 감지한다.
- 망상층의 섬유들은 피부 표면과 평행으로 일정한 방향성의 배열을 갖고 있는 선(랑게르선)이 있어 수술시 상처의 흔적을 작게 하기 위해 절개선으로도 이용된다.

5 진피의 구성물질

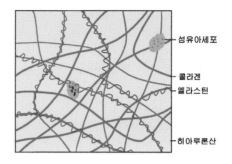

■ 교원섬유(Collagen fiber)

- 섬유아세포에서 생성되었으며 섬유단백질인 교원질(콜라겐)로 구성, 진피 성분의 90%를 차지하고 있고 백섬유라고 한다.
- 뼈, 인대, 치아, 혈관에도 함유, 탄력섬유(엘라스틴)와 함께 피부의 탄력과 장력을 제공한다.
- 노화와 자외선의 영향에 의해 교원질(콜라겐)의 량이 감소한다 (젊은 피부에는 수분보유력이 우수한 용해성 교원질이 존재, 노화되면 수분보유력이 떨어지는 불용해성 교원질로 변질).
- 콜라겐은 콜라게나제라는 효소에 분해되므로 모세혈관에 흡수되며 섬유상의 고체로 존재하고 물에 담가 가열하면 젤라틴화된다.
- 콜라겐은 3가닥의 나선모양을 하고 있으며 주로 구성하고 있는 아미노산으로는 글리신(Glycine), 히드록시프롤린(Hydroxy proline), 프롤린(Proline) 등이 있다.
- 피부를 당겼을 때 더 이상 늘어나지 않게 작용하는 것은 콜라겐의 역할이다.

■ 탄력섬유(Elastin fiber)

- 섬유아세포에서 생성되었으며 교원섬유보다는 짧고 가는 섬유로 섬유단백질인 탄력소(엘라스틴)로 구성하며 황섬유(황색)라고도 한다.
- 화학물질에 대해서 저항력이 매우 강하다.
- 탄력섬유의 탄력성에 의해 피부를 당겼을 때 1.5배까지 늘어날 수 있다.
- 피부를 당겼다가 놓았을 때 처음 상태를 유지하게 하는 것은 엘라스틴의 역할로 피부의 탄력성을 유지하며 콜라겐보다 신축성이 크다.

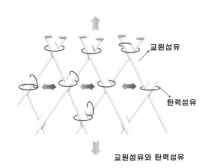

교원섬유

탄력섬유

교원섬유와 탄력섬유

■ **기질(Grund substance)**
● 기질은 세포와 섬유성분 사이를 채우고 있는 물질을 말하며 이 물질로는 히알루론산(Hyaluronic acid), 헤파린 황산염 (Heparin sulfate), 콘드로이친 황산(Chondroitin sulfate)으로 이루어진 무코다당질(Mucopolysaccharide)인 점다당질이 주성분이다.
● 무코 : 다당류라 부르기도 하며 다량의 수분을 보유할 수 있고 끈적한 액체상태로 존재한다. 이러한 진피의 수분은 결합수(Bound water)라고 하며 보통의 물분자와 달리 생체고분자에 결합되어 쉽게 마르지 않는 특성이 있다(달팽이의 끈적한 피부).
● 결합수를 만들어주는 생체 고분자는 매끈한 성질이 있는 보습제로 흔히 에센스에 사용된다.

6 피하조직(Hypodermis, 피하지방조직)

■ **피하지방조직의 형성**
● 피부의 가장 아래층에 위치하며 진피에서 비롯된 하강섬유로 형성된 그물형태의 조직이다. 심부에서 진피로 연결되는 혈관이나 신경의 통로 역할을 한다.
● 모낭과 한선을 내포하고 있으며 이들 모낭과 한선은 지방 조직에 둘러싸여 있다.
● 진피와 근육사이에 있는 부분으로 여성호르몬과 관계가 있으며 임신시기에는 피하지방층이 발달된다.
● 진피에서 연결되어진 섬유의 엉성한 결합으로 형성된 망상조직으로 벌집모양 사이사이에 많은 수의 지방세포들이 차지하고 있다.
● 지방을 많이 포함하고 있어 신체의 곡선미와 관련이 있으며 피하지방층의 두께는 성별, 체형, 피부부위, 영양상태에 따라 다르다.
● 피하지방과 조직액의 축적은 지방세포주위의 결합조직과 혈관, 림프관의 압박으로 순환장애와 교원섬유의 탄력저하가 있

게 되고 표면적으로는 진피와 표피가 위로 밀려오면서 울퉁불퉁한 피부를 만들게 된다. 이러한 피부내부와 피부표면의 현상을 셀룰라이트라고 하며 심할 경우 순환계 질병과 비만증의 원인이 된다.

■ **피하지방조직의 기능**
● 물리적 보호기능으로 외부로부터 충격 시 완충작용을 하여 피부를 보호한다.
● 체온조절 및 보호기능으로 지방세포의 지방 생산은 체온손실을 막아준다.
● 영양소 저장 기능은 소모되고 남은 에너지나 영양을 저장하는 기능이 있다.
● 수분 조절 기능으로 인체에 물을 저장하여 수분조절을 한다.
● 그 외에도 탄력성 유지, 표피와 진피의 활동에 영양공급, 지용성 비타민(ADEK)의 흡수, 필수지방산 공급(체내 신진대사 조절)을 한다.

🔒 TIP

- 피부의 생성주기는 28일이다.
- 피부에 생기는 주름은 콜라겐(교원섬유)과 탄력섬유(엘라스틴)가 변화되기 때문이다.
- 표피(기저층)와 진피(유두층) 사이의 경계는 유두 모양의 반복으로 물결의 형태로 이루어지게 된다.
- 진피에 모세혈관이 분포되어 있으며 피부의 공급, 분비, 감각기능을 한다.

7 피부의 생리기능

● 보호작용, 체온 조절작용, 저장작용, 분비 및 배설, 비타민 D 형성작용, 흡수작용, 감각작용, 표정작용, 재생작용, 면역작용이 있다.

■ **보호 작용**

기계적 자극에 대한 보호작용	외부의 압력, 마찰, 충격(각질층의 각화, 피하조직의 지방, 결합조직의 탄력성)으로 부터의 보호
화학적 자극에 대한 보호작용	pH 4.5~6.5의 피지막은 약산성으로 보호막을 형성, 약산성상태 유지하려는 복원능력이 있어 피부 산도를 유지하여 외부자극에 대한 보호작용
세균에 대한 보호작용	피지막(산성막)은 세균의 침입으로부터 보호 및 세균발육의 억제작용
태양광선에 대한 보호작용	기저층에 흡수된 광선이 멜라닌 세포자극하여 멜라닌 색소를 생성하므로 광선으로부터의 진피보호

■ 체온조절 작용

- 체온조절(36.5도)은 한선과 피지선, 저장지방, 혈관 및 림프관 등의 역할을 통해 유지된다.
- 레인방어막(수분증발 저지막)은 내부의 습기증발을 막아 피부 건조를 방지한다.
- 외부의 온도변화에 신체의 내부온도가 영향을 받지 않도록 인체의 화학적 조절기능이 체내에서 열생산을 하여 체온을 일정하게 유지한다.
- 피하지방 조직의 경우 열의 발산을 막으며 외부온도가 내부에 그대로 전달되지 않도록 작용을 한다.

■ 저장 작용

- 피하조직은 지방은 10~15kg의 지방을 저장할 수 있고 지방외에도 염분이나 유동체를 저장한다.
- 지방은 필요한 경우 에너지공급원으로 사용되도록 창고역할을 한다.
- 표피와 진피층은 영양물질과 수분을 보유하고 있다.

■ 분비 및 배설

- 피지선(기름샘)과 한선(땀샘)에서의 분비작용으로 피지선에서는 피지의 분비, 한선에서는 땀을 분비한다.
- 체내로 유입된 이물질이나 노폐물의 경우 대부분은 신장, 폐, 항문으로 배출되나 일부 적은 양은 땀, 피지와 함께 피부의 표면으로 배출된다.

■ 비타민 D형성 작용

- 표피 내에서 생성되는 프로비타민D가 자외선을 받으면 비타민D로 전환된다.
- 전환에 의해 생성된 비타민D가 체내에 재흡수되므로 칼슘의 흡수 촉진, 치아의 대사에 관여한다(뼈와 치아의 형성에 관여).

■ 흡수 작용

- 피부는 각질층과 레인방어막, 피지막에서 물이나 이물질의 침투를 최대한 저지하는 반면에 약간의 물질들을 흡수하는 흡수 능력도 가지고 있다.
- 피부의 호흡 1%의 산소를 흡수한다.
- 표피에서 흡수 또는 모낭에서 땀과 피지를 흡수하며 모공과 한공을 통하여 흡수되고 각질층의 침투는 수용성 물질보다 지용성 물질의 침투가 더 용이하다.
- 흡수 방어벽층은 지용성 물질이나 알코올용액의 흡수는 용이

하나 수용성 성분의 흡수는 용이하지 않다.
- 흡수가 용이한 물질은 지용성 비타민A, D, E, K, F와 스테로이드계 호르몬, 페놀과 살리실산의 유기물, 수은, 납, 유황, 비소 등의 금속이며 흡수이다.
- 흡수가 어려운 물질은 수용성비타민 B, C와 나이아신, 판토텐산 등이다.

■ 감각 작용(지각 작용)

- 피부에는 감각기관인 신경종말수용기가 있으며 전신에는 200~400만 개의 분포, 신경종말수용기에 의해 외부 자극에 대한 감각인 통각, 촉각, 냉각, 압각, 온각이 느껴진다.
- 1cm²당 통각점 100~200개, 촉각점 25개, 냉각점 12개, 압각점 6~8개, 온각점 1~2개의 비율로 분포되어 있어 통각이 가장 예민하고 온각이 가장 둔하다.
- 통각, 촉각, 냉각, 압각, 온각이 있다.
- 촉각은 손가락 끝, 입술이 민감, 온각은 혀끝이 민감하다.

촉각	피부에 닿는 느낌을 말한다. 예민 : 손가락 끝, 입술, 혀끝　　둔감 : 등부위와 발바닥
통각	아픈 통증감각이지만 약한통각은 가려움 증상으로도 나타난다. 피부 감각기관 중 피부에 가장 많이 분포
온각	따뜻한 느낌 예민 : 혀끝>눈꺼풀>이마>뺨>입술
냉각	차가운 느낌

■ 표정 작용

- 사람 각각의 특징을 나타낸다.
- 희노애락의 감정을 나타내는 피부의 작용이다.
- 사람의 특징이나 상황에 따라 안면표정 변화를 주관한다.

■ 재생 작용

- 피부의 상처가 곧 아물게 되어 원래의 상태로 돌아가는 것을 피부의 재생력이라고 한다.
- 피부진피층까지 상처를 입은 경우에는 흉터가 남게 되며 진피층의 결합조직의 과도한 증식으로 흉터부분이 주변보다 비대해지는 경우를 켈로이드라고 한다.

■ 면역 작용

- 표피에는 면역반응에 관련된 세포들이 존재하여 생체반응 기전에 관여한다.

8 피부의 흡수기능

- 외부로부터 피부에 접촉된 물질이 피부를 통과하여 내부의 혈관으로 흡수되는 현상이며 가장 바깥층인 각질층에 의해 조절되는 수동적 확산현상이다.
- 피부의 흡수는 표피를 통한 흡수(각질층을 통한 흡수)와 피부 부속기를 통한 흡수(모낭과 피지선, 한선을 통한 흡수)가 있다.
- 흡수는 물질의 피부 각질층의 통과를 의미하며 흡착은 물질과 피부 구조 성분과의 결합, 침투는 물질의 총체적인 피부 침입이며 투과는 침윤으로 보여지는 피부의 관통이다.

침투 (Penetration)	외부물질이 피부표면을 통하여 내부로 물리적 침입을 하려는 자체
투과 (Permeation)	침투 물질이 표피를 통과하는 과정
흡수 (Absorption)	침투된 물질이 투과과정에서 신체물질과 결합, 자체고유방법으로 에너지변화와 물질변화에 관여하게 되는 것
재흡수 (Resorption)	투여물질이 혈관이나 림프관, 조직에 흡수되어 다른 모든 조직에 확산될 수 있는 것

■ 표피를 통한 흡수경로

- 케라틴 단백질이 주성분인 각질은 케라틴의 지방성분들을 운반해주는 운반체역할을 하는 특성을 갖고 있으며 이러한 케라틴의 협조에 의해 피부에 전해진 지방질은 친수성지방으로 전환되어 케라틴 자체에 흡수된다(지방성 성분의 화장품 사용은 피부표면의 각질세포에 스며듦).
- 표피세포를 통과하는 흡수로 세포자체나 세포사이의 투과이며 각질층 아래부분에는 방어층이 있어 물이나 전해질, 수용성 물질의 흡수를 저지한다.

■ 피부 부속기를 통한 흡수 경로

- 모공이나 한공(땀구멍)을 통한 경로로 피부 부속기를 통한 흡수는 일반적으로 피지선을 통한 흡수이다.

피부를 통한 흡수 경로

■ 피부 흡수에 영향을 주는 요인

- 각질층은 각질세포와 세포사이는 지질들로 이루어져 있어 지용성 물질의 흡수가 용이하며 표면의 온도를 높이거나 수분량이 증가되어도 흡수가 잘 된다.
- 각질층이 두꺼운 손, 발바닥에는 흡수가 잘 이루어지지 않고 각질층이 얇은 곳(얼굴, 음부)은 흡수가 잘 되며 각질층이 없는 점막에서의 흡수는 더 잘 된다.
- 유아와 노인층이 성인에 비해 피부 두께차이로 피부흡수가 더 잘된다.
- 피부의 산성도도 흡수에 영향을 미치며 산성도의 변화(이온화 촉진)와 가스화된 물질은 흡수가 잘 안된다.
- 피부 흡수에 영향을 주는 요인

환경적 요인	계절, 습도, 기온
생물학적 요인	성별, 개체간 차이
물리적 요인	연령, 피부부위, 피부상태, 혈류량
물리화학적 요인	수분, 농도, 피부의 온도, 용해도, 용제, 분자량, 순도, 점도, 극성, 용량, pH

■ 피부흡수를 방해하는 생리적 장애요소들

- 피부에 유해물질의 흡수를 막아 피부보호 요소로 작용하는 생리적인 요소들이 피부에 유효한 물질(유익한 물질)의 흡수를 방해하는 장애요소로도 작용된다.
- 피지막, 각질층, 레인막, 세포막이 있으며 피지막, 각질층은 외부물질의 물리적 침투를 막고 레인막은 생화학적으로 막아준다.

피지막	• 외부물질의 침투에 강력한 방어벽의 기능으로 수분, 유효물질의 침투를 방해
각질층	• 15~20층과 사이사이의 지질로 단단한 막을 형성 • 각질층의 과다한 두께는 유효물질의 침투를 막음
레인막	• 외부의 수분흡수, 내부로부터의 수분증발 저지막 • 표피의 과립층과 투명층 서너겹의 피부층에 존재하는 견제영역(전기적공간–미세물질이 통과 못함 ; 향장조세기술과 갈바닉기기 등 사용 필요)
세포막	• 피지막, 각질층, 레인막을 통과한 이후 세포막의 삼투작용에 의한 통과 용이하지 않음 • 세포의 특성상 수용성, 지용성 물질만을 흡수

⑨ 피부의 호흡기능

- 피부 표면은 호흡을 하게 되는데 흡입(산소 흡입), 방출(이산화탄소 방출)을 이용하여 에너지를 생산하는 과정을 피부 호흡이라고 한다.
- 폐호흡에 비해 미비하지만 산소와 이산화탄소는 대부분 혈액으로부터 흡수되고 나머지는 공기로부터 직접 얻는다.
- 이산화탄소의 증발 증기에 의해 각질층이 산성을 띤다.

■ 피부호흡에 영향을 주는 요인

온도	온도가 높아지면 혈관을 통한 혈류량, 혈류속도의 증가로 산소와 이산화탄소 방출 속도의 증가로 피부호흡이 증가
습도	상대습도 20~80%일 때는 이산화탄소의 방출 속도 증가
연령과 성	연령의 증가로 피부호흡의 감소, 남성보다 여성이 피부호흡이 높음
신체부위	손, 발바닥은 산소흡수와 이산화탄소 방출율이 높음
대기중의 산소압의 변화	대기 중의 산소함유량이 30% 이하 일 때 산소흡수 속도는 산소 함유량에 비해 증가
대기 중의 이산화탄소 압의 변화	대기 중에 이산화탄소 함유량이 50%일 때 이산화탄소가 피부안으로 들어가 함량을 증가시키면 산소흡수 속도가 낮아짐

■ 피부 호흡의 증가와 감소

- 피부 호흡이 감소될 수 있는 요인으로는 화장품이나 외용제의 도포, 비타민의 결핍, 방부제나 항균제 및 지방산 등이 있다.
- 비누의 경우 중성비누는 피부호흡에 영향이 없지만 비이온성 세제는 피부 호흡을 증가시키며 음이온, 양이온성 세제는 피부호흡을 감소시킨다.
- 바닷물의 경우 동일 염농도보다 피부 호흡을 더 증가시키며 바닷물 용액에 황산마그네슘을 첨가하면 활성제로 작용하고 불화나트륨을 첨가하면 저해제로 작용한다.
- 독성물질은 피부 호흡을 저해하고 피부 호흡을 촉진하는 물질에 의해 호흡 감소를 방지하게 된다.

⑩ 피부의 pH

■ 피부의 pH와 그 기능

- pH는 수용액 중의 수소이온 농도를 나타내는 단위로 0~14까지의 수치로 나타낸다. 중성은 물(증류수)이고 0에 가까울 수록 산성이며 14에 가까울 수록 알칼리성이다.
- 피부의 pH는 피지막의 pH이며 개인에 따라 다르다. 피부는 알칼리에는 약하고 산에는 강한 편이다.
- 보통 땀은 pH5.5~6.5이며 소한선의 경우는 pH5.5이다. 대한선은 중성 또는 pH4.5~6.5이며 피지의 분비가 많은 두피의 경우는 pH4.8 부근이다.
- 여드름 피부는 pH7~8이며 소양증 피부는 pH7.5~9이다.
- 건조한 피부의 표면에서는 pH값이 존재하지 않는다.
- 정상 피부의 pH는 4.5~6.5의 약산성의 특성을 보이며 기온에 반비례하고 수분량에 비례한다.
- 피부의 pH는 연령, 성별, 인종 등에 따라 달라지며 표피에서 진피로 갈수록 높아진다(알칼리성).
- 피부신진대사가 왕성한 20대가 피부의 pH값이 낮고 신생아나 40~50대 이후부터 pH값이 높아지며 신생아의 경우 3일이 지난 이후에는 산성쪽으로 기운다. 성인 남성이 여성보다 pH가 조금 낮으며 월경 전후의 여성의 경우 pH가 낮아진다.

■ 피부 pH의 영향

- 피부는 케라틴이라는 단백질로 구성되어 있으며 pH3.7~4.5에서 응고가 일어나고 단백질의 응고로 인해 피부는 탄력성이 없어지므로 피부의 표면은 일정한 pH가 항상 유지되어야 한다.
- 단백질의 응고와 침전은 pH4인 산부근에서 일어나고 알칼리 용액에서는 팽윤이나 가수분해가 일어난다.

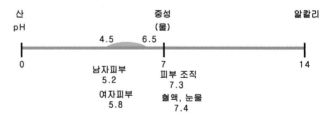

TIP

- 피부의 pH는 4.5~6.5의 약산성이다(피지가 있기때문).

19 S·e·c·t·i·o·n 피부 부속기관의 구조 및 기능

1 한선과 피지선

●분비선이라도 하며 한선은 땀의 분비, 피지선은 피지의 분비가 이루어지는 선이다.

■ 한선(땀샘)

에크린선 (소한선)	• 털과 관계없이 진피의 하층에 있는 나선 모양의 배설관으로 피부표면으로 분비 • 에크린선은 혈관계와 더불어 신체의 2대 체온조절 기관 • 무색 무취로서 99%가 수분 • 입술, 음부를 제외한 전신에 분포, 손바닥, 발바닥, 얼굴(이마), 머리, 서혜부, 코 부위, 겨드랑이에 많이 분포 • pH3.8~5.5의 약산성의 무색무취의 액체 • 보통은 인지되지 않은 상태에서 배출되나 온도와 정신적인 긴장, 발한작용촉진 약품, 자극적 음식, 음료 등의 요인에 의해 분비가 촉진
아포크린선 (대한선)	• 소한선 보다 선체가 크고 털과 함께 존재, 사춘기 이후 모공을 통하여 분비되며 독특한 체취를 발생 • 겨드랑이와 유두, 배꼽, 성기, 항문 주위 등에만 분포 여성>남성, 흑인>백인>동양인 • 사춘기 이후 성호르몬의 영향으로 분비(체취선)가 시작되어 점차 기능이 퇴화되면서 갱년기 이후에는 분비가 감소 • 출생 시 전신에 형성 이후 생후 5개월경에 다시 퇴화

에크린선   아포크린선

●한선의 역할은 피부에 수분을 공급해 주며 체온조절작용, 피부의 피지막 및 산성막 형성, 신장 역할의 보조가 있다.

●땀의 성분은 99.2%의 물로 구성되어 있으며 나머지는 0.7%의 염화나트륨, 0.2%의 시트르산, 0.1%의 젖산, 0.01%의 아르코르브산, 0.096%식 산, 0.0062%의 프로피온산, 0.0046%의 카르리산과 가프론산등 미량의 요소 및 요산으로 구성되어 있다.

●땀의 분비에 영향을 주는 것은 신경적인 자극(흥분, 긴장감, 무서움) 등의 정신 발한, 더위에 의한 온열 발한, 자극적 음식을 통한 미각발한, 움직임에 의한 운동발한, 발한제 등을 들 수 있다.

●땀의 이상분비현상으로 다한증과 소한증, 무한증으로 나누어진다. 다한증은 땀의 분비가 과다한 증상이며 소한증의 경우는 보통의 경우보다 소량의 땀의 분비가 이루어지는 것을 말한다. 소한증의 경우에는 갑상선의 기능저하나 금속성 중독과 신경계통의 질환에 의해서도 나타난다.

●액취증의 경우는 암내라고도 하며 겨드랑이에서 심한 땀의 분비로 냄새가 나는 것을 말하고 이때의 한선은 아포크린한선(대한선)이며 한선자체의 냄새가 아닌 분비물에 의한 세균에 의한 부패로 악취가 나는 것이다.

●땀띠(한진)는 땀의 분비통로가 폐쇄되어 땀의 배출이 원활하지 않을 때 나타나는 현상이다.

■ 피지선(기름샘)

●진피의 망상층에 위치, 털의 부속기관과 연결되어 있어 모낭으로 피지가 분비된다(모근부의 위에서 1/3 지점).

●성인이 1일 분비하는 피지 분비량은 1~2g이다.

●피지세포의 붕괴로 분비물(피지)이 형성되며 피지선의 분포 및 피지 분비량은 신체부위별로 다르다.

독립 피지선	독립 피지선(털과 관계없이 피지선이 존재)이 존재하는 곳은 입과 입술, 구강점막, 눈과 눈꺼풀, 유두
큰 피지선	이마와 코를 연결하는 T존 부위, 턱, 두피, 가슴과 등의 중앙에 많이 분포
작은 피지선	손바닥과 발바닥을 제외한 신체 모든 부위에 분포

●피지의 일정두께 확산 후에는 분비가 정지되며 세안, 목욕에 의해 손실된 피지의 보충은 얼굴은 1~2시간 정도이며 몸의 피부는 3~4시간 정도이다.

●피지의 작용은 피지 속에는 유화작용을 하는 물질이 포함되어 있어 유화작용이 있고 살균작용과 수분이 증발되는 것을 막아주며(수분증발 억제) 털과 피부에 광택을 준다.

●피지선이 없는 곳은 손, 발바닥이다.

●사춘기에 왕성하게 진행, 여성의 경우 35~40세에 많이 감소하고 남성의 경우 60세에 피지선이 퇴화된다.

●남성호르몬(안드로겐)은 피지선을 자극하므로 피지의 분비를 촉진시키며 여성호르몬(에스트로겐)은 피지의 분비를 억제하는 역할이 있어 여성보다 남성의 경우 지성피부가 많다.

■ 피지의 구성성분

● 피지선의 분비물인 순수 피지의 경우 약 50% 이상은 트리글리세라이드이고 나머지는 인지질과 왁스에스텔, 스쿠알렌, 콜레스테롤, 콜레스테롤에스텔로 구성된다.

● 피지의 트리글리세라이드(Trig-lyceride)는 세균(모낭에 존재하는 여드름균 등)의 지방분해 효소에 의해서 유리지방산과 모노글리세라이드나 디글리세라이드로 분해되며 분해로 생긴 유리지방산은 모낭자극으로 여드름의 염증성 병변에 역할을 한다.

● 피지에 함유된 콜레스테롤(Cholesterol), 인지질, 라놀린 등의 지방의 기능에는 땀과 기름을 유화시키는 기능이 있어 피지선의 피지와 표피세포의 각화과정에서 생성되는 지방질, 그리고 땀 분비물 내 지방질이 유화되어 피부표면에 얇은막(피지막)을 형성한다.

■ 입모근

● 입모근의 주된 역할은 체온조절로 갑작스러운 기후 변화나 공포감으로 근육이 수축하므로 모공이 닫혀 체온손실을 막아준다.

● 모낭의 측면에 위치하며 모근부의 아래에서 1/3 지점에 부착되어 있다.

● 입모근은 자신의 의지로는 움직일 수 없는 불수의근으로 긴장, 추위나 공포시에 피부가 노출되었을 때 입모근의 수축으로 모근부를 잡아 당기게 되면서 털이 서게 된다.

● 입모근이 없는 부위는 속눈썹, 코털, 액와부위이다.

🔒 TIP

• 대한선(아포크린선)은 털과 존재하는 한선으로 겨드랑이에 가장 많이 분포되어 있다.
• 체온조절작용(Heat regulation action)은 환경 및 기온 상태의 변화에 따라 발한, 피부혈관의 확장 · 수축에 의해 열의 발산을 조절하므로 체온을 항상 일정하게 유지하는 것이다.
• 소한증은 땀의 분비가 감소, 갑상선 기능의 저하나 신경계 질환의 원인이 된다.

② 피부의 단련과 중화능

■ 피부의 단련

● 마찰은 피부에 자극을 주어 혈액순환을 돕는다.

● 일광욕은 피부의 기능을 높이고 비타민 D를 형성한 후 구루병을 예방한다.

● 공기욕은 피부의 저항력을 강화시키며 혈색을 좋게 한다.

● 해수욕은 균형잡힌 신체를 만들어 준다.

■ 피부의 중화능

● 피부는 알칼리성화 된 피부를 약산성인 정상피부로 만드는 능력을 가지고 있으며 이를 중화능이라고 한다(피부의 알칼리성은 세균의 침입으로 염증을 쉽게 일으키고 피부표면의 과민, 광선에 피부가 쉽게 타는 현상을 불러온다).

● 세안에 의한 피부표면의 지방제거는 시간의 경과로 피지가 생성되어 피지막이 다시 만들어지며 초기에 더 급속하게 증가된다. 피지막의 형성시간의 정도는 개인, 신체부위, 피지선의 작용에 따라 다르다.

● 피부의 pH는 4.5~6.5의 약산성이다. 이때 비누에 의한 세안으로 일시적으로 알칼리성으로 되었다가 다시금 돌아오는 현상을 중화능이라고 한다.

● 목욕이나 세안 등의 원인으로 피지가 없어졌다가 다시 원상태로 돌아오는 시간은 3~4시간이며 얼굴은 1시간이다.

●에크린 한선(소한선)의 분비 중 젖산의 경우 알칼리를 중화시키는 역할을 하므로 여름철 땀의 증가는 중화능을 증가하게 한다.

③ 천연피지막과 보습

■천연피지막(천연보호막, 피지막, 산성막)
●천연피지막은 피부 표면을 덮고 있는 천연방어 기능을 갖는 얇은 막으로 천연적으로 피부보호를 위해 생긴 피지막이다.
●피지막은 피부, 모발에 윤기와 부드러움을 주고 외부의 이물질과 자극에 대한 막을 형성하며 피지막의 pH4.5~6.5는 약산성으로 피부 표면의 세포성장 저지, 알칼리성 물질의 중화로 피부손상을 막아준다.
●피지막의 역할은 외부의 물리적, 화학적 자극으로부터 피부를 보호한다.
●땀과 피지가 융합(땀이나 피지의 분비물에 포함된 카프론산, 프로피온산, 카프린산 등의 지방산과 표피세포의 찌꺼기들이 모여 만들어진 것)되어 약산성으로 피부표면에 존재하는 세균의 증식을 억제하여 감염과 가려움, 자극으로부터 피부를 보호한다.
●소한선의 젖산의 영향으로 피부의 표면에 알칼리성 물질이 닿으면 알칼리를 중화하는 작용을 한다.
●피지선(기름샘)에서 나온 피지와 한선(땀샘)에서 나온 땀이 지방산에 의해 보통은 기름 속에 수분이 섞여있는 유중수형(W/O)의 유화상태이지만 땀을 흘리게 되면 땀의 양이 기름의 양 보다 많아져 수중유(O/W)의 상태가 된다.

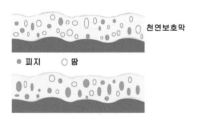

■천연보습인자(Natural moisturizing factor, NMF)
●표피의 각질층에 존재하고 있는 수용성 성분을 총칭하여 NMF라고 한다.
●피지막의 친수성분을 천연보습인자(NMF)라고 부르며 피부의 건조를 막아준다.

■천연보습인자의 성분과 함량

아미노산	40.0%	칼슘	1.5%
피롤리돈 카르복사산	12.0%	암모니아	1.5%
젖산염	12.0%	마그네슘	1.0%
요소	7.0%	인산염	0.5%
염소	6.0%	시트르산염, 포름산염	0.5%
나트륨	5.0%	기타	0.9%
칼륨	4.0%		

●각질층에 존재하고 있는 수용성 성분들을 총칭하여 NMF(천연보습인자)라고 하는데 가장 많이 차지하는 것은 아미노산(40%), 무기염(18.5%), 젖산염과 피롤리돈 카르본산(각각 12%)정도를 차지하고 있다.

NMF의 조성

■각질층의 보습
●각질층에는 피지와는 별도의 자체에서 생긴 지질(세포간지질)이 존재하며 이러한 세라마이드(Ceramide)와 같은 지질은 수분을 유지하는 역할을 한다.
●피부표면인 각질층의 상태에 따라 피부의 아름다운 정도가 나타나게 되는데 피부수분이 감소되면 건조한 피부가 된다. 피부의 건조는 유분의 부족이 아닌 각질층의 수분부족으로 생긴다(유분은 수분증발을 막는 역할).
●각질층의 유연성의 정도를 나타내는 것은 천연보습인자(NMF, Natural moisturizing factor)의 작용이다. NMF의 구성 중 아미노산(유리아미노산)이 가장 많으며 아미노산 중에서도 가장 많은 것은 세린으로 아미노산 중 보습제로 많이 사용된다.

■ 각질층에 존재하는 아미노산(유리아미노산)

아미노산의 종류	함량
세린(Serine)	20~33%
시트룰린(Citrulline)	9~16%
알라닌(Alanine)	6~12%
트레오닌(Threonine)	4~9%
오르니친(Ornithin)	3~5%
글리신(Glycine)	3~5%
류신(Leucine)	3~5%
발린(Valine)	3~5%
리신(Lysine)	3~5%
티로신(Tyrosine)	3~5%
페닐알라닌(Phenylalanine)	3~5%
아스파라긴(Asparagine)	3~5%
히스티딘(Histidine)	3~5%
아르기닌(Arginine)	3~5%
글루탐산(Glutamic acid)	0.5~2%

■ 진피층의 보습

- 피부의 탄력이 없어지는 것은 진피의 망상층에 있는 수분과 결합력이 높은 콜라겐과 무코다당류의 감소로 진피의 수분이 감소되고 엘라스틴도 수분의 감소로 탄력성이 떨어지기 때문이다.
- 진피의 보습은 무코다당류가 작용(히아루론산염)하며, 히아루론산염은 탄력섬유와 결합섬유 사이에 존재한다.

TIP

- 글리콜산은 각질제거제로 사용되는 알파-히드록시산 중에서 분자량이 작아 침투력이 뛰어나다.
- 피부의 수분은 스트레스, 피로, 수분부족, 신체의 질환 등에 영향을 받는다.
- 각질층에는 세포간 지질인 세라마이드가 수분증발을 막으며 진피층에는 진피의 결합섬유(콜라겐, 엘라스틴)사이를 채우고 있는 무코다당류인 히아루론산이 수분을 유지(보습기능)할 수 있다.

4 모발

- 모발의 pH(4.8)는 pH5.0 내외이다.
- 모발의 발생은 외배엽에서 시작된다.
- 케라틴이라는 경단백질(동물성 단백질)로 구성
- 1일 0.34~0.35mm 자란다. 1달 1cm~1.5cm 정도
- 낮보다 밤에 잘 자란다.
- 봄과 여름에 모발의 자라는 성장속도가 더 빠르다.
- 모발성장 싸이클은 발생기 → 성장기 → 퇴화기 → 휴지기 → 발생기이다.
- 일반적인 평균수명은 3~6년이다(남성:3~5년, 여성:4~6년).
- 속눈썹의 평균수명은 2~3개월이다.
- 일반 건강모의 수분은 12% 정도이며 머리를 감은 직후는 30% 정도이다.
- 모발은 잡아당기면 20~50% 늘어나며 놓으면 다시 되돌아가는 성질이 있는데 이를 모발의 탄성작용이라고 한다.

발생기	다시 신생모를 만드는 시기로 발생된 모발은 성장하고 휴지기의 모발은 밀려 빠져나오는 시기이다.
성장기	전체모발의 80~90%가 성장기 모발이며 왕성한 세포분열로 모발이 빠르게 성장한다.
퇴화기 (퇴행기)	약 5년간의 성장기를 마친 모발이 성장을 멈추는 시기로 전체모발의 1%가 퇴화기 모발이며 퇴화기간은 1~2개월이다.
휴지기	전체모발의 14~15%를 차지하며 머리카락이 빠지는 시기로 가벼운 물리적 자극에도 쉽게 탈모가 된다. 휴지기의 기간은 3~4개월이다.

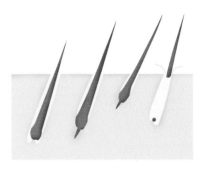

■ 모발의 구조

- 모발은 모간부와 모근부로 나누어진다. 모간부는 피부 밖으로 나와 있는 부분이며 모근부는 피부안에 있는 부분을 말한다.
- 모표피(Cuticle) : 비늘처럼 겹쳐져 있으며 미세한 틈으로 퍼며, 염색약의 침투가 이루어지고 3겹의 에피큐티클,엑소큐티클, 엔도큐티클 층의 구조를 갖고 있다.
- 모피질(Cortex) : 모발의 구성에서 모발의 70% 이상을 차지하며 멜라닌 색소와 섬유질 및 간층물질로 구성되어 있어 염색

과 퍼머넌트 웨이브를 형성하는 곳이다.
- 모수질(Medulla) : 미세공기가 존재해 보온역할을 하며 수질은 없을 수도 있고 수질의 크기도 모발에 따라 다르다.
- 모근(피부 속 모낭 안에 있는 모발부분, Hair root)부는 모낭에 쌓여 있다.

모낭 (Follicle)	피부의 함몰로 생긴 털의 주머니로 모근을 감싸고 있는 세포층, 모낭 내에는 피지선, 입모근 부착
모구 (Hair bulb)	모근의 아래 부분에 전구모양을 하고 있는 털이 성장되는 부분, 모세혈관, 모유두, 모모세포와 멜라닌세포 등이 위치
모유두 (Hair papilla)	모유두 아래쪽에 모세혈관이 있어 산소와 영양분공급이 이루어져 모발에 영양공급, 모구와 맞물려지는 부분으로 자율신경이 분포
내·외 모근	모근을 감싸고 있는 모낭부분과 모표피층 사이에 존재하는 세포층, 털과 닿는 안쪽 면이 내모근초(헨레층, 헥슬리층, 소피), 바깥면이 외모근

- 모모세포 : 모발의 기원이 되는 세포로 모유두에 인접해 있는 세포층으로 모유두에서 영양을 공급받아 세포가 분열된다.
- 모낭에 붙어있는 피지선은 모근부위의 윗 부분에서 1/3 지점에 부착, 입모근은 모근부위의 아랫부분에서 1/3 지점에 부착되어 있다.

■ 모발의 생리기능

보호기능	방한, 방서작용에 의한 체온조절, 햇빛과 외부 유해물질의 침입방지
장식기능	미용적 외모장식으로 미적효과
지각기능	통각과 촉각을 전달하는 작용

■ 모발의 결합
- 측쇄결합과 주쇄결합(폴리펩티드결합)이 있다.
- 측쇄결합(수소결합, 염결합, 시스틴결합)

■ 모발의 색상
- 모발에는 멜라닌색소가 존재하며 유멜라닌(Eumelanin) 과 페오멜라닌(Pheomelanin)이 있다.
- 모 피질에 존재하는 멜라닌 색소의 양에 따라 모발의 색상이 결정된다.
- 유멜라닌(흑갈색), 페오멜라닌(황갈색)이 모발에 같이 존재하며 그 양에 따라 모발색이 결정된다.

TIP
- 모발의 색을 결정하는 멜라닌색소는 모 피질에 많이 함유되어 있다.
- 세포의 분열증식에 의해 모모세포가 만들어지며 모모세포가 밀려 올라와 모발이 된다.
- 모유두는 혈관을 통한 모발의 영양공급을 한다.

■ 모발의 질환
- 모발의 질환에는 원형 탈모, 비강성 탈모, 결발성 탈모, 증후성 탈모, 결절열모증, 사모가 있으며 원형의 동전모양으로 빠지는 것은 원형 탈모이다.
- 비듬의 일반적인 원인은 비타민 B_1결핍증, 두피혈액 순환 약화 부신피질기능 저하이다.

■ 탈모의 원인
- 영양부족, 감염성 피부질환, 혈액순환부족, 유전적인요인, 물리·화학적 요인, 과다 비듬, 유지성분의 부족시 탈모가 일어날 수 있다.

◇ 피부나 모발의 발생은 배엽의 형성 시 외배엽에서 이루어진다.

◇ 표피층의 순서로는 피부의 가장 바깥부터 각질층, 투명층, 과립층, 유극층, 기저층이며 기저층의 경계의 모양은 물결의 형태로 이루어져 있다.

◇ 진피의 구성세포는 섬유아세포이며 진피는 망상층과 유두층으로 구분되고 혈관, 신경관, 림프관, 한선, 피지선, 모발과 입모근을 포함하고 있다. 망상층에 있는 콜라겐과 엘라스틴과 같은 결합섬유는 피부탄력을 유지시킨다.

◇ 표피층 중에서도 가장 두꺼운 층은 유극층으로 림프관이 분포, 표피의 영양을 관장하며 가장 아래쪽에 위치한 기저층은 모발색을 결정하는 멜라닌색소를 함유하고 있다.

◇ 표피의 구성세포는 멜라닌, 랑게르한스, 머켈, 각질형성 세포이며 피부의 각질층의 세포간지질 중 세라마이드(ceramide)가 가장 많이 함유되어있다.

◇ 피부의 pH는 4.5~6.5의 약산성이며 피부의 생성주기는 28일이다.

◇ 흡수방어벽층은 투명층과 과립층사이에 위치하고 있고 외부로부터 이물질의 침입을 막는 역할을 한다.

◇ 대한선(아포크린선)은 소한선 보다 선체가 크고 털과 함께 존재, 겨드랑이에 가장 많이 분포되어 있고 사춘기 이후 모공을 통하여 분비되며 독특한 체취를 발생시킨다.

◇ 성인이 하루에 분비하는 피지의 양은 약1~2g이며 피부에서 피지가 하는 작용은 수분 증발 억제, 살균작용, 유화작용이다.

◇ 입모근의 주된 역할은 체온조절로 추위나 공포감으로 근육이 수축하므로 모공이 닫혀 체온손실을 막아준다.

◇ 다한증은 땀의 분비가 많은 것이며 소한증은 땀의 분비감소, 갑상선 기능저하, 신경계 질환의 원인이 된다.

◇ 천연보습인자(NMF)는 아미노산(40%), 젖산염(12%), 피롤리돈 카르복시산(12%), 요소, 염소, 나트륨, 칼륨, 암모니아, 마그네슘, 인산염, 포름산염, 시트르산염, 기타로 되어 있다.

01 피부의 구조에서 결합섬유와 탄력섬유로 이루어진 층은?

① 각질층　　　　　② 망상층
③ 유두층　　　　　④ 과립층

정답 해설 진피의 망상층은 콜라겐과 엘라스틴과 같은 탄력섬유와 결합섬유로 이루어져 있다.

05 진피층의 보습과 관련이 있는 것으로 옳지 않은 것은?

① 땀　　　　　　　② 피지
③ 각질　　　　　　④ 히아루론산염

정답 해설 땀이나 피지, 각질은 피지막에 의한 피부표면의 항상성 유지를 위한 인자이다.

02 피부의 층에서 멜라닌 세포가 생성되는 곳은?

① 각질층　　　　　② 과립층
③ 기저층　　　　　④ 망상층

정답 해설 멜라닌 세포는 표피의 기저층에서 생성된다.

06 대한선의 설명 중 옳지 않은 것은?

① 모공을 통하여 분비한다.
② 주로 사춘기 이후에 분비가 많다.
③ 독특한 체취를 발생시킨다.
④ 대한선은 소한선보다 선체가 작다.

정답 해설 대한선은 소한선보다 선체가 크고 털과 함께 존재한다.

03 표피에 존재하는 세포로 촉각을 감지하는 역할을 하는 구성세포는?

① 각질형성세포(Keratinocyte)
② 머켈세포(Merkel cell)
③ 멜라닌세포(Melanocyte)
④ 랑게르한스세포(Langerhans cell)

정답 해설 머켈세포는 촉각을 감지하는 촉각세포라고 한다.

07 다음 중 대한선(아포크린선)에 대한 설명으로 옳은 것은?

① 털과 함께 존재하며 선체가 크고 배설구는 모낭으로 분비한다.
② 선체는 표피 내에 있다.
③ 무색 무취로서 선체가 작고 털과 관계없이 존재한다.
④ 99%가 수분으로 손바닥, 발바닥, 얼굴 등에 많이 분포되어 있다.

정답 해설 선체는 진피 내에 있으며, ③, ④은 소한선(에크린선)에 대한 내용이다.

04 다음 중 피부구조에 대한 설명으로 틀린 것은?

① 피부는 3개의 층으로 나누어 진다.
② 표피는 피부 가장 아래쪽이 기저층이다.
③ 멜라닌 세포는 표피의 기저층에 위치한다.
④ 멜라닌 세포 수는 피부색이나 민족에 따라 차이가 있다.

정답 해설 멜라닌 세포 수는 피부색이나 민족에 관계없이 일정하다.

08 피부의 각질층에 존재하는 지질간 구조를 형성하는 것이 아닌 것은?

① 콜레스테롤　　　　② 과립산
③ 세라마이드　　　　④ 지방산

정답 해설 지질간에 형성된 라멜라 구조를 형성하는 것은 콜레스테롤, 지방산, 세라마이드이다.

09 다음 중 피지의 작용으로 옳은 것은?

① 피부 보호작용
② 모공 세정작용
③ 색소 억제작용
④ 각화 생성작용

정답 해설 피부에 윤기와 피부보호, 유화작용 등이다.

10 표피의 과립층에 존재하는 케라틴 전구물질은?

① 티로시나아제(Tyrosinase)
② 각화유리질과립(Keratohyalin)
③ 섬유아세포(Fibrobrast)멜라닌
④ 소체(Melanosome)

정답 해설 세포질 내 케라틴 전구물질로 유황단백질을 많이 함유하고 있는 것은 각화유리질과립이다.

11 표피에서 색소형성세포(멜라닌세포)가 존재하고 있는 층은?

① 기저층   ② 투명층
③ 유극층   ④ 각질층

정답 해설 표피의 기저층에 각질형성세포와 함께 색소 세포(멜라닌 세포)가 존재한다.

12 피부의 표피층의 기저층에서 생성된 색소세포인 멜라닌은 어떤 층에서 소멸되는가?

① 각질층   ② 유극층
③ 투명층   ④ 과립층

정답 해설 기저층에서 생성된 멜라닌 세포는 각질형성 세포와 함께 각질층에서 탈락되어 소멸된다.

13 별모양의 가지돌기 세포로 표피의 유극층에 위치하여 있으며 림프계의 면역과 관련 있는 세포는?

① 멜라닌 세포(Melanocyte)
② 랑게르한스 세포(Langerhans cell)
③ 각질 세포(Keratinocyte)
④ 머켈 세포(Merkel cell)

정답 해설 랑게르한스 세포는 유극층에 주로 위치하며 순환계와 림프계의 면역에 관계한다.

14 다음 중 피부의 각화현상은 어떤 상태의 상피를 이루며 탈락되는가?

① 편평상피   ② 중층상피
③ 원주상피   ④ 이행상피

정답 해설 상피조직에는 편평상피, 중층상피, 원주상피, 이행상피가 있으며 피부 각질의 각화는 편평상피의 형태로 탈락된다.

15 피부의 천연보습막을 형성하는 천연보습인자에 대한 설명으로 틀린 것은?

① 젖산과 요산이 대부분을 차지한다.
② NMF(Natural moisturizing factor)라 한다.
③ 각질층에 존재하는 수용성 성분의 총칭이다.
④ 아미노산, 피롤리돈 카르복시산, 젖산, 요소 등으로 구성되어 있다.

정답 해설 아미노산이 40%로 가장 많이 있는 인자이다.

16 지각작용 중에서 분포도가 가장 많으며 민감한 것은?

① 냉각   ② 통각
③ 촉각   ④ 압각

정답 해설 민감한 순서는 통각 〉 촉각 〉 냉각 〉 압각 〉 온각의 순이다.

20 Section 정상피부의 성상 및 특징

- 기본적인 피부 유형인 중성 피부, 건성 피부, 지성 피부를 구분하는 분석 기준은 피지분비 상태에 따라 구분되며 피부의 유형에는 중성 피부, 건성 피부, 지성 피부, 복합성 피부, 민감성 피부, 모세혈관 확장 피부, 노화 피부, 여드름성 피부 등으로 나누어진다.
- 피부는 피지선과 한선의 기능으로 유분량과 수분량에 따라 중성, 지성, 건성, 복합성 피부의 4가지 유형으로 분류되며 이외에도 민감성 피부, 색소침착 피부, 모세혈관확장 피부, 선병적 피부, 노화 피부로 나누어진다.

1 중성 피부

- 가장 이상적인 피부로 한선과 피지선의 기능이 정상이다.

상태	• 이상적인 피부로 표면이 매끄럽고 부드러우며 탄력이 있고 촉촉함 • 모공이 섬세하며 피부결도 섬세함 • 세안 후 당김과 번들거림이 없고 이상색소나 잡티, 여드름현상이 없음 • 화장이 오래 유지되며, 전반적으로 주름이 없음 • 분홍색의 피부이며 표피를 통해 보이는 모세혈관내 혈액이 깨끗하게 보임 • 표피는 얇은 편이고 24, 25세 이후에 피부 건조화가 됨 • 피지분비량이 적당하고 계절변화에 민감함

2 중성 피부(정상 피부)의 화장품

클렌저	화장수	딥클렌징	에멀전	팩(마스크)
모든 타입 사용 가능	유연 화장수	효소, 스크럽, 고마쥐, AHA	유분, 보습, 영양제 (적당함유)	크림형태 (O/W-수중유)팩 고무마스크 시트마스크 청결과 보습

- 영양공급을 위한 보습용 앰플로는 콜라겐, 세라마이드, 히아루론산, NMF, 비타민A, E, 필수지방산이 주성분인 것을 흡수시켜 준다.
- 피부보호를 위해 데이크림과 자외선차단제를 사용한다(피부 보습과 보호작용).

■ 중성 피부의 피부관리법
- 지나친 비누세안을 피하고 유·수분의 공급이 균형되게 유지하며 마사지용 팩의 사용도 꾸준히 해야 한다.
- 외적인 요인에 의해 지성이나 건성으로 되기 쉽기 때문에 꾸준한 손질을 해야 한다.
- 1일 2회의 규칙적인 기초손질로 유분과 수분의 균형을 유지한다.
- 연령과 계절에 맞는 화장품을 선택한다.
- 피부청결을 위한 효소제품과 스크럽 제품을 이용한 딥클렌징을 정기적으로 사용한다.
- 노화방지를 위한 O/W(수중유)의 로션과 영양크림으로 정기적 마사지, 영양팩과 보습팩으로 주 1회 정기적 사용에 의해 피부를 활성화한다.
- 천연보습인자(NMF)와 콜라겐, 히아루론산 등의 보습함유 제품을 사용한다.
- 노화방지성분인 비타민 A, E 등이 함유된 제품을 사용한다.
- 유지를 위한 관리가 목적이다.

21 S·e·c·t·i·o·n
건성 피부(Dry skin)의 성상 및 특징

1 건성 피부

- 피지선과 한선의 기능저하, 보습능력의 저하로 유분과 수분함량이 부족한 상태로 피부 탄력저하가 있다.
- 모공이 작고 각질층의 수분이 10% 이하이며 세안 후 피부당김이 심하다.
- 외관상은 피부결이 섬세해 보이며 피부 저항력이 약해 상처가 쉽게 아물지 않는다.
- 여드름류가 없으며 크림 사용시 피부에 바로 흡수된다.
- 피부결이 얇고 주름이 쉽게 형성 되는 피부로 일반 건성피부와 표피의 수분부족, 진피의 수분부족에 의한 건성피부로 나누어진다.
- 유전적으로 피지선을 자극하는 안드로겐 호르몬의 분비 부족, 10대와 20대 초반의 경우는 중성이지만 연령이 많아질수록 한선과 피지선의 기능저하에 의해 자연스러운 노화, 유분의 함유가 큰 크림을 장기간 과다하게 사용한 경우 나타난다.
- 표피의 수분부족 : 건성 피부는 자외선, 찬바람, 냉·난방, 일광욕, 알맞지 않은 화장품 사용과 피부관리 습관으로 표정주름이 쉽게 나타나지 않거나 피부조직에 가는 주름이 형성되는 경우이다.
- 진피의 수분부족 : 노화현상의 한 형태로 20대의 젊은 나이에도 콜라겐 섬유조직과 섬유아세포의 손상으로 나타날 수도 있으며 과도한 자외선, 공해로 진피조직에 손상, 영양결핍에 의해 나타나는 경우이다.

일반건성 피부	• 피부결이 섬세하지만 피부가 얇음 • 피부표면이 항상 건조하며 윤기가 없고 피지분비량도 적으며 세안 후 당김이 심하고 분화장의 경우는 들뜸 • 모공이 작고 외관상은 피부결이 섬세해 보이며 잔주름에 의한 노화현상이 쉽게 오고 여드름이 없으며 크림이 즉시 스며듬
표피수분 부족피부	• 피부조직이 별로 얇게 보이지 않음 • 피부조직에 표피성 잔주름이 형성 • 연령에 관계없이 발생함
진피수분 부족피부	• 굵은 주름살 형성되며 피부조직이 거칠고 색소침착이 발생하기 쉬움 • 장기간 표피 수분부족 상태 지속으로 내부에서부터 당김이 심하고 눈밑, 뺨, 턱, 입가에 늘어짐이 있음

2 건성 피부의 화장품 도포

클렌저	화장수	딥클렌징	에멀전	팩(마스크)
클렌징로션 클렌징오일	유연 화장수	효소, 스크럽, 고마쥐	유분, 보습, 영양제 (다량함유)	크림형태, (W/O-유중수)팩 석고 마스크, 파라핀 왁스 마스크, 고무(알고), 마스크 시트 마스크, 보습과 영양

- 영양공급을 위한 보습용 앰플로는 콜라겐, 히아루론산, NMF, 비타민A, E, 필수지방산이 주성분인 것을 흡수시켜준다.
- 피부보호를 위해 건성용 데이크림과 자외선차단제를 사용한다(피부보습과 보호작용).

■ 건성 피부의 피부관리법

- 잦은 세안을 피하고 미지근한 물(35℃)로 세안 후 바로 기초제품을 사용한다.
- 비누세안을 피하고 클렌징 제품(부드러운 밀크 타입, 유분기 있는 크림타입)의 올바른 선택으로 피지막이 제거되지 않는 제품을 사용한다.
- 보습기능을 활성화하기 위해 보습기능이 강화되어 있는 제품을 사용하여 항상 촉촉함을 유지한다.
- 화장수는 알코올 함량이 적은 것(10% 이하의 알코올이 함유)을 사용하며 유연작용이 강한 화장수를 사용한다.
- NMF(천연보습인자), 콜라겐, 히아루론산 등의 보습물질이 함유된 에센스를 사용한다.
- 혈액순환, 신진대사를 돕기 위해 주 1~2회 유·수분이 함유된 영양마사지와 팩을 이용한다.
- 비타민 A, E, 호호바오일 등 식물성오일이 함유된 영양크림을 사용한다.
- O/W(수중유)의 보습 영양크림은 아침에, W/O(유중수) 타입의 유분 영양크림은 저녁에 사용되며 여름이나 겨울철의 한절기에는 건조상태에 따라 O/W(수중유) 타입을 사용한다.
- 세라마이드, 호호바오일, 히아루론산, 아보카도오일, 알로에베라 등의 성분이 함유되어 있는 화장품을 사용한다.
- 보습작용이 되게 하는 관리가 목적이다.

22 지성 피부(Oily skin)의 성상 및 특징

1 지성 피부

● 피지선에서 분비된 피지는 피부의 보호막을 형성하여 세균으로부터의 보호나 수분증발억제로 보습과 유연성을 갖는 역할을 하지만 비정상적인 피지선 기능의 항진은 피지과다 분비에 의한 지성 피부 상태가 된다.

● 지성 피부의 요인은 피지선을 자극하는 남성호르몬(안드로겐) 분비과다의 유전적인 요인과 후천적인 요인인 스트레스, 여성호르몬인 황체호르몬(프로게스테론)의 기능 증가, 갑상선 호르몬의 불균형, 공기의 오염, 위장장애, 변비, 고온다습의 기후가 있다.

● 20대 이후 피지선의 기능저하에 따라 지성피부가 중성 피부로 변화되며 노화와 주름의 형성도 늦은 편이다.

● 지성 피부는 모공이 넓고 뾰루지가 잘 나며 정상 피부보다 두껍고 블랙헤드가 생성되기 쉬우며 피지 분비량이 많다.

● 외부로부터 오염되기 쉽고 변질된 피지는 각질세포와 섞여 모공을 막아 여드름을 유발하며 pH는 알칼리화되어 외부의 세균으로부터의 보호막 기능은 상실된다.

● 유성지루성 피부(Seborrhea oleosa)는 과잉피지분비로 피부 표면에 기름기가 많은 형태로 전체적으로 모공이 크고 대체로 소구가 깊고 소릉이 불규칙하며 각질층이 비후하고 쉽게 예민해지지 않는 경우이다.

● 건성지루성 피부(Seborrhea sicca)는 한선기능 저하에 따른 유·수분의 불균형으로 표피는 기름기가 있으나 피부 표면의 당김이 있는 경우이다.

유성지루성 피부상태	• 피지의 분비가 많아 번들거림이 심하고 불결해지기 쉬우며 모공이 많이 열려있음 • 피부가 거칠고 두껍게 보이며 둔탁해 보임 • 장이 지속적으로 유지되지 않으며 화장이 잘 받지도 않음(젊은 층, 남성에게 더 많다.) • 햇볕에 의한 색소침착현상이 빠르며 면포 등 여드름성 발진현상을 일으키기 쉬움
건성지루성 피부상태	• 피지의 과다 분비로 표면은 번들거리나 보습기능의 저하로 표면이 당김 현상이 일어나는 피부유형 • 각질이 비후해져 두껍게 보이며 표면의 건조로 각질이 일어나 화장이 잘 받지 않음 • 혈액순환 장애로 피부색이 창백하고 유성지루성 피부보다는 예민하고 저항력이 약해 쉽게 붉어지며 여드름 발생의 위험이 더 큼(여성에게 많이 나타남) • 표피성 주름이 쉽게 나타나며 여드름 치유시 시일이 걸림

2 지성 피부의 화장품 도포

클렌저	화장수	딥클렌징	에멀전	팩(마스크)
클렌징 로션 클렌징 젤 이중세안	수렴 화장수	효소, 스크럽, AHA	유분 (소량함유) 친화력있는 오일사용 오일프리처방 각화, 피지조절제 항염, 수렴성분 함유	분말형태팩 클레이 형태팩 고무 마스크 시트 마스크 각화, 피지 분비조절, 항염, 수렴

● 영양공급을 위한 지성용 앰플로는 라벤더, 레티놀, 세이지, 아이리스, 비타민E가 주성분인 것을 흡수시켜 준다.

● 피부보호를 위해 지성용 데이크림과 자외선차단제를 사용한다.

■ 지성 피부의 피부관리법

● 지성 피부 관리의 주 목적은 피지제거 및 세정이다.

● 청결한 피부를 위해 클렌징에 중점을 두어야 한다. 그러나 잦은 비누세안은 산성의 피지막을 제거하여 알칼리성피부에 의해 세균의 번식이 있을 수 있어 피하며 폼타입의 약산성 세안제를 사용한다.

● 소염, 진정, 모공수축이 되는 화장수(아스트리젠트)를 사용하되 알코올의 함량이 적절한 것을 택한다(30% 정도 함유된 화장수는 피부건조, 예민화 시키므로 사용을 피한다).

● 유분함량이 많은 크림이나 오일, 마스크류의 사용을 피한다(무유성크림인 배니싱크림을 사용한다).

● 피지조절제가 함유된 제품을 선택한다.

● 파운데이션의 경우 특수 지성용 파운데이션이나 파우더만을 사용하거나 오일함유가 없는 (Oil free) 파운데이션을 사용한다.

● 각질제거로 여드름의 발생을 막기 위해 스크럽 타입이나 효소링 작용을 하는 딥클렌징제를 정기적으로 사용한다.

● 건성 지루성 피부는 O/W형의 보습효과가 뛰어난 에멀전(Emulsion)을 사용하고 유성 지루성의 피부일 경우 조석으로 젤타입이나 플루이드 타입의 무지방 제품을 사용한다.

● 수면부족이나 변비, 스트레스는 피지분비를 촉진시킬 우려도 있으므로 규칙적인 생활습관을 들인다.

● 피지 분비 조절이 되게 돕는 관리가 목적이다.

23 민감성 피부(Sensitive skin)의 성상 및 특징

1 민감성 피부와 예민성 피부

- 일반적인 사람의 피부와 달리 특정한 물질이 아님에도 반응을 일으키는 피부로 조절기능 또는 면역기능이 저하된 경우의 피부로 가벼운 자극에도 반응을 나타내는 피부이다.
- 선천적 원인으로는 각화과정에서 이상이 생겨 일정두께의 각질층을 이루지 못해 피부조직이 섬세하고 얇은 피부의 경우이며 후천적 원인은 특정질병, 화학적, 물리적, 환경적 영향, 영양의 문제이다.
- 피부가 늘 붉어져 있으며 홍반이 발생되는 부위나 피부가 얇은 부위에서 색소침착이 형성되기 쉽다.
- 사용하던 화장품을 교체했을 경우 민감반응을 일으킨다.
- 민감성 피부일 때 나타나는 증상으로는 발열감, 소양증, 홍반, 모세혈관확장, 수포 및 염증형성, 각질의 과각질화, 습진 등이 있다.

2 민감성 피부의 화장품 도포

클렌저	화장수	딥클렌징	에멀젼	팩(마스크)
클렌징로션 클렌징 젤	무알코올 화장수	효소	저자극성 성분사용 향, 색소, 방부제 사용을 하지 않거나 적게 첨가	크림형태 (O/W)팩 젤 형태 팩 고무 마스크 시트 마스크 보습, 진정, 영양

- 영양공급을 위한 진정, 보습용 앰플로는 스쿠알렌, 카모마일 추출액, 히아루론산, 알란토인이 주성분인 것을 흡수시켜준다.
- 피부보호를 위해 민감용 데이크림과 자외선차단제를 사용한다(보습과 보호작용).

■ 민감성 피부의 피부관리법

- 민감성 피부의 경우는 원래의 pH로 돌아가는 완충능력이 부족하므로 비누세안을 피하고 무알코올 화장수를 사용하며 스크럽식 세안제나 필링제는 사용하지 않는다(자극을 줌).
- 석고팩이나 피부에 자극이 되는 제품의 사용을 피한다. 피부의 진정·보습효과가 뛰어난 제품을 사용한다.

- 햇볕, 추위, 바람 등의 환경 조건에서는 기초손질이 되지 않은 피부의 노출을 삼가한다.
- 적외선이나 자외선의 전기적 자극에 의한 관리법은 피한다.
- 화장품 도포시 첩포테스트(팔 안쪽이나 목 아래에 발라 24시간 두어 알레르기 테스트)로 적합성 여부를 확인 후 사용하는 것이 좋다.
- 민감성 피부 : 진정 및 쿨링 효과가 있는 무색, 무취, 무알콜 화장품을 사용하는 것이 좋다.
- 지나친 유분의 사용을 금하고 자외선 차단제는 SPF 지수 15 미만을 택하고 민감성 피부용으로 화장품의 잦은 교체는 삼가고 알레르기 테스트를 거친 제품인지 확인 후에 사용한다.
- 자극적인 마사지 동작을 피하고 림프드레나쥐와 같은 비교적 부드러운 마사지 법을 택한다.
- 민감성 피부에 효과적인 성분은 아줄렌, 비타민B_5, K, P, 비사보롤이다.
- 진정과 긴장완화가 관리목적이다.

3 알레르기성 피부(Allergic skin)

- 어떤 특정물질이 특정사람에게만 국한되어 민감반응을 일으키는 피부이다.
- 알레르기성 피부가 나타나는 원인은 알레르기성 물질이 항원작용을 하여 항체를 만들어내어 체내를 순환하는 감작(과민화, 예민화)된 상태의 사람에게 재차 동일 항원의 침투로 체내 항체들은 결합반응(알레르기 반응)을 일으키게 되기 때문이다.
- 알레르기 반응은 항원과 항체의 반응이라고도 할 수 있으며 이때 원인물질을 항원, 체내에 항원에 대항해 생기는 물질을 항체라고 한다.
- 알레르기란 어떤 물질이 랑게르한스 세포와 접촉하여 T 림프구에 항원으로 전달되는 것은 면역과 동일한 반응이지만 반응의 결과가 숙주에게 해롭게 작용되는 경우이며 이와 반대로 숙주에게 유리하게 작용하는 경우를 면역이라고 한다.
- 항원에 대한 반응으로 항체가 생성되는 감작기간은 항원의 종류와 숙주의 특성에 따라 다르다.
- 항원의 종류(꽃가루, 먼지, 진드기, 자외선, 화장품기제, 금속, 옻나무, 은행나무, 고무줄 등)는 다양하며 유전적이거나 건강상태, 기후조건 등에 따른 요인이 있다.

● 증상은 발진이나 홍반에서 부종, 소수포로 발생해 터져 혈청이 나와 습진으로 다시 건성습진을 만드는 형태이다.

■ **알레르기성 피부의 피부관리법**
● 항원이 되는 물질과의 접촉을 삼간다.
● 자극적인 음식은 피하며 과도한 일광노출은 피하고 1일 2ℓ~3ℓ의 물을 마시는 것이 좋다.
● 화장품의 선택이나 기타 관리법은 민감성, 예민성피부와 동일하게 관리한다.

24 복합성 피부(Combination skin)의 성상 및 특징

S·e·c·t·i·o·n

1 복합성 피부

● 중성, 지성, 건성 중에 2가지 이상의 피부를 가지고 있다.
● T-zone 부위는 지성 피부이면서 다른 부위(눈주위, 광대뼈, 볼부위)는 건성 피부나 예민 피부인 경우가 대부분이다.
● 대체로 처음의 지성이나 중성, 건성 피부가 변화되어 하나의 얼굴에 복합적으로 서로 다른 피부 유형이 나타나게 된다.
● 요인으로는 자연적인 요인(나이), 환경적 요인, 피부관리 습관, 호르몬의 불균형 등을 들 수 있으며 피부조직이 일정하지 않다.
● T존 부위의 모공이 크며, 번들거림이 있고 면포 등 여드름의 발생이 쉽다.
● 볼이나 광대뼈에 색소침착이 나타나며 눈가 잔주름이 생기기 쉽다.

2 복합성 피부의 화장품 도포

클렌저	화장수	딥클렌징	에멀전	팩(마스크)
클렌징 폼 클렌징 젤	수렴 화장수	효소, 스크럽, AHA (민감 부위는 제외)	유분, 보습, 영양제 (적당함유) 피지 분비 조절제 함유	T-존 : 분말 형태, 팩, 클레이 형태 팩 U-존 : 크림 형태, 고무마스크, 시트마스크

● 영양공급을 위한 복합성 피부의 앰플로는 로즈마리 추출물, 캄퍼가 주성분인 것을 흡수시켜 준다.
● 피부보호를 위해 밸런싱 데이크림과 자외선차단제를 바른다.

■ **복합성 피부의 피부관리법**
● 같은 얼굴에서도 각각의 부위별 차별 관리를 해야한다.
● T-존 부위는 지성피부와 동일하게 관리하며 건조한 부위에는 건성피부와 동일한 관리로 유·수분을 공급하고 민감한 피부 부위는 민감피부와 동일한 관리를 해야 한다.
● 팩이나 마스크류도 피부 상태에 따라 부위별로 사용한다.
● 유분이 많은 부위는 손을 이용하여 관리하며 모공을 막고 있는 피지나 노폐물이 쉽게 나올 수 있도록 한다.
● T-존과 U-존은 부위별로 각각 다른 화장품을 사용하는 것이 좋다.
● 피지조절 및 유·수분의 균형유지가 관리목적이다.

25 노화 피부의 성상 및 특징

1 노화 피부

- 피부가 탄력을 잃고 건조해지고 윤기가 없으며 주름이 생기는 피부이다.
- 피부의 기능이 떨어져서 생기는 주름살은 노화현상이며 자연적인 노화는 내인성 노화이고 나이도 내부인자이다.
- 노화 피부의 분류에는 생리적노화와 화학적노화(광노화)로 나누어지며 나이에 의한 피부의 구조와 생리기능의 감퇴는 생리적노화이며 광선에 의한 노화를 광노화(Photoaging)라고 한다.
- 피부에 주름이 생기는 원인은 건조에 의해서 표피의 위축으로 표피가 얇아지면서 탄성섬유(엘라스틴)가 변화되기 때문이다.

2 노화 피부의 화장품 도포

클렌저	화장수	딥클렌징	에멀전	팩(마스크)
클렌징 로션, 클렌징 오일	유연 화장수	효소, 스크럽, 고마쥐, AHA	유분, 보습, 영양제 (다량 함유)	크림형태 (W/O-유중수)팩 파라핀왁스 마스크 고무(알고)마스크 시트마스크 보습과 영양

- 영양공급을 위한 보습용 앰플로는 콜라겐, 히아루론산, NMF가 주 성분인 것을 흡수시켜 준다.
- 피부 보습을 위해 수분크림, 영양크림, 아이크림과 자외선차단제를 사용한다.

■ 노화 피부의 피부관리법
- 노화 피부는 주름을 완화하고 결체조직을 강화시키며 새로운 세포의 형성 촉진하는 제품을 사용해야하며 피부 보호 작용이 우수한 제품이 좋다.
- 세안 시 비누의 사용보다 클렌징로션을 사용하고 각질층의 보습을 위해 보습크림을 가장 먼저 바르며 자외선차단제는 기본적으로 해야 한다.
- 노화 피부에 효과적인 성분은 알파하이드록시산(AHA), 항산화제, 레티놀, 베타하이드록시산(BHA), 세라마이드, 비타민 C이다.

◇ 기본적인 피부 유형(중성, 지성, 건성)의 분석기준은 피지의 분비 상태에 따른 피지의 량에 따른 구분이며 피부상태는 수시로 변화하므로 피부 분석은 매 회마다 해야 한다.

◇ 건성 피부는 피부결이 얇고 주름이 쉽게 형성 되는 피부이며 유분과 수분함량이 부족한 상태이다. 피부 탄력저하가 있는 피부로 35℃의 미지근한 물로 세안하며 보습기능이 강화되어있는 제품을 사용해야 한다.

◇ 민감성 피부는 피부결이 섬세하고 얇고 늘 붉어져 있는 피부이며 무알코올 화장수를 사용한다. 스크럽식 세안제는 자극을 주므로 피하고 효과적인 성분인 아줄렌. 비타민B_5가 들어간 화장품을 사용하는 것이 좋다.

◇ 지성 피부는 피지제거 및 세정을 주된 목적으로 하며 황체호르몬인 프로게스테론이나 남성호르몬인 안드로겐의 기능이 활발해져서 생긴다.

◇ 장기간 표피 수분부족 상태 지속으로 내부에서부터 당김이 심하고 굵은 주름살이 형성되는 것은 진피수분부족 피부이다.

◇ 복합성 피부는 부위별로 각기 다른 화장품을 사용하며 각각의 부위별 차별 관리를 해야 한다.

◇ 가장 이상적인 피부는 한선과 피지선의 기능이 정상인 중성 피부이다.

◇ 노화 피부는 피부의 기능이 떨어져 생기는 현상으로 피부가 탄력을 잃어 건조와 주름이 생기는 피부이다.

◇ 건성 피부는 비누나 자주 씻는 것을 피하고 미지근한 물로 씻은 후 보습성분이 들어간 제품을 사용해야 한다.

1 다음 중 피부유형에 대한 설명이 옳은 것은?

① 민감성 피부 – 피부가 붉어져 있고 피부조직이 섬세하다.
② 건성 피부 – 기미, 버짐증상이 나타나는 피부이다.
③ 중성 피부 – 피부가 거칠고 윤기가 없다.
④ 지성 피부 – 윤기가 있으며 피부 표면이 매끄럽다.

정답 해설 민감성 피부의 경우 피부조직이 섬세하고 피부가 붉어져 있다.

2 다음 중 민감성 피부의 특징으로 옳은 것은?

① 피부 번들거림이 심하다.
② 피부에 잔주름이 쉽게 생긴다.
③ 모세혈관이 약화, 확장되어 보인다.
④ 표피가 얇으며 외부자극에 쉽게 붉어진다.

정답 해설 민감성(예민성) 피부는 표면이 얇고 투명하며 외부 자극에 쉽게 붉어진다.

3 기본적인 피부유형을 구분하는 기준으로 가장 옳은 것은?

① 피지상태　　　② 주름정도
③ 피부의 색　　　④ 홍반상태

정답 해설 기본적인 피부 유형의 분석기준은 피지상태이다.

4 건성 피부에 대한 내용으로 옳은 것은?

① 진피수분부족은 피부조직이 매끄럽다.
② 표피수분부족은 표피성 잔주름이 형성된다.
③ 진피수분부족은 외부에서 당김이 심하다.
④ 진피수분부족, 표피수분부족, 내피수분부족으로 나누어진다.

정답 해설 표피수분부족은 표피에 잔주름의 형성이 쉽다.

5 피지와 땀의 분비 저하로 유, 수분의 균형이 정상적이지 못하고, 피부결이 얇으며 탄력 저하와 주름이 쉽게 형성되는 피부는?

① 건성 피부　　　② 지성 피부
③ 이상 피부　　　④ 민감 피부

정답 해설 건성 피부는 피부결이 얇고 주름이 쉽게 형성 되는 피부로 피지선과 한선의 기능저하, 보습능력의 저하로 유분과 수분함량이 부족한 상태로 피부 탄력저하가 있다.

6 지성 피부에 대한 설명 중 틀린 것은?

① 지성 피부는 정상 피부보다 피지분비량이 많다.
② 피부결이 섬세하지만 피부가 얇고 붉은 색이 많다.
③ 지성 피부가 생기는 원인은 남성호르몬인 안드로겐이나 여성호르몬인 프로게스테론의 기능이 활발해져 생긴다.
④ 지성 피부의 관리는 피지제거 및 세정을 주목적으로 한다.

정답 해설 ②의 피부결이 섬세하며 얇고 늘 붉어져 있는 피부는 민감성 피부이다.

7 표피수분부족 피부의 특징이 아닌 것은?

① 연령에 관계없이 발생한다.
② 피부조직에 표피성 잔주름이 형성된다.
③ 피부 당김이 진피(내부)에서 심하게 느껴진다.
④ 피부조직이 별로 얇게 보이지 않는다.

정답 해설 장기간 표피 수분부족 상태 지속으로 내부에서부터 당김이 심하고 굵은 주름살이 형성되는 것은 진피 수분부족 피부이다.

Chapter 08 피부와 영양

26 S·e·c·t·i·o·n
3대 영양소, 비타민, 무기질

1 영양소

- 영양이란 음식물을 통해 영양소를 흡수하고 영양소를 활용하여 생명유지 및 생명현상을 원활하게 하는 것이다.
- 영양소(Nutrients)란 식품을 통해 체내에 공급되어 신체를 구성하고 힘을 주고 성장을 촉진시키며 신체조직의 유지, 보수, 인체의 기능을 조절하는 성분을 말한다.
- 1일 성인 필요 칼로리(필요 열량)는 1600~1800 kcal이다.
- 3대 영양소는 탄수화물, 단백질, 지방이며 5대 영양소는 탄수화물, 단백질, 지방, 무기질, 비타민이다. 물이 포함되었을 경우를 6대 영양소라고 한다.
- 신체 생명유지활동에 필요한 최소한의 에너지소비를 기초대사(BMR)라고 한다.

2 영양소의 기능

열량소	에너지 보급, 신체의 체온유지에 관여
구성소	신체조직의 형성과 보수, 혈액 및 골격을 형성, 체력유지에 관여
조절소	생리기능의 조절작용(보조역할)

- 열량소에 필요한 영양소는 탄수화물(당질), 지방, 일부의 단백질이고, 구성소에 필요한 영양소는 단백질, 무기질 중의 Ca과 P, 일부의 지방질과 탄수화물(당질)이며, 조절소에 필요한 영양소는 무기질, 비타민, 일부의 아미노산 및 지방산과 물이다.

3 3대 영양소(탄수화물, 지방, 단백질)

■ 탄수화물

- 탄소와 물 분자의 유기 화합물이다. 생물체의 구성 물질이며 생물의 에너지원으로 중요한 역할을 한다. 밥을 통해 탄수화물을 섭취한다. 포도당, 과당, 녹말 등이 있다.
- 포도당의 경우는 고등동물의 혈액 내에서 순환하고 세포에 의해 흡수되고 산화되어 필요한 에너지를 제공한다.
- 탄수화물의 분해효소는 아밀라아제이다.

■ 지방

- 지방산, 글리세롤의 에스테르 화합물인 글리세리드를 총칭하며 영양물질이나 세포의 구성성분이다.
- 지방은 불수용성으로 유기용매(에테르, 벤젠 등)에 녹으며 순수한 지방은 무색·무미·무취이고 천연지방은 유색물질이 녹아 있다.
- 포유동물의 영양분으로 중요하며 체내에서 합성된 지방의 경우 간이나 지방조직 등에 저장된다.
- 신체의 구성성분으로서 필수적인 리놀레산 등은 체내에서는 합성되지 않아 식품을 통해 섭취해야 하는 필수지방산이다.
- 상온 약 25℃에서는 대부분 고체이며 온도를 조금씩 올리면 액화되기 시작한다.
- 지방 분해효소는 리파아제이다.

■ 단백질

- 생명유지에 핵심적인 기능을 담당하는 단백질은 생명체의 거의 모든 활동에 관여하며 단백질의 기본 단위는 아미노산이고

단백질의 종류는 아미노산의 배열 순서에 따라 달라진다.
- 아미노산은 서로 연결되어 긴 사슬 형태를 이루며 생물의 대부분의 단백질은 20가지의 아미노산으로 구성되어 있다.
- 단백질은 근육, 조직을 이루며 운동에 관여하고 머리카락이나 뼈 등을 구성하고 몸을 지지한다. 또한 병원체에 대항하는 항체를 구성하고 소화촉매역할을 하는 효소를 구성하여 면역에도 관여한다.
- 단백질 분해효소는 트립신이다.

4 비타민과 무기질

■ 비타민
- 생명체가 살아가는데 중요한 영양소로 많은 양이 필요하지 않지만 체내에서 거의 합성되지 않아 대부분 외부의 음식으로 섭취해야 한다.
- 3대 영양소처럼 에너지를 생성하지는 못하나 신체의 기능을 조절하고 3대 영양소와 무기질의 대사에 관여하므로 필요량의 공급이 없으면 대사가 제대로 이루어지지 않는다.

■ 무기질
- 영양소의 하나로 생명과 건강의 유지를 위해 필요한 유기 화합물로 미네랄이나 무기염류라고도 한다.
- 소량의 필요량이지만 뼈와 치아의 형성, 체액의 평형과 수분의 평형에 관여하고 신경자극 전달물질이나 호르몬의 구성 성분으로 쓰인다.
- 칼슘은 뼈와 치아를 형성하는 주성분으로 우유나 유제품, 뼈째 먹는 생선, 녹색 채소, 해조류 등에 많이 들어 있다.
- 인은 칼슘과 결합하여 뼈와 치아를 형성하고 혈액과 체액의 평형을 유지시킨다.
- 철은 혈액 내의 산소 운반을 하는 헤모글로빈을 만드는데 필요한 무기질로 식품에는 계란 노른자, 간, 살코기, 짙은 녹색 채소, 노란 콩, 해조류 등이 있다.
- 아연은 핵산과 단백질 대사에 관련 있는 무기질로 필수 미량영양소이다. 성장 및 면역기능, 상처 치유 촉진에 관여하고 결핍 시 생식기 발달의 저하와 신체기능의 저하가 올 수 있다. 식품에는 쇠고기, 굴, 새우 등이 있다.
- 나트륨은 주로 혈액에 존재하고 체액의 양과 삼투압을 조절하는 무기질이다.
- 요오드는 갑상선에 가장 많이 들어 있고 갑상선 호르몬이 티록신을 형성하므로 세포내 에너지 대사를 조절, 산모의 모유 분비를 도우며 식품에는 김, 미역, 다시마 등이 있다.

27 S·e·c·t·i·o·n
피부와 영양

1 탄수화물(당질)과 피부

- 분자의 크기에 따라 단당류인 포도당, 과당, 갈락토오스로 구분되고 이당류는 자당, 맥아당, 유당으로 구분되며 다당류에는 전분, 글리코겐, 섬유소로 구분된다.
- 탄수화물(당질)은 신체의 중요 에너지원으로서 구강의 타액에 의해 맥아당(Maltose)과 포도당(Glucose)으로 분해되며 소장에서 포도당의 형태로 흡수되어 에너지와 물, 이산화탄소로 분해되어 쓰이고 남은 부분은 글리코겐의 형태로 간 또는 피하조직에 저장된다.
- 피부에 있어서는 에너지 생성을 돕고 피부세포에 활력을 부여하고 높은 보습효과를 주며 결핍시에는 피부질환을 초래한다.
- 탄수화물(당질)은 1g당 4kcal의 에너지를 공급한다.
- 조섬유소로서 장의 연동운동, 음식물의 부피증가로 변비 방지에 효과적이다.
- 혈당 유지, 중추신경계를 움직이는 에너지원이다.
- 체온조절, 피로회복 등에 사용되나 과다섭취 시 비만과 체질의 산성화로 저항력을 떨어뜨린다.
- 탄수화물은 곡류에 주로 들어 있으며 감자류, 콩류, 채소류, 과일류, 설탕, 꿀, 녹말 등이 급원식품이다.
- 과다 당질의 섭취는 지성피부로 변화시켜 피지의 분비를 증가시킬 수 있으므로 적절한 조절이 필요하다.

② 지방과 피부

- 화학적 구조에 따른 분류로 단순지질인 중성지질, 복합지질인 인지질, 당지질, 지단백질, 유도지질인 스테롤류로 분류된다.
- 소장에서 글리세린의 형태로 흡수된다.
- 필수지방산은 리놀레산, 리놀렌산, 아라키돈산이며 옥수수류나 대두류, 해바라기씨유에 다량 함유되어 있다.
- 체내조절 및 장기보호 기능을 가지며 체내 지용성 비타민의 흡수를 촉진시킨다.
- 피부 건조를 방지하고 피부를 윤기있고 탄력있게 유지시킨다.
- 1g당 9kcal의 에너지를 공급한다.
- 세포막의 구성성분은 인지질과 콜레스테롤이고 인지질이 갖고 있는 양친매성에 의해 생체막의 안정성을 유지한다.
- 주로 버터, 참치, 꽁치, 닭고기, 달걀 우유, 아이스크림이 동물성 급원식품이며 대두유, 참기름, 들깨기름, 면실유, 샐러드유, 옥수수류, 견과류가 식물성 급원식품이다.
- 동물성 지방을 체내에서 많이 흡수하여 콜레스테롤이 침착하면 모세혈관의 노화현상이 일어나서 피부 탄력이 저하된다.
- 체지방은 외부환경의 절연제 역할(신체온도 환경에 적응할 수 있게 조절, 신체주요 장기를 둘러싸고 있어 보호 및 방어)도 한다.
- 피하지방층의 과다 축적은 비만으로 연결되기 쉽고 결핍은 피부윤기의 저하와 피부거침을 가져와 피부노화를 초래하는 원인이 된다.
- 필수 지방산은 식물성지방질이 많이 함유되어 피부내에서 인지질의 생성을 촉진하고 피부 유연효과와 산소공급효과, 세포활성화가 뛰어나다(화장품 원료로도 사용).

■ 필수 지방산의 역할과 기능

역할	피부저항력 증강(탈모와 피부병 증상을 완화), 지방질의 역할을 정상화(피부탄력증진), 콜레스테롤의 축적을 방지(혈액순환, 세포분열에 관여), 피부건조와 피부노화를 막음
기능	생체막의 구성성분, 지방질의 대사조절기능, 성장촉진 작용, 피부의 저항력 향상, 피지선 작용을 정상화, 건성 및 피부건조증, 지루성 피부염, 습진, 탈모예방

③ 단백질과 피부

- 생명체의 세포 구성단위로 약 20여 종의 아미노산(단백질을 구성하는 기본단위)의 형태로 뇌, 피부, 손톱, 발톱, 모발, 내장, 골격 등으로 구성되어져 있다.
- 필수적인 영양소로서 효소, 황체, 호르몬 등의 주요 생체기능을 수행하고 근육 등의 체조직을 구성한다.
- 진피의 망상층에 있는 결합조직과 탄력섬유 등은 단백질로서 단백질의 섭취는 피부미용에 필요한 요소이다.
- 각질세포, 털, 손톱, 발톱의 주성분(케라틴 단백질)이며 진피의 콜라겐과 엘라스틴도 단백질로 이루어져 있다.
- 소장에서 아미노산의 형태로 흡수되며 탄수화물의 섭취가 부족할 경우에는 아미노산을 전구체로 포도당을 합성하여 열량원으로 사용한다.
- 피부조직의 재생작용에 관여하며 부족 시 진피세포의 노화로 잔주름과 탄력성 상실, 박테리아의 번식으로 여드름을 유발하고 빈혈도 있게 되며 과잉되면 색소침착의 원인이 되기도 한다.
- 체내의 수분의 조절과 pH 평형 유지에 관여한다.
- 1g당 4kcal의 에너지를 공급, 면역세포에서 생성하는 항체로서 작용하므로 질병에 대한 저항력을 지닌다.
- 갑상선호르몬, 부신수질호르몬을 구성하고 효소는 생체 내 화학반응 속도를 촉진하는 유기물질의 역할을 한다.
- 쇠고기, 돼지고기, 생선, 버터, 계란은 산성식품이므로 알칼리성 식품인 야채, 과일류와 함께 섭취하는 것이 좋다.
- 필수 아미노산(인체 내에서 합성이 안되므로 반드시 식품을 통하여 섭취하여야 하는 것)은 트립토판 페닐알라닌, 이소루이신, 루이신, 메치오닌, 발린, 트레오닌, 라이신, 히스티딘, 아르기닌이며 이중 준 필수아미노산이라고도 하는 어린이의 성장에 필수적인 것은 히스티딘과 아르기닌이다.

④ 비타민과 피부

- 비타민은 생리대사의 보조역할, 세포의 성장촉진, 면역기능강화, 신경안정 등의 역할을 하는 영양소로 적합하다.
- 인체에서 합성되지 않고 대부분은 외부 섭취를 통해 영양이 이루어지므로 결핍증에 걸리기 쉽고 피부미용에 중요하다.
- 비타민은 피부의 기능상 중요하며 피부미용에도 중요하다.
- 수용성 비타민은 비타민B 복합체(B_1, B_2, B_6, B_{12}), 비타민C, 비타민H, 비타민P 등이다.
- 지용성 비타민은 비타민 A, D, E, K(에디이크)이다.

비타민 B₁ (Thiamine ; 티아민)	• 수용성으로 결핍 시 피부의 윤기가 없어지고 피부가 붓는 현상 • 결핍 시 각기병, 자극홍반, 수포형성, 피부 부스럼, 피부발진현상 • 곡류(쌀의 배아, 밀, 보리, 귀리 등), 두류(콩, 완두)가 급원식품
비타민 B₂ (Riboflavin ; 리보플라빈)	• 수용성으로 리보플라빈이라 하며 미용상 중요, 영유아의 성장에 중요한 비타민 • 결핍 시 구순염, 구각염, 피로감, 콧등, 혀끝, 눈주위가 빨개짐 • 우유, 치즈, 달걀흰자 등이 급원식품
비타민 B₆ (Pyridoxine ; 피리독신)	• 항피부염 비타민 • 결핍 시 비듬이 많아지고 입술에 염증 • 육류, 생선류, 배아가 급원식품
비타민 B₁₂(Cyanoco balamin ; 사이노코발라민)	• 항악성 빈혈 비타민으로 적혈구를 생성하여 조혈작용에 관여, 중추신경계에 관여(정상적인 신경조직 유지) • 결핍 시 악성 빈혈증상, 성장장애, 지루성 피부병, 말신경계 이상, 세포조직의 변형 • 간, 어패류, 쇠고기, 내장기관, 달걀, 우유가 급원식품

● 비타민B₁의 기능 : 항신경성 비타민(신경안정에 효과), 민감성 피부의 면역성 향상, 점막피부 상처에 효과가 있다.

● 비타민B₂의 기능 : 항피부염증성 비타민, 탄력감 부여, 보습함량 증대, 모세혈관의 혈액순환을 촉진, 신진대사 저하 피부, 노화 피부, 모세혈관성 피부(붉은 코, 주사), 광예민성 피부, 알레르기성 피부, 지루성 피부, 여드름 피부에 효과가 있다.

● 비타민 B₆의 기능 : 피지의 과다분비 억제, 모세혈관의 혈액순환 촉진, 지루성 피부의 진정효과, 광선홍반 약화의 효과가 있다.

● 비타민B₁₂의 기능 : 피부 세포형성에 관여(재생촉진), 여드름성, 모세혈관확장 피부의 진정, 건성 및 지루성 피부에 효과적이다.

● 비타민B₃ ; 나이아신(Niacin)의 기능 : 항페라그라 비타민이라고도 하며 피부의 탄력과 점막의 염증치료에도 효과적이다. 산이나 알칼리, 광선, 열에 안정적이다.
결핍 시 페아그라, 피부병, 우울증, 건망증, 설사, 현기증이 오며 간이나 육류, 무, 버섯, 콩류, 계란, 우유가 급원식품이다.

● 비타민B₅(Pantothenic acid ; 판토텐산)의 기능 : 생물체의 조직기능의 유지에 관여, 뛰어난 흡수성에 의해 수분유지, 자외선 차단효과, 피부 탄력에 영향, 감염방지, 피부, 모발 및 손톱의 각질화에 영향을 준다.
결핍 시 성장장애, 피부각질의 경화, 피부변색, 모발 조기토

색, 광예민증이 있으며 동물성 식품, 두류, 곡류가 급원식품이다.

● 비타민H(Biotin) ; 바이오틴의 기능 : 비타민 B군의 일종으로 수용성 비타민이며 신진대사의 활성화 피부에 탄력감, 염증유발의 치유에 효과적이다.
결핍 시 피부색이 회색으로 변색, 피부 건조와 피지선의 분비고갈, 점막의 혈액순환 악화가 있게 되며 효모, 간, 난황, 우유가 급원식품이다.

비타민C (Ascorbic acid ; 아스코르브산	• 수용성으로 피부를 퇴색시키는(희게) 작용이 있어 기미, 주근깨 등 색소침착 방지, 피부손상과 빈혈예방, 항괴혈작용 • 결합조직재생을 촉진(피부상처에 효과), 교원질 형성에 중요한 역할 • 결핍 시 괴혈병, 빈혈, 상처 회복지연, 색소침착, 각화증, 과민증, 성장저해, 피부는 청백색 • 아스코르빈산(ascorbic acid), 항산화 비타민으로 불림 • 과일, 야채(딸기, 감귤류, 수박, 오이, 피망, 풋고추, 양배추, 파슬리, 무잎등)가 급원식품

● 비타민C의 기능 : 멜라닌 색소 형성을 억제, 광선에 대한 저항력 증가, 치아, 뼈, 혈관벽의 건강을 도와 조기 노화방지, 콜라겐 생합성조절에 관여, 알레르기성 피부에 효과, 피부탄력 증가, 감기예방 및 피로회복에 효과적이다.

● 비타민P(Bioflavonoid ; 바이오플라보노이드)의 기능 : 수용성 비타민으로 투과성 비타민이라고도 하며 부종을 정상화 시키고, 모세혈관의 강화효과, 노화방지, 알레르기 증상을 예방, 세포조직을 강화, 피부병치료에 효과가 있다.
결핍 시 만성 부종, 모세혈관 저항력의 저해, 출혈 발생이 있고 녹황색 채소, 감귤, 고추, 들장미 열매 등이 급원식품이다.

■ 지용성 비타민 ; A,D,E,K(에디이크), F

비타민A (Retinol ; 레티노이드)	• 지용성으로 피부각화에 중요, 과용시 탈모를 유발함 • 결핍시 야맹증, 안구 건조증, 피부건조 및 거칠어짐(건성피부), 각막연화증, 피부착색, 한선과 피지선의 활동퇴화, 모발의 조기 퇴색, 손톱의 갈라짐 • 간유, 계란, 버터, 녹황색채소(풋고추, 시금치, 당근 등), 어류, 식물성 오일 등이 급원식품

● 비타민A의 기능 : 항질병비타민이라고 하며 각질화 조질제(피부결, 부드러움, 탄력개선), 여드름 피부에 효과, 피부노화지연에 효과적이다.

비타민D (Calciferol –칼시페롤)	• 프로비타민으로 자외선 조사에 의해 만들어져서 체내 공급, 뼈의 발육을 촉진 • 결핍 시 표피가 두꺼워지고 구루병(곱사병), 골연화증, 골다공증 • 자외선에 의해 피부에서 만들어지고 칼슘과 인의 흡수를 촉진, 골다공증의 예방에 효과적 • 달걀버섯, 효모가 급원식품

● 비타민 D의 기능 : 항구루병 비타민이라고도 하며 골격의 기초 조직에 영향, 칼슘과 인의 대사에 관여, 피부습진, 경화증에 효과, 건선, 각질화 조절제로 활용, 표피성장 및 색소침착에 효과적이다.

비타민E (Tocopherol ; 토코페롤)	• 호르몬 생성 및 생식기능과 관계, 항산화작용으로 노화 방지, 혈액순환을 촉진시킴 • 결핍 시 불임증, 피부의 건조와 노화, 냉증, 혈액세포에 손상, 근육조직 및 신경체계에 손상 • 두부, 유색채소, 콩기름, 아몬드, 밀배아유, 옥수수류가 급원식품

● 비타민E의 기능 : 항산화성비타민이라고도 하며 모세혈관의 혈행촉진, 순환기능의 정상화, 불포화 지방산의 산화방지, 노화피부의 혈액순환, 세포의 형성촉진, 항염증 작용, 피부세포막 손상보호, 건조, 지방부족, 지루성, 여드름성 피부에 효과적이다.

비타민K (Phylloquinone ; 필로키논)	• 출혈 시 혈액응고를 촉진 • 결핍 시 조직 내 출혈, 모세혈관벽의 약화, 혈액응고 지연 • 간, 브로콜리, 녹색채소, 콩류가 급원식품

● 비타민K의 기능 : 응혈성 비타민이라고도 하며 골격의 석회화에 효과, 타박사에 효과, 혈액응고제의 기능이 있다.

5 무기질과 피부

● 무기질은 생체내의 촉매제의 작용에 의한 대사조절원의 역할을 하는 물질로 체내의 에너지원은 아니지만 중요한 구성성분이며 혈액의 삼투압 조절에 주요한 역할, 체내 수분량 유지와도 관계가 깊다.

● 생물체나 식품에 들어있는 C, H, O, N을 제외한 다른 모든 원소를 통틀어 무기질이라고 한다.

● 칼슘은 뼈와 치아를 형성하며 철분을 적혈구 속에 있는 헤모글로빈에 함유되어 산소운반에 중요 구실을 하는 혈액의 구성성분이다.

● 1일 100mg 이상의 양을 필요로 하고 체중의 0.01% 이상 존재

하는 다량원소인 Ca(칼슘), P(인), Mg(마그네슘), Na(나트륨), K(칼륨), Cl(염소), S(황) 등이 있고 체중의 0.01%이하 존재하는 미량원소인 Fe(철), Cu(구리), Zn(아연), 요오드(I), Mn(망간), Co(코발트), Cr(크롬), Se(세레늄) 등이 있다.

● 식염은 체액의 삼투압 조절, 신경자극전도, 근육의 탄력성유지와 관련이 있으며 결핍시 피로감, 식용부진, 노동력 저하를 일으키고 과다 시 부종, 고혈압 유발, 신장에 부담을 주게 된다(1일 평균 15g 필요).

TIP

• 당분은 피부의 수분량을 많게하여 비만의 원인이 되기도 한다.
• 지방의 섭취는 피지의 분비량을 증가 시키므로 건성 피부에 좋다.
• 수용성 비타민은 피부에 잘 흡수되지 않으나 비타민C는 흡수가 조금은 좋은 편이다(비타민C가 많이 든 과일은 레몬이다).
• 비타민C는 기미, 주근깨 치료에 좋고 피부망상층의 결합조직의 재생을 촉진시키고 결핍시에는 빈혈을 일으켜서 청백색의 피부를 만들기도 한다.
• 나트륨은 소금에 많이 함유되어 산과 알칼리의 평형유지와 근육의 탄력유지에 필요한 무기질이다.
• 피부에 관련된 무기질은 S, Na, Ca, Mg, K, P 등이다.
• 요오드(I)는 과잉지방 연소 촉진으로 건강피부를 유지시키며 갑상선호르몬 생산의 구성성분으로 작용한다.

28 S·e·c·t·i·o·n 체형과 영양

1 체형과 영양

■ 체형의 종류
- 체형의 종류는 키에 따른 체형에서부터 몸무게에 의한 체형의 분류, 신체별 발달 정도에 따른 체형의 분류 등 다양하게 나누어 살펴 볼 수 있다.
- 키에 따른 체형으로는 키가 큰 체형, 키가 작은 체형, 적당한 키의 체형이 있으며 몸무게에 따른 체형의 표현은 뚱뚱한 형, 마른 형, 적당한 형으로 나눌 수 있다. 신체별 발달 정도에 따른 체형의 분류에는 어깨가 넓은 체형, 골반이 넓은 체형, 팔이 긴 체형, 팔이 짧은 체형, 하체가 비만인 체형, 상체가 비만인 체형, 복부가 비만인 체형 등이 있다.
- 체형은 유전적인 요인과 식생활에서 갖추어진 것으로 선천적인 요인과 후천적인 요인이 함께 작용하여 이루어졌다고 할 수 있다.

2 체형 관리에 따른 영양

■ 1일 섭취 권장량
- 칼로리는 열량의 단위로 1칼로리는 1kcal로 나타낸다. 식품의 칼로리는 식품에 함유된 영양가를 열량으로 환산하여 표시한다.
- 1일 권장 칼로리

4~8세	1,300kcal
저학년	1,800kcal
고학년	남자 : 2,200kcal 여자 : 1,900kcal
20~40대	남자 : 2,300~2,500kcal 여자 : 1,800~2,000kcal
50대 이상	남자 : 2,100~2,300kcal 여자 : 1,700~1,900kcal

- 신체적인 조건에 따라, 활동량에 따라 1일 권장 칼로리는 차이가 날 수 있다.

■ 비만과 영양
- 비만은 체지방의 비율이 높은 상태를 말하며 외관적으로는 뚱뚱한 체형이 된다.
- 성인 비만의 경우 지방 세포수가 정상이어도 세포의 크기가 비대해져 비만이 된다.
- 비만은 유전적인 요인, 식습관, 운동과 밀접한 관계를 가지고 있다.
- 식습관의 경우 과식과 폭식, 불규칙한 식사시간, 불필요한 간식과 야식의 선호 등이 비만의 요인이 된다.

- 섭취한 에너지가 필요한 소비를 하고도 남을 경우 지방으로 바뀌어 체내에 축적되는데 장기간 축적될 경우 비만으로 자리 잡는다.

■ 운동에 따른 관리
- 운동이 부족할 경우 지방을 만드는 효소작용이 활발해서 지방 축적을 돕게 된다.
- 운동을 통해 에너지를 소모하게 되면 지방의 축적 작용이 저하된다.
- 특정 부위의 비만은 그 부위만 집중적으로 운동해서 효과를 보는 경우보다는 전체적인 에너지를 사용하므로 특정 부위가 자연스럽게 관리되게 하는 운동법을 적용시켜야 한다.

■ 식이요법
- 체중을 줄이는 것은 필요 이상의 열량을 줄이는 것에서부터 시작되어야 한다.
- 필요량의 열량보다 더 적은 열량을 공급받았을 경우 몸에 축적되었던 지방이 분해되어 에너지로 이용된다.
- 지나친 열량공급은 지방의 축적을 가져오고 모자라는 열량은 체중을 줄이는 역할을 하지만 지나친 식이요법에 의한 공급량의 감소는 불균형과 부족함을 가져올 수 있으므로 주의해야 한다.

3 피부와 호르몬
- 남성과 여성호르몬은 남녀 모두에게 존재한다.

■ 남성호르몬(Androgen)
- 고환에서 분비되는 호르몬은 테스토스테론(Testosteron)이며 안드로겐은 부신피질에서 분비된다.
- 사춘기 남성호르몬의 영향으로 인해 피지선의 발육(피지분비 증가)으로 각질층이 두꺼워지고 지방성피부가 되기 쉽다.
- 남성이 여성에 비해 피부결이 거칠고 지방성인 경향이 많고 음모와 겨드랑이 털의 발육을 담당한다.

■ 여성호르몬(Estrogen)
- 유두, 음부의 색소침착을 일으키고 동상(창)의 치료에 사용된다.
- 갱년기의 피부변화나 월경주기에 따른 변화는 난포호르몬의 분비나 황체호르몬의 분비와 관계가 있다.
- 갱년기 여성에게 남성호르몬의 균형이 깨어져서 남성적 피부의 변화가 일어난다.

■ 부신피질호르몬과 피부
- 피부색소의 침착과 관계있으며 부신피질 호르몬의 감소는 피부색소침착의 증가, 감수성이 높아짐, 각질이 두꺼워지거나 모낭각화 등이 발생한다.

◇ 수용성 비타민은 비타민 B 복합체(B_1, B_2, B_6, B_{12}), 비타민 C, 비타민 H, 비타민 P 등이며 지용성 비타민은 비타민 A, D, E, K이다.

◇ 비타민 A는 지용성으로 비타민 A가 결핍되면 피부가 건조해지고 거칠어지며 빈혈을 일으키고 과용시 탈모를 유발하며 비타민 A를 통칭하는 용어는 레티노이드이다.

◇ 비타민 C(아스코르브산)는 수용성으로 피부를 퇴색시키는 작용이 있어 기미, 주근깨 등 색소침착 방지, 피부손상과 빈혈 예방, 항괴혈작용이 있으며 교원질 형성에 중요한 역할을 한다.

◇ 비타민 P(Bioflavonoid)는 수용성 비타민으로 바이오플라보노이드라고도 하며 모세혈관을 강화하는 효과가 있고 부종을 정상화 시키고 노화방지, 알레르기 증상을 예방, 세포조직을 강화, 피부병 치료에 효과가 있다.

◇ 지방의 섭취는 피지의 분비량을 증가시키므로 건성 피부에 좋고 당분은 피부의 수분량을 많게 하여 비만의 원인이 되기도 한다.

◇ 무기질은 혈액의 삼투압과 관계 있으며 수분량을 일정하게 유지시키는데 필요하다.

◇ 수용성 비타민은 피부에 잘 흡수되지 않으나 비타민 C는 흡수가 조금은 좋은 편이다.

◇ 햇빛에 과민한 피부, 머리의 부스럼, 습진, 빨간 코, 입술 염증시 주로 쓰이는 치료는 비타민 B_2이다.

◇ 필수 아미노산은 트립토판 페닐알라닌, 이소루이신, 루이신, 메치오닌, 발린, 트레오닌, 라이신, 히스티딘, 아르기닌이며 이중 준필수아미노산이라고도 하는 어린이의 성장에 필수적인 것은 히스티딘과 아르기닌이다.

◇ 비타민은 인체에서 합성되지 않고 대부분은 외부 섭취를 통해 영양이 이루어지며 생리대사의 보조역할, 세포의 성장 촉진, 면역기능 강화, 신경 안정 등의 역할을 하는 영양소로 적합하다.

1 5대 영양소 중 열량소에 필요한 것이 <u>아닌</u> 것은?

① 탄수화물   ② 비타민
③ 지방   ④ 단백질

정답 해설 열량소에는 탄수화물, 지방, 단백질이며 비타민은 조절소에 필요한 영양소이다.

2 피부 미백에도 쓰이며 기미, 주근깨 등의 치료에 효과적인 비타민은?

① 비타민 A   ② 비타민 B
③ 비타민 C   ④ 비타민 D

정답 해설 비타민C는 색소침착피부에 효과적인 비타민으로 기미, 주근깨의 치료에도 이용된다.

3 탄수화물에 대한 설명으로 <u>틀린</u> 것은?

① 체온조절, 피로회복 등에 사용되고 과섭취에도 비만현상은 없다.
② 탄수화물은 구강의 타액에 의해 맥아당(Maltose)과 포도당(Glucose)으로 분해 된다.
③ 소장에서 포도당의 형태로 흡수되어 에너지와 물, 이산화탄소로 분해된다.
④ 피부에 있어서는 에너지 생성을 돕고 피부세포에 활력을 부여하며 높은 보습효과를 주며 결핍 시에는 피부질환을 초래한다.

정답 해설 탄수화물의 과잉섭취는 비만과 체질의 산성화로 저항력을 떨어뜨린다.

4 비타민A에 대한 설명으로 <u>틀린</u> 것은?

① 비타민 A는 지용성 비타민이다.
② 각질화 조절제(피부결, 부드러움, 탄력개선), 피부노화지연에 효과적이다.
③ 칼시페롤은 비타민 A를 통칭하는 용어이다.
④ 비타민 A가 결핍되면 피부건조증, 피부각화증이 된다.

정답 해설 레티노이드는 비타민 A를 통칭하는 용어이며 칼시페롤은 비타민D를 총칭하는 용어이다.

5 다음 중 지용성 비타민인 것은?

① 비타민 D   ② 비타민 C
③ 비타민 B_2 ④ 비타민 B_6

정답 해설 지용성 비타민은 비타민 A, D, E, K(에디이크)이다.

6 비타민 D에 대한 내용으로 <u>틀린</u> 것은?

① 지용성 비타민이다.
② 프로비타민으로 자외선 조사에 의해 만들어져서 체내 공급, 뼈의 발육을 촉진한다.
③ 피부각화에 중요, 과용시 탈모를 유발한다.
④ 결핍 시 표피가 두꺼워지고 구루병(곱사병), 골연화증, 골다공증이 나타난다.

정답 해설 ③은 비타민 A에 대한 내용이다.

7 다음 중 비타민 C에 대한 내용으로 옳지 <u>않은</u> 것은?

① 자외선에 의해 피부에서 만들어지고 칼슘과 인의 흡수를 촉진
② 수용성 비타민으로 아스코르빈산(ascorbic acid)으로 불림
③ 과일, 야채에 많이 들어 있음
④ 모세혈관을 강화시킴

정답 해설 ①은 비타민 D의 내용이며 비타민 C는 피부손상과 멜라닌색소 형성을 억제한다.

8 지용성 비타민인 Vit E(Tocopherol-토코페롤)에 대한 설명으로 <u>틀린</u> 것은?

① 노화피부의 혈액순환을 촉진한다.
② 불포화 지방산의 산화방지와 항염증 작용이 있다.
③ 호르몬 생성과는 관계가 없다.
④ 결핍 시 불임증, 피부의 건조와 노화 및 신경체계에 손상을 초래한다.

정답 해설 Vit E는 호르몬 생성 및 생식기능과 관계, 항산화작용으로 노화를 방지한다.

9 비타민에 대한 내용으로 틀린 것은?

① 비타민 A(레티노이드)의 결핍 시 구루병(곱사병), 골연화증, 골다공증이 나타난다.
② Vit E(토코페롤)는 호르몬 생성 및 생식기능과 관계, 항산화작용으로 노화 방지한다.
③ 비타민 C(아스코르브산)는 수용성으로 기미, 주근깨 등 색소침착 방지한다.
④ 비타민 D(칼시페롤)는 자외선에 의해 피부에서 만들어지고 구루병을 예방한다.

정답 해설 비타민 A(레티노이드)는 결핍 시 야맹증과 피부건조증, 피부각화증이 나타나며 구루병, 골연화증, 골다공증은 비타민 D의 결핍 시 나타난다.

10 비타민의 효능을 설명한 것으로 적합하지 않은 것은?

① 비타민은 생리대사의 보조역할을 한다.
② 비타민은 세포의 성장을 촉진한다.
③ 비타민은 면역기능을 강화한다.
④ 비타민은 거의 대부분이 인체에서 합성된다.

정답 해설 비타민은 인체에서 합성되지 않고 대부분은 외부 섭취를 통해 영양이 이루어지므로 결핍증에 걸리기 쉽다.

11 체내에 흡수량이 많아지면 콜레스테롤의 침착으로 피부 탄력이 저하되는 영양은?

① 식물성 지방
② 동물성 지방
③ 식물성 단백질
④ 동물성 단백질

정답 해설 동물성 지방의 체내 흡수는 모세혈관의 노화현상으로 피부탄력을 저하시킨다.

12 무기질에 관한 설명으로 틀린 것은?

① 혈액의 흐름에 영향을 미치며 체내 유분의 유지에 관계가 깊다.
② 생체의 구성성분으로 체내의 에너지원은 아니지만 중요한 구성성분으로 골격과 치아의 주성분이다.
③ 무기질은 생체내의 촉매제의 작용에 의한 대사조절원의 역할을 하는 물질이다.
④ 생물체나 식품에 들어있는 C, H, O, N을 제외한 원소를 무기질이라 한다.

정답 해설 혈액의 삼투압조절에 주요한 역할을 하며 체내 수분유지에도 관계가 깊다.

13 다음 중 비타민 C의 기능이 아닌 것은?

① 멜라닌 색소 형성 억제
② 조기 노화 방지
③ 알레르기성 피부에 효과
④ 피부 탄력 감소

정답 해설 피부탄력의 증가가 비타민의 C의 기능이다.

Chapter 09 피부와 광선

29 자외선과 적외선이 미치는 영향

Section

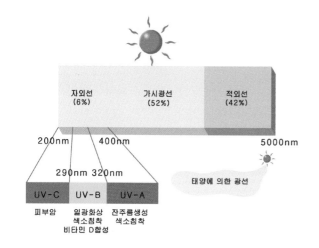

1 자외선(Ultra violet ray)

- 피부는 생활 중에 자외선에 노출되어 있으며 이러한 자외선으로부터 피부는 긍정적인 측면과 부정적인 측면을 갖고 있다.
- 피부는 자외선에 어느 정도까지는 보호할 수 있는 생리적 작용을 갖고 있으나 장시간에 걸친 자외선의 조사나 강한 자외선 조사는 피부의 색소침착, 주름, 노화, 광 과민, 여드름 등의 피부 트러블을 야기시키는 요인이 된다.
- 일반적으로 태양광선은 파장에 따라 3가지의 분류인 자외선, 적외선, 가시광선으로 나누어지며 이중 자외선은 피부와 밀접한 관계가 있다.
- 피부와 관계있는 자외선은 다시 3개의 파장으로 나누어서 UV-A(장파장), UV-B(중파장), UV-C(단파장)로 구분되며 단파장 이하의 경우 대기상의 오존층 및 수증기 등에 흡수되거나 산란되어 지표상에는 거의 도달하지 못한다.
- UV-A(장파장)는 가장 긴 파장이며 피부 깊숙한 진피층까지

침투되고 피부를 검게하고 색소침착 유발, 각화이상, 피부 탄력감소, 피부노화촉진, 피부의 건조화를 갖게 한다.
- UV-B(중파장)는 피부의 진피의 상부까지 침투되고 홍반, 색소침착, 수포, 일광화상(Sun-burn)을 일으킨다.
- UV-C(단파장)는 짧은 파장으로 대부분은 오존층에서 흡수되고 지구상에는 도달하지 않는 파장으로 살균과 소독효과가 있으나 발암성이 높은 것이 특징이다.
- 비타민 D의 생성으로 구루병을 예방한다.
- 적혈구, 백혈구 수의 증가와 철분(Fe) 성분 증가로 저항력을 증가시킨다.
- 신진대사와 혈액순환을 촉진시킨다.
- 살균, 소독작용에 의해 여드름 치료 및 비듬성 두피에 적용한다.
- 기미, 주근깨의 증가, 주름살에 의한 피부노화 촉진과 피부암을 유발한다.

UV-A	• 320∼400nm (장파장 자외선) • 주름생성(진피층까지 도달), 기미, 주근깨
UV-B	• 290∼320nm (중파장 자외선) • 홍반, 수포생성, 일광화상이 되는 선번과 선탠이 동시에 일어남, 기미, 주근깨
UV-C	• 200∼290nm (단파장 자외선) • 피부암의 원인

■ 자외선이 피부에 미치는 작용

- 긍정적인 측면은 살균, 소독, 비타민D 합성유도와 혈액순환 촉진이 있다.
- 부정적인 측면은 일광화상, 색소침착, 홍반반응 유발, 광 과민, 광 독성이 있으며 지속적인 노출 시 광 노화와 피부암 등의 촉진이 있다.

■ **자외선에 의한 피부반응**
- 급성반응은 홍반반응, 멜라닌 세포의 반응, 피부두께의 변화이며 만성피부반응은 광 노화, 광 발암 등이다.

■ **자외선등**
- 자외선등은 파장이 220~320nm로 피부 여드름에도 사용하면 좋으며 피부의 노폐물 배출을 촉진하고 비타민 D를 생성하는 것으로 그 작용을 미안술에 이용한 것이다.

② 자외선과 피부보호

- 피부보호를 위한 외용제로 자외선 차단제가 개발되고 있으며 차단제는 광선을 반사시키는 것과 여과시키는 기능이 있다.

■ **피부보호 물질**
- 자외선으로부터 피부를 보호하는 물질로는 자외선 흡수제, 자외선 산란제, 경구투여 차단제가 있다.

자외선 흡수제	• 자외선을 흡수하여 화학적 방법(열, 진동으로 변동)에 의해 피부를 보호하는 물질 • 대표물질 : 파라아미노벤조인산(PABA)유도체, 벤조페논 유도체
자외선 산란제	• 물리적 방법에 의해 자외선을 산란시켜서 피부 속으로 침투되는 것을 막는 물질 • 대표물질 : 산화아연, 이산화티탄, 탈크 운모
경구투여 차단제	• 경구를 통해 먹어서 자외선을 부분적으로 방어할 수 있는 물질 • 대표물질 : 베타-카로틴 • 칸테잔틴은 베타-카로틴과 유사한 구조이지만 안정성 문제로 사용 않음

■ **자외선 차단지수 (SPF-Sun protection factor)**
- 자외선 차단제는 태양광선이 피부에 닿을 때 자외선의 분산과 반사시키는 작용성분이 함유된 것으로 화장품에 자외선 차단지수가 표시되어 있다.
- 자외선 차단지수는 SPF(Sun Protection Factor)로 표시한다.
- 자외선 차단제품을 사용했을 경우 피부가 보호되는 정도를 나타낸 지수를 자외선 차단지수라고 한다.

> • **자외선 차단지수(SPF)**
>
> $$= \frac{\text{자외선 차단제품을 사용했을 때의 최소 홍반량(MED)}}{\text{자외선 차단제품을 사용하지 않았을 때의 최소 홍반량(MED)}}$$

- 최소 홍반량(MED ; Minimal Erythema Dose)은 자외선이 최초 홍반을 일으키는데 최소로 필요한 자외선의 량이다. 최소 홍반량과 멜라닌 생성량(MMD)는 비슷하고 남녀간에도 거의 차이가 없다. 최소 홍반량은 개인의 감수성이나 지역, 날씨, 부위, 연령에 따라 다르다.

③ 적외선

■ **적외선**
- 650~1400nm의 긴파장(장파장)으로 보이지 않는 광선이다.
- 피부로부터 60~80cm 떨어져 사용한다.
- 침투력을 높이기 위해 사용되며 조사시간은 5~7분이다.
- 열작용을 하는 열선으로 팩재료를 빨리 말린다.
- 적외선을 쬘 때는 반드시 아이패드를 사용해서 눈을 보호해야 한다.
- 건성피부, 주름진 피부, 비듬성 피부에 사용하면 좋은 광선이다.
- 처음에는 피부 가까이 쪼이다 점점 멀리한다.

■ **적외선등**
- 파장이 650~1400nm의 장파장으로 백내장을 일으킬 수 있으며 피부에 침투해 온열자극을 주어 열선이라고도 한다. 항상 60cm 거리에서 단 5~7분정도만 조사하며 미용사는 보호안경을, 손님은 아이패드를 착용한다. 피부 속 2mm까지 침투한다.

◇ 자외선으로부터 피부를 보호하는 물질로는 자외선 흡수제와 자외선 산란제, 경구투여 차단제가 있으며 경구를 통해 먹어서 자외선을 부분적으로 방어할 수 있는 대표적인 물질로는 베타-카로틴이 있다.

◇ 자외선의 부정적인 효과는 주름, 기미, 주근깨 생성과 홍반, 수포생성, 일광화상, 피부암의 원인이 될 수 있다는 것이다.

◇ 자외선의 차단은 자외선 C는 오존층에 의해, 자외선 B는 유리에 의하여 차단될 수 있다.

◇ 자외선 A는 장파장($320 \sim 400nm$)으로 피부 깊게 진피층까지 침투하여 주름을 생성하게 된다.

◇ 자외선 차단지수 (SPF-Sun protection factor)는 자외선 차단제품을 사용했을 경우 피부가 보호되는 정도를 나타낸 지수이다.

◇ 자외선 B(UV-B)의 파장의 범위는 $290 \sim 320nm$이다.

◇ 자외선 C는 단파장 자외선으로 UV-C의 파장의 범위는 $200 \sim 290nm$이다.

◇ 중파장인 자외선 B는 홍반, 수포생성, 일광화상, 기미, 주근깨에 영향을 미친다.

◇ 자외선의 긍정적인 측면에는 자외선은 비타민 D를 생성하여 구루병을 예방한다.

◇ 적외선은 긴 파장으로 $650 \sim 1400nm$이다.

◇ 적외선 등은 피부에 온열자극을 주는 것으로 열선이라고도 한다.

1 강한 살균작용을 하는 광선은?

① 가시광선　　　　② 적외선
③ 자외선　　　　　④ 원적외선

정답 해설 광선 중 자외선이 가장 강한 살균작용을 한다.

2 자외선에 대한 설명으로 틀린 것은?

① 피부에 제일 깊게 침투하는 것은 자외선 A이다.
② 자외선 A의 파장은 320~400nm이다.
③ 자외선 B는 유리에 의하여 차단할 수 있다.
④ 자외선 C는 오존층에 의해 차단될 수 없다.

정답 해설 자외선 C는 오존층에 의해 차단될 수 있다.

3 자외선에 의한 피부 반응으로 옳지 않은 것은?

① 색소침착　　　　② 홍반반응
③ 피부두께의 감소　④ 광노화현상

정답 해설 자외선에 의해 홍반, 색소침착, 일광화상, 피부두께의 증가, 광노화 현상의 반응이 있다.

4 자외선 차단지수(SPF)에 대한 설명으로 틀린 것은?

① Sun protection factor의 약자로 일광차단지수라고도 한다.
② 자외선에 의한 피부홍반에 의해 SPF를 측정한다.
③ 자외선 차단제품을 사용했을 때의 홍반이 생기는 소요시간을 자외선 차단제품을 사용하지 않았을 때의 홍반반응이 생기는 소요시간으로 나눈 값이다.
④ UV-A가 방어효과를 나타내는 지수이다.

정답 해설 UV-B가 방어효과를 나타내는 지수이다.

5 다음 자외선의 종류 중 단파장인 것은?

① UV-A　　　　　② UV-B
③ UV-C　　　　　④ UV-D

정답 해설 UV-C는 200~290nm의 단파장으로 바이러스나 박테리아에 살균작용이 있다.

6 다음 중 자외선에 대한 내용 중 긍정적인 효과는?

① 색소침착
② 비타민 D를 형성
③ 홍반반응
④ 탄력감소

정답 해설 자외선의 긍정적인 효과는 비타민 D를 형성, 살균작용이 있다.

7 자외선 차단제에 대한 설명으로 옳은 것은?

① SPF지수가 높을수록 좋다.
② 피부 병변이 있는 부위에 사용한다.
③ 자외선에 노출 후에 바르는 것이 효과적이다.
④ 사용 후 시간이 경과하면 다시 덧바른다.

정답 해설 자외선 차단제를 바른 후 다시 덧바르기를 한다.

8 다음 중 파장이 290~320nm 범위인 자외선은?

① 자외선 A　　　　② 자외선 B
③ 자외선 C　　　　④ 자외선 D

정답 해설 자외선 B(UV-B)의 파장 범위는 290~320nm이다.

Chapter 10 피부면역

30 Section 면역의 종류와 작용

1 피부 면역

- 어떤 질병을 앓고 난 후 앓고 난 질병에 대해 저항성이 생기는 현상으로 알려져 있다.
- 면역이란 외부로부터 침입하는 미생물이나 화학물질을 자기가 아니라고 인식하기 때문에 이들을 공격하여 제거함으로써 생체를 방어하는 기능, 생체가 자기와 비자기를 식별하는 기구로서 비자기를 항원(Antigen)으로 인식하고 특이하게 항체(Antibody)를 만들어 개체를 방어하고 유지하는 일련의 생명현상이라 할 수 있다.
- 면역계는 생명체가 가장 기본적이고 필수적인 기능인 자기와 남을 구분하는 역할에서 더 나아가 일차 접촉된 것을 기억하고 재차 동일한 침입자가 침범할 경우 이를 강력하게 막아내어 질병까지 가지 않게 하는 기억장치를 갖고 있다. 이 기억장치는 면역세포에 담겨져 있고 이들 면역세포인 각종 림프구와 항체들은 혈액 속에 존재하기 때문에 단순한 기계적 기능을 담당하는 심장, 폐, 위장관 등 일반적인 기관과 달리 혈액은 면역계와 불가분의 관계에 있다고 할 수 있다. 혈액은 적혈구, 백혈구 등의 혈구와 혈장 및 혈소판으로 이루어져 있으며 혈구 가운데 적혈구가 수적, 양적으로 백혈구보다 훨씬 많지만 혈구 중 아메바 운동을 하며 식작용에 의해 병원성 미생물을 처치하고 면역기전에 관여하는 것은 백혈구이다.

■ 항원, 항체 및 항원(항체 복합체)

항원(Antigen)	• 자신의 정상적 구성성분과 다른 이물질로 면역계를 자극하여 항체형성을 유도하고, 만들어진 항체와 반응하는 물질
항체(Antibody)와 면역글로블린 (Immunoglobulin: Ig)	• 항원에 대하여 형성되어 항원과 반응하는 물질로 소량의 당을 함유하는 폴리펩타이드(Polypeptide)로 이루어진 당단백으로서 혈액 중에 비교적 많은 양이 존재 • 면역글로블린은 당이 결합된 4개의 폴리펩타이드 사슬로 이루어짐 • 면역글로블린은 IgA, IgD, IgE, IgG, IgM 의 5개의 군으로 분류(항체는 항원에 대응하는 개념상의 용어이며 면역글로블린은 그 기능을 담당하는 실제 물질을 칭함).

- 면역은 어떤 특정한 병원체나 독소에 대해 특이한 저항성을 갖는 상태를 말한다.

■ 선천적 면역(자연 면역)

- 태어날 때부터 가지고 있는 면역으로 인종이나 종족에 따른 개인차가 있다.
- 타고난 저항력이나 방어력으로 병의 치유가 이루어지는 면역이며 이는 체내로 침입된 이물질을 백혈구와 림프구, 비만세포 등이 저지나 방어해 나가는 것이다.

■ 후천적 면역(획득 면역)

- 감염병의 감염 이후 또는 예방접종에 의해 후천적으로 성립된 면역으로 능동면역과 수동면역이 있다.
- 능동면역은 감염병 감염 후 형성된 면역과 예방접종 이후 형성된 면역이다.

■ 면역계 작용

- 면역계의 중요한 역할 중의 하나는 생체를 방어하는 기능으로서 신체의 외간을 싸고 있는 피부, 점막 등의 화학적 인자로

이루어지는 방어 체계가 구축되어 있어 모든 외부 침입자에 대해 그들이 체내로 침입하지 못하도록 자연방어하는 1차 방어와 면역계를 뚫고 체내로 들어온 2차 방어계가 있으며 1, 2차 방어계는 모든 침입자에 대해 무차별적으로 방어하기 때문에 비특이성을 원칙으로 하고 있다.

●식균작용을 하는 식세포에는 중성구(호중구)와 마크로 파지 등이 있으며 중성구는 혈액내를 순환하다 혈액 또는 조직내에 들어온 침입자에 대해 작용을 한다. 마크로파지는 미생물이 통과하기 쉬운 폐, 간, 비장, 임파 결절 등에 그물망 처럼 자리 잡고 있다가 외부 침입자들이 들어오면 그들을 맞아 걸러내는 작용을 하고 있다. 그러나 마이크로 파지는 여기서 통과된, 즉 분해된 항원이 일부를 3차 방어에 전달하는 특이성 면역계를 돕는 교량역할을 하고 있다.

●3차 방어계는 체내로 들어온 침입자 각각에 대하여 특이성을 갖는 림프구들로 구성되는 방어계로 침입자에 대한 기억을 간직하고 있다가 차후에 동일한 침입자가 재차 침입할 때에는 매우 강력한 반응을 보이는 것을 특징으로 하고 있다.

●1차 방어(자연 저항, 비특이성 저항)의 방어인자는 피부와 위장관, 위산 그리고 질내의 정상 세균총이 있다.

●2차 방어(비특이성 저항)의 방어인자는 식세포로 구성된 면역계이다.

●3차 방어(특이성 저항, 특이성 면역)의 방어인자는 림프구로 구성된 면역계이다.

분류	인체의 외부 방어인자
화학적 방어인자	분비물 속의 라이소자임, 피지선, 분비물, 소화기계 및 질내에 공생하는 미생물, 정액
물리적, 화학적 방어인자	점액, 기관내 섬모, 피부, 위산

■면역세포 (림프구)

●림프구 : 골수에서 유래한 줄기세포(stem cell)가 특정한 림프 기관을 걸쳐 T 림프구(T lymphocytes), B 림프구(B lymphocytes)로 분화된 것이며 B 림프구는 체액성 면역을 T 림프구는 세포성 면역을 주도한다.

●B 림프구 : 면역 글로블린이라고 불리는 항체를 생성(단백질을 분비)하여 면역학적 역할 수행을 한다.
면역 글로블린에는 IgA, IgD, IgE, IgG, IgM 등의 5군이 있고 B림프구 표면에 존재한다.

●T 림프구 : 정상피부에 존재하는 림프구는 거의 대부분 T 림프구, 혈액내의 림프구의 약 90%를 차지한다.

■피부의 면역이론

●림프구들은 모두 골수에서 유래된 줄기세포가 잘 알려지지 않은 특정한 임파 기관을 거치면서 T 림프구, B 림프구로 분화된 것이다. 이 중 B세포는 분화되어 형질세포가 되어 항체를 생성하게 되며 생성된 항체는 혈류와 함께 신체 각 부위로 퍼져서 독소 및 바이러스를 중화, 세균을 죽이는 역할을 한다.

●항체의 작용은 체액과 직접 접촉되어야 역할이 가능하므로 세포내에 기생하는 미생물이나 바이러스는 따로 T 림프구나 T 림프구에 의해 활성화되어진 마크로 파지에 의해 제거된다.

●한 개체의 면역 능력은 외부에서 침입하거나 개체 내부에서 유발된 항원을 효과적으로 파괴 또는 제거할 수 있을 만큼 강력하여야 한다. 이러한 파괴력이 병원균과 같은 침입체에 작용하면 개체에 유익하나 이 힘이 개체의 정상 구성성분에 가해지면 질환이 발생하고 때로는 치명적일 수 있다.

2 면역기전(Mechanism of immunity)

●B 림프구(B-Lympohcyte)와 T 림프구(T-Lympohcyte)가 있다.

●B 림프구와 T 림프구 두 면역계는 상호 협동 하에 이루어지며 B 림프구를 체액성 면역이라 하고 주체가 되는 T 림프구 면역을 세포성 면역이라고 한다.

B 림프구	• 골수에서 생성 • 형질세포(Plasma cell)로 분화 – 항체 생산 • 체액성 면역(항체는 특정 항원에만 반응) • 기억세포(Memory cell) 형성으로 영구면역에 관여
T 림프구	• 골수에서 생성 • 흉선(Thymus)에 들어가 분화 • 세포성 면역(T 림프구가 직접 항원을 파괴하는 면역) • 피부, 장기이식 시 거부반응에도 관여

■면역 용어

●식세포(phagocytes) : 식세포는 미생물이나 이물질을 잡아먹는 세포의 총칭, 체내로 1차 방어계를 뚫고 들어온 이물질들을 제거하는 역할을 한다.

●식균작용을 하는 세포 : 마크로 파지(Macrophage), 중성구(PMN-Polymorphonuclear neutrophlie)

●면역기관: 골수(Bone marrow)와 흉선(Thymus) 그리고 림프절(Lymph node), 비장(Spleen)이다.

◇ 림프구에서 B 림프구는 면역글로블린이라고 불리는 항체를 생성(단백질을 분비)하여 면역학적 역할 수행을 한다.

◇ 면역은 어떤 특정 병원체나 독소, 질병에 대해 특이한 저항성을 갖게 되는 것이다.

◇ 면역은 선천적 면역과 후천적 면역으로 나누어진다.

◇ 예방접종이나 감염병 이후 갖게 되는 면역은 획득 면역으로 후천적 면역이다.

◇ 면역기전에는 B 림프구와 T 림프구가 있으며 두 면역계는 상호 협동하여 이루어진다.

◇ B 림프구는 체액성 면역, T 림프구 세포성 면역이라고 한다.

◇ B 림프구는 면역글로블린이라는 항체를 생성한다.

◇ 획득 면역의 목적은 항체의 형성 자극으로 식세포 작용을 증가시키고 미생물의 독성을 중화하며 보체(혈액 내 단백질)와 복합체를 형성하여 침입 미생물을 용해시키는 것이다.

◇ T 림프구는 항체를 직접 만들지 않고 직접 항원을 파괴하는 면역이다.

◇ 표피층에는 각질형성 세포, 멜라닌 세포, 면역 세포, 지각 세포가 존재한다. 면역 세포(랑게르한스)가 면역에 관여하며, 각질형성 세포는 사이토카인(면역작용 관여 단백질)을 생성하여 면역 기능에 관여한다.

◇ 항원은 병을 일으키는 원인 물질이고 항체는 항원에 대항하기 위해 만들어지는 혈액내의 방어물질이며 보체는 항체의 작용을 돕는 보조방어 기능이다.

◇ 백혈구는 혈액과 조직의 이물질을 잡아 먹으며 항체를 형성하여 감염에 저항한다. 백혈구에는 염기성 백혈구, 중성 백혈구, 산성 백혈구, 단핵구와 대식세포 및 림프구 등이 있다.

1 피부의 면역에서 항체를 생성하여 면역 역할을 수행하는 림프구는?

① A 림프구　　　　　　② B 림프구
③ T 림프구　　　　　　④ G 림프구

정답 해설 B 림프구와 T 림프구가 있으며 B 림프구는 항체를 생성하여 면역역할을 수행한다.

2 피부의 면역에 관한 설명으로 옳은 것은?

① B림프구는 면역글로불린이라고 불리는 항체를 생성한다.
② 랑게르한스 세포가 피부 혈액순환작용을 담당한다.
③ T 림프구는 림프구의 50%를 차지하며 정상피부에 존재한다.
④ 면역을 담당하는 림프구는 B, T, P 림프구이다.

정답 해설 B 림프구는 항체를 생성하여 면역역할을 수행한다.

3 다음 중 정상적인 구성성분과 다른 이물질에 대항하여 혈액 내에서 만들어지는 방어물질을 무엇이라 하는가?

① 항원　　　　　　　　② 항체
③ 보체　　　　　　　　④ 항진

정답 해설 병을 일으키는 원인 물질(정상적인 구성 성분과 다른 이물질)은 혈액 내의 항체가 만들어져 방어한다.

4 다음 중 T 림프구에 대한 내용으로 틀린 것은?

① 세포성 면역이다.
② 림프구가 직접 항원을 파괴한다.
③ 면역글로불린이라는 항체를 생성한다.
④ 피부이식 시 거부반응에도 관여한다.

정답 해설 림프구 B는 면역글로불린(항체)를 생성한다.

5 다음 중 면역기관에 속하지 않는 것은?

① 골수　　　　　　　　② 흉선
③ 림프절　　　　　　　④ 대장

정답 해설 골수, 흉선, 림프절, 비장이 면역과 관련있는 기관이다.

6 다음 중 면역과 관련 없는 것은?

① 랑게르한스 세포
② 각질형성 세포내 사이토카인
③ 대식 세포
④ 멜라닌 세포

정답 해설 멜라닌 세포는 색소를 형성하는 세포이다.

7 다음 B 림프구에 대한 내용으로 틀린 것은?

① 면역글로불린이라는 항체를 생성한다.
② 체액성 면역을 주도한다.
③ 피부나 장기이식 시 거부반응에 관여한다.
④ 기억세포 형성으로 영구 면역에 관여한다.

정답 해설 피부나 장기이식 시 거부반응에 관여하는 것은 T 림프구이다.

Chapter 11 피부노화

31 S·e·c·t·i·o·n
피부 노화의 원인과 노화현상

1 피부 노화의 원인

■ 생리적 노화(Physiological ageing)

● 자연적으로 25세를 기점으로 나이가 들어감에 따라 인체 기관의 기능이 저하되는 현상이다.

● 모발의 감소와 안구 조절기능의 장애, 피부의 구조와 생리적 기능 저하에 따른 탄력성 감소와 주름, 노인반점 등의 노화현상이 나타나는 것이다.

● 노화의 원인설 중 프리 레디칼설은 세포기능을 저하시키는 프리 레디칼은 체내에서 생산되는 항산화 효소로 분자변위효소(Superoxide dismutase, SOD)나 황산화물질에 의해 제거되어 균형을 이루고 있으나 양의 감소 등은 노화와 관련이 있다는 설이다. 프리 레디칼을 생성해 내는 외부적요인에는 산소, 오존, 과산화수소, 자외선(화학선), 방사능, 이산화질소, 수산기, 과산화물, 질소산화물이 있다.

■ 생리적 노화현상 ; 내인성 노화

● 표피와 진피의 구조적 변화로 표피와 진피가 얇아진다.

● 표피와 진피사이의 영양교환의 불균형으로 윤기가 감소한다.

● 세포와 조직의 탈수현상(건조, 잔주름 발생)이 있다.

● 기저세포의 생성기능 저하(세포 재생주기의 지연)로 상처회복이 느리다.

● 색소침착, 얼룩반점, 자외선에 대한 방어능력 저하가 있다.

● 면역(랑게르한스 세포 감소), 신진대사 기능의 저하가 있다.

● 분비세포의 재생이 줄어 피지선의 분비 감소가 있다.

● 탄력섬유와 교원섬유의 감소와 변성으로 탄력성이 저하된다.

● 무코다당질의 감소(피부의 탄력성 저하, 주름형성)가 있다.

■ 환경적 노화(Environment ageing)

● 외적영향(생활여건, 주변환경)으로 일어나는 노화현상이다.

● 일광, 더위, 추위, 바람, 스모그 등의 자연적 요인과 공해나 흡연 등은 내적 노화를 촉진시킨다.

● 환경적 노화의 대표적인 것은 일광의 경우로 지속적인 자외선에 노출되면 광노화를 유발한다.

● 광노화 반응으로는 피부가 건조해지며 거칠어지고 과색소 침착증이 일어난다.

■ 환경적 노화현상 ; 광노화

● 광선의 노출이 장기간에 이루어지면서 조직학적인 피부변화나 임상적인 변화를 일으켜 노화로 진행되는 형태이다.

● 장기간에 걸쳐 피부가 햇빛에 노출되었을 때 피부의 건조와 함께 각질층 두께가 두꺼워지고 탄력성이 감소되면서 주름이 생기는 것으로 주근깨나 노인성 흑자, 불규칙한 색소 소실 등의 색소 변화가 있게 된다.

● 진피층의 섬유질 손상으로 콜라겐과 엘라스틴의 가교결합의 증가는 자외선에 의한 광노화 현상으로 인해 피부의 탄력감소로 주름을 형성한다.

● 광노화에 따라 각질형성 세포의 증식 속도가 증가되어 표피는 두꺼워지고 멜라닌 세포도 증가하며 광노화에 의해 손상된 부위에서 색소침착이 일어나게 된다. 면역 세포인 랑게르한스 세포의 활성도와 세포 수의 감소로 면역성이 감소된다.

● 광노화를 일으키는 주된 파장은 UVB로 인식되어 있지만 UVA도 노화를 일으키는 파장이 될 수도 있다고 한다. UVA보다 UVB가 홍반발생 능력이 1,000배 정도 강하지만 UVB의 노화를 촉진할 수 있다.

<table>
<tr><th colspan="1">광노화 현상</th></tr>
</table>

광노화 현상
• 노폐물 축적에 의한 표피의 두께가 두꺼워짐
• 피부의 민감화와 악건성화
• 모세혈관 확장, 쉽게 멍이 듦
• 색소침착(노화반점, 주근깨 등)
• 면포(여드름)나 피지선의 증식 유발
• 탄력섬유와 교원섬유의 감소와 변형에 의한 탄력감소와 과 주름 형성
• 표피층의 랑게르한스 세포수의 감소
• 자외선에 의한 DNA의 파괴는 피부암으로 연결

 TIP

- 광노화를 유발하는 광선은 UVB와 UVA이다.
- 내인성 노화보다는 광노화에서 표피 두께가 두꺼워진다.
- 피부노화의 노화에서 나이는 내부인자이며 자외선, 건조는 외부인자이다.
- 내인성 노화의 랑게르한스 세포의 감소로 면역기능이 저하된다.
- 라디칼 방어에서 가장 중심적 역할을 하는 효소는 SOD(항산화 효소)이다.

② 피부 노화와 화장품

● 피부노화 화장품에는 레티노이드, AHA (알파 ; 히드록시산), 항산화제, 멜라닌 생성저해제가 있다.

■ 레티노이드

● 비타민A와 그 유도체(레티날, 레틴산)을 일컬어 레티노이드 라고 한다.

● 상피나 비상피 세포의 분화와 성장에 중요한 역할을 한다.

● 이 중 유도체인 레틴산(Retinoic acid)은 건선이나 여드름, 각 질 이상증에 효과적이며 최근에는 자외선에 의한 피부손상에 도 효과적인 것으로 알려져 있다.

■ AHA (알파 - 히드록시산)

● 흔히 아하(AHA)라고 하며 과일이나 요구르트, 사탕수수에서 발견된다.

● 카르복시산(Carboxylic acid)에서 알파 위치의 탄소에 히드 록시기(-OH)를 갖는 화합물을 말하는 아하(AHA)라고도 한 다. 의약용으로는 어린선, 여드름의 치료나 피부표면을 벗기 는 물질로 사용되어 왔으나 화장품 분야에서는 보습, 피부주 름 감소, 노화 반점의 감소, 피부 연화제 등으로 사용되고 있 다. AHA는 각질세포의 세포간 결합력을 약화시키고 각질세 포의 탈락을 촉진시켜 줌으로써 세포증식 및 세포활성의 증가 로 주름이 감소한다.

■ 항산화제

● 대사과정 중 생성되는 활성산소, 산소 라디칼 및 반응성 산소 종은 반응성이 매우 높아 세포의 주요 구성물질인 지질, 단백 질, 다당류 및 핵산을 파괴하여 세포의 기능 저하를 초래한 다. 정상 생체에서는 이들의 생성과 소거가 균형을 이루고 있 으나 특수한 상황과 생리적 노화에 의해 산소 라디칼 생성이 급격히 증가하거나 산소 라디칼을 제거하는 방어능력이 저하 되면 생체는 산소 라디칼에 의해 손상을 받게 된다. 대표적 인 항산화제로는 카로틴, 녹차추출물, 비타민 E, 비타민 C, SOD(Superoxide dismutase) 등이 있다.

■ 멜라닌 생성저해제

● 멜라닌의 침작을 방지하기 위한 방법으로 멜라닌 합성경로를 차단하는 방법들이다.

● 단계별 차단방법에는 1단계는 자외선에 피부노출 방지, 2단계 는 티로시나제 저해작용, 3단계는 멜라닌 세포에 독성을 나타 내는 물질의 투여, 4단계는 생성멜라닌을 외부로 배출하게 촉 진하는 방법이다.

● 색소침착 방지를 위한 물질을 분류하면 1단계 자외선 흡수제 외 자외선 산란제가 있고 2단계는 비타민C와 코직산이 티로 시나제 저해제이며 3단계는 하이드로키논류는 멜라닌 세포 에 독성을 나타낸다. 4단계의 토코페롤(멜라닌 생성촉진을 소 거하는 물질), AHA(각질 박리 촉진으로 생성된 멜라닌을 제 거) 등이 있다.

● 하이드로퀴논, 알부틴, 코직산, 아젤라인산, 비타민 C 등이 있다.

◇ 내인성 노화보다는 광노화(광선에 노출)에서 표피 두께가 두꺼워진다.

◇ 광선의 노출이 장기간에 이루어지면서 노화로 진행되는 형태는 광노화이며 광노화를 유발하는 광선은 UV-B와 UV-A이다.

◇ 피부노화 화장품에는 레티노이드, AHA(알파-히드록시산), 항산화제, 멜라닌 생성저해제가 있다.

◇ 노화 피부는 피부가 건조해지지 않도록 수분 및 영양을 공급하고 자외선 차단제를 바른다.

◇ 광노화 현상으로 나타날 수 있는 것은 건조, 거칠어짐, 색소침착, 표피두께 증가, 탄력감소, 면역성 감소가 있다.

◇ 피부의 노화는 내인성 노화(생리적 노화현상)과 환경적 노화(광노화)로 나눌 수 있다.

◇ 내인성 노화 현상에는 피부의 얇아짐, 윤기와 탄력 감소, 잔주름 발생, 세포능력의 저하, 색소침착에 대한 방어능력의 저하, 신진대사 기능의 저하, 피지선의 분비 감소 등이 있다.

◇ 노화피부를 위한 멜라닌 생성 저해제에는 하이드로퀴논, 알부틴, 코직산, 알젤라인산, 비타민C 등이 있다.

1 피부노화 현상으로 옳지 <u>않은</u> 것은?

① 광노화로 면역세포와 색소세포의 감소와 변형이 있다.
② 피부노화에는 자연적인 노화의 과정으로 일어나는 것을 내인성 노화라고 한다.
③ 내인성 노화보다 광노화에서 표피가 두꺼워진다.
④ 광노화에서는 지속적인 자외선에 의한 노화이다.

정답 해설 광노화로 교원질과 탄력소의 감소와 변형이 있다.

2 햇빛에 장시간 노출되었을 때 피부변화를 일으켜서 노화로 진행되는 형태는?

① 광노화　　　　　　　② 생리적 노화
③ 피부노화　　　　　　④ 내인성 노화

정답 해설 광노화는 햇빛에 장시간 노출되었을 때 일어난다.

3 광노화의 현상으로 틀린 것은?

① 면역성감소　　　　　② 색소침착
③ 표피두께 증가　　　　④ 탄력증가

정답 해설 피부건조와 거칠어짐, 탄력감소, 색소침착, 면역성감소, 두께 증가가 광노화의 현상이다.

4 피부 노화의 원인이 <u>아닌</u> 것은?

① 아미노산 라세미화
② 텔로미어 단축
③ 항산화제
④ 노화 유전자와 세포 노화

정답 해설 항산화제는 피부노화 억제제이다.

5 노화 피부에 따른 화장품에서 멜라닌 생성 저해제가 <u>아닌</u> 것은?

① 바타민 D　　　　　　② 코직산
③ 하이드로퀴논　　　　④ 알부틴

정답 해설 멜라닌 생성저해제에는 하이드로퀴논, 알부틴, 코직산, 알젤라인산, 비타민C 등이 있다.

6 다음 중 피부 노화의 현상으로 옳은 것은?

① 피부의 노화는 피부의 두께와 관계없이 탄력에만 관계한다.
② 내인성 노화보다 광노화에서 표피두께가 두꺼워진다.
③ 내인성 노화와 광노화 모두 진피의 두께는 그대로다.
④ 광노화로 인해 색소침착이 일어나지는 않는다.

정답 해설 내인성 노화보다 광노화(광선에 노출)에서 표피두께가 두꺼워진다.

7 다음 중 광노화를 일으키는 주된 요인은?

① 물　　　　　　　　　② 나이
③ 태양광선　　　　　　④ 찬공기

정답 해설 광노화는 장시간 태양광선에 노출되어 유발되는 것이다.

Memo

공중위생
관리학

PART 2

 Chapter 01 공중보건학

32 Section 공중보건학 총론

1 공중보건

■ 공중보건의 정의

● 질병을 예방할 목적으로 조직적인 체계를 가지고 질병예방, 생명연장, 신체적, 정신적인 건강효율을 증진시키는 기술과학이다(질병예방, 수면연장, 건강증진).

● "조직적인 지역사회의 노력을 통하여 질병을 예방하고 생명을 연장시킴과 동시에 신체적, 정신적인 효율을 증진시키는 기술이며 과학이다."라고 미국의 보건학교수인 윈슬로우(C.E.A Winslow) 박사는 정의했다.

● 공중보건의 기획이 전개되는 과정 : 전체 – 예측 – 목표설정 – 구체적 행동계획이다.

■ 공중보건학의 내용

환경관리	식품위생, 환경위생, 환경오염, 사업보건
질병관리	역학, 감염병관리, 기생충관리, 비감염성 질환관리
보건관리	보건행정, 보건영양, 모자보건, 가족계획, 인구보건, 정신보건, 학교보건, 가족보건, 보건교육, 보건통계 등

■ 예방의학과 공중보건의 비교

● 공중보건학 관련 학문에는 공중위생학, 예방의학, 사회의학, 지역사회의학이 있다.

● 예방의학과 공중보건학의 목적은 '질병예방, 수명연장, 육체적 · 정신적인 건강의 능률향상'이다.

	예방의학	공중보건
대상	개인, 가족	집단 또는 지역사회
내용	질병예방, 건강증진	건강에 유해한 사회적 요인제거, 집단건강의 향상도모
책임소재	개인, 가족	공공조직
진단방법	임상적 진단	지역사회의 보건통계자료

■ 공중보건사업이 지역사회에 접근할 수 있는 방법

● 보건교육(가장 이상적인 방법)을 통한 접근

● 보건관계 법규를 통해 접근

● 보건행정적인 접근

■ 건강의 정의

● 단순질병이나 허약한 상태가 아닌 것만을 의미하는 것이 아니라 육체적, 정신적, 사회적 안녕의 완전한 상태를 의미한다(WHO가 주장하는 건강).

● 건강의 3요소는 환경, 유전, 개인의 행동 및 습관이다.

■ 보건교육의 내용

● 보건위생 관련내용은 생활환경 위생상태의 내용이다.

● 질병관련 내용은 성인병 및 노인성 질병 등 질병에 관한 내용이다.

● 건강관련 내용은 기호품 및 의약품의 외용 및 남용에 관한 내용이다.

■ 공중보건수준 지표

● 영아사망률은 한 국가의 건강수준을 나타내는 대표적인 지표이다.

● 영유아사망률 : 생후 1년미만의 영유아 사망수/출생1000(한 나라의 보건수준을 평가하는 대표적 지표)

● 영유아사망률이 가장 대표적인 지표로 사용되는 이유는 영아사망이 모자보건, 환경위생, 영양수준에 민감하기 때문이며 생후 12개월 미만의 일정한 연령군이므로 일반 사망률에 비해 통계적인 유의성이 높기 때문이다. 또한 국가 간의 영아 사망

률의 변동 범위는 조사망률에 비해 매우 크기 때문이다.

● 영아 사망률의 주요원인은 위장염, 폐렴, 인플루엔자, 뇌막염 및 신생아 고유질환 등이다.

건강지표	조사망률, 비 사망지수, 평균수명 등
보건의료서비스지표	의료인력과 시설, 보건정책 등
사회 · 경제지표	인구증가율, 국민소득, 주거상태 등

● 평균수명 : 0세의 평균여명

● 조사망률 : 인구 1000명 당 1년 간의 전체 사망자 수

● 비례사망지수 : 전 사망에 대한 50세 이상의 사망을 백분율로 표시한 것이다.

● 국가 간의 비교를 할 수 있도록 하기 위한 건강지표는 평균수

명, 조사망률, 비례사망지수이다.

TIP
- 공중보건의 목적은 질병예방이지 질병의 치료는 아니다.
- 예방의학은 개인과 가족이 대상이며 공중보건은 지역사회가 대상이다.
- 평균여명은 어떤 사람이 앞으로 평균해서 몇 년 더 살수 있느냐 하는 기대치이다.

33 S·e·c·t·i·o·n 질병관리

1 역학

■ 역학(Epidemiology)

● 역학은 인간의 질병발생을 연구하는 학문으로 인간집단을 대상으로 환경적, 생물학적, 사회적 요인으로 나누어 어떤 원인으로 인해 어떤 경로를 통했으며 어떤 결과를 초래했는지를 논리적으로 연구하여 질병의 예방과 근절을 위한 학문이다.

● 역학의 주요인자는 병적인 인자(병인), 환경적인 인자(환경), 숙주적인 인자(숙주)로 구분된다.

● 감염병 유행현상은 시간적 현상(계절, 순환, 추세변화 등), 지리적 현상(산, 강, 바다 등의 경계지에 따른 습관), 생물학적 현상(성별, 연령, 종족별), 사회적 현상(직업, 교통, 도시, 농촌 등)이 있다.

2 병인(감염원)에 따른 감염병 분류

● 감염원(병인)이란 병원체를 직접 사람에게 가져 올 수 있는 모든 수단을 말한다.

● 병원소는 병원체(숙주에 침입하여 질병을 일으키는 미생물)가 생활, 증식할 수 있는 장소를 말한다.

■ 병원체 보유동물(가축과 쥐)

● 말 : 탄저, 유행성 뇌염, 비저

● 소 : 결핵, 탄저, 파상열

● 개 : 광견병

● 돼지 : 탄저, 파상열, 살모넬라증

● 들토끼 : 야토병

● 쥐 : 페스트, 발진열, 서교증, 살모넬라증, 양충증, 와일씨병

■ 병원체 보유 곤충과 토양

● 보유 곤충은 파리, 모기, 벼룩, 이, 진드기 등이 있다.

● 보유 토양은 토양에 있는 파상풍, 가스괴저 등이 있다.

■ 환자

● 임상증상이 있는 사람을 말한다.

■ 보균자

● 병원체는 지니고 있고 병의 증세는 없지만 병원균을 배출하는 사람을 말한다.

건강 보균자	• 병원체 보유자로서 균을 배출하지만 본인은 병의 증상이 없어 건강해 보임 • 색출이 불가능하여 색출시 가장 어려운 대상(중요하게 취급해야 할 대상)
잠복기 보균자	• 발병 전부터 병원균을 배출하는 사람
병후 보균자	• 병의 완치 후에도 병원균을 배출하는 사람

3 환경(감염경로)

● 직접접촉감염(매개물 없이 직접감염), 간접접촉감염(매개물 있어 전파), 경구(구강)감염, 경피(피부)감염, 비말(말이나 재채기)감염, 진애(먼지)감염 등이 있다.

■ 새로운 숙주로의 침입경로(전파경로)

● 소화기계 감염병(경구침입) : 폴리오, 장티푸스, 콜레라, 이질, 파라티푸스, 파상열, 유행성 간염(A, B, C형 중 A형은 수혈을 통해 감염) 등이 있다.

● 호흡기계(비말접촉) 감염병 : 결핵, 나병(한센병), 두창, 디프테리아, 인플루엔자(겨울독감), 성홍열, 수막구균성 수막염, 백일해, 홍역, 유행성 이하선염(볼거리), 폐렴 등이 있다.

● 경피침입 : 트라코마(눈병), 파상풍, 페스트, 발진티푸스, 일본뇌염, 야토병, 웨일즈병 등이 있다.

● 성기 피부점막(직접접촉) : 매독, 임질, 연성하감 등이 있다.

■ 전파방법

직접전파	• 매개체가 없이 직접 새로운 숙주로 이동 • 환자의 기침, 재채기로 인한 호흡기계 질병(감기, 결핵, 홍역) • 신체적 접촉에 의한 성병과 피부병 • 비말접촉(기침, 재채기, 대화시 입을 통한 전파로 2m 이내는 직접전파	
간접전파	• 밀접한 관계없는 매개물에 의한 전파	
	활성 전파체	새로운 숙주로 병원체를 운반할 수 있는 전파동물로 동물 병원소는 제외 (파리, 모기, 이, 진드기, 벼룩 등)
	비활성 전파체	병원체를 매개한 모든 무생물 (물, 우유, 식품, 토양, 공기, 개달물)

■ 활성 전파체에 의한 감염

● 모기 : 일본뇌염, 말라리아, 황열, 뎅구열 등이 있다.

● 파리 : 장티푸스, 콜레라, 이질, 결핵, 트라코마, 파라티푸스 등이 있다.

● 이 : 발진티푸스, 재귀열 등이 있다.

● 벼룩 : 페스트, 발진열 등이 있다.

■ 비활성 전파체에 의한 감염

● 진애감염 : 진애감염 비말핵의 형태로 진애와 함께 공기 중에 부유하다가 호흡기를 통해 감염된다.
  (예) 디프테리아, 결핵, 발진티푸스, 두창 등

● 물에 의한 감염 : 인축의 배설물과 오염된 물로 감염된다.
  (예) 장티푸스, 파라티푸스, 콜레라, 이질 등

● 식품에 의한 감염 : 병에 걸린 젖이나 고기의 섭취, 파리나 쥐에 의해 오염된 식품으로 감염된다.
  (예) 장티푸스, 파라티푸스, 이질, 콜레라, 야토병 등

● 토양에 의한 감염 : 지표에 있는 생물의 사체 및 배설물에 오염된 병원체가 토양에 존재하다가 피부상처를 통해 침입하여 감염된다.
  (예) 파상풍균, 비탈저균, 가스괴저, 보툴리누스 중독 등

● 개달감염 : 수건, 생활용구, 완구, 서적, 인쇄물 등에 의해 감염된다.
  (예) 결핵, 트라코마, 백선, 디프테리아, 두창, 비탈저 등

TIP
• 개달물이란 병이 옮겨지는 과정에 사용된 물건(환자가 사용한 물건)을 말한다. 병원체를 운반하는 수단으로만 작용하는 것으로 물, 우유, 식품, 공기, 토양을 제외한 비활성 전파체이다.
• 객담비말이란 가래나 침 등에 의해 균이 배출되는 것으로, 환자와의 거리는 1.5m를 유지하며 대화하는 것이 좋다.
• 직접접촉에 의한 전파 : 매독, 임질 등이 있다.
• 간접접촉에 의한 전파 : 장티푸스, 디프테리아, 이질 등이 있다.

④ 숙주(숙주의 감수성)

● 숙주란 병원체가 옮겨 다니며 병이 일어날 수 있는 몸체이다.

● 숙주에 병원체가 침입하여도 숙주의 저항성인 면역성 여부에 따라 발병이 달라진다.

● 숙주의 감수성이란 감염되어 발병이 쉬운 상태를 말하며 감수성이 높다는 것은 면역성이 없다는 것이다.

■ 선천성 면역

● 태어날 때부터 가지고 있는 면역이다.

■ 후천성 면역

● 병에 걸렸었거나 예방접종에 의해 후천적으로 성립된 면역으로 능동 면역과 수동 면역이 있다.

● 능동 면역은 병원체나 독소에 의해 생체에 항체가 만들어진 면역이며 효력의 지속기간이 길다.

● 수동 면역(타동 면역)은 병원균을 가축같은 곳에 주사해서 얻어진 항체를 포함한 면역혈청을 사람에게 피동적으로 주사하여 얻는 면역이다.

능동 면역	
자연능동 면역	• 감염병 감염 후에 형성된 면역
인공능동 면역	• 예방접종에 의해 형성된 면역 • 생균백신 : 결핵, 탄저, 두창, 황열, 폴리오 • 사균백신 : 콜레라, 장티푸스, 백일해, 발진티푸스, 일본뇌염, 폴리오 • 순화독소 : 디프테리아, 파상풍

수동면역	
자연수동 면역	• 모체의 태반이나 출생후 모유를 통해 항체를 받는 면역
인공수동 면역	• 면역혈청주사에 의해 얻어진 면역(소, 말 이용) • 발표기간 빠르지만 효력의 지속기간 짧음

자연능동 면역의 분류	
영구적인 면역이 되는 감염병	• 홍역, 두창, 백일해, 유행성이하선염, 성홍열, 장티푸스, 발진티푸스, 페스트, 콜레라, 황열
감염 면역만 되는 감염병	• 매독, 임질, 말라리아

TIP

• 불현성 감염은 병의 증상이 없이 감염되는 것이다.
• 감수성 지수가 가장 높은 것은 홍역, 두창이며 가장 낮은 것은 소아마비이다.

5 감염병

■ 감염병 종류

● 소화기계 감염병, 호흡기계 감염병, 동물매개 감염병, 만성 감염병이 있다.

● 소화기계 감염병은 음식을 통하거나 소화경로(경구침입)를 통해 감염되는 것으로 장티푸스, 콜레라, 세균성이질, 폴리오, 유행성간염, 파라티푸스 등이 있다.

● 호흡기계 감염병은 호흡을 통해 뿜어지거나 말이나 재채기 등을 통해 감염원의 이동으로 이루어지는 감염병으로 홍역, 천연두(두창), 풍진, 디프테리아 등이 있다.

● 동물매개 감염병은 동물이 매개가 되어 감염되는 것이다. 사람이 광견병(공수병)에 걸린 개에게 물렸을 경우 옮겨지는 것과 같은 것으로 광견병, 탄저병, 페스트(흑사병), 말라리아, 유행성일본뇌염, 파상열(브루셀라), 발진티푸스 등이 있다.

● 만성 감염병에는 결핵, 나병(문둥병), 성병(매독), 후천성면역결핍증(AIDS), 임질, B형간염 등이 있다. 만성 감염병은 발병률은 낮으나 유병률(유전되어 발병될 확률)이 높고, 급성 감염병은 발병률은 높으나 유병률은 낮다.

6 법정 감염병

● 2020년 1월 1일부로 질환별 특성(물/식품매개, 예방접종대상 등)에 따른 군(群)별 분류에서 심각도 · 전파력 · 격리수준을 고려한 급(級)별 분류로 개편

● 바이러스성 출혈열(1종)을 개별 감염병(에볼라바이러스병, 마버그열, 라싸열, 크리미안콩고출혈열, 남아메리카출혈열, 리프트밸리열)으로 분리 · 열거

● 인플루엔자 및 매독을 제4급감염병(표본감시대상)으로 변경

● 사람유두종바이러스감염증을 제4급감염병에 신규 추가

■ 법정 감염병의 분류

● 제1급 감염병: 생물테러 감염병 또는 치명률이 높거나 집단 발생 우려가 커서 발생 또는 유행 즉시 신고하고 음압격리가 필요한 감염병

● 제2급 감염병: 전파가능성을 고려하여 발생 또는 유행시 24시간 이내에 신고하고 격리가 필요한 감염병

● 제3급 감염병: 발생 또는 유행 시 24시간 이내에 신고하고 발생을 계속 감시할 필요가 있는 감염병

● 제4급 감염병: 제1급~제3급 감염병 외에 유행 여부를 조사하기 위해 표본감시 활동이 필요한 감염병

제1급 감염병 (17종)	에볼라바이러스병, 마버그열, 라싸열, 크리미안콩고출혈열, 남아메리카출혈열, 리프트밸리열, 두창, 페스트, 탄저, 보툴리눔독소증, 야토병, 신종감염병증후군, 중증급성호흡기증후군(SARS), 중동호흡기증후군, 동물인플루엔자 인체감염증, 신종인플루엔자, 디프테리아
제2급 감염병 (20종)	결핵, 수두, 홍역, 콜레라, 장티푸스, 파라티푸스, 세균성이질, 장출혈성대장균감염증, A형간염, 백일해, 유행성이하선염, 풍진, 폴리오, 수막구균 감염증, b형헤모필루스 인플루엔자, 폐렴구균 감염증, 한센병, 성홍열, 반코마이신내성황색 포도알균(VRSA) 감염증, 카바페넴내성장내세균 속균종(CRE) 감염증
제3급 감염병 (26종)	파상풍, B형간염, 일본뇌염, C형간염, 말라리아, 레지오넬라증, 비브리오패혈증, 발진티푸스, 발진열, 쯔쯔가무시증, 렙토스피라증, 브루셀라증, 공수병, 신증후군출혈열, 후천성면역결핍증(AIDS), 크로이츠펠트-야콥병(CJD) 및 변종크로이츠펠트-야콥병(vCJD), 황열, 댕기열, 큐열, 웨스트나일열, 라임병, 진드기매개뇌염, 유비저, 치쿤구니아열, 중증열성혈소판감소 증후군(SFTS), 지카바이러스 감염증
제4급 감염병 (23종)	인플루엔자, 매독, 회충증, 편충증, 요충증, 간흡충증, 폐흡충증, 장흡충증, 수족구병, 임질, 클라미디아 감염증, 연성하감, 성기단순포진, 첨규콘딜롬, 반코마이신내성장알균(VRE) 감염증, 메티실린내성황색포도알균(MRSA) 감염증, 다제내성녹농균(MRPA) 감염증, 다제내성아시네토박터바우마니균(MRAB) 감염증, 장관 감염증, 급성호흡기 감염증, 해외유입기생충 감염증, 엔테로바이러스 감염증, 사람유두종바이러스 감염증

7 구충, 구서에의 한 감염병

● 위생해충(모기, 파리, 바퀴벌레, 벼룩, 이, 진드기, 빈대 등)과 쥐의 서식은 질병을 매개하므로 서식지를 제거하는 대책이 강구되어야 한다.

● 구충, 구서 예방은 대상 동물의 발생원 및 서식지를 발생초기에 제거하는 것이다. 대상동물의 습성이나 상태를 파악하고 실시해야 하며 광범위하게 동시에 실시해야 한다.

■ 위생해충이 전파하는 감염병

위생 해충, 쥐	전파 감염병
모기	• 말라리아, 일본뇌염, 사상충증 (구제법 : 산란장소의 소멸, 살충제 살포)
파리	• 파라티푸스, 장티푸스, 이질, 콜레라 (구제법 : 방충망, 살충제, 끈끈이 테이프 등)
바퀴벌레	• 살모넬라증, 장티푸스, 이질, 콜레라 (구제법 : 붕산, 아비산을 빵, 곡물에 묻힘)
이	• 발진티푸스, 제귀열, 페스트 (살충제 살포)
진드기	• 유행성 출혈열, 페스트, 발진열
벼룩	• 페스트, 발진열 (구제법 : 주거 청결, 쥐를 없애고 일광소독)
쥐	• 유행성 출혈열, 페스트, 살모넬라증 (구제법 : 쥐약, 쥐덫, 살서제(독), 천적인 고양이와 족제비에 의한 구제)

■ 장티푸스
- 제1군 감염병으로 살모넬라균으로 인한 급성열성 질환이다.
- 전파경로 : 병원균보균자의 대변에 의해 오염된 물이나 식품이 매개이다.
- 여름에서 가을에 주로 발생한다.
- 일종의 열병으로 경구침입 감염병이다(소화기계 감염병).
- 증상은 지속적 고열, 두통, 간장, 상대적 서맥, 비장종대 등이 있다.

■ 콜레라
- 전파경로 : 오염된 손, 음식물에 의해 경구감염된다.
- 증상 : 설사 및 구토와 고열이 있다.

■ 세균성이질
- 전파경로 : 오염된 손, 파리, 오염된 음식물에 의한 경구감염이다.
- 증상 : 오한과 복통, 설사, 점혈변이 배출된다.

■ 일본뇌염
- 전파경로 : 모기에 의해 감염된다.
- 증상 : 고열과 두통이 있다(어린이와 노약자가 많이 걸림).

■ 유행성이하선염
- 전파경로 : 환자와 직접 접촉, 오염된 물품으로 감염, 비말 감염된다.
- 증상 : 부어오르고 통증이 난다.

■ 유행성출혈열
- 전파경로 : 진드기 등과 같은 곤충이다.
- 증상 : 고열이 나고, 전신마비시 치사율이 높다.

■ 광견병(공수병)
- 전파경로 : 광견의 타액을 통해 감염된다.
- 증상 : 음식이나 물을 싫어하며 정신 이상 증세가 나타난다.
- 인수공통 감염병이다.

■ 홍역
- 전파경로 : 환자의 분비물로 비말감염, 감수성지수가 95%로 두창과 더불어 높다(가장 많이 발생).
- 증상 : 발열과 발진, 눈의 충혈 등이 나타난다.
- 1~5년 간격으로 유행하는 제2군 감염병이다.

■ 폴리오(유행성소아마비, 급성회백수염)
- 전파경로 : 오염된 음료수 및 음식물에 의해 경구감염된다.
- 증상 : 전신에 통증, 마비와 호흡곤란 등이 나타난다.

■ 페스트
- 전파경로 : 쥐나 벼룩에 의해 감염, 접촉감염 및 포말감염된다.
- 증상 : 오한, 두통, 고열(잠복기는 2~7일 전후) 등이 나타난다.
- 예방접종 : 사균백신을 이용한다.

■ 발진티푸스
- 전파경로 : 이의 흡혈시 접촉감염, 상처침입, 먼지를 통한 호흡기계로 침입한다.
- 증상 : 두통, 고열, 발진이 있다.
- 병원체는 리케차, 환자격리 및 살충제를 살포하며 사멸한다.

■ 말라리아
- 전파경로 : 모기에 의해 감염된다.
- 증상 : 오한과 발열 증상이 나타난다.

■ 발진열
- 전파경로 : 쥐와 벼룩에 의해 감염된다.
- 증상 : 두통, 고열, 발진(출혈성 발진도 있음) 등이 나타난다.

■ 결핵
- 전파경로 : 신체의 모든 부분에 침범하며 폐에 가장 많이 감염되고 객담이나 비말을 통해 전파된다.
- 수건을 통해 감염되는 트라코마(눈병)와 함께 이·미용업소의 시술 과정에서 감염될 가능성이 가장 크다.
- 증상 : 미열과 마른기침, 피로, 식욕상실, 안색이 좋지 않다.
- 예방접종 : BCG 예방접종을 한다.

■ **파상풍**
- 전파경로 : 상처부위로 오염된 흙이나 먼지에 의해 감염된다.
- 증상 : 경련, 마비 등이 나타난다.
- 예방접종 : 아나톡신을 접종한다.

■ **성병**
- 전파경로 : 직접감염이나 오염된 물품에 의해 간접감염된다.
- 증상 : 임질, 매독, 연성하감 등이 있으며 임질의 경우 불임증과 실명, 관절염, 결막염 등의 원인이 되기도 한다.

■ **검역 감염병**
- 검역은 감염병의 감염이 의심되는 사람을 강제격리시키는 것이며 감염병의 최장 잠복기간을 격리기간으로 한다.
- 검역질병의 종류에는 콜레라, 페스트, 황열이 있으며 감시기간은 콜레라는 120시간, 페스트와 황열은 144시간이다.

■ **감염병 전파예방대책**
- 감염원 대책으로는 환자의 신고, 보균자의 검색, 역학조사이다.

 TIP 감염병 발생시 일반인이 취해야 하는 사항

- 예방접종을 받는다.
- 주위환경을 청결히 하고 개인위생에 힘쓴다.
- 필요한 경우 환자를 격리한다.

8 기생충질환 관리

■ **기생충질환의 원인과 예방**
- 비위생적인 일상생활, 비과학적 식생활습관, 분변의 비료화와 비위생적 영농방법이 원인이다.
- 손 씻는 습관과 위생적인 생활로 감염을 차단한다.

회충	• 기생충 중에서 가장 많이 발생(우리나라) • 위에서 부화하여 심장 → 폐포 → 기관지 → 식도 → 소장에 정착(70~80일 성충이 산란) • 감염경로 : 오염된 손, 생야채, 파리, 음료수에 의한 경구감염 • 증세 : 발열, 구토, 소화장애, 식욕 이상, 복통 • 예방 : 분변의 합리적 처리, 청정채소, 정기적인 구충제 복용, 위생적 생활습관 등
요충	• 4~10세 어린이의 집단감염(동거 생활자 유의) • 감염경로 : 불결한 손이나 음식물을 통해 성숙충란이 경구로 침입 후 맹장에서 기생하여 45일 전후면 항문주위에 나와 산란 • 증세 : 항문주위의 소양증과 습진 • 예방 : 집단구충제 복용, 내의 및 손의 청결과 침실소독이 필요

편충	가장 감염률이 높음(우리나라)
구충	• 십이지장충이라고도 함 • 감염경로 : 경피, 경구로 침입 • 예방 : 맨발로 작업금지, 밭의 분변사용 금지, 음식은 가열, 채소는 5회 이상 흐르는 물에 씻기

■ **조충류**
- 무구조충증과 유구조충증, 광절열두조충증이 있다.

무구조충 (민촌충)	• 감염경로 : 오염된 풀 → 소 → 사람(쇠고기를 날것으로 섭취) • 증세 : 불쾌감, 식욕부진, 소화불량, 상복부동통 등 • 예방 : 쇠고기는 충분히 익혀서 섭취
유구조충 (갈고리촌충)	• 감염경로 : 충란 오염물 → 돼지 → 사람 • 증세 : 두통과 설사, 식욕부진, 소화불량 등 • 예방 : 돼지고기를 완전히 익혀서 섭취
광절열두조충증 (긴촌충증)	• 감염경로 : 충란은 수중 물벼룩(제중간숙주)이 섭취 • 송어, 연어(제2숙주) 등이 섭취 → 사람 • 증세 : 식욕부진, 신경장애, 영양불량, 위통 • 예방 : 송어와 연어의 생식을 금함

- 무구조충은 소가 중간숙주이며 사람이 마지막 숙주이다.
- 유구조충은 돼지가 중간숙주이며 사람이 마지막 숙주이다.

■ **흡충류**

간디스토마증 (간흡충증)	• 제중간숙주는 왜우렁이 • 제2중간숙주는 잉어, 참붕어, 피라미 • 경구침입 • 인체 기생부위는 담관을 통해 간장에서 기생(간에 침입) • 인체감염형은 피낭유충
폐디스토마증 (폐흡충증)	• 제중간숙주는 다슬기 • 제2중간숙주는 가재, 게 • 복강에서 횡격막을 뚫고 폐에 침입
요코가와 흡충증	• 제중간숙주는 어패류, 다슬기 • 제2중간숙주는 민물고기(은어) • 모세혈관이나 림프관에 침입

■ **원충류**
- 이질아메바증 : 경구침입으로 감염된다(분변을 통한 식품으로 감염).
- 질트리코모나스증 : 목욕탕, 변기, 불결한 성행위 등으로 감염된다.
- 경피감염기생충은 십이지장충(구충), 말라리아원충이 있다.
- 중간숙주가 없는 기생충은 회충, 구충, 편충, 요충이 있다.

⑨ 성인병 관리

■ 성인병의 원인과 종류

● 성인병은 35~40세 이상에서 발병률이 증가하는 병을 총칭한다.
● 노화현상과 결부되며 생활환경, 식습관, 노동조건 등 여러 가지 요인이 작용된다.
● 주된 병으로는 고혈압, 당뇨, 악성종양 등이며 뇌혈관 질환, 암 및 심장의 질환 등이 있다.
● 의학적으로는 만성퇴행성질환이라고 하며 점점 나빠진다는 것을 의미한다.

■ 성인병의 특징

● 쉽게 걸리나 잘 낫지 않는다.
● 주로 40대 이후의 성인에게 많이 발생한다.
● 유전적 영향이 강하다.
● 주된 원인은 과식, 음주, 흡연, 운동부족 등이다.
● 약물 치료보다 식이요법과 운동요법이 최선이다.
● 재발되기 쉽다.

■ 성인병의 예방

● 특정 병인이 있는 것은 아니어서 특별한 예방 방법은 없으나 평소 식습관의 개선과 운동 등에 의해 기본적인 관리 차원의 예방은 할 수 있다.
● 정기적인 건강 검진과 평소의 건강관리가 중요하다.
● 초기에 발견하여 치료하는 것이 좋다.

■ 고혈압

● 고혈압은 정상 범위의 혈압보다 높은 혈압의 만성 질환이다.
● 염분의 섭취를 줄이고 술과 담배는 삼가고 적당한 운동을 병행한다.
● 비만이 되지 않도록 하며 스트레스 해소에 신경 쓰고 콜레스테롤 식품에 주의한다.

■ 당뇨병

● 당뇨병은 인슐린 작용의 부족으로 만성 고혈당증을 가지며 여러 가지 특정 대사 이상을 수반하는 질환이다.
● 비만이 되지 않도록 체중을 줄이며 과식, 약물남용을 피하고 적당한 운동과 스트레스 해소에 신경 쓴다.

■ 뇌졸중

● 뇌졸중은 뇌기능이 전체적으로나 부분적으로 급속한 장애가 발생하여 오래 지속되는 것이다.
● 비만에 주의하고 규칙적인 운동으로 혈액순환이 원활하게 도우며 충분한 수면과 스트레스 해소에 신경 써야 한다.
● 정기적으로 혈압을 체크하고 음주와 흡연을 피하며 콜레스테롤을 낮춘다.

■ 동맥경화증

● 동맥경화증은 동맥이 좁아지는 질병으로 동맥의 탄력이 떨어지거나 동맥에 혈전이 생기는 등의 이유로 발생되며 뇌혈관에 생기면 뇌졸중, 심장에 생기면 심근경색증이 된다.
● 걷거나 달리는 움직이는 유산소 운동이 규칙적으로 이루어지게 한다.
● 지방의 과잉섭취와 흡연을 피하고 스트레스를 해소하는데 노력한다.

■ 심근경색증

● 심근경색증은 심장혈관이 혈전이나 연축 등의 요인으로 갑자기 막히면서 심장의 근육이 손상되는 질환이다.
● 흡연을 삼가고 고혈압, 당뇨병, 고지혈증에 주의한다.
● 비만이 되지 않도록 하며 규칙적 운동을 하고 저지방식과 신선한 과일과 채소를 섭취하는 것이 좋다.

■ 심부전증

● 심부전증은 심장의 구조나 기능적인 이상으로 심장이 혈액을 받아들이는 기능이나 내보내는 기능이 감소하여 조직에 필요한 혈액을 제대로 공급하지 못해서 발생하는 질환이다.
● 음주, 스트레스에 주의하고 비만과 빈혈에 주의한다.
● 과로와 심한 운동을 피하고 염분이 적은 식사를 해야 한다.

■ 골다공증

● 골다공증은 뼈의 강도가 약해지면서 골절이 쉽게 되는 질환이다.
● 칼슘과 비타민 D의 섭취를 늘리고 술, 담배, 커피를 삼간다.

■ 빈혈

● 빈혈은 저산소증을 초래하는 경우로 인체 조직의 대사에 필요한 충분한 산소를 공급하지 못해서 나타나는 현상이다.

- 편식을 하지 말고 철분 함량이 많은 식품을 먹으며 가공식품
  의 섭취를 줄인다.
- 과로가 되지 않게 하고 맑은 공기를 마신다.

■ 간경변증

- 간경변증은 간의 기능이 저하되는 것으로 만성적인 염증으로
  인해 정상적인 간 조직이 섬유화 조직으로 바뀌면서 나타난다.
- 음주나 약물남용, 과로를 피하고 B형 간염 예방백신을
  접종하여 예방한다.

■ 지방간

- 지방간은 간에 지방이 차지하는 일반적인 비율보다 지방이
  많이 축적된 상태를 말한다. 알코올성 지방간과 비알코올성
  지방간(당뇨병, 고지혈증, 약물, 비만 등으로 인한 지방간)이
  있다.
- 음주와 비만의 위험을 피하고 식이요법과 운동요법을 해야
  한다.
- 정기 검진으로 조기 발견이 중요하다.

10 정신보건(정신건강)

■ 정신보건

- 정신보건이란 정신장애 치료 및 예방을 통해 국민정신건강의
  향상을 위해 의학적, 교육적, 생물학적, 사회적인 면에서
  협력하여 더 나은 인간관계를 갖게 하려는 것이다.
- 정신보건과 정신건강은 정신위생을 대신하는 말로 같은
  의미로 해석된다.

■ 정신보건의 역사

- 프랑스의 P.피넬(1745~1826)에 의해 정신이상도 병의 한
  종류라고 인식한데서 시작되었다.
- 미국의 C.비어스(1876~1943)는 정신병원에 대한 책을
  저술하여 조직적 운동으로 전개되었다.
- 1948년 미국에서는 국민정신건강법이 제정되었으며
  J.F.케네디의 정신보건법이 1963년 공포되어 공동책임, 예방,
  치료, 사회복귀를 위해 지역사회가 노력하고 있다.
- 우리나라에서는 1995년 정신보건법이 국민의 정신건강증진을
  위해 제정되었다.

■ 정신보건의 필요 활동 사항

- 환자의 조기 발견
- 입원과 치료
- 퇴원 후의 후속치료
- 환자의 처우 개선
- 가족에 대한 사회 지원
- 예방문제
- 완치 후의 사회복귀

11 이·미용 안전사고

- 안전사고란 위험소지가 있는 장소에서의 부주의, 안전수칙의
  위반이나 안전교육의 미비로 인해 사람이나 재산에 피해를
  주는 사고를 말한다.

■ 미용의 안전사고

- 미용의 안전사고는 고객의 안전과 미용사의 안전으로 나누어
  살펴볼 수 있다.
- 미용의 안전사고는 미용의 전반적인 기술을 행함에 있어
  미용사나 고객이 상해를 입는 것으로, 기본적인 안전 수칙
  이외에도 미용지식과 기능적인 면에서 충분한 숙지와 숙련을
  통해 안전사고의 예방이 이루어져야 한다.

고객의 안전사고	헤어의 펌이나 탈·염색제에 의한 두피의 손상, 가위나 아이론, 드라이어 등의 동작 부주의나 미숙에 의한 신체적 손상, 네일아트의 제품이나 기구 미숙에 의한 손상, 메이크업 도구 및 기능미숙에 의한 손상, 피부관리 기기 및 제품 등에 의한 손상 등이 있다.
미용사의 안전사고	가위동작, 아이론의 부주의나 미숙에 의한 손상, 네일아트 제품에 의한 손상 등이 있다.

■ 미용 안전사고 예방과 대책

- 미용의 안전사고는 미용사 자신보다는 고객에게 피해를 줄 수
  있는 사고가 더 많으며 기능적인 면에서의 미숙에 의해 더
  많이 일어날 수 있는 부분이다.
- 미용 안전사고의 예방을 위해서는 우선 가장 기본적인 위생적
  인 수칙은 물론 제품의 사용용도 및 방법을 충분히 알고
  있어야 하며 다음으로 사용상의 기능적인 면에서 충분한
  숙련이 되어 있어야 한다.
- 미용 안전사고가 발생했을 때의 대책으로 가장 먼저 해야 할
  것은 기본적 응급처치 및 이상 징후의 빠른 판단에 의한 더
  이상의 진행을 막아야 한다.
- 제품에 의해 발생되는 만성적인 것의 안전사고는 제품
  사용용도를 충분히 알고 제품에 노출을 줄이는 것이 필요
  하다.

34 S·e·c·t·i·o·n 가족 및 노인보건

1 인구

■ 인구조사

● 출생이나 사망, 이동 등에 의해서 변동되는 인구를 어떤 일정 기간동안 조사해서 나타난 상태를 인구정태라 한다.

● 우리나라에서 인구정태조사(국세조사)는 5년마다 이루어지고 있다.

● 인구동태는 출생과 사망, 전입이나 전출 등에 의한 일정기간의 변동조사로 자연증감이나 사회증감이 발생한다.

● 자연증가율의 결정요인은 출생과 사망이다.

● 자연증가에서 사회증가를 합한 것이 인구의 증가이다.

■ 연령별 인구구성 형태

피라미드형	• 인구증가형 • 사망률이 출생률보다 낮음 • 14세 인구가 65세 인구의 2배
항아리형	• 인구 감퇴형으로 선진국형 • 출생률이 사망률보다 낮음
종형	• 인구정지형으로 가장 이상적인 형태 • 출생률과 사망률이 모두 낮음
별형	• 도시형으로 15~49세의 인구가 가장 많음
호로형	• 농촌형으로 15~49세의 인구가 가장 적고 유출형이라고도 함

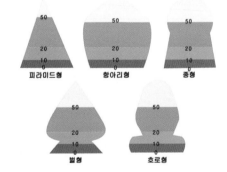

2 가족계획과 모자보건

■ 가족계획(출산계획)

● 결혼이나 출산에 의한 가족사항을 계획하는 것으로 낳고 싶을 때 자녀를 낳아 기르는 것에 대한 계획이다.

● 가족계획의 구체적인 내용은 결혼조절, 초산연령조절, 출생간격조절, 출생횟수조절, 출산의 계절조절, 임신 중 태아관리 및 출산 전·후의 모성관리, 영유아의 건강관리이다.

● 피임법에는 영구적 피임법(정관절제 수술이나 난관결찰수술)과 일시적 피임법(콘돔 사용, 성교중절법, 기초체온 이용법, 경구피임약)이 있다.

■ 모자보건과 영유아보건

● 모성사망의 주요원인은 임신중독증, 출산전·후의 출혈, 자궁외 임신, 유산, 산욕열이다.

● 모성보건의 3대 사업목표 : 산전관리, 산욕관리, 분만관리이다.

● 영·유아사망의 3대 원인은 폐렴, 장티푸스, 위병이다.

● 모성보건대상은 임신 중의 여성과 분만 후 6개월미만의 수유기 여성을 중심으로 관리해야 한다.

● 영유아기는 가장 사고, 사망이 많은 시기로 생후 1주만은 생아, 생후 4주까지는 신생아, 생후 1개월에서 1년 미만을 영아, 만 1년부터 취학전은 유아라고 한다.

3 노인보건

● 노인이란 나이가 들어 늙은이라는 뜻을 가지고 있으며 나이가 들어감에 따라 신체적, 정신적, 사회적인 면에서 사회의 적응능력이 쇠퇴하는 시기의 어른을 지칭한다.

● 일반적으로 65세 이상의 어른을 노인으로 본다.

● 노인보건이란 다수의 노인에게 나타나는 공통적인 어려움을 보건적인 측면에서 접근하여 노인의 건강과 생명을 보호하고 증진하는 것을 말한다.

■ 노인이 되어 어려운 문제

● 신체적 노화현상에 따른 심리적 무력감이 온다.

● 사회적인 소외에 따른 지위와 사회영역의 축소가 있다.

● 경제적 미수입에 따른 생활의 곤란이 올 수 있다.

● 노인의 능력, 지식은 가치가 저하된다.

■ 노인 복지

● 퇴직 후의 생계보장(연금, 의료보장)

● 경로우대제, 생업지원, 세제 혜택, 시설복지(양로시설, 노인요양시설)

35 Section 환경보건

1 환경보건의 개념

■ 환경위생(자연적, 사회적, 인위적 환경)
- 자연적 환경은 공기, 토지, 식물, 물, 일광, 동물이며 인위적 환경은 의복, 음식물, 건물(의·식·주)이고 사회적 환경에는 정치, 경제, 교육, 인구 등이 있다.
- WHO의 환경위생의 정의는 인간의 건강이나 발육, 신체에 유해한 영향을 주거나 줄 수 있는 가능성이 있는 인간의 물리적인 생활환경의 요소를 통제하는 것이다.

■ 기후와 위생
- 기온, 기습, 기류, 기압이 있다.

■ 기온(온도)
- 실내의 쾌적한 온도는 18±2℃ (16~20℃)이다.
- 온열의 조건으로는 기온, 기습, 기류, 복사열이 있다.
- 기온이 10℃ 이하에서는 난방을 실시하며 기온이 26℃에서는 냉방을 실시한다.
- 체온은 36.5℃의 범위가 가장 적당하다.
- 실내·외의 온도차는 5~7℃ 이내로 냉·난방을 실시한다.
- 머리와 발의 온도 차이는 2~3℃가 넘지 않아야 한다.
- 의복에 의한 체온조절의 범위는 10~26℃이다.
- 감각온도(체감온도)의 3요소는 기온, 기습, 기류이다.
- 기온의 측정은 실내에서는 1m 높이에서 측정하고 보통 지상에서는 1.5m 의 높이에서 측정한다.

쾌적한 온도	18±2℃ (16~20℃)
사무실	15~20℃
작업장	1~20℃
막노동	5~15℃

■ 기습(습도)
- 적정습도는 40~70%로 알맞은 습도는 65% 전·후이다.
- 공기 중의 수증기를 말하며 건습구 온도계로 측정하고 기온이 가장 높은 오후 2시경이 습도는 최저습도 상태이다.
- 낮은 습도(호흡기 점막에 영향, 화재의 위험), 높은 습도(덥고, 땀의 발산, 피부질환 발생)가 있으며 높은 습도는 불쾌감을 준다.

■ 기류(바람)
- 공기의 흐름과 방향을 말하며 카다온도계(단위 면적에 따라 손실된 열량으로 공기의 냉각력 측정 및 실내공기를 측정하는 데 쓰는 기구)를 사용한다.
- 기류의 작용은 체온조절, 발열작용, 신진대사의 원활, 자연, 주거, 대기환기에 작용한다.

■ 기류의 비교

실외기류	실내기류	무풍	불감기류
1m/ 내·외	0.2~0.3m/초	0.1m/초	0.2~0.5m/초

■ 기압(대기의 압력)
- 1기압은 0℃에서 760mmHg의 압력(1013.2mb)이다.

TIP
- 습구온도계는 기온, 기습, 기류를 동시에 나타낸다.
- 온도와 습도는 반비례관계이며 쾌적한 생활을 위해서는 온도와 습도가 반비례해야 한다.
- 불쾌지수(DI : Discomfort index)는 실제로 불쾌감을 느낄 수 있는 지수를 말하며 기온과 기습에 의해 산출된다(건구온도 + 습구온도 × 0.72 + 40.6).

■ 공해
- 국민의 건강이나 생활환경에 피해를 주는 요소이다.
- 오염물질로는 매연, 먼지, 가스 등 대기 중에 배출되어 오염의 요인이 되는 물질이다.
- 소음공해가 진정건수가 가장 많은 공해이다.
- 공해에는 대기오염, 소음과 진동, 토양오염, 수질오염, 악취, 방사능오염 등이 있다.
- 공해의 피해는 환경의 파괴, 정신적인 피로, 경제적 손실 등이다.

2 대기환경

■ 공기와 위생
- 사람은 공기가 없으면 살 수가 없으며 1일 성인의 공기 필요량은 13kℓ이다.

■ 공기의 성분

질소(N_2)	산소(O_2)	아르곤(Ar)	이산화 탄소(CO_2)
78.09%	20.93%	0.93%	0.03%
이외 헬륨(He), 네온(Ne), 수소(H), 오존(O3), 크레톤(Xe) 등이 있다.			

- 공기 중에는 질소의 성분이 가장 많으며 질소와 산소의 비율은 4 : 1이다.

■ 공기의 자정작용
● 희석작용(공기자체 희석)
● 세정작용(비나 눈에 의해 분진의 세정, 용해가스 세정)
● 살균작용(자외선에 의한 살균)
● 산화작용(O_2, O_3, H_2O_2에 의한 산화작용)
● 탄소동화작용(식물의 CO_2와 O_2의 교환작용)

■ 공기의 유해성분
● 일산화 탄소, 아황산가스, 진애(먼지나 티끌), 진폐이다.
● 진폐의 경우 석폐(돌가루), 탄폐(석탄이나 목탄가루), 규폐(규산염류)가 있다.

■ 군집독
● 특정 공간에 많은 인원이 밀집되어 있을 경우 실내공기의 오염(오염된 공기의 물리적, 화학적 제조성의 악화)으로 불쾌감, 두통, 구토, 현기증, 식욕저하, 권태 등의 증상이 나타나는 것이다.
● 호흡에 의해 이산화탄소(CO_2)량이 많아지고 온도와 습도의 상승, 기류부족으로 불쾌해지며 공중균수도 증가한다.

■ 질소(N_2)
● 공기 중에 78.09%로 가장 많이 함유되어 있으며 비독성 가스로 인체에 직접적인 영향은 없다.
● 공기 중의 산소의 작용을 도우며 비료나 화학공업의 원료로 쓰인다.

■ 산소(O_2)
● 적혈구속의 헤모글로빈과 친화되어 혈액과 같이 체내를 순환한다.
● 공기 중에 20.93%를 함유하고 있다.
● 산소의 결핍은 저산소증을, 산소의 양이 많을 때는 산소중독증이 된다.
● 호흡곤란은 10%이하의 산소량, 질식사는 7%이하의 산소량일 경우 발생한다.

■ 이산화탄소(CO_2)- 실내공기오염지표
● 탄산가스라고도 하며 인체의 호흡과 함께 뱉어져 나오게 된다.
● 공기 중에 0.03~0.04%가 존재하며, 공기보다 1.5배 무겁다.
● 무색, 무미, 무취로 비독성이다.
● 서한량(허용한계)는 0.1%이며 7%에서는 호흡에 곤란이 오고 10% 이상일 경우 사망에 이를 수 있다.

■ 일산화탄소(CO)
● 숯이나 연탄의 불완전연소로 발생하게 되며 물체가 탈 경우

처음과 끝에 많이 발생한다.
● 무색, 무미, 무취이다.
● 공기중 0.9% 차지하며 공기보다 조금 가볍다.
● 환절기와 겨울철에 많이 발생한다.
● 환경기준은 8시간 평균치 기준은 9ppm이하, 1시간 평균치 기준은 25ppm이하이다.
● 허용한계(서한량)는 4시간 기준에서는 400ppm(0.04%)이며 8시간 기준에서는 100ppm(0.01%)이다.
● 적혈구 속 헤모글로빈과의 친화력은 산소(O_2)보다 강하다 (200~250배)
● 일산화탄소(CO) 중독의 예방은 가옥의 개선, 연료의 개선, 보건교육을 통한 개선이 필요하다.
● 일산화탄소(CO) 중독의 휴유증은 정신장애, 시야협착, 의식소실, 신경기능 장애이다.

■ 아황산가스(SO_2)- 대기오염의 지표
● 매연 중에서 발생한다(도시공해 요인).
● 금속을 부식시키고 농작물에 피해를 준다.
● 유독가스체로 호흡곤란, 가슴의 통증, 자극을 일으킨다.
● 공기보다 무겁고, 취기가 강하다.
● 허용량은 0.02ppm 이하(연간평균치)

■ 오존
● 살균작용이 있으며 10ppm일 때 권태나 폐렴증세가 나타난다.

• 연탄가스 발생 시 질식을 일으키는 가스는 CO, 자극성가스는 SO_2이다

■ 대기오염
● 대기오염의 종류에는 CO(일산화탄소), 질소산화물(NO), 황산화물(SO), 탄화수소(HC), 분진 등이 있다.
● 질소산화물(NO)은 일산화질소(NO)와 이산화질소(NO_2)이며 황산화물(SO)이란 이산화황(SO_2-아황산가스)과 삼산화황(SO_3- 무수황산)을 총칭한다.
● 대기오염의 발생원인은 교통기관의 배기가스, 화학공장 등의 매연이나 가스, 석탄, 석유의 불완전연소이다.
● 대기오염의 피해는 인체의 피해(호흡기질환, 피부, 눈), 식물의 피해(SO_2에 의한 동물과 식물의 피해), 물질의 피해(건축재료나 금속의 훼손과 부식), 경제적손실과 정신적인 영향, 자연환경의 변화, 부유분진의 경우 시정을 흐리게 하며 자동차운행에 지장을 주는 것이다.

- 대기 환경기준은 아황산가스(SO_2), 일산화탄소(CO), 질소산화물(NO_2), 부유분진(TSP), 옥시던트(Oxidant), 탄화수소(HC)이다.
- 대기오염 방지법은 공장의 이전이나 인구의 분산, 녹지대 조성, 높은 굴뚝에 의한 매연의 확산은 오탁도를 낮게, 대기오염 방지에 대한 교육 및 감시원의 확충, 대기오염방지 목표에는 생태계 파괴 방지, 경제적 손실 방지, 자연환경의 악화 방지가 있다.
- 대기가 오염되면 호흡기 질환이 건강장애로 가장 먼저 나타난다.

■ 기온역전
- 기온역전은 기온의 급격한 변화로 상부기온이 하부기온보다 높은 상태를 말한다. 찬공기 위에 따뜻한 공기가 위치할 때 기온역전이라고 한다(대기오염을 주도).
- 복사성 역전(밤에 지면의 냉각으로 이루어지며 겨울철이 여름보다 심함)과 침강성 역전(고기압의 영향)이 있다.

❸ 수질환경

■ 물
- 물은 인체 구성성분의 65%를 차지하며 호흡과 체액순환, 체온조절과 유지, 신진대사, 음식물의 소화, 운반과 흡수, 노폐물 제거, 배설 등을 돕는다.
- 10~15% 상실(탈수현상), 20% 이상 상실(신체이상)
- 1일 필요량은 2.0~2.5ℓ이다.

■ 수질오염의 지표 - 대장균
- 대장균은 수질오염의 지표로 이용되며 그 이유는 오염원과의 공존, 검출방법이 용이하고 정확하기 때문이다.

■ 먹는 물(음용수)의 구비조건
- 무색투명, 무미, 무취해야 한다.
- 경도 300mg/ℓ(ppm)을 넘지 않아야 한다.
- 2도의 탁도를 넘지 않고 4도의 색도를 넘지 않아야 한다.
- 대장균수는 물 50cc 중에 검출되지 않아야 한다.
- 세균수 1cc 중 100을 넘지 않아야 한다.
- 병원체나 유독성 물질을 함유하지 않아야 하며 불소가 적당해야 한다.

■ 물의 경도
- 연수(단물)와 경수(센물)가 있으며 연수는 음용수, 세발, 세안, 세탁에 적당하며 비누가 잘 풀리고 거품이 잘 난다.

- 경수는 세발, 세안, 세탁, 공업용수로도 부적당(음용시 설사)하며 비누가 잘 풀리지 않아 거품도 잘 나지 않는다. 일시경수(끓이면 연수가)와 영구경수(끓여도 경도가 낮아지지 않음)로 나누어진다.

■ 물에 의한 질병
- 수인성 전염병에는 장티푸스, 콜레라, 이질, 파라티푸스, 유행성 간염 등이 있다.
- 수인성 기생충에 의한 질환으로는 간디스토마, 폐디스토마, 회충, 편충, 구충, 주혈흡충증 등이 있다.
- 화학물질에 의한 질병

이따이이따이병	카드뮴에 의한 중독 (광산지역 하천에 의한 오염식물 섭취)
미나마타병	수은에 의한 중독 (산업폐수에 의한 오염 어패류 섭취)
반상치 (반점후석화)	불소함량이 많은 물의 섭취
우치 (삭은 이)	불소함량이 없는 물의 섭취 (우치예방 수중불소량 : 0.8~1.0ppm)
청색아	질산성질소에 의한 중독

■ 먹는 물(음용수)의 소독법

자비소독	물을 끓이는 방법(가정에서 주로 이용)
여과법	불완전 소독법(바이러스 통과)
자외선	일광에 의한 소독
오존	탈취작용, 바이러스에 효과적
염소소독	상수도(염소소독)- 우리나라 상수도법에 명시
표백분	우물물, 풀장 등 대량소독에 적합

- 우리나라 상수도법에는 염소(Cl_2)로 소독하도록 되어 있다.
- 정수과정

침전 → 여과 → 소독(염소) → 급수

- 상수도의 급속 여과 시 사용되는 약품은 액체 염소이다.

■ 염소(Cl_2) 소독
- 유리 잔류 염소량 : 0.2ppm 이상 (전염병 발생시 유리잔류 염소량 : 0.4ppm 이상)
- 결합 잔류 염소량 : 1.5ppm 이상
- 잔류염소량은 물 속에 염소를 넣고 일정시간 경과 후 남아있는(유리되어 있는) 염소의 양이다.

●염소(Cl_2)소독의 장·단점

장점	• 소독효과가 빠름
	• 침전물이 생기지 않음
	• 주입시 조작이 간편함
단점	• 냄새와 맛을 느끼게 하며 독성이 강함

●하수는 인간의 생활과 산업으로 인해 생기는 오수 및 빗물, 즉 쓰지 못하는 물을 말한다.
●하수에는 오수(공장폐수를 포함한 모든 더러워진 물)과 천수 (눈, 비)가 있다.

■ 하수처리
●하수처리 과정은 예비처리 → 본처리 → 오니처리 순이다.
●예비처리는 큰 부유물질을 제거하고 광물질의 부유물질(토사 등)을 침전제거한다.
●침전법이나 황산알루미늄을 주입하는 약품침전법을 이용한다.
●본 처리는 혐기성 처리와 호기성 처리가 있다.

혐기성처리	• 산소가 없는 상태로 혐기성 미생물의 작용에 의해 수중의 유기물을 분해하는 것
	• 최종산물은 물, 탄산가스, 메탄, 암모니아
	• 액체와 고체의 분리와 부패작용으로 악취가 남. 소규모 분뇨처리에 사용
호기성처리	• 살수여과법, 활성오니법, 관개법, 산화지법
	• 활성오니법은 충분한 산소를 공급, 호기성균을 촉진시켜 유기물을 산화시키는 방법으로 도시하수처리에 가장 많이 이용되며 살수여과법에 비해 경제적

●오니처리는 마지막 단계의 최후처리로 지역과 종류에 따라 처리하는 방법이 다르며 육상투기, 해양투기, 사상건조법, 퇴비화, 소화법 등이 있다.

■ 하수처리의 목적
●전염병이나 질병의 전파를 방지하고 생활환경의 청결과 악취 발생을 방지하며 상수도원의 오염방지, 자연환경 파괴방지, 위생해충이나 쥐들의 서식방지, 어류의 폐사방지가 목적이다.

■ 하수 오염의 측정
●BOD량(생물학적 산소 요구량)은 유기물을 분해시키는데 소모되는 산소량으로 하수오염을 측정하는데 주로 사용되며 ppm으로 표시하고 수치가 높다는 것은 부패성 유기물질이 물 속에 많다는 것을 의미(하천방류시 30ppm이하)한다.
●DO량(용존산소)는 수중에 용해되어 있는 산소로, 용존산소는 수치가 클수록 좋고 하수처리 및 방류 후 하천에 미치는 영향을 알아보는데 중요하며 어류생존에 DO는 5ppm이상(BOD는 5ppm 이하)이어야 한다. DO의 부족시 혐기성 부패에 의해 메탄가스 발생과 악취가 난다.
●COD(화학적산소구량)은 호수나 해양오염의 지표로 사용되며 산화제에 의해 산화되는데 소비되는 산소량이다.

④ 주거 및 의복환경

■ 주택의 조건
●방향은 동남향, 남향, 동서향의 10도 이내 범위가 좋다.
●주택지로 사용할 수 있는 토지는 폐기물의 매립 후 적어도 20년은 경과해야 한다.
●주택지의 토지의 표면은 배수가 잘되고 건조하여야 한다.
●지하수는 3m 이상 깊이의 물이 좋다.
●일광, 채광, 통풍이 잘 되어야 한다.
●한 사람의 최소한의 공간은 10m³ 이상은 되어야 한다.
●단층일 경우에는 공지와 대지의 비율이 3 : 2정도이며 이층일 경우 공지와 대지의 비율은 5 : 5정도이다.

창문	• 창은 남향이 좋고 높이는 높을수록 좋다.
	• 벽 높이의 1/3정도, 벽 면적의 1/3정도
	• 방바닥 면적의 1/5~1/7정도
입사각	• 창문을 통해 빛이 들어올 수 있는 각도 28° 이상 (대향 물체가 없을 때)
개각	• 창문을 통해 빛이 들어올 수 있는 각도 4~5° 이상 (대향 물체가 있을 때)
천공광	• 북쪽 창에서 들어오는 직사광선 이외의 빛

■ 조명의 종류

전체조명	전체적으로 밝게 하는 조명	강당,가정
부분조명	정밀작업 시 부분을 밝게 하는 조명 (왼쪽 방향의 전방에 두는 것이 좋다.)	스탠드
직접조명	빛을 직접 들어오게 하는 방법	서치라이트
간접조명	반사된 빛을 이용한 방법	형광등

●직접조명법은 직접적으로 비추는 것으로 그림자가 가장 뚜렷하게 나타난다.
●눈을 보호하는 조명으로는 간접조명이 가장 좋다.
●형광등 〉백열등(수명과 효율 2~3배)

■ 조명의 조건
●눈이 부시지 않고 그림자가 생기지 않아야 하며 폭발이나 화재의 위험이 없어야 하고 취급이 간단해야 한다.
●깜박거림이나 흔들림이 없이 조도가 균등해야 한다.
●색은 주광에 가까운 것이 좋다.

미용실의 조명	75Lux 이상
정밀작업 시 조명	200~1,000Lux 정도

- 1룩스는 1촉광의 빛으로부터 1m 떨어진 거리에서 평면으로 비춰지는 빛의 밝기 정도이다.
- 조도는 밝기의 정도를 나타내며 조도의 단위는 Lux(룩스)이다.

■ 일광

● 일광은 가시광선, 자외선, 적외선이다.
● 가시광선은 400~800nm 사이의 파장으로 우리 육안으로 식별되는 색의 범위(빨주노초파남보색)이며 직사일광, 천공광이라고 한다.
● 자외선은 건강선, 도르노선, 화학선이라고도 하며 파장이 220~320nm (단파장)으로 피부 색소침착, 피부암 유발, 살균작용(여드름치료에 효과적), 비타민 D를 생성시켜 구루병을 예방, 눈에 심한 작용은 결막과 각막에 손상을 준다.

건강선	에르고스테론을 비타민 D로 환원시켜 구루병 예방
화학선	살균작용, 소독에 이용, 비타민 D 생성
도루노선	스위스 도루노가 발명

● 적외선은 파장이 650~1,400nm(장파장)으로 피부 보호작용(타박상, 외상치료, 종기에 좋다), 피부혈액순환증진, 온열자극(열선), 난로, 전기로, 미안술에 이용, 심하게 작용하면 일사병, 백내장 유발, 지상에 닿으면 기후에 작용한다.

■ 의복위생

● 의복착용의 목적은 미관상, 신체보호 및 신체청결, 체온조절(체온온도 36.5℃의 유지), 표식(구별)이다.
● 의복의 위생적 조건은 때가 덜 타고 세탁이 용이하며 가볍고 질감이 우수해야 하며 느낌이 좋은 것이 좋다.
● 의복으로 인해 피부병, 트리토마(수건), 안질, 결핵, 백일해, 장티푸스, 폐렴, 이질(속), 콜레라, 디프테리아 등이 전염된다.
● 의복은 함기성, 통기성, 흡수성, 보온성, 압축성, 내열성, 흡습성이 좋아야 한다.
● 의복의 재료로는 천연섬유(견, 모직, 목, 면, 마직)와 인조섬유(나일론, 비닐론, 아세테이트, 실크, 레이온)가 있다.
● 의복의 무게는 체중의 10%가 넘지 않는 것이 좋다.

36 Section 산업보건

1 산업보건의 개념

● 산업보건의 과제는 작업환경의 개선, 산업심리와 산업의 합리화, 근로자의 영양관리, 여성과 소년근로자의 보호, 산업보호기구, 산업재해, 직업법, 산업보건관리 등이다.

■ 산업보건의 목표

● 근로자의 정신적, 육체적, 사회적 복지를 증진하고 유지한다.
● 직업적인 질병의 예방과 사고예방으로 능률을 향상시키고 생산성을 확보 유지한다.
● 산업의 작업조건이나 작업장의 환경관리에 의해 유해물질로 인한 건강훼손을 방지한다.

2 산업재해

■ 주 직업병

규폐증	채광, 석공, 초기 작업장에서 발생. 폐의 기능장애로 유리규산이 원인
석면폐증	금속광산, 주물공(석면이 원인)
탄폐증	오래된 광부(석탄이 원인)
활석폐증	페인트공, 활석 채취공(활석이 원인)
열중증	이상고온장애, 용광로공이나 화부등에 잘 발생, 복사열이 강한 지역이나 고온,고습한 환경에서 작업할 경우(체온조절부족, 순환기능의 상실, 수분이나 식염의 손실) 증세 : 경련이나 열, 일사병
납중독	폐로 흡입되며 마비와 관절통증상
수은중독	미나마타병, 증세 : 치은괴사, 구내염, 혈성구토
카드뮴	이타이이타이병(공장폐수), 만성중독일 경우에는 폐기종, 신장장애, 단백뇨증상
잠함병	고기압일 경우 (잠수부)

고산병	저기압일 경우 (비행사)
난청	기계공, 조선공 (소음에 의한 증상)
근시안	인쇄 식자공, 시계공, 탄광부 등에 발생, 불량조명이 원인

● 진폐증은 분진 흡입에 의한 폐에 조직반응을 일으킨 상태이다.
● 불량 조명에 의한 직업병은 안정피로이다.
● 방사선에 의한 병으로는 백혈병, 조혈기능장애, 생식기능장애이다.

■ **산업피로의 원인과 재해 발생의 3대 요인**
● 산업피로의 원인은 작업의 강도와 지나친 시간, 휴식시간의 부족, 수면시간의 부족, 작업하는 자세가 나쁘거나 심리적인 요인이다.
● 산업재해 발생의 3대 요인은 작업방법의 문제, 관리소홀, 생리적인 문제이다.

TIP
• 13세 미만자는 근로자로 채용 못한다(13~18세까지는 보호연령).
• 임신한 여자와 18세 미만자는 유해하거나 위험한 사업에 종사하지 않는다.
• 3대 직업병 : 납중독, 벤젠중독, 규폐증이다.
• 자외선과 적외선의 과도한 노출은 피부와 눈에 문제를 일으킨다(자외선-설안염과 전기 안염 등이 있으며 장기간 조사시 백내장, 적외선- 백내장, 중심성 망막염).
• 불량조명에 의한 직업병은 안정피로, 근시, 안구진탕증이다.

■ **소음**
● 소음의 단위로는 phon(폰)과 음의 강도를 나타내는 dB(데시벨)가 있다.
● 소음에 의한 장애에는 일상생활에 장애, 신체적인 장애, 정서적인 장애이며 소음의 피해는 두통과 피로, 수면이상, 식욕감퇴 등이 있다.
● 소음의 허용한계를 살펴보면 한경보존법에서의 소음 허용한계는 40dB이며 일반 주택에서의 소음 허용한계는 낮에는 60phon이며 밤에는 50phon이다.

37 식품위생과 영양

S·e·c·t·i·o·n

1 식품위생의 개념

● 우리나라의 식품위생법에 의한 정의는 식품, 첨가물, 기구 또는 용기, 포장을 대상으로 하는 음식에 관한 위생이다.
● WHO의 식품위생 정의로 식품의 재배, 생산, 재료로부터 최종 사람에게 섭취될 때까지의 모든 관계에 걸친 식품의 안전성, 건전성 및 완전부결성을 확보하기 위한 모든 필요수단을 말한다.

■ **식중독**
● 식중독은 상하거나 부패식품을 섭취함에 의해 중독이 일어난 것을 말하며 일반적으로 단백질의 부패로 일어난다.
● 식중독의 종류에는 자연 식중독, 화학성 식중독, 세균성 식중독, 알레르기성 식중독이 있다.

■ **식물성 식중독(자연 식중독)**
● 자연에 의해 나타나는 식중독이다.

식물성 중독		동물성 중독	
독버섯 중독	무스카린	복어 중독	테트로드톡신
감자 중독 (감자싹부분)	솔라닌	모시조개	베니루핀
청매 중독 (설익은매실)	아미그달린	섭조개, 홍합	삭시톡신
맥각 중독 (보리,밀)	에르고톡신		

● 미나리(뿌리부분)는 시큐톡신이며 독맥(독맥의 이삭) 중독은 테물린이고 황변미 중독은 페니실리움 속의 균이다.
● 모시조개, 검은조개, 홍합, 굴 등에 의해 나타는 중독은 패류 중독이라고 한다.

■ **화학성 식중독**
● 화학적인 것에 의해 나타나는 식중독으로 유해 첨가물(인공감미료, 방부제, 살균제, 착색제, 방충제 등), 유해금속(납, 구리,

비소, 메틸알콜 등), 농약 및 살충제(DDT, 파라티온, 린덴 등)의 중독이 있다.

■ 세균성 식중독
● 여름과 가을에 많이 발생하며 전체 식중독의 80%을 차지하고 감염경로는 식품을 통한 인체감염이며 감염형 식중독과 독소형 식중독이 있다.

감염형 식중독	
장염비브리오 식중독	• 발병률(30~95%)이 가장 높음 • 해수, 어패류, 플랑크톤 등에 의해 감염 • 잠복기 : 1~26시간 • 증상 : 급성장염증상(주로 여름에 발병)
살모넬라증	• 발병률(10~75%)로 높은 편 • 육류, 어류, 유류가 원인식품 • 잠복기 : 12~48시간 • 증세 : 급성위장염 증세를 나타냄
병원성 대장균 식중독	• 병원성 대장균에 오염된 식품이 원인 • 잠복기 : 10~30시간 • 증세 : 두통, 발열, 설사, 복통

독소형 식중독	
포도상구균 식중독	• 발병률이 높다(장염비브리오균 보다는 조금 낮다), 치사율은 낮음(거의 없다) • 우유 및 유제품, 떡, 김밥, 도시락 등이 원인식품 • 증세 : 심한 설사 • 잠복기 : 1~6시간으로 잠복기가 짧음
보툴리누스균 식중독	• 치사율(30~70%) 가장 높음 • 육류 및 소시지, 통조림식품 등 밀봉식품 • 신경독소가 원인 • 증세 : 중추신경마비, 호흡곤란(생명위험) • 혐기성 상태에서 분비된 독소에 의함
웰치균 식중독	• 수육, 수육제품이 원인식품 • 증세 : 구토, 설사, 복통(생명에 지장없음) • 잠복기 : 10~12시간

■ 식중독의 예방
● 조리실이나 식품저장실, 기구, 손의 위생상태 등 세균에 의한 오염을 방지해야 한다.
● 생으로 먹는 음식을 피하고 가열살균된 음식을 먹는다.
● 식품 보관을 잘하여 세균에 의한 증식과 발효를 억제한다.
● 보건교육을 통한 위생관리에 힘쓴다.

■ 음식물을 통한 전염병의 특징
● 기온이 높은 시기(여름에서 가을사이)에 주로 발생하며 집단적으로 발생한다.
● 잠복기가 짧고 발병률은 높다.

② 영양소

■ 3대 영양소와 3대 작용
● 열량공급 작용을 한다.
● 신체의 조직 구성 작용을 한다.
● 신체의 생리기능 조절 작용을 한다.

열량소	• 단백질, 지방, 탄수화물(3대 영양소) • 열량공급 작용
구성소	• 단백질, 지방, 탄수화물, 무기질(4대 영양소) • 인체구성 작용
조절소	• 단백질, 지방, 탄수화물, 무기질, 비타민 (5대 영양소) • 인체구성조절 작용

● 물도 영양소로서 신체의 생리기능 조절 작용을 한다.

■ 영양소

탄수화물		• 지방과 함께 활동에 지원으로 쓰임 • 포도당으로 분해하여 소장에서 흡수 (1g당 4칼로리)
단백질		• 발육성장에 큰 도움을 주며 파괴된 조직세포를 새로 보충 • 필수아미노산은 하나라도 결핍되어서는 안됨 • 아미노산의 형태로 변해서 소장에서 흡수(1g당 4칼로리)
지방		• 글리세린의 형태로 소화분해되어 소장에서 흡수 • 인체구성과 에너지원으로서의 작용(1g당 9칼로리)
비타민	수용성 비타민 (B, C)	• 비타민 B : 비타민 B1 의 부족시 각기병(쌀의 배아, 두부) 비타민 B2는 리보플라빈이라 하며 부족하면 구각염, 염증, 피로가 유발(우유, 쇠고기, 야채, 계란에 많이 함유) • 비타민 C : 부족시 괴혈병(야채, 과실에 많으며 열에 가장 약함)
	지용성 비타민 (A, D, E, F, K)	• 비타민 A : 야맹증, 피부건조, 각막연화증(계란, 간유, 버터, 유색채소, 뱀장어에 많이 함유) • 비타민 D : 부족시 구루병(담고버섯, 효모) • 비타민 E : 부족시 불임증(두부, 유색채소에 많이 함유)

③ 영양상태 판정 및 영양장애

■ 영양상태
● 영양상태란 음식물의 섭취로 나타나는 몸의 상태를 말하는 것으로 영양의 좋고 나쁨에 관한 상태를 말한다.

■ 영양상태에 따른 판정
● 영양상태에 따른 판정에는 다양한 각도의 판정이 있다.
● 식사조사, 신체계측, 생리기능검사, 임상적 관찰, 생화학적 검사 등이 이용된다.
● 식사조사는 개인별이나 세대별, 특정 집단의 조사 등으로 나누어지며 국가 차원에서는 영양수준을 아는 데 식품

수급표를 이용할 수도 있다.
- 임상적 관찰로는 피부, 손톱, 모발, 이, 눈, 혀, 골격, 근육, 신장, 체중 등을 측정하거나 살펴본다.
- 생화학적 검사에는 혈액, 요, 조직성분 등의 검사가 있다.

■ 영양상태의 안정을 위한 섭취량
- 5대 영양소의 고른 섭취에서 과잉과 부족이 없어야 하며 최소한의 섭취량으로 영양상태의 안정을 필요하다.
- 탄수화물:단백질:지방의 섭취 구성 비율은 65:15:20의 수준이 권장된다.

■ 영양장애
- 영양의 부족이나 과잉으로 인해 나타나는 모든 질환을 말한다.
- 생명을 유지하기 위해 필요한 영양소를 외부로 섭취하는데 섭취된 영양소와 건강상태의 유지에 사용되는 영양의 평형이 이루어지지 않았을 때 나타나는 현상이다.

영양소	과잉증상	결핍증상
탄수화물	비만, 고지혈증, 심장 순환계 질환, 당뇨 유발	저혈당, 어지러움, 두통, 근육무기력, 허약
지방	고지혈증, 심장병, 관상동맥경화	발육부진, 습진성 피부염, 생식기 장애, 저항력 감소, 지질대사의 이상

38
S·e·c·t·i·o·n
보건행정

1 보건행정의 정의 및 체계
- 국민의 건강관리(생명연장, 질병예방, 정신적 · 육체적 효율증진)를 위해 행하는 행정이다.
- 보건행정은 공중보건의 목적 달성을 위해 공공의 책임하에 수행하는 행정활동이다.

■ 보건행정분야
- 일반보건행정은 보건복지부가 관장하고, 학교보건행정은 교육과학기술부가 관장하고, 근로보건행정은 노동부가 관장한다.
- 미용 업무를 관장하는 부서는 보건증진국의 건강증진과이다.
- 공중위생 관련 행정 종합계획 수립, 환경위생업소의 관리, 공중위생업소의 위생 및 시설에 관한 업무지도 · 감독 등을 관장한다.

■ 보건행정의 범위
- 세계보건기구에서 보건행정의 범위를 지정한 것으로는 보건관계기록의 보존, 환경위생, 보건교육, 감염병관리, 의료, 모자보건, 보건간호가 포함된다.

■ 보건의료 자원과 조장성
- 보건의료 자원으로는 보건의료 지식, 장비, 인력, 시설 등이 있다.
- 보건사업의 수행에 있어 주민의 자발적인 참여를 유도하는 것은 조장성이다.

2 사회보장과 국제보건기구

■ 사회보장 제도의 의의
- 국가가 최소한의 생활보장을 해주는 제도를 말한다.
- 저소득, 실업, 재회, 질병, 노쇠 등의 사유로 생활의 불안정함과 삶의 위협을 받고 있는 경우에 최소 보장을 위한 제도이다.
- 사회보장에서 가장 기초는 최소한의 소득의 보장으로 고용 정책, 실업수당, 실업보험, 최저임금 제도 등이 있다.

■ 사회보장을 위한 사회보험
- 국민연금, 건강보험, 고용보험, 산재보험, 장기요양보험이 있다.

■ 세계보건기구(WHO)
- 1948년 국제연합의 보건전문기관으로 창설되었다.
- 우리나라는 1949년에 65번째로 서태평양 지역사무국 소속으로 정식 가입되었다.
- 세계보건기구(WHO)의 본부는 스위스 제네바에 있으며 6개의 사무국(이집트 알렉산드리아, 인도 뉴델리, 필리핀 마닐라, 미국 워싱턴, 덴마크 코펜하겐, 콩고 브라자빌)을 두고 있다.

■ 세계 보건기구(WHO)의 주요 사업
- 영양개선
- 모자보건사업
- 환경위생의 개선
- 성병관리
- 결핵관리사업
- 말라리아 근절

- ●보건교육의 개선   ●감염병 관리

■ **세계보건기구(WHO)의 기능**
- ●보건문제 기술지원 및 자문
- ●국제 검역대책 및 진단, 검사, 기준의 확립
- ●국제적 보건사업의 지휘 조정
- ●회원국에 대한 보건관계 자료 공급

■ **세계보건기구(국제 보건 기구)의 역할**
- ●국제 보건사업의 지도와 조정
- ●회원국 간의 기술원조 장려

요점 정리

◇ 보건행정은 공중보건의 목적 달성을 위해 공공의 책임하에 수행하는 행정활동이다.

◇ 영아 사망률은 한 나라나 지역사회의 보건수준을 평가하는 지표이다.

◇ 공중보건은 질병예방을 목적으로 조직적인 체계를 가진 질병예방, 생명연장, 신체적, 정신적인 건강효율을 증진시키는 기술과 학이다.

◇ 공중보건의 대상은 집단 또는 지역사회를 대상으로 하며 예방의학은 개인, 가족이 대상이다.

◇ 상수의 수질오염의 대표적인 지표는 대장균이다.

◇ 살모넬라 식중독은 감염형 식중독으로 발열이 38℃~40℃로 다른 식중독에 비해 발열이 심하다.

◇ 독소형 식중독에는 포도상구균, 보툴리누스균, 웰치균 식중독이 있으며 이중 보툴리누스 식중독은 치사율이 가장 높다.

◇ 황색 포도상구균은 독소형 식중독의 원인균으로 가장 많이 발생하는 식중독의 하나로 경구 섭취로 일어난다.

◇ 제1군 감염병(6종)은 장티푸스, 파라티푸스, 세균성이질, 콜레라, A형 간염, 장출혈성대장균 감염증이다.

◇ 제2군 감염병(12종)은 디프테리아, 백일해, 파상풍, 홍역, 유행성이하선염, 풍진, 폴리오(소아마비), B형간염, 일본뇌염, 수두, B형 헤모필루스인플루엔자, 폐렴구균)이다.

◇ 자연능동면역은 감염 후에 형성되는 면역으로 매독, 임질과 같은 성병은 감염면역만 형성되는 감염병이다.

◇ 공수병(광견병)은 인수공통 감염병이다.

◇ 주사기나 면도날로 옮겨질 수 있는 감염병은 간염이다.

◇ 감염병 감염 후에 의해 형성된 면역은 자연능동면역이고 예방접종에 의해 형성된 면역은 인공능동면역이다.

01 다음 중 공중보건 사업의 대상을 바르게 나타낸 것은?

① 일부 계층을 대상으로 한다.
② 집단 또는 지역사회를 대상으로 한다.
③ 특별한 환자를 대상으로 한다.
④ 세계를 대상으로 한다.

정답 해설 예방의학은 개인, 가족이 대상이며 공중보건의 대상은 집단 또는 지역사회를 대상으로 한다.

02 산업보건이 목적과 거리가 먼 것은?

① 직업병 예방
② 산업재해 예방
③ 당뇨병 치료
④ 사업피로 예방

정답 해설 산업보건의 목적은 예방이지 치료가 목적은 아니다.

03 보건학적으로 인체에 가장 쾌적한 온도와 습도는?

① 기온20℃, 기습 40~70%
② 기온25℃, 기습 70~90%
③ 기온30℃, 기습 40~70%
④ 기온40℃, 기습 40~70%

정답 해설 인체에 가장 쾌적한 온도는 기온18±2℃이며 습도는 40~70%이다.

04 용존산소를 뜻하는 것으로 하수처리 및 방류 후 하천에 미치는 영향을 알아보는데 중요한 것은?

① BOD
② DO
③ COD
④ SS

정답 해설 DO(용존산소)는 수중에 용해되어 있는 산소로 어류생존에는 5ppm이상이며 부족시 혐기성 부패에 의해 악취가 난다.

05 식중독 세균이 가장 잘 증식할 수 있는 온도의 범위는?

① 18~22℃
② 28~38℃
③ 38~45℃
④ 45℃ 이상

정답 해설 병원균은 대부분 28~38℃에서 가장 잘 증식한다.

06 다음 중 제군 감염병에 해당되는 것이 <u>아닌</u> 것은?

① 장티푸스
② 콜레라
③ 디프테리아
④ A형 간염

정답 해설 장티푸스, 파라티푸스, 세균성이질, 콜레라, A형 간염, 장출혈성대장균 감염증이 제군 감염병이며 디프테리아는 2군 감염병이다.

07 다음 중 감염형 식중독인 것은?

① 살모넬라식중독
② 보툴리누스균식중독
③ 웰치균식중독
④ 포도상구균식중독

정답 해설 살모넬라식중독, 장염비브리오식중독, 병원성대장균식중독은 감염형 식중독이다.

08 다음 중 인수공통 감염병은?

① 세균성이질
② 공수병
③ 콜레라
④ 장티푸스

정답 해설 인수공통 감염병은 공수병(광견병)이다.

09 상수의 수질오염의 생물학적 지표로 이용되는 것은?

① 대장균
② 세균성이질균
③ 웰치균
④ 장티푸스균

정답 해설 대장균은 검출방법이 용이하고 정확하기 때문에 상수의 수질오염의 지표로 사용된다.

10 다음 중 질병 발생의 3대 요인에 해당되는 것은?

① 재채기
② 효소의 활성
③ 숙주의 감수성
④ 일반 타액

정답 해설 질병 발생의 3대 요인은 병인(병원체), 환경(이동경로), 숙주(숙주의 감수성)이다.

11 한 국가의 건강수준을 나타내는 지표로 영아 사망률을 사용하는데 그 이유로 적합한 것은?

① 모자보건이나 환경위생, 영양수준에 둔하기 때문
② 생후 12개월 미만의 일정 연령군으로 통계적 유의성이 높기 때문
③ 영아 사망의 조사가 용이하기 때문
④ 조사망률에 비해 국가 간의 영아사망률의 변동 범위가 작기 때문

정답 해설 영아 사망률을 한 나라의 보건수준을 평가하는 대표적인 지표로 하는 것은 통계적 유의성이 높기 때문이다.

12 공중보건학의 개념으로 옳은 것은?

① 질병예방, 생명연장, 신체적, 정신적인 건강효율을 증진시키는 기술과학이다.
② 생명연장을 위한 식품연구만을 하는 학문이다.
③ 효과적인 질병치료를 위해 의술을 개발하는 학문이다.
④ 정신적, 신체적 건강효율 증진을 위한 기기를 개발하는 기술과학이다.

정답 해설 공중보건은 질병예방, 생명연장, 신체적, 정신적인 건강효율을 증진시키는 기술과학이다.

13 식물성 독소 중 복어에 함유되어 있는 독소는?

① 에르고톡신
② 테트로도톡신
③ 아미그달린
④ 시큐톡신

정답 해설 동물성 식중독으로 복어의 알에 의해 일으키는 독소는 테트로도톡신이다.

14 이·미용실에서 주로 사용하는 수건에 의한 감염으로 옳은 것은?

① 장티푸스
② 간염
③ 트라코마
④ 이질

정답 해설 트라코마는 경피침입에 의한 감염병으로 수건 등에 의해 감염되는 눈병을 말한다.

15 소화기계 감염병이 아닌 것은?

① 유행성간염
② 폴리오
③ 파라티푸스
④ 트라코마

정답 해설 소화기계 감염병은 경구침입에 의한 감염으로 장티푸스, 콜레라, 세균성이질, 폴리오, 유행성 간염, 파라티푸스 등이 있다.

16 예방접종 후에 형성된 면역은 어떤 면역인가?

① 자연능동면역
② 자연수동면역
③ 인공능동면역
④ 인공수동면역

정답 해설 예방접종에 의한 면역은 모두 인공능동면역이다.

Chapter 02 소독학

39 S·e·c·t·i·o·n
소독의 정의 및 분류(물리적소독, 화학적소독)

1 소독의 정의

■ 용어의 정리

청결	이물질 제거, 소독된 상태는 아님
소독	약한 살균작용으로 세균의 포자에까지는 작용 못함
살균	물리, 화학적 작용에 의해 급속하게 죽이는 것
멸균	병원성, 비병원성 미생물, 포자를 가진 것을 전부 사멸 또는 제거하는 것
방부	병원성 미생물의 발육과 작용을 정지하거나 제거시켜 부패와 발효를 방지하는 것
침입	세균이 인체에 진입하는 것
감염	병원체가 인체에 들어가 발육 증식
오염	물체의 내부표면에 병원체가 붙어 있는 것

TIP

- 정균 : 발육이 정지된 균이다.
- 무균 : 미생물이 전혀 없는 경우이다.
- 가청주파 영역을 넘는 주파수를 이용하여 미생물을 불활성화시킬 수 있는 소독 방법은 초음파멸균법이다.

2 소독기전(살균작용의 기전)

- 산화에 의한 작용 : 과산화수소, 염소, 오존, 벤조일퍼옥사이드, 과망간산칼륨에 의한 소독이 있다.
- 균체효소계의 침투작용 : 석탄산, 알코올, 역성비누 소독이 있다.
- 균체단백질의 응고작용 : 산, 알칼리, 크레졸, 석탄산, 알코올, 중금속염에 의한 소독이 있다.
- 염의 형성작용 : 중금속염에 의한 소독이 있다.
- 가수분해작용 : 강산, 강알칼리에 의한 소독이 있다.

3 소독법의 분류 및 소독인자

■ 물리적 소독
- 열이나 수분, 자외선, 여과 등 물리적인 방법을 이용한 소독법이다.
- 열을 이용한 멸균법에는 건열, 습열에 의한 방법이 있으며 열을 이용하지 않는 방법에는 자외선과 여과법이 있다.

습열	자비소독, 고압증기멸균소독, 유통증기소독, 간헐멸균소독, 저온살균
건열	화염소독, 건열소독, 소각소독
자외선	일광소독, 자외선멸균법
여과	세균여과법

■ 습열에 의한 소독법

자비 소독법	• 100℃에서 15~20분 물에 넣어 끓임 • 유리제품은 끓기전에 금속제품은 끓은 후 넣음 • 열에 강한 포자균(아포형성균)은 사멸되지 않음 • 탄산나트륨 1~2% 넣으면 살균력이 강해지고 금속 부식 방지 • 사용되는 소독관은 쉼멜부시 소독기
	• 식기, 의류, 도자기, 주사기 소독에 적합
고압증기 멸균법	• 아포를 포함한 모든 미생물을 완전히 사멸 • 10파운드 : 115.5℃에서 30분간 • 15파운드 : 121.5℃에서 20분간 • 20파운드 : 126.5℃에서 15분간
	• 의류, 기구, 고무제품, 거즈, 약액멸균에 이용
유통증기 멸균법	• 아놀드나 코흐증기솥을 사용하여 100℃에서 30~60분간 가열 • 고압증기멸균법에 부적합할 경우에 사용

간헐 멸균법	• 유통증기 소독법으로 멸균이 되지 않을 때 사용 • 100℃에서 15~30분간 24시간 간격으로 3회 실시. (실내온도 20℃를 유지)
저온살균	• 프랑스 세균면역학자 파스퇴르에 의해 고안 • 우유와 같은 식품소독에 이용 • 우유살균 : 63~65℃에서 30분간(결핵균은 사멸되나 대장균은 사멸되지 않음) • 포도주 : 55℃에서 10분, 건조한 과일 : 72℃에서 30분, 아이스크 림원료 : 80℃에서 30분

■ 자비소독

● 포자형성균은 강하지만 그렇지 못한 경우의 포도구균, 결핵균 등의 영양균 및 바이러스는 100℃의 습열에서 몇 초만에 사멸된다.

● 자비소독은 비교적 간단히 사용할 수 있으며 대부분의 의료기구의 소독으로 사용한다. 비등(끓기 시작하는 때) 후 15~20분이면 소독이 충분히 이루어지고 소독할 대상물은 탕속에 완전히 잠기게 해야 한다(칼이나 가위는 반복가열시 날에 변화가 생겨 다른 소독법을 이용).

● 세균포자나 간염바이러스, 원충류의 시스트에는 효과가 없고 금속성 식기와 면종류의 타올이나 의류, 도자기의 소독에 적합하다.

● 자비소독시 금속제품을 처음부터 넣어 끓이게 되면 얼룩이 생겨 살균력과 녹스는 것을 방지하기 위해 탄산나트륨 1~2%를 사용하며 크레졸 비누액 2~3%나 붕사 1~2%을 넣어도 멸균효과가 커진다.

■ 고압증기 멸균법

● 보통은 고압증기를 120℃에서 20분간 가열하면 멸균한다

● 고압증기 멸균기의 열원으로 수증기를 사용하는 이유는 일정 온도에서 쉽게 열의 방출, 미세한 공간까지 침투성이 높기 때문, 열 발생에 소요되는 비용이 저렴하기 때문이다.

● 수증기가 통과 할 수 없는 분말, 모래, 예리한 칼날, 부식이 쉬운 재질은 멸균할 수 없는 단점이 있다.

■ 유통증기 소독법

● 유통증기를 이용한 대상물로는 사기제품, 금속성 재료, 여과지, 액상재료, 물 등이다.

■ 간헐 멸균법

● 1회 멸균 시 증식형세포는 사멸되나 사멸이 되지 않은 아포가 방치되어 있는 동안에 저항력이 떨어져 증식형으로 발육되어 있어서 다음 2번의 멸균에서 사멸된다.

● 가열과 가열 사이의 유지온도는 항상 20℃이상이어야 하며 간격사이에 포자가 다량 번식할 수 있어 포자자체의 포함량이 많은 재료의 경우는 부적합하다.

■ 저온 소독법

● 아포를 형성하는 세균인 결핵균, 송산균, 살모넬라균 등의 감염 방지를 위해 우유와 같은 감수성이 많은 식품소독에 이용된다.

■ 건열에 의한 소독법

화염 멸균법	• 버너나 램프이용 불꽃에 20초 이상 가열하면 물체에 붙어있는 미생물 멸균 • 유리제품, 금속제품, 불연성물질
건열 멸균법	• 건열멸균기에 넣어 160~170℃에서 1~2시간 가열하면 미생물 완전멸균 • 유리제품, 가위, 클리퍼, 주사기 등에 사용
소각 소독법	• 태워서 없애는 방법으로 재생이 불가능하며 화재나 대기오염의 문제도 고려되는 소독법 • 환자분뇨, 죽은 동물, 병원미생물에 오염된 것

■ 자외선(220~320nm)

● 태양광선이나 자외선 등에 의한 소독법이다.

● 비타민D 생성으로 구루병을 예방한다.

● 소독시간은 오전10시~오후2시가 적당하다.

● 내부소독은 불가능 직접조사할 경우 점막에 유해하다.

● 고체의 표면이나 수술시, 무균실, 제약실에 이용한다.

● 빗, 솔 등 플라스틱 제품 및 음료수에 사용된다.

● 광선 중 자외선이 가장 강한 살균작용을 한다.

■ 여과법

● 세균여과기를 통해서 세균을 제거하는 방법이다.

● 혈청이나 특수약품, 음료수 등 가열이 불가능한 경우에 이용된다.

● 미생물의 파괴는 안 되지만 일부 제거는 할 수 있다.

● 바이러스의 통과로 불완전한 소독법이다.

● 바이러스의 분리나 세균의 대사물질을 균체에서 분리하고자 할 때 이용한다.

● 세균 제거를 목적으로 고안된 여과기는 도토나 규조토, 소각도기, 석면판을 이용한 것이 있다.

■ 초음파 소독

● 초음파 발생기를 10분정도 이용한 세균의 파괴이다.

● 초음파 살균에 효과직인 미생물은 나선균이다.

- 물리적 소독(이학적 소독) : 열, 수분, 자외선을 이용하는 것이다.
- 건열 : 수분(물)이 없는 상태에서 열을 가하는 것이다.
- 습열 : 수분(물)이 있는 상태에서 열을 가하는 것이다.
- 건열멸균기 소독에 종이와 천은 바래어 변색 으로 적합하지 않다.
- 소각소독법은 태우는 방법으로 가장 간단하고 확실하다.

■ 우유살균법의 종류

저온살균법	61~65℃에서 30분간 살균처리
고온살균법	70~75℃에서 15초 처리 후 급냉시킴
초고온살균법	130~140℃에서 2초간 가열후 급냉시킴

■ 화학적 소독

- 소독력이 있는 약제사용으로 세균을 죽이는 방법이다.
- 약제에는 석탄산, 알코올제, 염소, 생석회, 승홍수, 크레졸, 포름알데히드, 포르말린, 머큐롬, 옥도정기, 과산화수소, 역성비누, 계면활성제, 아크리놀 등이 있다.

■ 석탄산(페놀)

- 일반적인 사용농도는 3%의 농도, 손 소독은 2%의 농도를 사용하며 기구의 소독에는 1~3%, 토사물과 배설물은 3%, 의류는 2~3%의 용액(2시간 방치)을 사용한다.
- 의류, 용기, 토사물, 오물소독에 적합하며 금속기구 소독에는 부적당하지만 녹스는 것의 방지 목적으로 탄산수소나트륨을 0.5% 농도로 가한다.
- 세균포자, 바이러스에 대해 작용력이 없으며 저온에서는 살균력이 떨어지고 보존 시 빛을 차단시켜 보존한다.
- 살균력 지표로 많이 이용된다(안정성이 강하고 화학변화가 적다).
- 살균작용으로는 세균단백응고작용, 세포용해작용, 효소계의 작용이 있다.
- 사전에 소독제를 조제하여 두었다가 소독 시 사용하여도 무방하다.
- 무색이며 40℃ 이하에서 결정된다.
- 알코올과 혼합되면 소독력이 저하되고, 식염을 첨가시키면 소독력이 증가한다. 고온에서도 소독력은 증가한다.

장점	단점
· 살균력이 안전함 · 값이 저렴하고 사용범위가 넓음(모든 균에 효과) · 오래 보관할 수 있음	· 금속을 부식시킴 · 피부점막에 자극과 마비를 줄 수 있음 · 바이러스와 아포에 대해서는 효력이 없음

■ 석탄산 계수= $\dfrac{\text{특정 소독약의 희석배수}}{\text{석탄산의 희석배수}}$

- 석탄산계수는 살균력을 나타내며 석탄산계수 3은 살균력이 석탄산의 3배라는 의미이다.

■ 알코올제

- 50%이하의 농도에서는 소독력이 약하고 70%의 농도일 때 소독력이 강하다.
- 미생물의 단백질의 변성, 용균 및 대사기전에 저해작용을 하므로 소독작용을 한다.
- 메틸알코올은 산업용으로도 쓰이며 인체에 유해하다.
- 에틸알코올은 술의 원료로 쓰이며 인체에 무해하다.
- 수지, 피부, 가위, 칼 등의 기구 소독에 이용된다.
- 사용방법이 간편하고 독성이 거의 없어 아포형성균에는 효과가 없다.
- 알코올은 방부력을 갖고 있는 지용성으로 모낭 내에 있는 기름기를 녹이며 피부속에 있는 세균까지도 멸균가능하다.

장점	단점
· 사용이 용이 · 거의 독성이 없음	· 값이 비쌈 · 아포형 세균에는 효과 없음 · 증발, 인화되기 쉬움 · 고무나 플라스틱을 녹임

■ 염소(Cl₂)

- 염소제에는 염소, 표백분, 차아염소산나트륨, 염소유기화합물이 있다.
- 표백분은 물속에서 발생기 염소를 발생시켜 수영장 소독에 주로 쓰인다.
- 음료수 소독엔 0.2ppm~0.4ppm(2mg/l~4mg/l)을 사용한다.
- 할로겐(Halogen) 원소에는 불소, 염소, 옥소 등이 속하며 단백질과 할로겐 복합물로 인해 세포대사의 중단(균체사멸) - 할로겐계에는 염소제인 표백분, 요오드액, 차아염소산나트륨 등이 있다.
- 염소와 요오드는 의료분야, 물의 살균, 공중위생, 식품분야에 널리 이용되고 있다.

장점	단점
· 값싸고 독성이 적음 · 바이러스에 작용함	· 염소 자체의 자극냄새가 있음 · 냉암소에 보관해야 함 · 결핵균에는 살균력이 없음

■ 생석회

- 98%이상의 산화칼슘을 포함하고 있는 백색의 분말로 고체 상태이다.
- 화장실 분변, 토사물, 하수도, 수도나 우물주변, 쓰레기통의 소독에 적합하다.
- 물소독에는 1/50의 희석으로 12시간 방치한다.
- 배설물은 30배의 희석으로 1~2시간 방치한다.
- 물이나 습기찬 장소에는 직접 가루를 뿌린다.

- 장점과 단점

장점	단점
• 값싸고 독성이 적음 • 광범위한 소독에 적합	• 매번 제조하는 번거로움 • 직물은 부식시킴 • 소독력이 약해 아포에는 효과가 없음

■ 승홍수(염화제2수은)

- 점막에 자극성 강함, 0.1%(1/1,000)의 농도로 사용한다.
- 금속을 부식시키며 물에 잘 녹지 않는다.
- 무색무취(장점), 강한독성이 있어 사용, 취급, 보존시 주의하여야 한다.
- 보관 시 착색해 두어야 한다.
- 단백질을 응고시켜 토사물, 객담, 대소변에 부적당하다.
- 금속제품, 고무제품에도 부적합하다.
- 조제는 승홍 : 소금 : 물 = 1 : 1 : 998
- 승홍은 염화칼륨이나 식염을 첨가하면 용액의 중성과 자극성이 완화된다.

■ 크레졸

- 물에 잘 녹지않으며(난용성), 일반적으로 3%의 농도로 사용한다.
- 석탄산보다 2배~3배 높은 소독력 있다.
- 소독력 강하여 모든 세균소독에 효과가 있으나 포자, 곰팡이, 나선균 바이러스에는 효과가 적다.
- 수지(손소독시 2%), 피부소독, 오물소독에 이용되며 배설물, 토사물, 결핵 환자의 객담 소독에도 3%의 용액을 사용한다.
- 무색투명이나 시간이 지남에 따라 갈색으로 변색되기 쉬우므로 어두운 곳에 보관한다.

■ 포름알데히드

- 알데히드류에는 포름 알데히드, 글리옥시살, 글로타르알데히드가 있으며 세균포자에 대한 살균력이 있는 유일한 소독제이다.

- 그람음성, 양성, 세균포자, 결핵균, 바이러스, 사상균에 이르기까지 강한 살균작용을 한다.
- 메틸알코올(메탄올)을 산화시켜 만든 가스체로 넓은 내부소독이 가능하다.
- 강한 자극과 냄새, 물에 잘 용해된다.
- 실내소독, 서적, 내부에 있는 물건소독에 적합하지만 배설물이나 체내 분비물의 소독에는 부적당하다.

■ 포르말린

- 온도가 높을 때 소독력이 강하다.
- 세균, 아포, 바이러스 등의 미생물에 작용한다.
- 가스체로도 사용(수증기를 동시에 혼합하여 사용)한다.
- 단백질을 응고시킨다.
- 일반소독 1~1.5%의 수용액으로 사용한다.
- 의류, 도자기, 목재, 고무제품, 셀룰로이드의 소독에 적합하다.
- 포르말린수의 가장 효과적인 방법은 10분 이상 담가두는 것이다.

■ 머큐롬(빨간약)

- 2%의 수용액으로 상처소독에 사용한다.
- 가볍게 다친 외상에 많이 쓰인다.
- 무자극, 약한 살균력, 세균 발육을 억제한다.

■ 옥도정기(요오드팅크)

- 창상용, 외상에 많이 쓰인다.

■ 과산화수소(옥시풀)

- 2.5~3.5%의 수용액으로 사용한다.
- 구내염, 입안세척 및 상처소독, 인두염, 창상, 지혈제로 사용한다.
- 때로는 오존냄새의 액체로 병원체를 산화 살균한다.
- 침투와 살균력이 약하고 자극이 없으며 산화에 의한 발포작용에 의해 상처소독이나 구강에 주로 사용된다.
- 과산화 수소는 무색, 투명하며 살균력, 표백력, 탈취력이 있다.

■ 역성비누

- 3%의 농도로 사용, 세정력은 거의 없으나 살균력은 있다.
- 무색, 무취, 독성이 없으며(무자극) 쓴맛이 난다.
- 수지, 기구, 용기소독에 적당, 물에 잘 녹으며 미용에도 널리 사용된다.
- 역성비누는 살균력이 있지만 중성비누는 살균력이 없다(세정

력은 중성비누는 있지만 역성비누는 없다).
- 결핵균에 효력없다(객담 소독에 부적합).

■ 계면활성제
- 세정작용이 있으며 무색무취이다.
- 결핵균에 효력을 가진다.
- 양이온 계면활성제가 살균력이 가장 강하며 손소독에는 원액 1~2ml으로 문질러 씻는다.
- 계면장력을 저하시키는 기능이 있고 유화, 침투, 세척, 분산, 기포의 특성을 갖고 있다.

■ 아크리놀
- 0.1~0.2% 농도로 사용하며 강한 살균력이 있다.

■ 요오드 화합물
- 염소와 마찬가지로 할로겐계 소독제로 장점으로는 냄새가 적고 세균, 아포, 바이러스 등에 강한 살균력을 갖고 있으며 페놀(석탄산)보다 독성은 적으면서 강한 살균력을 갖는다.

TIP

- 석탄산, 승홍수, 알코올, 포르말린은 단백질을 응고시킨다.
- 수지소독 시 약품과 농도

승홍수	0.1%
크레졸수, 석탄산수	1~2% (광범위하게 사용은 피해야함)
역성비누, 에탄올	3%

- 소독약의 살균지표로는 석탄산이 가장 많이 이용된다.

③ E.O가스 멸균법과 고압증기 멸균법의 비교

종류	E.O가스 멸균법	고압증기 멸균법
멸균후 보존기간	장시간	단시간
경제성	값이 비싸다.	저렴하다
멸균시간	장시간	단시간
멸균난이도 조작	어렵다	쉽다
사용가능시간	장시간 필요	즉시 사용 가능
멸균온도	50~60℃	121~132℃

- E.O 가스멸균법의 멸균대상 재료로는 가열에 변질이 쉬운 재료, 사용에 따라 재료의 약화가 우려되는 고무장갑과 기구, 습기에 약한기구나 기계, 플라스틱류 등이다.
- 고압증기 멸균법(Autoclave)의 멸균대상 재료로는 가열로 인한 높은 온도에 잘 견디는 제품이다.

■ 가스 멸균법(E.O)- 에틸렌 옥사이드(Ethylene oxide)
- 가스멸균은 가열이나 수분으로 멸균시킬 수 없는 경우에 주로 적용되어진다.
- 광범위한 미생물에 대하여 수용액 상태나 가스 상태에서도 살균작용을 나타낸다.
- 플라스틱이나 고무제품 등의 멸균에 이용되며 비싸다.
- 저온(50~60℃)에서 처리되며 멸균시간이 비교적 길다.
- E.O가스 멸균법은 고압증기 멸균법에 비해 장기보존이 가능하다.

TIP

- 가스 멸균법은 가스 상태나 공기 중에 분무 상태로 분무시켜 미생물을 멸균시키는 화학적 살균의 특수한 방법이다.
- 훈연소독법은 화학적 소독법으로 가스나 증기를 사용하는 것으로 넓은 공간에서도 가능하다.

■ 오존(Ozon)
- 오존은 물의 살균제로 가장 유효하며 장기간에 걸쳐 물의 살균에 이용되고 있는데 반응성도 풍부, 산화작용이 강하다.
- 불안정한 독성과 부식성이 있어 일반 가스멸균제로의 이용범위는 좁다.
- 오존은 습한 공기중에서 보다는 건조한 공기중에 더욱 안정하다.
- 농도는 인체에 감지될 수 있는 농도(0.02~0.04ppm), 눈과 목의 통증 농도(20~30ppm), 장기간 노출 시 위험한 농도(1,000ppm)가 있다.
- 살균력의 작용조건에 따라 살균농도가 달라진다.

40 S·e·c·t·i·o·n 미생물 총론

① 미생물의 정의
● 미생물이란 육안으로 보이지 않는 미세한 생물체를 말한다.

② 미생물의 역사

■ 신벌설
● 고대인들은 병이나 질병은 죄를 지은 사람에게 내려지는 신의 벌이라고 생각한 설이다(이집트 종교설).

■ 아리스토텔레스
● 전염성이 있는 병을 인정했다(홍역, 눈병, 광견병).

■ 히포크라테스
● 오염된 공기가 병의 원인이 되는 것(미애즈머설)을 주장함
● 의학의 시조이다.
● 미애즈머설 : 오염된 공기가 병의 원인이라는 설이다.

■ 프라카스트로
● 전염은 접촉에 의한 것과 매개에 의한 것, 일정한 거리가 있어도 전염이 되는 것 등을 나누고 제미나리아설을 주장했다.
● 제미나리아설 : 접촉에 의해 전염이 된다는 설로 접촉매개(병을 옮기는 물체)는 일정한 거리를 두고 전염한다.

■ 미생물 발견(17C~18C)

보일	부패와 병이 관련 있음을 주장(1663년)
레벤훅	확대경으로 미생물을 최초로 발견(1675년)
스팔란자니	생물의 자연 발생설 부정(1765년)

■ 파스퇴르(19C)
● 근대 면역학의 아버지이다(프랑스의 세균면역학자).
● 저온 살균법을 고안했다.
● 미생물의 자연발생설을 부정했으며 이를 입증했다.

■ 리스트(19C)
● 수술에 최초로 화학적 소독법(석탄산)을 응용했다.

■ 쉼멜부시(19C)
● 외과용 재료를 증기소독으로 소독을 실시했다.

TIP
- 신벌설 → 아리스토텔레스 → 히포크라테스 → 프라카스트로 → 미생물의 발견 → 파스퇴르 → 리스트 → 쉼멜부시
- 고대에는 미생물에 의한 병을 신과 연관 지었으나 점차적으로 공기의 오염과 접촉에 의한 전염을 밝혔으며 그 요인이 미생물이라는 것을 밝혀내었고 없애는 방법으로 소독이라는 현대에 이르렀다.

③ 미생물의 분류
● 대부분의 병원성세균은 형태에 따라 구균, 간균, 나선균으로 나누어진다. 기생형태에 따라 세포내기생형과 자유생활형으로 나눈다.

■ 구균(코커스)
● 세포의 형태가 둥근모양(구상)이다.
● 폐렴쌍구균, 화농성포도상구균, 용혈성 연쇄구균이 있다.

■ 간균(바실러스)
● 세포의 형태가 간상(또는 곤봉상)이다.
● 연쇄성간균이 있다.

■ 나선균(스필룸)
● 세포의 형태는 나사모양(가늘고 길게 만곡된 모양)이다.
● 매독균의 원인이 되는 균이다.
● 초음파 살균에 효과적인 미생물이다.

TIP
- 세포의 형태가 정구상인 것은 포도상구균, 연쇄상구균이다.
- 콩팥 모양의 쌍구균으로 수막염균, 임균이다.
- 한쪽만 끝이 뾰족한 모양은 폐렴구균이다.
- 단간상(백일해균), 곤봉상(가스괴저균), 나선상(장염비브리오)

■ 세포

핵	균의 유전과 생명에 밀접한 관계가 있어 증식에 중요한 역할을 함
세포질	콜로이드 공질로 형성, 균의 발육에 따라 과립상으로 변화함
세포막	영양을 흡수하고 균체에 공급하거나 보호역할을 하는 균체를 둘러싼 막

■아포
●세균이 막에 쌓여있는 균이다.
●세균의 휴지상태이다.
●내구형 열과 약품에 저항력이 강하다.

■편모
●세균의 운동기관이다.
●단모균, 양모균, 총모균, 주모균이 있다.

4 미생물의 증식
●미생물이 살아가기 위해서는 습도, 온도, 영양, 광선, pH가 잘 맞아야 한다.

■영양소
●탄소와 질소원, 무기염류, 발육장소 등이 충분히 공급되어야 한다.

■수분
●미생물의 발육과 증식에는 미생물 마다의 특색에 따라 다르다.
●일반적으로 40% 이상이 있어야 한다.

■온도
●병을 일으키는 병원균은 대부분 28~38℃에서 가장 활발한 증식을 보인다.

저온균	15~20℃
중온균	27~35℃
고온균	50~65℃

■산소

호기성균	• 산소가 필요한 균 : 결핵균, 백일해균, 디프테리아균, 녹농균
혐기성균	• 산소를 필요로 하지 않는 균(파상풍균, 가스괴저균, 박테리오이데스균속)
통기성균	• 산소의 유무에 관계없이 증식하는 균 산소있을 시 더 잘 증식하는 균(살모넬라, 용연구호, 포도상구균 등)

■습도
●모든 미생물과 세균들은 번식에 높은 습도를 필요로 한다.
●건조한 상태가 세균을 죽이거나 증식을 정지시키지는 못한다.
●건조한 상태에서도 강한 균은 아포균, 결핵균이다.
●건조해지면 잘 죽는 균은 수막염균과 임균 등이 있다.

■pH(수소이온농도)
●세균증식에 가장 적합한 수소이온농도는 pH 6.0~8.0이다.
●pH는 물이 중성, 1~14까지의 숫자로 나타낸다.
●작은 숫자로 갈수록 산성이며 숫자가 높을수록 알칼리 성분이 강한 것이다.
●대부분의 병원성 세균은 pH5.0 이하의 산성과 pH8.5 이상의 알칼리에는 잘 자라지 못하며 최적 수소이온 농도는 중성이다.

강산성 알칼리	pH 5.0~5.5
약산성 알칼리	pH 6.0~6.5
중성 알칼리	pH 7.0~7.5
강성 알칼리	pH 8.0~8.5

■광선(직사광선)
●일부 세균을 몇 분 또는 몇 시간 안에 사멸한다.

TIP
• 강산성 알칼리가 pH5.0~5.5인 것은 중성인 pH7를 기준으로 알칼리쪽에서 보았을 때 산성에 가깝다는 것(강산성)이며 약산성 알칼리가 pH 6.0~6.5인 것은 산성이 약하다는 것(약산성)이라는 것이다.
• 약혐기성균(미호기성균)으로 산소량이 적을 때 증식하는 균은 유산균이다.

41 S·e·c·t·i·o·n 병원성 미생물

1 병원성과 비병원성 미생물

● 병을 일으키는 병원성 미생물과 병을 일으키지 않는 비병원성 미생물이 있다.

■ 병원성 미생물

● 우리 몸속에서 병적인 반응을 보이며 증식하는 미생물이다.
● 병원성 미생물의 종류에는 장티푸스균, 결핵균, 포도상구균, 이질균, 페스트균, 광견병균 등이 있다.

■ 비병원성 미생물

● 병원성이 없는 미생물이다.

■ 유익한 미생물

● 미생물에는 술이나 된장, 간장에 이용되는 발효균과 효모균 등 유익한 미생물도 있다.

■ 병원성 미생물의 크기

● 스피로헤타 〉 세균 〉 리케차 〉 바이러스(비루스)의 순이다.

2 병원성 미생물의 특성

■ 스피로헤타

● 나선상의 균으로 얇은 세포벽을 갖고 있으며 탄력성이 있다.
● 매독, 재귀열을 일으키는 세균들이 속한다.

■ 진정 세균(단세포형 세균, 균사체형 세균)

● 진성 세균에는 단세포형 세균, 균사체형 세균, 유병세균, 출아 세균이 있는데 이중 병원성 세균은 단세포형 세균과 균사체형 세균이며 중요 병원성 세균은 대부분 단세포형 세균이다.
● 균사체형(방선균류)은 세균과 진균(곰팡이)류의 중간에 위치한 미생물로 방사선균은 구강이나 인두의 연약한 조직에 염증을 일으키는 병이다. 결핵의 병원균도 이에 속한다.
● 단세포형은 구균, 간균, 나선균 등이 있으며 기생하는 형태에 따라 기생형과 자유생활형으로 나누어지며 포도상구균과 파상풍균, 용혈성 연쇄구균 등이 있다.

포도상구균	부스럼, 습진, 화농을 일으키는 것으로 추측, 건강한 피부나 비강에도 기생
파상풍균	상처 부위에서 파상풍을 일으키는 균
용혈성 연쇄구균	편도선염 등을 일으키는 화농성균

■ 마이코플라즈마

● 세포벽이 없으며 사람의 점막과 조직, 생식기, 요도, 호흡기나 구강에 감염을 일으킨다.

■ 바이러스

● 광학현미경으로 볼 수 없는 미세한 균으로 생세포 속에서만 증식이 가능하며 동물을 침범하는 것(사람의 질병과 관련), 식물을 침범하는 것, 세균을 침범하는 것의 세 종류로 나누어진다.
● 모든 바이러스는 열에 의해 쉽게 죽는데 실온에 방치하면 바이러스의 활성은 없어진다.
● 전신 질환에는 홍역, 풍진, 수두, AIDS가 있다.
● 특정 장기의 영향에 의한 것으로는 신경계 질환에는 뇌염과 소아마비가 있으며 호흡기계 질환에는 감기가 있고 피부 및 결막질환에는 단순포진, 대상포진이 있으며 간 질환에는 간염이 있다.
● 바이러스는 살아있는 세포내에서만 증식한다.
● 세균여과기를 통과한다.
● 가장 작다(구조가 가장 간단하다).

1 소독도구 및 기기

■ 일반적인 소독 조건
- 소독방법의 간편, 효과 확실, 단시간의 소독이어야 한다.
- 인체에 무해, 약품의 변질이 없어야 한다.
- 소독대상물에 맞는 소독법을 실시한다.
- 충분한 양, 저렴한 가격, 경제적이어야 한다.

■ 능률적 조건
- 약품소독 시 처리부분에 충분히 접촉되게 해야 한다.
- 능률적인 소독을 위해서는 수분, 온도, 농도, 작업시간을 고려해야 한다.

■ 소독과 도구
- 더러워진 도구는 소독을 해야 한다.
- 일회용도구는 일회용으로만 사용한다.

2 소독시 유의사항

■ 소독약의 필요조건
- 강한 살균력과 인체에 무해해야 한다.
- 취급방법이 용이해야 한다.
- 소독할 대상물을 손상시키지 않아야 한다.
- 값이 저렴하고 냄새가 없고 생산이 용이해야 한다.
- 필요에 따라 내부 소독도 할 수 있어야 한다.
- 단시간에 확실한 효과를 낼 수 있어야 한다.

■ 소독약의 사용과 보존상의 주의사항
- 소독할 물체에 따라 적당한 소독약이나 소독방법을 선정한다.
- 약품은 냉·암소에 보관하는 것이 좋고, 라벨이 오염이 되지 않도록 한다.
- 병원미생물의 종류, 저항성 정도, 멸균·소독의 목적에 따라 그 방법과 시간을 고려한다.
- 모든 소독약은 필요량 만큼씩 바로 사용해야 한다.

TIP
- 병실은 석탄산수, 크레졸수, 포르말린수를 사용한다.
- 소독약품의 구비 조건은 살균력이 있고, 경제적이며 부식성 없고(대상물 손상 없고) 사용방법이 쉬워야 한다. 또한 인축에 해가 없고 용해성이 높아야 한다.
- 소독약은 원액, 소독수는 물로 희석된 상태이다.

3 농도 표시법

- 용액(두가지 이상의 물질이 섞여있는 액체) : 소금+물
- 용매(용질을 용해시키는 물질) : 물
- 용질(용액속에 용해되어 있는 물질) : 소금

■ 용액(희석액)
- 퍼센트(%)= 용질/용액×100
- 퍼밀리(‰)= 용질/용액×1,000
- 피피엠(PPM)= 용질/용액×1,000,000

■ 희석배
- 용질량 × 희석배= 용액량, 희석배= 용액/용질

TIP
- 용질×희석배(%)=용액, 소독약+물= 소독액 전량
- 소독약이 고체인 경우 1% 수용액은 소독약 1g을 물 100ml에 녹인 것이다.

4 대상별 살균력 평가

■ 대상별 소독법

수지소독(손소독)	역성비누, 석탄산, 크레졸, 승홍수
배설물, 토사물	소각법, 석탄산, 크레졸, 생석회
금속제품	에탄올, 자외선, 자비 및 증기소독
서적, 종이	포름알데히드 소독(가스체)
고무피혁제품	석탄산, 크레졸, 포르말린수
화장실,쓰레기통, 하수구소독	크레졸, 석탄산, 포르말린수, 생석회

- 수건소독으로는 자비소독, 증기소독, 역성비누소독이 있다.
- 크레졸수(3%)는 객담소독에 적합하다.
- 하수도의 소독에는 생석회가 효과적이다.
- 식기소독엔 역성비누가 알맞다.
- 피부소독을 하기에 적당한 과산화수소의 농도는 2.5~3.5%이다.
- 피부관리실의 실내소독으로는 크레졸소독이 적당하다.
- 물의 소독에는 오존(O3)을 이용한 살균이 적당하다.
- 유리제품은 에탄올과 건열멸균기를 이용하는 것이 적당하며 플라스틱이나 열에 불안정한 제품, 전자기기의 소독은 가스소독이 적당하다.

5 살균제의 병용효과

- 살균제는 항생물질과 같은 정균제와는 달리 작용범위가 넓고 강력하다.
- 대상이나 반응 제반 환경조건에 대하여 살균제가 동일하게 작용되지는 않는다.

■ 병용에 의한 살균제의 효과

- 글리옥시산이 세균포자에 살균력을 나타내려면 0.5%의 중탄산소오다와 70%의 이소프로판올의 병용이 필요하다.
- 포름알데히드에탄올이나 이소프로판올을 병용하는 경우 세균포자의 살균력이 저하된다.
- 제 4급 암모늄은 결핵균, 손과 발 등의 세균에 대한 살균 시 다른 살균제와의 병용이 더 효과적이며 염소계의 살균제와 병용하였으며 글루타르알데히드와 병용 시 세균포자에 대해 살균력이 증가한다.
- 가스살균의 경우에 있어서도 에틸렌옥사이드에 메틸브로마이드를 혼합할 경우 현저히 살균효과가 개선된다.

■ 첨가와 병용시 살균력의 증강효과

- 살균력이 없지만 첨가하거나 병용하므로 살균력의 증강효과를 초래하는 경우가 있다.
- 알칼리성의 차아염소산소다에 취화소다를 첨가제로 사용하면 33%~1,000% 살균력이 증가한다.
- 에틸렌디아민 4 산염의 경우 정균력은 갖고 있으나 제 4급 암모늄염을 가하면 녹농균에 대해 살균력 증가가 있다.

■ 산과 음이온 계면활성제의 병용에 대한 특징

장점	• 오염과 악취가 없고 스케루의 생성방지 및 제거 • 넓은 항균 스펙트럼, 스테인레스에 대한 부식성이 없음
단점	• 산성 pH에서만 사용, 발포성과 포자형성 세균에 대한 저항성이 약함

■ 병용제제의 활용

- 병용제제는 식품가공, 용기나 스테인레스 표면의 살균제 등으로 이용된다.
- 살균제에 세제를 배합한 살균제의 사용분야는 가열할 수 없는 재료(마루, 벽, 목재, 플라스틱, 책상, 냉장고, 섬유류 등), 식품 공업의 처리와 축산, 농업관계, 의료시설(진료실, 수술실), 일반공중분야(학교, 조리실, 미용실, 공중변소, 폐수처리공장, 공공수송관계), 오염된 물의 처리 등이다.

■ 세척 및 살균제의 조성

- 주로 살균제의 조성에 이용되는 것은 유리 염소화합물(차아염소산염, 유기 염소화합물), 요오드, 비스페놀, 제 4급 암모늄염, 계면활성제 등이다.
- 주로 세척제의 조성에 이용되는 것은 탄산소오다, 알칼리염, 알킬슬폰산염, 알킬유산염, 비이온성 계면활성제 등이다.

■ 세척 및 살균제의 장단점

- 알칼리성의 장점은 보통의 부패성은 확인되지 않으며 단백질이나 지방질에 대한 강한 분해효과를 가지고 단점으로는 스케루 형성, 부주의 시 부식현상이 있다.
- 산성의 장점은 스케루 생성을 저해한다는 것이며 단점으로는 부식이 있고 단백질이나 지질석출 효과에는 미약하다.
- 음이온성의 장점은 침투성이 강한 것이며 단점은 발포가능성이 있고 살균제 선택제한이 있는 것이다.
- 비이온성의 장점은 침투성이 강한 것이고 단점은 그람양성세균에 효과가 없으며 침전되기가 쉽다는 것이다.
- 제4급은 그람양성세균에 대한 작용이 강하고 단점은 발포, 석출물의 생성이다.
- 암모늄염의 장점은 자극성과 독성이 없다는 것이다.

43 S·e·c·t·i·o·n 분야별 위생 · 소독

1 실내환경 위생 · 소독

■ 헤어 미용실의 위생상태

● 헤어 미용실의 위생상태는 헤어 미용기구 및 도구의 위생 상태와 내부의 기본적인 위생상태, 실내의 환경 등이 있다.

● 실내의 환경은 시술 중 사용되는 헤어약제에서 발생하는 유해한 성분으로 인한 위생상태도 이루어져야 한다.

■ 헤어 미용실의 소독

● 헤어 미용실 내부의 청결을 통해 기본적인 깨끗함은 유지해야 하며 물 사용이 잦은 샴푸실의 청결도 철저히 되어져야 한다.

● 커트 시 사용되는 가위, 클리퍼, 빗, 레이저 등의 소독은 물론 미용 열기기의 소독도 철저히 되어져야 한다.

● 헤어 미용실의 내부는 항상 청결하고 깨끗함을 유지하게 청소가 되어 있어야 한다.

● 헤어약제에서 유해한 성분으로 인해 발생되는 후각이나 시각의 자극을 최소화 할 수 있는 환기부분의 위생상태도 고려되어야 한다.

■ 피부 미용실의 위생상태

● 피부 미용실의 위생상태는 수건이나 기타 도구들이 인체에 직접적으로 닿는 부분이 많은 만큼 위생상태가 더 철저히 이루어져야 하며 내부의 기본적인 위생상태도 깨끗이 되어져 있어야 한다.

■ 피부 미용실의 소독

● 피부 미용실 내부의 청결을 통해 기본적인 깨끗함은 유지해야 하며 물을 주로 사용하는 부분의 소독도 철저히 되어져야 한다.

● 피부관리 시 이용되는 수건의 소독은 물론 피부에 닿는 기기의 소독이 철저히 되어져야 하며 시술자의 손의 소독은 반드시 이루어져야 하는 부분이다.

■ 네일 미용실의 위생상태

● 네일 미용실의 위생상태는 손의 피부에 직접적인 도구를 사용하여 제거하는 부분이 있는 만큼 철저한 기구 및 도구의 위생상태가 유지되어야 하며 내부의 기본적인 위생상태도 깨끗이 되어져 있어야 한다.

● 실내의 환경으로는 시술 중 네일 제품에서 발생하는 유해한 성분으로 인한 위생상태도 이루어져야 한다.

■ 네일 미용실의 소독

● 네일 미용실 내부의 청결을 통해 기본적인 깨끗함을 유지해야 하며 고객의 신체 일부와 쉽게 접촉되는 시술 테이블의 소독도 철저히 되어져야 한다.

● 네일 관리 시에는 도구를 이용해 피부에 상처가 날 수도 있는 부분이 있는 만큼 이용되는 도구의 소독은 물론 시술자와 고객의 손 소독은 반드시 이루어져야 하는 부분이다.

● 네일에 필요한 제품의 유해한 성분으로 인해 발생되는 후각이나 시각의 자극을 최소화 할 수 있는 환기부분의 위생상태가 충분히 고려되어야 한다.

■ 속눈썹 전문점의 위생과 소독

● 속눈썹 전문점의 위생상태는 신체 중 눈 주위의 피부의 접촉이 있을 수 있는 만큼 더 철저한 위생관리가 필요하며 속눈썹 연장에 사용되는 도구의 소독도 철저히 되어져야 한다.

● 속눈썹 전문점 내부의 기본적인 위생상태도 깨끗이 되어져 있어야 한다.

■ 염색 전문점의 위생과 소독

● 염색 전문점의 경우 특별한 기구나 도구의 사용은 없어 기구나 도구의 소독은 불필요하지만 내부의 기본적인 위생 상태는 깨끗이 되어져 있어야 한다.

2 도구 및 기기 위생 · 소독

● 기본적인 위생과 소독은 이루어져야 한다. 직접적으로 시술되는 부분에서는 피부나 두피에 닿는 부분의 도구 및 기기의 소독은 철저히 이루어져야 하며 머리카락에만 사용 되는 기기나 도구의 경우는 물의 세정이나 청결로 위생관리를 하게 된다.

■ 헤어 도구 및 기기의 위생과 소독

● 빗은 자외선 소독기로 소독하며 증기소독은 피하고 소독액에 담가둘 경우 오래 담가두지 않아야 한다.

● 가위, 클리퍼 날은 사용 전 · 후 70%의 알코올 솜으로 닦아주며 녹이 슬지 않도록 보관한다.

● 가위와 빗의 사용 시 가위집의 사용은 소독을 하기 적합하지 않으므로 가위와 빗은 사용 전 소독된 보관함에서 바로 꺼내어 사용되어야 한다.

● 브러시는 비눗물 및 탄산소다수에 담갔다가 털이 아래로 향하게 하며 응달에 말린 후 보관하여 사용한다.
● 헤어미용에 사용되는 기기의 청결상태를 살피고 먼지나 이물질이 끼지 않도록 관리되어야 한다.

■ 피부관리 도구 및 기기의 위생과 소독
● 확대경, 피부 및 두피진단기의 렌즈는 사용 전·후 70%의 알코올 솜으로 닦아준다.
● 우드램프, 컬러 테이피기기, 고주파 헤드부분은 사용 전·후 70%의 알코올 솜으로 닦아준다.
● 유·수분 측정기는 측정 헤드 부분은 이물질 제거 후 소독 용액에 담가 소독 후 보관한다.
● 스티머는 증기가 나오는 관입구를 70%의 알코올 솜으로 닦아준다.
● 스프레이 용기, 볼, 전동브러시는 자외선 소독기에서 소독한다.
● 스킨스크러버의 헤드부분과 흡입기는 알코올에 20분 담그어 소독 후 자외선 소독기에서 소독한다.
● 각탕기는 사용전 70%의 알코올 솜으로 닦아준다.
● 피부에 사용되는 기기의 외관에 먼지나 이물질이 쌓이거나 끼지 않도록 한다.

■ 네일 아트 도구 및 기기의 위생과 소독
● 니퍼, 푸셔, 큐티클 가위는 20분간 알코올에 담가 소독한다.
● 네일 브러시는 자외선 소독기에서 소독한다.
● 네일 볼은 사용 전 70%의 알코올 솜으로 닦아준다.
● 네일에 사용되는 기기의 외부 청결도 살펴 먼지나 이물질을 제거하는 것이 좋다.

■ 메이크업 도구 및 기기의 위생과 소독
● 눈썹가위는 사용 전·후 70%의 알코올 솜으로 닦아준다.
● 브러시는 비눗물 및 탄사소다수에 담갔다가 털이 아래로 향하게 하며 응달에 말린 후 보관하여 사용하거나 자외선 소독기에서 소독한다.
● 메이크업 도구의 경우 보관상의 위생관리를 철저히 하는 것이 위생상 좋다.

③ 이·미용업 종사자 및 고객의 위생관리
● 위생관리의 의미는 위생환경의 정비를 통해 건강을 보살피는 일이다.

■ 미용업 종사자의 위생관리
● 미용업 종사자의 경우 의복에서부터 사용하는 도구에 이르기까지 청결과 소독을 통해 위생관리가 이루어져야 한다.
● 직접적으로 위협이 되는 도구나 기기의 경우 특별한 관리상의 주의가 필요하며 사용 시의 부주의에 의한 상처의 경우 신속한 대응을 위한 비상 위생물품이 구비되어 있어야 한다.
● 미용에 사용되는 유해한 제품의 경우 충분한 환기나 휴식을 통해 미용업 종사자의 건강을 살펴야 한다.

■ 고객의 위생관리
● 미용에 사용되는 유해한 제품의 경우 미용업 종사자의 위생관리와 같이 충분한 환기를 통해 고객의 건강도 살펴야 한다.
● 고객의 의자 및 대기 시 사용되는 물품, 시술 중에 사용되는 기구에 관한 위생관리도 철저히 이루어져야 한다.

TIP
- 헤어 미용의 경우 사용 된 빗과 가위는 두피나 머리카락에 의한 먼지와 이물질이 묻어 있을 수 있으므로 고객마다 소독된 빗과 가위를 사용하는 것이 바람직하다.
- 헤어 미용에 사용되는 클리퍼의 경우 피부에 직접적으로 닿는 부분이 있어 소독을 철저히 해야 한다. 고객마다 사용하기 전 70%의 알코올 솜으로 닦아서 사용하는 것이 좋다.

◇ 일반적으로 소독약은 밀폐시켜 일광이 직사되지 않는 곳에 보존해야 한다.

◇ 승홍이나 석탄산 같은 것은 인체에 유해하므로 특별히 주의 취급하여야 한다.

◇ 염소제는 일광과 열에 의해 분해되지 않도록 냉암소에 보존하는 것이 좋다.

◇ 간헐멸균법은 100℃에서 15~30분간 24시간 간격으로 3회 실시하는 것으로 사이의 온도는 20℃를 유지해야 한다.

◇ 소독은 약한 살균작용으로 감염 위험이 없도록 하는 것이며 멸균은 아포(포자)를 포함한 모든 균을 사멸시킨다.

◇ 호기성균은 결핵균, 백일해균, 녹농균, 디프테리아균으로 산소를 좋아하는 균이며 혐기성균은 파상풍균, 가스괴저균이다.

◇ 1g을 물 100ml에 녹인 것을 1%의 수용액이라고 한다.

◇ 자비소독은 100℃에서 15~20분간 물에 넣고 끓이는 방법으로 금속 기구는 끓은 후에 넣는다.

◇ 자외선은 가장 강한 살균작용을 하는 광선이다.

◇ 여과 멸균법은 세균여과기를 통해서 세균을 제거하는 방법으로 열에 불안정한 액체(혈정, 약제, 백신 등)의 멸균에 이용된다.

◇ 고압증기 멸균은 아포까지 사멸할 수 있는 소독으로 소독대상물은 의류, 금속성 기구, 고무제품, 거즈, 약액이다.

◇ 석탄산은 금속기구의 소독에는 적합하지 않으며 세균포자나 바이러스에 대해서는 작용력이 거의 없다.

◇ 석탄산의 계수 = 어느 소독약의 희석배수/ 석탄산의 희석배수이다.

◇ 알코올제는 50% 이하의 농도에서는 소독력이 약하고 70%~80%의 농도일 때 소독력이 강하며 사용방법이 간편하고 독성이 거의 없고 방부력을 갖고 있다.

01 병원체 중에서 전자현미경으로만 관찰이 가능하며 세균여과기를 통과하는 것으로 살아있는 세포에서만 증식이 가능한 것은?

① 바이러스
② 구균
③ 간균
④ 나선균

> 정답 해설 바이러스는 크기가 작아 세균여과기를 통과하며 살아있는 세포에서만 증식이 가능하다.

02 사용하는 소독약품의 구비 조건이 <u>아닌</u> 것은?

① 부식성이 없고 살균력이 있을 것
② 세정력이 있고 비싼 제품일 것
③ 인체에 무해하며 저렴한 제품일 것
④ 살균력이 있고 사용방법이 간편할 것

> 정답 해설 소독약품의 구비 조건은 인체에 무해하며 취급방법이 용이하고 부식이 없고 저렴하며 살균력이 있고 사용방법이 쉬워야 한다.

03 미용에도 널리 사용되는 역성비누에 대한 설명으로 옳지 <u>않은</u> 것은?

① 살균력이 없다.
② 냄새가 없다.
③ 세정력이 없다.
④ 독성이 없다.

> 정답 해설 역성비누는 무색, 무취, 독성, 세정력이 없고 살균력은 있다.

04 용질 10g이 용액 1000ml에 녹아 있다면 이 용액은 몇 %의 용액인가?

① 1%
② 10%
③ 100%
④ 1000%

> 정답 해설 용질/용액×100＝1000/1000=1%

05 열에 불안정안 제품, 전자기기를 소독하고자 할 경우에 효과적인 소독 방법은?

① 건열소독
② 습열소독
③ 고압증기멸균
④ 가스소독

> 정답 해설 가스소독은 플라스틱이나 열에 불안정한 제품, 전자기기의 소독에 효과적이다.

06 다음 멸균방법에 대한 내용 중 옳지 <u>않은</u> 것은?

① 화염멸균은 불꽃 중에 20초 이상 처리
② 자비소독은 100℃에서 10~20분간 처리
③ 고압증기멸균은 고압증기를 100℃에서 20분간 가열 처리
④ 여과법은 세균여과기를 이용한 제거방법으로 가열이 불가능한 경우에 이용

> 정답 해설 고압증기멸균은 고압증기를 120℃에서 20분간 가열 처리한다.

07 용액 700g에 용질이 7g이 녹아 있다면 이 용액은 몇 배 수용액인가?

① 100배
② 200배
③ 300배
④ 400배

> 정답 해설 희석배＝용액/용질, 700/7=100

08 다음 중 소독에 영향을 미치는 요인이 <u>아닌</u> 것은?

① 수분
② 농도
③ 기류
④ 시간

> 정답 해설 소독에 영향을 미치는 요인으로는 수분, 온도, 농도, 시간, 열, 자외선 등이다.

09 소독약의 사용이나 보존상의 주의점으로 옳지 않은 것은?

① 소독약은 밀폐시킨 상태에서 직사광선을 피해서 보관한다.
② 염소제는 냉ㆍ암소에 보관해야한다.
③ 거의 모든 소독약은 사용 전에 조제하는 것이 좋다.
④ 석탄산이나 승홍은 취급상 주의하지 않아도 된다.

정답 해설 승홍과 석탄산은 인체에 유해하여 취급상 주의해야 한다.

10 물리적 소독의 간헐 멸균에 대한 내용으로 옳지 않은 것은?

① 100℃에서 15~30분간 처리한다.
② 24시간 간격으로 3회 실시한다.
③ 자비소독이 안 되는 물품에 이용된다.
④ 가열 사이에 유지해야 하는 온도는 20℃ 이상이다.

정답 해설 유통증기소독법으로 멸균이 되지 않을 때 사용되며 고압증기멸균에 의해 파괴 될 위험이 있는 물품 멸균에 이용된다.

11 고압증기 멸균법에 있어 15Lbs, 121.5℃의 상태에서 처리하는 시간으로 가장 옳은 것은?

① 15분   ② 20분
③ 30분   ④ 60분

정답 해설 15파운드에서는 121.5℃의 상태에서 20분간 처리한다.

12 다음 중 물리적 소독방법이 아닌 것은?

① 알코올소독   ② 소각소독
③ 자비소독   ④ 고압증기멸균법

정답 해설 알코올은 화학적 소독방법이다.

13 고압증기멸균 소독의 가장 큰 효과로 옳은 것은?

① 아포균까지 사멸한다.
② 소독 시간이 짧다.
③ 가장 간편한 방법이다.
④ 열에 약한 소독도 가능하다.

정답 해설 고압증기멸균법은 포자(아포)형성균까지 사멸할 수 있다.

14 보통 상처의 표면에 이용되며 농도조절에 의해 구강세척제로도 사용되는 것으로 산화력에 의한 소독제는?

① 알코올   ② 승홍
③ 과산화수소   ④ 요오드제

정답 해설 과산화수소는 피부표면의 상처나 구강세척에 이용된다.

15 석탄산에 대한 내용으로 옳은 것은?

① 페놀이라고도 하며 용도범위가 넓다.
② 작용기전은 지방의 변성이다.
③ 안전성이 약하고 오래 두면 화학변화가 크다.
④ 피부, 점막에 자극성과 마비성이 없다.

정답 해설 작용기전은 단백질의 변성이며 안전성이 강하고 화학변화가 적고 자극성이 있는 것으로 거의 모든 균에 효과적이다.

16 석탄산의 50배 희석액과 어느 소독약의 150배 희석액이 같은 조건하에서 똑같은 소독효과가 있었다고 한다. 이 소독약의 석탄산 계수는?

① 1.00   ② 1.50
③ 3.00   ④ 5.00

정답 해설 석탄산의 계수＝어느 소독약의 희석배수/석탄산의 희석배수, 150/50＝3.00

 공중위생관리법규

#

Section
44 공중위생관리법의 목적 및 정의

1 공중위생법의 목적

● 공중이 이용하는 영업과 시설의 위생관리 등에 관한 사항을 규정함으로써 위생수준을 향상시켜 국민의 건강증진에 기여하는 것을 목적으로 한다.

2 공중위생법의 정의

● 공중위생영업이란 다수인을 대상으로 위생관리서비스를 제공하는 영업으로서 숙박업, 목욕장업, 이용업, 미용업, 세탁업, 건축위생관리업을 말한다.
● 공중이용시설이라 함은 다수인이 이용함으로써 이용자의 건강 및 공중위생에 영향을 미칠 수 있는 건축물 또는 시설로 대통령령이 정하는 것을 말한다.
● 건축위생관리업이라 함은 공중이 이용하는 건축물, 시설물 등의 청결유지와 실내공기정화를 위한 청소 등을 대행하는 영업을 말한다.
● 목욕장업이라 함은 손님이 목욕을 할 수 있도록 시설 및 설비 등의 서비스를 제공하는 영업을 말한다. 다만, 숙박업 영업소에 부설된 욕실 등 대통령령이 정하는 경우는 제외된다.
● 세탁업이라 함은 의류 기타 섬유제품이나 피혁제품 등을 세탁하는 영업을 말한다.
● 숙박업이라 함은 손님이 잠을 자고 머물 수 있도록 시설 및 설비를 제공하는 영업을 말한다. 단, 민박 등 대통령령이 정하는 경우를 제외한다.
● 이용업이란 손님의 머리카락 또는 수염을 깎거나 다듬는 등의 방법으로 용모를 단정하게 하는 영업을 말한다.

■ 미용업의 세분법

● 미용업(일반) : 파마 · 머리카락 자르기 · 머리카락 모양내기 · 머리피부 손질 · 머리카락 염색 · 머리감기, 의료기기나 의약품을 사용하지 아니하는 눈썹손질을 하는 영업
● 미용업(피부) : 의료기기나 의약품을 사용하지 아니하는 피부상태 분석 · 피부관리 · 제모 · 눈썹 손질을 하는 영업
● 미용업(손톱 · 발톱) : 손톱과 발톱을 손질 · 화장하는 영업
● 미용업(화장 · 분장) : 얼굴 등 신체의 화장, 분장 및 의료기기나 의약품을 사용하지 아니하는 눈썹 손질을 하는 영업
● 미용업(종합) : 미용업(일반), 미용업(피부), 미용업(손톱 · 발톱), 미용업(화장 · 분장)의 업무를 모두 하는 영업

45 S·e·c·t·i·o·n 영업의 신고 및 폐업

1 공중위생영업소의 신고

■ 영업소의 신고

● 영업신고 : 공중위생영업을 하고자 하는 자는 보건복지부령이 정하는 시설 및 설비를 갖추고 시장, 군수, 구청장에게 신고하여야하며, 주요사항을 변경하고자 할 경우에도 이와 같다.

● 영업신고의 방법 및 절차 등에 관한 사항은 보건복지부령으로 정한다.

● 이 · 미용업의 신고 및 개설은 이 · 미용사 면허를 받은 사람(면허증 소지자)만 신고할 수 있다.

■ 영업신고시 첨부서류(전자문서로 된 신고서 포함)

● 영업시설 및 설비개요서, 교육수료증(미리 교육받은 경우에만 해당), 국유재산 사용허가서(국유철도 정거장, 군사시설에서 영업하려는 경우), 철도사업자와 체결한 철도시설 사용계약에 관한 서류(국유철도의 철도 정거장 시설에서 영업하려는 경우)

■ 확인 서류(담당자 확인)

● 면허증, 건축물 대장, 토지이용계획확인서, 전기안전점검확인서(전기안전점검 받아야 하는 경우), 액화석유가스사용시설 완성검사 증명서(액화석유가스 사용시설의 완성검사를 받아야 하는 경우)

■ 변경신고시 필요서류

● 영업신고증, 변경된 사항을 증명하는 서류, 영업신고사항 변경 신고서이다.

■ 변경신고를 해야 할 경우

● 영업소의 명칭 및 상호 또는 영업장 면적의 3분의 1 이상을 변경한 때(법 제3조 제1항)

● 영업소의 소재지를 변경한 때

● 대표자의 성명 또는 생년월일

● 미용업 업종간 변경

TIP

- 이 · 미용 영업장의 소재지를 변경할 때 소재지 변경 후 관할시장 · 군수 · 구청장에게 신고한다.
- 영업소의 개설은 시장 · 군수 · 구청장에게 사전 신고한다.
- 폐업신고는 폐업서식의 신고서에 영업신고증을 첨부하여 시장 · 군수 · 구청장에게 제출한다.

2 폐업신고

● 폐업신고는 공중위생업의 신고를 한 자는 폐업한 날로부터 20일 이내에 시장 · 군수 · 구청장에게 신고하여야 한다.

● 영업정지 기간 중에 폐업신고를 할 수 없다.

● 영업폐업신고의 방법, 절차 등에 관하여 필요한 사항은 보건복지부령으로 정한다.

■ 이 · 미용업소 개설시 게시해야 할 것

● 영업신고증, 요금표, 면허증원본을 게시해야 한다.

3 공중위생영업소의 승계

■ 영업소의 승계

● 공중위생영업자의 지위를 승계한 자는 1월 이내에 보건복지부령이 정하는 바에 따라 시장 · 군수 · 구청장에게 신고하여야 한다.

● 이 · 미용업의 경우에는 면허를 소지한 자에 한하여 지위를 승계할 수 있다.

■ 영업을 승계할 수 있는 경우(단, 면허를 소지한 자에 한 함)

● 공중위생영업 신고자가 영업을 양도 또는 사망이나 법인의 합병 시 양수인 또는 상속인이나 합병 후 존속되는 법인이나 합병에 의한 설립법인은 그 영업자의 지위를 승계할 수 있다(양수인, 사망에 의한 상속인, 합병에 의한 법인).

● 민사집행법에 의한 경매나 파산법에 의한 압류재산의 매각 등 이에 준하는 절차에 따라 관련시설이나 설비의 전부를 인수한 자는 영업자의 지위를 승계할 수 있다.

■ 영업자 지위 승계시 필요한 서류(이 · 미용은 면허소지자에 한함)

● 법 절차에 따라 공중위생 영업의 승계는 지위를 계승한 지 1개월 이내에 신고하여야 한다.

● 지위 승계시 갖추어야 할 구비서류는 영업자 지위승계신고서, 양도 · 양수 또는 상속인임을 증명하는 서류이다.

● 시장 · 군수 · 구청장에게 신고 및 서류로 제출한다.

● 행정정보의 공동이용을 통한 확인에 동의하지 않을 경우에는 구비서류에 가족관계증명원도 첨부하며 양도계약서는 사본이 아닌 원본을 제출한다.

4 청문

● 시·도지사 또는 시장·군수·구청장은 이용사 및 미용사의 면허취소, 면허정지, 공중위생영업의 정지, 일부 시설의 사용중지 및 영업소폐쇄명령 등의 처분을 하고자 할 때에는 청문을 실시하여야 한다.

■ 청문을 실시할 수 있는 경우
● 미용사의 면허취소
● 면허정지 및 영업정지, 시설사용중지
● 영업폐쇄 명령

TIP

· 행정처분 시 경미한 위법사항에 대해서는 청문을 실시하지 않는다.

46
S·e·c·t·i·o·n
영업자 준수사항

1 위생관리 의무(시행령에 따른)

● 공중위생 영업자는 그 이용자에게 건강상 위해요인이 발생하지 아니하도록 영업관련 시설 및 설비를 안전하고 위생적으로 관리해야 한다.
● 영업자가 준수해야 하는 사항은 보건복지부령으로 정한다.

■ 미용업자의 준수사항
● 의료기구와 의약품을 사용하지 아니하는 순수한 화장 또는 피부미용을 해야 한다.
● 미용기구는 소독을 한 기구와 소독을 하지 아니한 기구로 분리하여 보관하고 면도기는 1회용 면도날만을 손님 1인에 한하여 사용해야 한다.
● 미용사면허증을 영업소 안에 게시해야 한다.

■ 위생관리의무 권한
● 미용업 영업소에 대하여 위생관리의무 이행검사 권한을 행사할 수 있는 자는 특별시·광역시 소속, 도 소속, 시·군·구 소속 공무원이다.

2 위생관리기준(시행규칙에 따른)

● 공중위생영업자가 준수하여야 할 위생관리기준은 보건복지부령으로 정한다.
● 실내공기 허용기준은 보건복지부령이 정하는 위생관리 기준에 적합해야 하며 오염물질이 발생되지 않도록 해야한다(오염물질 종류와 오염기준은 보건복지부령으로 정한다).

■ 미용업자의 준수해야 할 위생관리 기준
● 영업장 안의 조명도는 75룩스 이상이 되도록 유지한다.
● 미용기구 중 소독을 한 기구와 소독을 아니한 기구는 각각 다른 용기에 넣어 보관하며 1회용 면도날은 손님 1인에 한하여 사용해야 한다(소독기준과 방법은 보건복지부령으로 정한다).
● 점 빼기, 귓불 뚫기, 쌍꺼풀 수술, 문신, 박피술 기타 이와 유사한 의료행위를 하여서는 아니 된다.
● 피부미용을 위하여 약사법 규정에 의한 의료기구 또는 의약품을 사용하여서는 아니 된다.
● 업소 내에 미용업신고증, 개설자의 면허증원본, 미용요금표를 게시하여야 한다.

■ 미용업 시설 및 설비기준
● 미용기구는 소독을 한 기구와 소독을 하지 아니한 기구를 구분하여 보관할 수 있는 용기에 비치해야 한다.
● 소독기, 자외선살균기 등 미용기구 소독용 장비를 갖추어야 한다.
● 피부미용을 위한 작업장소 내에는 베드와 베드사이에 칸막이를 설치할 수 있으나 작업장소 내에 설치된 칸막이에 출입문이 있을 경우 그 출입문의 1/3이상은 투명하게 해야 한다.
● 영업소내 작업장소와 응접장소, 상담실, 탈의실 등을 분리해 칸막이를 설치할 때에는 외부에서 내부를 확인할 수 있도록 출입문의 1/3 이상을 투명하게 해야 한다.

47 S·e·c·t·i·o·n 이 · 미용사의 면허와 업무

1 미용사의 면허

- 이 · 미용사가 되고자 하는 자는 보건복지부령이 정하는 바에 의하여 시장 · 군수 · 구청장의 면허를 받아야 한다.
- 면허의 취소와 정지처분의 기준은 보건복지부령으로 정한다.
- 면허증 발급, 취소, 반납, 재발급은 시장 · 군수 · 구청장이 한다.

■ 면허를 받을 수 있는 경우
- 전문대학에서 미용에 관한 학과를 졸업한 자
- 고등학교 또는 이와 동등의 학력이 있다고 교육과학기술부장관이 인정하는 학교에서 이용 또는 미용에 관한 학과를 졸업한 자
- 교육과학기술부장관이 인정하는 고등기술학교에서 1년 이상 이용 또는 미용에 관한 소정의 과정을 이수한 자
- 국가기술 자격법에 의한 이용사 또는 미용사의 자격을 취득한 자
- 학점인정에 의해 대학 또는 전문대학을 졸업한 자와 동등이상의 학력이 있는 것으로 인정되어 이용 또는 미용에 관한 학위를 취득한 자

■ 면허를 받을 수 없는 경우
- 금치산자(정상적인 판단능력이 없는 사람)
- 정신질환(단, 전문의가 이 · 미용사로 적합하다고 인정한 사람은 그러하지 아니한다)
- 공중의 위생에 영향을 미칠 수 있는 전염병 환자 (비전염성인 경우는 제외)
- 마약이나 기타 대통령령으로 정하는 약물 중독자
- 공중위생관리법 규정에 의한 명령에 위반하거나 면허증을 다른 사람에게 대여한 경우의 사유로 면허가 취소된지 1년이 경과되지 아니한 자

■ 면허증의 재교부
- 면허증의 재교부를 하고자 하는 자는 서식의 신청서를 가지고 시장 · 군수 · 구청장에게 제출하여야 한다.
- 면허증을 잃어버려 재교부를 받은 경우 잃어버린 면허증을 찾은 때에는 지체없이 시장 · 군수 · 구청장에게 이를 반납하여야 한다.

- 구비서류 : 면허증원본(기재사항이 변경, 헐어 못쓰게 된 경우), 서식의 신청서, 최근 6월 이내에 찍은 가로 3, 세로 4cm의 탈모 정면 상반신 사진 1매

■ 미용사의 면허취소
- 면허증을 다른 사람에게 대여한 때에는 면허를 취소하거나 6월 이내의 기간을 정하여 면허정지를 명할 수 있다.
- 면허취소와 정지처분의 세부기준은 보건복지부령으로 정한다.
- 이 · 미용사의 면허가 취소되었을 경우 1년(12개월)이 경과 되어야 또 다시 그 면허를 받을 수 있다.
- 이 · 미용사의 면허 취소는 시장 · 군수 · 구청장이 명할 수 있다.
- 금치산자, 마약 기타 대통령령으로 정하는 약물 중독자는 면허를 취소하여야 한다.

■ 면허정지
- 시장 · 군수 · 구청장은 6개월 이내의 기간을 정하여 면허정지를 명할 수 있다.
- 법의 규정에 의한 명령에 위반한 때 면허정지를 명할 수 있다.
- 면허증을 다른 사람에게 대여한 때 면허정지를 명할 수 있다.

■ 면허증의 반납
- 면허취소, 면허정지명령을 받은 자는 지체없이 시장 · 군수 · 구청장에게 이를 반납하여야 한다.

■ 면허 수수료
- 미용사 면허를 받고자 하는 자는 대통령이 정하는 바에 따라 수수료를 납부하여야 한다.
(신규신청 : 5,500원 재교부신청 : 3,000원)

TIP
- 면허의 취소와 정지처분의 기준은 "보건복지부령"으로 정한다.
- 면허증 발급, 취소, 반납, 재발급은 시장 · 군수 · 구청장이다.
- 면허가 취소된 경우 1년이 경과되어야 다시 그 면허를 받을 수 있다.

2 이 · 미용사의 업무범위

- 이 · 미용사의 면허를 받은 자가 아니면 미용업을 개설하거나 그 업무에 종사할 수 없다(다만, 미용사의 감독을 받아 미용업무의 보조를 할 경우에는 종사할 수 있다).
- 이 · 미용사의 업무범위에 관하여 필요한 사항은 보건복지부령으로 정한다.
- 이 · 미용의 업무는 영업소 외의 장소에서 행할 수 없다(다만, 보건복지부령이 정하는 특별한 사유가 있는 경우에는 행할 수 있다).

■ 영업소 외의 장소에서 행할 수 있는 경우
- 보건복지부령이 정하는 특별한 사유의 경우

질병 기타의 사유로 인하여 영업소에 나올 수 없는 자에 대하여 미용을 하는 경우
혼례기타 의식에 참여하는 자에 대하여 그 의식 직전에 미용을 하는 경우
사회 복지 시설에서 봉사활동으로 이용 또는 미용을 하는 경우
특별한 사정이 있다고 시장 · 군수 · 구청장이 인정하는 경우
방송 등의 촬영에 참여하는 사람에 대하여 촬영 직전에 이용 또는 미용을 하는 경우

■ 업무범위
- 미용사(화장 · 분장) : 얼굴 등 신체의 화장 · 분장 및 의료기기나 의약품을 사용하지 아니하는 눈썹손질이다.
- 미용사(종합) : 파마, 머리카락 자르기, 머리카락 모양내기, 머리피부손질, 머리카락 염색, 머리감기, 손톱의 손질 및 화장,

피부미용(의료기구나 의약품을 사용하지 아니하는 순수한 피부미용을 말한다) 얼굴의 손질 및 화장이다.

■ 직무
- 미용사(메이크업) : 얼굴 · 신체를 아름답게 하거나 상황과 목적에 맞는 이미지 분석, 디자인, 메이크업, 뷰티 코디네이션, 후속관리 등을 실행하기 위해 적절한 관리법과 도구, 기기 및 제품을 사용하여 메이크업을 수행하는 직무이다.
- 미용사(종합) : 얼굴, 머리, 손 · 발톱을 아름답게 하기 위하여 헤어 및 두피, 메이크업, 네일에 적절한 관리법과 기기 및 제품을 사용하여 일반미용을 수행하는 직무이다.

■ 영업의 제한
- 시 · 도지사는 선량한 풍속의 유지를 위하여 필요하다고 인정하는 때에는 영업자 및 종업원에 대하여 영업시간과 영업행위에 관한 필요한 제한을 할 수 있다.

🔒 TIP
- 미용사의 면허를 받은 자가 아니면 미용업을 개설하거나 그 업무에 종사할 수 없다.
- 이 · 미용의 업무는 영업소 외의 장소에서 행할 수 없으나 특별한 사유가 있는 경우는 예외적으로 행할 수 있다.
- 미용의 세분화로 미용(종합), 미용(피부), 미용(일반)으로 업무가 구분되며 미용(종합)은 미용(피부)와 미용(일반)의 업무를 모두 행할 수 있다.

Section 48 행정지도 감독

1 미용기구의 소독기준 및 방법 기준

■ 일반기준

자외선소독	1cm^2 당 85㎼ 이상의 자외선을 20분 이상 쐬어준다.
열탕소독	섭씨 100℃ 이상의 물속에 10분 이상 끓여준다.
건열멸균소독	섭씨 100℃ 이상의 건조한 열에 20분이상 쐬어준다.
증기소독	섭씨 100℃ 이상의 습한 열에 20분 이상 쐬어준다.
석탄산수소독	석탄산수(석탄산 3%, 물 97%의 수용액을 말한다)에 10분 이상 담가둔다.
크레졸소독	크레졸수(크레졸 3%, 물 97%의 수용액을 말한다)에 10분 이상 담가둔다.
에탄올소독	에탄올수용액(에탄올 70%인 수용액을 말한다)에 10분 이상 담가 두거나 에탄올수용액을 머금은 면 또는 거즈로 기구의 표면을 닦아준다.

■ 개별기준
- 미용기구의 종류 및 재질, 용도에 따른 구체적인 소독기준 및 방법은 보건복지부장관이 정하여 고시한다.

■ 오염물질의 종류와 허용오염기준(공중이용시설안)

일산화탄소(CO)	1시간 25ppm이하
이산화탄소(CO2)	1시간 1,000ppm이하
미세먼지	24시간 150mg이하(미터당)
포름알데히드(HCHO)	1시간 120mg이하(미터당)

2 개선명령

- 보건복지부장관, 시장 · 군수 · 구청장 또는 시 · 도지사는 일정한 기간을 정하거나 즉시 개선을 명할 수 있다.
- 개선을 명할 수 있는 것은 시설 및 설비기준 위반, 위생관리의무 위반 등이다.

- 공중위생영업자로 하여금 법령에 의한 시설 및 설비를 갖추고 영업을 유지 관리하도록 할 수 있는 자는 보건복지부장관이다.

❸ 개선기간

- 공중위생 영업자 및 공중이용시설에 대해 위반한 사항에 개선을 명하고자 할 때에는 개선에 소요되는 시간을 고려하여 즉시나 6월의 기간 내에 개선을 명할 수 있다.
- 6월의 개선 기간 내에서 개선기간을 연장 신청할 수 있다.

■ 개선을 명하는 경우의 위반사항

- 보건복지부령이 정하는 시설 및 설비를 갖추고 이를 유지·관리한다.
- 실내공기는 보건복지부령이 정하는 위생관리 기준에 적합하도록 유지한다.
- 영업소, 화장실 기타 공중이용시설 안에서 시설 이용자의 건강을 해할 우려가 있는 오염물질이 발생되지 아니하도록 할 것. 이 경우 오염물질의 종류와 오염허용기준을 보건복지부령이 정한다.
- 미용사 면허증을 영업소 안에 게시한다.
- 의료기구와 의약품을 사용하지 아니하는 순수한 화장 또는 피부미용을 한다.
- 미용기구는 소독을 한 기구와 소독을 하지 아니한 기구로 분리하여 보관하고 면도기는 1회사용 면도날만을 손님 1인에 한하여 사용할 것. 이 경우 미용기구의 소독기준 및 방법은 보건복지부령으로 정한다.

■ 개선명령시 명시사항

- 위생관리기준, 오염물질의 종류, 오염허용기준 과정도, 개선기간이 명시사항이다.

❹ 공중위생 감시원

■ 공중위생 감시원

- 보건복지부, 특별시, 광역시·도 및 시·군·구에 관계공무원의 업무를 위해 공중위생 감시원을 둔다.
- 영업소 출입 및 검사와 위생감시 실시주기 및 횟수, 위생감시 기준은 보건복지부령으로 정한다.
- 시·도지사는 공중위생의 관리를 위한 지도 및 계몽을 위해 명예공중위생감시원을 둘 수 있다.

■ 공중위생 감시원의 자격 및 임명

- 공중위생 감시원의 자격과 임명·업무의 범위 등에 대한 사항은 대통령령으로 정한다.
- 보건복지부장관은 대통령령에 의해 공중위생관리법에 의한 권한의 일부를 시·도지사에게 위임할 수 있다.
- 감시원의 자격요건은 위생사 또는 환경기사 2급이상의 자격이 있는 자, 외국에서 위생사 또는 환경기사의 면허를 받은 자, 고등교육법에 의한 대학에서 화학, 화공학, 환경공학, 위생학분야를 전공하고 졸업한 자나 이와 동등이상의 자격이 있는 자, 3년 이상 공중위생행정에 종사한 경력이 있는 자이다.
- 명예공중위생감시원의 자격요건은 공중위생에 대한 관심과 지식이 있는자, 소비자단체나 공중위생관련 협회, 단체의 소속직원 중에서 당해 단체 등의 장이 추천하는 자이다.

■ 공중위생 감시원의 업무범위

- 시설 및 설비의 확인과 위생상태 확인 검사를 한다.
- 위생관리의무 및 준수사항 이행여부를 확인한다.
- 공중위생업소의 위생지도 및 개선명령, 위생교육 이행여부, 영업정지 또는 폐쇄명령 이행여부를 확인한다.

❺ 출입 및 검사

■ 출입·검사를 인정하는 자

- 특별시장, 광역시장, 도지사 또는 시장·군수·구청장은 소속 공무원을 출입하게 하여 검사나 서류를 열람하게 할 수 있다.

■ 출입·검사자

- 관계공무원은 권한을 표시하는 증표를 지니고 있어야하며 관계인에게 이를 내보여야 한다.
- 출입·검사를 실시한 공무원은 당해 업소가 비치한 출입, 검사기록부에 그 결과를 기록하여야 한다.

❻ 영업소의 폐쇄

- 법에 의한 명령위반, 풍속영업의 규제에 관한 법률, 청소년보호법, 의료법에 위반하여 관계행정기관장의 요청이 있을 때는 6월 이내를 정하여 영업정지, 일부시설의 사용중지, 영업소폐쇄 등을 시장·군수·구청장이 명할 수 있다.
- 영업정지, 시설사용중지, 영업소폐쇄명령 등의 세부기준은 보건복지부령으로 정한다.
- 영업소폐쇄명령을 받은 후 6월이 지나지 아니한 경우 동일한 장소에서 폐쇄명령을 받은 영업과 같은 종류의 영업을 할 수 없다(6개월이 경과되면 같은 종류의 영업을 할 수 있다).

■ 관계공무원이 위반 영업소를 폐쇄하기 위해 할 수 있는 조치
- 영업소의 간판, 영업표지물 제거
- 위법영업소임을 알리는 게시물 부착
- 영업에 사용되는 기구 및 시설물의 봉인

49 Section
업소 위생등급과 보수교육

1 위생평가

- 시·도지사는 공중위생영업소의 위생관리수준 향상을 위해 위생서비스평가계획을 수립하여 시장·군수·구청장에게 통보한다.
- 시장·군수·구청장은 평가계획에 따라 지역별 세부평가계획을 수립한 후 위생서비스 수준을 평가한다.
- 시장·군수·구청장은 필요한 경우 관련기관 및 단체에게 위생서비스평가를 실시하게 할 수 있다.
- 시·도지사는 위생서비스평가의 전문성을 높이기 위해 필요하다고 인정하는 경우에는 관련 전문기관 및 단체로 하여금 위생서비스평가를 실시하게 할 수 있다.
- 위생서비스의 평가의 주기, 방법, 위생관리등급의 기준 및 기타평가사항은 보건복지부령으로 정한다.

2 위생등급

■ 위생관리 등급

- 보건복지부령이 정하는 바에 의해 시·도지사, 시장·군수·구청장은 위생관리등급을 공중위생영업자에게 통보한다.
- 공중위생영업자는 시장·군수·구청장에게 통보받은 등급표지를 업소명칭과 함께 영업소의 출입구에 부착할 수 있다.
- 시·도지사, 시장·군수·구청장은 위생관리등급별로 위생감시를 영업소에 실시하며 이 때 영업소에 대한 출입·검사의 실시주기 및 횟수, 위생감시의 실시주기 및 횟수 등의 등급별 위생감시기준은 보건복지부령으로 정한다.
- 우수 영업소의 포상은 시·도지사, 시장·군수·구청장이 할 수 있다.
- 위생서비스평가는 2년마다 실시한다. 필요한 경우 위생관리 등급별로 평가주기를 달리할 수 있다.
- 등급판정의 세부항목, 결정 절차 등의 구체적인 사항은 보건복지부장관이 정하여 고시한다.

■ 위생관리 등급의 구분

- 최우수업소는 녹색등급이며 우수업소는 황색등급, 일반관리 대상업소는 백색등급이다.

3 영업자 위생교육과 위생교육기관

- 개설신고를 하고자 하는 자(공중위생업자)는 매년 3시간의 위생교육을 받아야 한다.
- 위생교육의 방법, 절차 등 필요한 사항은 보건복지부령으로 정한다.
- 규정에 의한 위생교육은 시장·군수·구청장이 실시한다.
- 위생영업소를 개설하기 전에 위생교육을 받아야 한다.
- 시장·군수·구청장이 필요하다고 인정하는 경우 관련단체나 전문기관에 위임할 수 있다.
- 위임받은 단체나 기관은 교육에 맞는 교재를 대상자에게 제공하여야 하며 교육실시결과를 1월 이내에 관할 시장·군·구청장에게 보고하여야 한다(교육에 관한 기록은 2년이상 보관, 관리).
- 영업신고전에 위생교육을 받을 수 없다고 인정하는 경우 통지 후 6월 이내에 위생교육을 받게 할 수 있다.
- 교육참석이 어렵다고 시장·군수·구청장이 인정되는 곳(도서, 벽지)에 사는 영업자는 교육교재를 숙지, 활용함으로 교육을 대신할 수 있다.

TIP

- 위생교육 대상자는 이·미용업영업자이다.
- 공중위생 영업을 승계한 자, 공중위생관리법을 위반한 자, 미용업을 개설, 신고한자도 위생교육대상자이다.
- 위생교육의 방법 및 절차 등의 기타 필요한 사항은 보건복지부령으로 정한다.

50 S·e·c·t·i·o·n 벌칙과 법령, 법규사항

1 개선기간

● 공중위생 영업자 및 공중이용시설에 대해 위반한 사항에 개선을 명하고자 할 때에는 개선에 소요되는 시간을 고려하여 즉시나 6월의 기간 내에 개선을 명할 수 있다.

■ 개선을 명하는 경우의 위반사항

● 보건복지부령이 정하는 시설 및 설비를 갖추고 이를 유지·관리한다.
● 실내공기는 보건복지부령이 정하는 위생관리 기준에 적합하도록 유지한다.
● 영업소, 화장실 기타 공중이용시설 안에서 시설 이용자의 건강을 해할 우려가 있는 오염물질이 발생되지 아니하도록 한다. 이 경우 오염물질의 종류와 오염허용기준을 보건복지부령이 정한다.
● 미용사 면허증을 영업소 안에 게시한다.
● 의료 기구와 의약품을 사용하지 아니하는 순수한 화장 또는 피부미용을 한다.
● 미용 기구는 소독을 한 기구와 소독을 하지 아니한 기구로 분리하여 보관하고 면도기는 1회사용 면도날만을 손님 1인에 한하여 사용할 것, 이 경우 미용 기구의 소독기준 및 방법은 보건복지부령으로 정한다.

■ 개선기간의 연장신청

● 6월의 개선 기간 내에서 개선기간을 연장 신청할 수 있다.

■ 개선명령시 명시사항

● 위생관리기준
● 오염물질의 종류
● 오염허용기준 초과정도
● 개선기간

2 벌칙

■ 1년 이하의 징역 또는 1천만원 이하의 벌금

● 영업신고를 하지 않은 자
● 영업소 폐쇄명령을 받고도 계속해서 영업을 한 자
● 영업정지, 일부시설의 사용중지 명령을 받고도 그 기간중에 영업을 하거나 그 시설을 사용한 자

■ 6개월 이하의 징역 또는 500만원 이하의 벌금

● 변경신고를 하지 않은 자
● 지위를 승계한 자로서 신고(1월 이내)를 아니한 자
● 건전한 영업질서를 위하여 준수해야 할 사항을 준수하지 아니한 공중위생영업자

■ 300만원 이하의 벌금

● 개선명령을 위반한 자
  (위생관리기준이나 오염허용기준을 지키지 않은 경우)
● 면허취소 후에도 계속 업무를 행한 자
● 면허정지 기간중에 업무를 행한 자
● 면허증이 없는 자가 업소개설이나 업무에 종사한 경우
  (미용사의 감독을 받은 미용보조업무는 제외)

3 과태료

● 과태료 처분권자는 당해 위반행위나 동기를 고려하여 해당 금액의 2분의 1의 범위에서 가감할 수 있다.
  (가중처분의 경우에도 과태료 부과 한도액은 넘을 수 없음)
  예 50만원의 과태료 부과시 부과 금액(25만원~50만원)

■ 300만원 이하의 과태료

● 폐업신고를 하지 않은 자
● 이·미용의 시설 및 설비의 개선명령을 위반한 자
● 관계공무원의 출입·검사 및 조치를 거부·방해·기피한 자
● 공중위생법상 필요한 보고를 당국에 하지 아니한 자

■ 200만원 이하의 과태료

● 미용업을 하는자로 위생관리의무를 지키지 아니한 자(의료기구와 의약품사용자, 소독기구 분리나 1회용 면도날 재사용자, 면허증 게시하지 않은 자)
● 위생교육을 받지 아니한 자
● 영업소 외의 장소에서 이·미용 업무를 행한 자

■ 개별 기준

● 관계공무원의 출입, 검사 기타 조치를 거부, 방해, 기피한 자, 과태료 100만원
● 개선명령에 위반한 자(시설 및 설비기준을 위반하거나 위생관리의무를 위반한 경우). 과태료 100만원
● 영업소 외의 장소에서 미용 업무를 행한 자, 과태료 70만원

- 미용업소의 위생관리의무(면허증 게시, 의약품 사용불가, 1회용 면도기는 1인사용)를 지키지 않은 자, 과태료 50만원
- 폐업신고를 하지 아니한 자, 과태료 30만원
- 위생교육을 받지 않은 자, 과태료 60만원

■ 과태료의 부과
- 과태료는 대통령이 정하는 바에 따라 시장·군수·구청장이 부과·징수한다.
- 과태료를 부과하고자 할 때에는 10일 이상의 기간을 정하여 대상자에게 구술 또는 서면에 의한 의견진술의 기회가 제공되어야 한다.
- 과태료의 징수절차는 보건복지부령으로 정한다.

■ 과태료 처분의 이의 제기
- 과태료 처분에 불복하는 자는 처분을 고지받은 날부터 30일 이내에 처분권자에게 이의를 제기할 수 있다.
- 이의제기를 한 경우 처분권자는 지체없이 관할 법원에 사실을 통보해야 한다.
- 이의제기없이 납부를 기피한 경우 지방세체납처분의 예에 따라 징수한다.

4 양벌규정
■ 양벌규정
- 법인의 대표자나 법인이나 개인의 대리인과 사용인, 종업원이 그 법인이나 개인의 업무에 관해 법인의 대표자나 법인 또는 개인의 대리인, 사용인, 그 밖의 종업원이 그 법인 또는 개인의 업무에 관하여 벌칙에 대해 위반행위를 하면 벌칙에 해당하는 행위자를 벌하는 외에 그 법인이나 개인에게도 해당하는 조문의 벌금형을 과한다. 하지만, 법인 또는 개인이 그 위반행위를 방지하기 위해 해당 업무에 관하여 상당한 주의 및 감독을 게을리 하지 아니할 때는 그렇지 않다.

5 과징금부과
- 과징금을 부과하는 위반행위의 종별이나 정도, 과징금 금액에 관한 필요사항은 대통령령으로 정한다.
- 영업정지자가 이용자에게 불편을 주거나 공익을 해할 우려가 있는 경우 3,000만원 이하의 과징금을 부과할 수 있다.
- 영업정지에 갈음한 과징금부과의 기준이 되는 매출금액은 당해 업소의 처분일이 속한 연도의 전년도 1년간 총매출액이다.

분기별, 월별, 일별의 매출금액을 기준으로 산출하거나 조정해야 하는 경우	· 신규사업이나 휴업 등으로 인하여 1년간의 총 매출금액을 산출할 수 없는 경우 · 1년간의 총 매출금액을 기준으로 하는 것이 불합리하다고 인정되는 경우

■ 과징금 기준
- 1~33까지의 등급으로 정해져 있으며 1등급은 30만원 미만에 대한 과징금액이며 33등급은 40,000 이상에 대한 과징금액이다.
- 1등급에서 7등급까지의 1일 과징금액의 등급별차이는 전 등급에 11만원을 더한 금액(예 2등급 : 41,000원이면 3등급은 52,000원)이며 7등급에서 33등급까지는 전등급에 9만원을 더한 금액으로 산출된다.

6 행정처분 기준
- 이·미용업에 있어 위반행위의 차수에 따른 행정처분 기준은 최근 1년 동안 같은 위반행위로 행정처분을 받은 경우에 적용된다.
- 면허취소, 정지처분의 세부적인 기준은 처분의 사유와 위반정도 등을 감안하여 "보건복지부령"으로 정한다.

■ 1차에 영업장 폐쇄명령

행정처분 기준			
1차위반	2차위반	3차위반	4차위반
영업장 폐쇄명령			

- 신고를 하지 아니하고 영업소의 소재지를 변경한 때(법 제3조 제1항)
- 영업정지처분을 받고 그 영업정지기간 중 영업을 한 때(법 제11조 제1항)
- 공중위생영업자가 정당한 사유 없이 6개월 이상 계속 휴업하는 경우(법 제11조제3항)
- 관할 세무서장에게 폐업신고를 하거나 관할 세무서장이 사업자 등록을 말소한 경우(법 제11조제3항)

■ 2차에 영업장 폐쇄명령

행정처분기준			
1차위반	2차위반	3차위반	4차위반
영업정지 3월	영업장 폐쇄명령		

- 손님에게 윤락행위 또는 음란행위를 하게하거나 이를 알선 또는 제공 한 때(법 제11조 제1항)

■ 3차에 영업장 폐쇄명령(2월 – 3월 – 폐쇄)

행정처분 기준			
1차위반	2차위반	3차위반	4차위반
영업정지 2월	영업정지 3월	영업장 폐쇄명령	

- 피부미용을 위하여 약사법규정에 의한 의약품 또는 의료용구를 사용하거나 보관하고 있는 때(법 제4조 제7항)
- 점빼기, 귓불뚫기, 쌍꺼풀수술, 문신, 박피술 그 밖에 이와 유사한 의료행위를 한 때(법 제4조 제7항)

■ 3차에 영업장 폐쇄명령(1월 – 2월 – 폐쇄)

행정처분 기준			
1차위반	2차위반	3차위반	4차위반
영업정지 1월	영업정지 2월	영업장 폐쇄명령	

- 영업소 외의 장소에서 업무를 행한 때(법 제8조 제2항)
- 미용업소 안에 별실 그 밖에 이와 유사한 시설을 설치한 때(법 제3조 제1항)
- 손님에게 도박 그 밖에 사행행위를 하게 한 때(법 제11조 제1항)
- 무자격안마사로 하여금 안마사의 업무에 관한 행위를 하게 한 때(법 제11조 제1항)
- 카메라나 기계장치를 설치한 경우(법 제11조 제1항)

■ 4차에 영업장 폐쇄명령 (10일 – 20일 – 1월 – 폐쇄명령)

- 보건복지부장관, 시·도지사, 시장·군수·구청장이 하도록 한 필요한 보고를 하지 아니하거나 거짓으로 보고한 때, 또는 관계공무원의 출입·검사를 거부·기피하거나 방해한 때(법 제9조 제1항)

■ 4차에 영업장 폐쇄명령(개선 – 15일 – 1월 – 폐쇄명령)

행정처분 기준			
1차위반	2차위반	3차위반	4차위반
개선	영업정지 15일	영업정지 1월	영업장 폐쇄명령

- 음란한 물건을 관람·열람하게 하거나 진열 또는 보관한 때(법 제11조 제1항)
- 응접장소와 작업장소 또는 의자와 의자를 구획하는 커튼·칸막이 그 밖에 이와 유사한 장애물을 설치한 때(법 제3조 제1항)
- 그 밖에 시설 및 설비가 기준에 미달한 때(법 제3조 제1항)
- 신고를 하지 아니하고 영업소의 명칭 및 상호 또는 영업장 면적의 3분의 1 이상을 변경한 때(법 제3조 제1항) : 1차에 경고 또는 개선

■ 4차에 영업장 폐쇄명령(경고 – 10일 – 1월 – 폐쇄명령)

행정처분 기준			
1차위반	2차위반	3차위반	4차위반
개선과 경고	영업정지 10일	영업정지 1월	영업장 폐쇄명령

- 영업자의 지위를 승계한 후 1월 이내에 신고하지 아니한 때(법 제3조 제4항) : 개선 – 10일 – 1월 – 폐쇄
- 보건복지부장관, 시·도지사, 시장·군수·구청장의 개선명령을 이행하지 아니한 때(법 제10조) : 경고 – 10일 – 1월 – 폐쇄

■ 4차에 영업장 폐쇄명령(경고 – 5일 – 10일 – 폐쇄명령)

행정처분 기준			
1차위반	2차위반	3차위반	4차위반
경고	영업정지 5일	영업정지 10일	영업장 폐쇄명령

- 소독을 한 기구와 소독을 하지 아니한 기구를 각각 다른 용기에 넣어 보관하지 아니하거나 1회용 면도날을 2인 이상의 손님에게 사용한 때(법 제4조 제3항)
- 위생교육을 받지 아니한 때(법 제17조)
- 미용업 신고증, 면허증원본 및 미용요금표를 게시하지 아니하거나 업소내 조명도를 준수하지 아니한 때(법 제4조 제3항) : 1차에 경고 또는 개선
- 영업소 안에 출입·검사 등의 기록부를 비치하지 아니한 때(법 제4조 제3항)

■ 4차에 영업정지 1월(경고 – 5일 – 10일 – 1월)

- 개별 미용서비스의 최종 지불가격 및 전체 미용 서비스의 총액에 관한 내역서를 이용자에게 미리 제공하지 않은 경우 1차위반시 경고, 2차위반시 영업정지5일, 3차위반시 영업정지 10일, 4차위반시 영업정지 1월이다.

🔑 TIP

- 손님에게 윤락행위 또는 음란행위를 하게 하거나 이를 알선 또는 제공한 때에는 영업소는 1차위반시 3월 2차위반시 폐쇄이며 미용업주는 1차 위반시 면허정지 3월 2차위반시 면허취소가 같이 적용된다.
- 개선은 시설관련이며 경고는 사람과 관련이 있다.
- 영업정지 1월은 30일을 기준으로 한다.

■ 1차에 면허취소(법 제7조 제1항)

행정처분 기준			
1차위반	2차위반	3차위반	4차위반
면허취소			

- 국가기술자격법에 따라 미용사자격이 취소된 때
- 법 제6조 제2항 제1호 내지 제4호의 결격사유에 해당한 때(금치산자, 마약 기타 대통령령으로 정하는 약물 중독자)
- 면허정지처분을 받고 그 정지기간 중 업무를 행한 때
- 이중으로 면허를 취득한 때(나중에 발급받은 면허가 취소됨)

■1차에 자격정지
●국가기술자격법에 따라 미용사 자격정지 처분을 받은 때 (국가기술자격법에 의한 자격정지처분기간에 한함)
●자격정지 처분은 면허정지와 함께 업무정지가 이루어짐

■2차에 면허취소

행정처분기준			
1차위반	2차위반	3차위반	4차위반
면허정지 3월	면허취소		

●손님에게 윤락행위 또는 음란행위를 하게 하거나 이를 알선 또는 제공한 때(미용사 – 업주)

■3차에 면허취소

행정처분 기준			
1차위반	2차위반	3차위반	4차위반
면허정지 3월	면허정지 6월	면허취소	

●면허증을 다른 사람에게 대여한 때

7 공중위생 관리법 시행령과 시행규칙

■공중위생 관리법 시행령
●제1조(목적) 이 영은 공중위생관리법에서 위임된 사항과 그 시행에 관하여 필요한 사항을 규정함을 목적으로 한다.
●제2조(적용제외 대상): 생략
●제3조(공중이용시설): 생략
제4조(숙박업 및 미용업의 세분)법 제2조제2항에 따라 숙박업 및 미용업을 다음과 같이 세분한다. [개정 2013.9.26, 2014.10.15 [[시행일 2015.7.1]]
2. 미용업
가. 미용업(일반): 파마·머리카락 자르기·머리카락모양내기·머리피부손질·머리카락염색·머리감기, 의료기기나 의약품을 사용하지 아니하는 눈썹손질을 하는 영업
나. 미용업(피부): 의료기기나 의약품을 사용하지 아니하는 피부상태분석·피부관리·제모·눈썹손질을 하는 영업
다. 미용업(손톱·발톱): 손톱과 발톱을 손질·화장하는 영업
라. 미용업(화장·분장): 얼굴 등 신체의 화장, 분장 및 의료기기나 의약품을 사용하지 아니하는 눈썹손질을 하는 영업
마. 미용업(종합): 가목부터 라목까지의 업무를 모두 하는 영업제6조(마약외의 약물 중독자) 법 제6조제2항제4호에서 "기타 대통령령으로 정하는 약물중독자"라 함은 대마 또는 향정신성의약품의 중독자를 말한다.

●제7조의 2(과징금을 부과할 위반행위의 종별과 과징금의 금액)
① 법 제11조의 2제2항의 규정에 따라 부과하는 과징금의 금액은 위반행위의 종별·정도 등을 감안하여 보건복지부령이 정하는 영업정지기간에 별표 1의 과징금 산정기준을 적용하여 산정한다.
② 시장·군수·구청장(자치구의 구청장을 말한다. 이하 같다)은 공중위생영업자의 사업규모·위반행위의 정도 및 횟수 등을 참작하여 제1항의 규정에 의한 과징금의 금액의 2분의 1의 범위 안에서 이를 가중 또는 감경할 수 있다. 이 경우 가중하는 때에도 과징금의 총액이 3천만원을 초과할 수 없다.
제7조의 3(과징금의 부과 및 납부)
① 시장·군수·구청장은 법 제11조의 2의 규정에 따라 과징금을 부과하고자 할 때에는 그 위반행위의 종별과 해당 과징금의 금액 등을 명시하여 이를 납부할 것을 서면으로 통지하여야 한다.
② 제1항의 규정에 따라 통지를 받은 자는 통지를 받은 날부터 20일 이내에 과징금을 시장·군수·구청장이 정하는 수납기관에 납부하여야 한다. 다만, 천재·지변 그 밖에 부득이한 사유로 인하여 그 기간 내에 과징금을 납부할 수 없는 때에는 그 사유가 없어진 날부터 7일 이내에 납부하여야 한다.
③ 제2항의 규정에 따라 과징금의 납부를 받은 수납기관은 영수증을 납부자에게 교부하여야 한다.
④ 과징금의 수납기관은 제2항의 규정에 따라 과징금을 수납한 때에는 지체 없이 그 사실을 시장·군수·구청장에게 통보하여야 한다.
⑤ 과징금은 이를 분할하여 납부할 수 없다.
⑥ 과징금의 징수절차는 보건복지부령으로 정한다.
●제8조(공중위생감시원의 자격 및 임명)
① 법 제15조의 규정에 의하여 특별시장·광역시장·도지사(이하 "시·도지사"라 한다) 또는 시장·군수·구청장은 다음 각 호의 1에 해당하는 소속공무원 중에서 공중위생감시원을 임명한다.
1. 위생사 또는 환경기사 2급 이상의 자격증이 있는 자
2. 고등교육법에 의한 대학에서 화학·화공학·환경공학 또는 위생학 분야를 전공하고 졸업한 자 또는 이와 동등 이상의 자격이 있는 자
3. 외국에서 위생사 또는 환경기사의 면허를 받은 자
4. 3년 이상 공중위생 행정에 종사한 경력이 있는 자
② 시·도지사 또는 시장·군수·구청장은 제1항 각호의 1에 해

당하는 자만으로는 공중위생감시원의 인력확보가 곤란하다고 인정되는 때에는 공중위생 행정에 종사하는 자중 공중위생감시에 관한 교육훈련을 2주 이상 받은 자를 공중위생 행정에 종사하는 기간 동안 공중위생감시원으로 임명할 수 있다.

● 제9조(공중위생감시원의 업무범위)법 제15조의 규정에 의한 공중위생감시원의 업무는 다음 각 호와 같다.

1. 법 제3조제1항의 규정에 의한 시설 및 설비의 확인
2. 법 제4조의 규정에 의한 공중위생영업 관련 시설 및 설비의 위생상태 확인 · 검사, 공중위생영업자의 위생관리의무 및 영업자준수사항 이행여부의 확인
3. 법 제5조의 규정에 의한 공중이용시설의 위생관리상태의 확인 · 검사
4. 법 제10조의 규정에 의한 위생지도 및 개선명령 이행여부의 확인
5. 법 제11조의 규정에 의한 공중위생영업소의 영업의 정지, 일부 시설의 사용중지 또는 영업소 폐쇄명령 이행여부의 확인
   6. 법 제 17조의 규정에 의한 위생교육 이행여부의 확인 제9조의 2(명예공중위생감시원의 자격 등)

① 법 제15조의 2제1항의 규정에 의한 명예공중위생감시원(이하 "명예감시원"이라 한다)은 시 · 도지사가 다음 각 호의 1에 해당하는 자중에서 위촉한다.

1. 공중위생에 대한 지식과 관심이 있는 자
2. 소비자단체, 공중위생관련 협회 또는 단체의 소속직원 중에서 당해 단체 등의 장이 추천하는 자

② 명예감시원의 업무는 다음 각 호와 같다.

1. 공중위생감시원이 행하는 검사대상물의 수거 지원
2. 법령 위반행위에 대한 신고 및 자료 제공
3. 그 밖에 공중위생에 관한 홍보 · 계몽 등 공중위생관리업무와 관련하여 시 · 도지사가 따로 정하여 부여하는 업무

③ 시 · 도지사는 명예감시원의 활동지원을 위하여 예산의 범위안에서 시 · 도지사가 정하는 바에 따라 수당 등을 지급할 수 있다.

④ 명예감시원의 운영에 관하여 필요한 사항은 시 · 도지사가 정한다.

● 제10조의 2(수수료)법
제19조의2의 규정에 따른 수수료는 지방자치단체의 수입증지 또는 정보통신망을 이용한 전자화폐 · 전자결제 등의 방법으로 시장 · 군수 · 구청장에게 납부하여야 하며, 그 금액은 다음 각 호와 같다.

1. 이용사 또는 미용사 면허를 신규로 신청하는 경우 : 5천500원

2. 이용사 또는 미용사 면허증을 재교부 받고자 하는 경우 : 3천원제10조의 3(민감정보 및 고유식별정보의 처리)시 · 도지사 또는 시장 · 군수 · 구청장(시 · 도지사는 제5호의 사무만 해당하며, 해당 권한이 위임 · 위탁된 경우에는 그 권한을 위임 · 위탁받은 자를 포함한다)은 다음 각 호의 사무를 수행하기 위하여 불가피한 경우 개인정보 보호법 제23조에 따른 건강에 관한 정보, 같은 법 시행령 제19조제1호 또는 제4호에 따른 주민등록번호 또는 외국인등록번호가 포함된 자료를 처리할 수 있다.

1. 법 제3조에 따른 공중위생영업의 신고 · 변경신고 및 폐업신고에 관한 사무
2. 법 제3조의2에 따른 공중위생영업자의 지위승계 신고에 관한 사무
3. 법 제6조에 따른 이용사 및 미용사 면허신청 및 면허증 발급에 관한 사무
4. 법 제7조에 따른 이용사 및 미용사의 면허취소 등에 관한 사무
5. 법 제10조에 따른 위생지도 및 개선명령에 관한 사무
6. 법 제 11조에 따른 공중위생업소의 폐쇄 등에 관한 사무
7. 법 제 11조의 2에 따른 과징금의 부과 · 징수에 관한 사무
8. 법 제12조에 따른 청문에 관한 사무제10조의 4(규제의 재검토)

① 보건복지부장관은 제11조 및 별표 2에 따른 과태료의 부과기준에 대하여 2014년 1월 1일을 기준으로 3년마다(매 3년이 되는 해의 1월 1일 전까지를 말한다) 그 타당성을 검토하여 개선 등의 조치를 하여야 한다.

② 보건복지부장관은 제7조의 2 및 별표 1에 따른 과징금 산정기준에 대하여 2015년 1월 1일을 기준으로 2년마다(매 2년이 되는 해의 1월 1일 전까지를 말한다) 그 타당성을 검토하여 개선 등의 조치를 하여야 한다.

● 제11조(과태료의 부과)법 제22조에 따른 과태료의 부과기준은 별표 2와 같다.

● 부칙 제2조(다른 법령의 개정)

⑩ 공중위생관리법 시행령 중 다음과 같이 개정한다. "학원의 설립 · 운영에 관한법률"을 "학원의 설립 · 운영 및 과외 교습에 관한법률"로 한다.

● 부칙1. (시행일)
이 영은 2008년 7월 1일부터 시행한다.(미용업의 세분에 관한 경과조치) 이 영 시행 당시 종전의 규정에 따라 미용업의 신고를 한 자는 다음 각 호의 구분에 따라 제4조의 개정규정에 따른 세분된 미용업의 신고를 한 것으로 본다. – 신고 수리 시 제4조제1호의 미용업(일반)에 해당하는 업무에 한하여 영업을

할 수 있다는 취지의 조건이 붙은 경우: 미용업(일반)– 제1호 외의 경우: 미용업(종합)

2. "보건복지가족부령"을 각각 "보건복지부령"으로 한다.

3. (시행일) 이 영은 2014년 7월 1일부터 시행한다.

제2조(미용업의 신고에 관한 경과조치)

① 이 영 시행 당시 종전의 규정에 따른 미용업(일반)의 신고를 한 사람은 제4조제2호가목의 개정규정에 따른 미용업(일반)과 함께 같은 호 다목의 개정규정에 따른 미용업(손톱·발톱)의 신고를 한 것으로 본다.

② 이 영 시행 당시 종전의 규정에 따른 미용업(종합)의 신고를 한 사람은 제4조제2호라목의 개정규정에 따른 미용업(종합)의 신고를 한 것으로 본다.

4. (시행일) 이 영은 2015년 7월 1일부터 시행한다.(미용업의 세분에 관한 경과조치)

① 이 영 시행 당시 종전의 규정에 따른 미용업(일반)의 신고를 한 사람은 제4조제2호가목의 개정규정에 따른 미용업(일반)과 같은 호 라목의 개정규정에 따른 미용업(화장·분장)의 신고를 한 것으로 본다.② 이 영 시행 당시 종전의 규정에 따른 미용업(종합)의 신고를 한 사람은 제4조제2호마목의 개정규정에 따른 미용업(종합)의 신고를 한 것으로 본다.

■ **공중위생관리법 시행규칙**

● 제1조(목적)이 규칙은 공중위생관리법 및 같은 법 시행령에서 위임된 사항과 그 시행에 관하여 필요한 사항을 규정함을 목적으로 한다.

● 제2조(시설 및 설비기준)공중위생관리법(이하 "법"이라 한다)

● 제3조제1항의 규정에 의한 공중위생영업의 종류별 시설 및 설비기준은 별표 1과 같다.

● 제3조(공중위생영업의 신고)

① 법 제3조제1항에 따라 공중위생영업의 신고를 하려는 자는 제2조에 따른 공중위생영업의 종류별 시설 및 설비기준에 적합한 시설을 갖춘 후 별지 제1호서식의 신고서(전자문서로 된 신고서를 포함한다)에 다음 각 호의 서류를 첨부하여 시장·군수·구청장(자치구의 구청장을 말한다. 이하 같다)에게 제출하여야 한다.

1. 영업시설 및 설비개요서

2. 교육필증 법 제17조제2항에 따라 미리 교육을 받은 경우에만 해당한다)

3. 삭제

② 제1항에 따라 신고서를 제출받은 시장·군수·구청장은 「

전자정부법」 제36조제1항에 따른 행정정보의 공동이용을 통하여 다음 각 호의 서류를 확인하여야 한다. 다만, 제3호 및 제4호의 경우 신고인이 확인에 동의하지 아니하는 경우에는 그 서류를 첨부하도록 하여야 한다. 제18호(행정정보의 공동이용 및 문서감축을 위한 건강검진기본법 시행규칙 등),1. 건축물대장2. 토지이용계획 확인서3. 전기안전점검 확인서는 전기안전점검을 받아야 하는 경우에만 해당한다.4. 면허증(이용업·미용업의 경우에만 해당한다)

③ 제1항에 따른 신고를 받은 시장·군수·구청장은 즉시 별지 제2호서식의 영업신고증을 교부하고, 별지 제3호서식의 신고관리대장(전자문서를 포함한다)을 작성·관리하여야 한다.

④ 제1항에 따른 신고를 받은 시장·군수·구청장은 해당 영업소의 시설 및 설비에 대한 확인이 필요한 경우에는 영업신고증을 교부한 후 15일 이내에 확인하여야 한다.

⑤ 제3항에 따라 영업신고증을 교부받은 자는 다음 각 호의 어느 하나에 해당되는 때에는 별지 제4호서식의 영업신고증 재교부신청서(전자문서로 된 신청서를 포함한다)에 영업신고증(신고증이 헐어 못쓰게 된 때와 신고인의 성명이나 생년월일이 변경된 때에만 해당한다)을 첨부하여 시장·군수·구청장에게 영업신고증의 재교부를 신청할 수 있다.

1. 신고증을 잃어 버렸을 때

2. 신고증이 헐어 못쓰게 된 때

3. 신고인의 성명이나 생년월일이 변경된 때 제3조의 2(변경신고)① 법 제3조제1항 후단에서 "보건복지부령이 정하는 중요사항"이란 다음 각 호의 사항을 말한다.

● 제1호(보건복지부와 그 소속기관 직제 시행규칙)

1. 영업소의 명칭 또는 상호

2. 영업소의 소재지

3. 신고한 영업장 면적의 3분의 1 이상의 증감

4. 대표자의 성명(법인의 경우에 한한다)

5. 공중위생관리법 시행령(이하 "영"이라 한다) 제4조제1호각목에 따른 숙박업 업종 간 변경

6. 영 제4조제2호각 목에 따른 미용업 업종 간 변경② 법 제3조제1항 후단에 따라 변경신고를 하려는 자는 별지 제5호서식의 영업신고사항 변경신고서(전자문서로 된 신고서를 포함한다)에 다음 각 호의 서류를 첨부하여 시장·군수·구청장에게 제출하여야 한다. (전자적 민원처리를 위한 공중위생관리법 시행규칙 등)

1. 영업신고증(신고증을 분실하여 영업신고사항 변경신고서

에 분실 사유를 기재하는 경우에는 첨부하지 아니한다)

2. 변경사항을 증명하는 서류 ③ 제2항에 따라 변경신고서를 제출받은 시장·군수·구청장은 행정정보의 공동이용을 통하여 다음 각 호의 서류를 확인하여야 한다. 다만, 제3호의 경우 신고인이 확인에 동의하지 아니하는 경우에는 그 서류를 첨부하도록 하여야 한다.

제18호(행정정보의 공동이용 및 문서감축을 위한 건강검진기본법 시행규칙 등)

1. 건축물대장

2. 토지이용계획 확인서

3. 전기안전점검확인서는 전기안전점검을 받아야 하는 경우에만 해당한다)

4. 면허증(이용업 및 미용업의 경우에만 해당한다)④ 제2항에 따른 신고를 받은 시장·군수·구청장은 영업신고증을 고쳐 쓰거나 재교부하여야 한다. 다만, 변경신고사항이 제1항 제5호 또는 제6호에 해당하는 경우에는 변경신고한 영업소의 시설 및 설비 등을 변경신고를 받은 날부터 15일 이내에 확인하여야 한다.

● 제3조의3(공중위생영업의 폐업신고)

① 법 제3조제2항에 따라 폐업신고를 하려는 자는 별지 제5호의2서식의 신고서(전자문서로 된 신고서를 포함한다)를 시장·군수·구청장에게 제출하여야 한다.

② 제1항에 따른 폐업신고를 하려는 자가 폐업신고를 같이 하려는 경우에는 제1항에 따른 폐업신고서에 폐업신고서를 함께 제출하여야 한다. 이 경우 시장·군수·구청장은 함께 제출받은 폐업신고서를 지체 없이 관할 세무서장에게 송부(정보통신망을 이용한 송부를 포함한다. 이하 이 조에서 같다)하여야 한다.

③ 관할 세무서장이「부가가치세법 시행령」제13조제5항에 따라 같은 조 제1항에 따른 폐업신고를 받아 이를 해당 시장·군수·구청장에게 송부한 경우에는 제1항에 따른 폐업신고서가 제출된 것으로 본다.

● 제3조의 4(영업자의 지위승계신고)

① 법 제3조의2제4항에 따라 영업자의 지위승계신고를 하려는 자는 영업자지위승계신고서에 다음 각 호의 구분에 따른 서류를 첨부하여 시장·군수·구청장에게 제출하여야 한다. (전자적 민원처리를 위한 공중위생관리법 시행규칙 등)

1. 영업양도의 경우 : 양도·양수를 증명할 수 있는 서류사본 및 양도인의 인감증명서 다만, 양도인의 행방불명(주민등록법상 무단전출을 포함한다) 등으로 양도인의 인감증명서를

첨부하지 못하는 경우로서 시장·군수·구청장이 사실 확인 등을 통하여 양도·양수가 이루어졌다고 인정할 수 있는 경우 또는 양도인과 양수인이 신고관청에 함께 방문하여 신고를 하는 경우에는 이를 생략할 수 있다.

2. 상속의 경우 : 가족관계의 등록 등에 관한 법률에 따른 가족관계증명서 및 상속인임을 증명할 수 있는 서류

3. 제1호 및 제2호외의 경우 : 해당 사유별로 영업자의 지위를 승계하였음을 증명할 수 있는 서류제5조(이·미용기구의 소독기준 및 방법)법 제4조제3항제1호 및 제4항제2호의 규정에 의한 이용기구 및 미용기구의 소독기준 및 방법은 별표 3과 같다.

● 제7조(공중위생영업자가 준수하여야 하는 위생관리기준 등) 법 제4조제7항의 규정에 의하여 공중위생영업자가 건전한 영업질서유지를 위하여 준수하여야 하는 위생관리기준 등은 별표 4와 같다.

● 제8조(공중이용시설의 위생관리기준)

① 법 제5조제1호의 규정에 의한 공중이용시설의 실내공기 위생관리기준은 별표 5와 같다.

② 법 제5조제2호의 규정에 의하여 공중이용시설 안에서 발생되지 아니하여야 할 오염물질의 종류와 허용되는 오염의 기준은 별표 6과 같다.

● 제9조(이용사 및 미용사의 면허)

① 제6조제1항에 따라 이용사 또는 미용사의 면허를 받으려는 자는 별지 제7호서식의 면허 신청서(전자문서로 된 신청서를 포함한다)에 다음 각 호의 서류를 첨부하여 시장·군수·구청장에게 제출하여야 한다.

1. 법 제6조제1항제1호 및 제2호에 해당하는 자 : 졸업증명서 또는 학위증명서 1부

2. 법 제6조제1항제3호에 해당하는 자 : 이수증명서 1부

3. 법 제6조제2항제2호 본문에 해당되지 아니함을 증명하는 최근 6개월 이내의 의사의 진단서 또는 같은 호 단서에 해당하는 경우에는 이를 증명할 수 있는 전문의의 진단서 1부

4. 법 제6조제2항제3호 및 제4호에 해당되지 아니함을 증명하는 최근 6개월 이내의 의사의 진단서 1부

5. 최근 6개월 이내에 찍은 가로 3센티미터 세로 4센티미터의 탈모 정면 상반신 사진 2매

② 제1항에 따라 신청을 받은 시장·군수·구청장은 행정정보의 공동이용을 통하여 다음 각 호의 서류를 확인하여야 한다. 다만, 신청인이 확인에 동의하지 아니하는 경우에는 해당 서류를 첨부하도록 하여야 한다.

1. 학점은행제학위증명(신청인이 법 제6조제1항제1호의2에 해당하는 사람인 경우에만 해당한다)

2. 국가기술자격취득사항확인서(신청인이 법 제6조제1항제4호에 해당하는 사람인 경우에만 해당한다)

③ 법 제6조제2항제3호에서 "보건복지부령이 정하는 자"란 감염병의 예방 및 관리에 관한 법률에 따른 결핵(비감염성인 경우는 제외한다)환자를 말한다.(감염병의 예방 및 관리에 관한 법률 시행규칙)

④ 시장·군수·구청장은 제1항에 따라 이용사 또는 미용사 면허증발급신청을 받은 경우에는 그 신청내용이 법 제6조에 따른 요건에 적합하다고 인정되는 경우에는 별지 제8호서식의 면허증을 교부하고, 별지 제9호서식의 면허등록 관리대장(전자문서를 포함한다)을 작성·관리하여야 한다.

● 제10조(면허증의 재교부 등)

① 이용사 또는 미용사는 면허증의 기재사항에 변경이 있는 때, 면허증을 잃어버린 때 또는 면허증이 헐어 못쓰게 된 때에는 면허증의 재교부를 신청할 수 있다.

② 제1항의 규정에 의한 면허증의 재교부신청을 하고자 하는 자는 별지 제10호서식의 신청서(전자문서로 된 신청서를 포함한다)에 다음 각 호의 서류(전자문서를 포함한다)를 첨부하여 시장·군수·구청장에게 제출하여야 한다.(전자적 민원처리를 위한 간호조무사 및 의료유사업자에 관한규칙 등)1. 면허증 원본(기재사항이 변경되거나 헐어 못쓰게 된 경우에 한한다)

2. 삭제

3. 삭제

4. 삭제

5. 최근 6개월 이내에 찍은 가로 3센티미터 세로 4센티미터의 탈모 정면 상반신 사진1매

③ 면허증을 잃어버린 후 재교부받은 자가 그 잃어버린 면허증을 찾은 때에는 지체없이 관할 시장·군수·구청장에게 이를 반납하여야 한다.

● 제12조(면허증의 반납 등)

① 법 제7조제1항의 규정에 의하여 면허가 취소되거나 면허의 정지명령을 받은 자는 지체 없이 관할 시장·군수·구청장에게 면허증을 반납하여야 한다.

② 면허의 정지명령을 받은 자가 제1항의 규정에 의하여 반납한 면허증은 그 면허정지기간 동안 관할 시장·군수·구청장이 이를 보관하여야 한다.

● 제13조(영업소 외에서의 이용 및 미용 업무)법 제8조제2항 단

서에서 "보건복지부령이 정하는 특별한 사유"란 다음 각 호의 사유를 말한다.

1. 질병이나 그 밖의 사유로 영업소에 나올 수 없는 자에 대하여 이용 또는 미용을 하는 경우

2. 혼례나 그 밖의 의식에 참여하는 자에 대하여 그 의식 직전에 이용 또는 미용을 하는 경우

3. 사회복지사업법에 따른 사회복지시설에서 봉사활동으로 이용 또는 미용을 하는 경우

4. 방송 등의 촬영에 참여하는 사람에 대하여 그 촬영 직전에 이용 또는 미용을 하는 경우

5. 제1호부터 제4호까지의 경우 외에 특별한 사정이 있다고 시장·군수·구청장이 인정하는 경우제14조(업무범위)

① 법 제8조제3항에 따른 이용사의 업무범위는 이발·아이론·면도·머리피부손질·머리카락염색 및 머리감기로 한다.

② 법 제8조제3항에 따른 미용사의 업무범위는 다음 각 호와 같다.

1. 법 제6조제1항제1호부터 제3호까지에 해당하는 자와 2007년 12월 31일 이전에 같은 항 제4호에 따라 미용사자격을 취득한 자로서 미용사면허를 받은 자: 영 제4조제2호각 목에 따른 영업에 해당하는 모든 업무

2. 2008년 1월 1일 이후부터 2015년 4월 16일까지 법 제6조제1항제4호에 따라 미용사(일반)자격을 취득한 자로서 미용사 면허를 받은 자: 파마·머리카락 자르기·머리카락모양내기·머리피부손질·머리카락염색·머리감기, 의료기기나 의약품을 사용하지 아니하는 눈썹손질, 얼굴의 손질 및 화장, 손톱과 발톱의 손질 및 화장

3. 2015년 4월 17일 이후 법 제6조제1항제4호에 따라 미용사(일반)자격을 취득한 자로서 미용사 면허를 받은 자: 파마·머리카락 자르기·머리카락모양내기·머리피부손질·머리카락염색·머리감기, 의료기기나 의약품을 사용하지 아니하는 눈썹손질, 얼굴의 손질 및 화장

4. 법 제6조제1항제4호에 따라 미용사(피부)자격을 취득한 자로서 미용사 면허를 받은 자: 의료기기나 의약품을 사용하지 아니하는 피부상태분석·피부관리·제모·눈썹손질

5. 법 제6조제1항제4호에 따라 미용사(네일)자격을 취득한 자로서 미용사 면허를 받은 자: 손톱과 발톱의 손질 및 화장제15조(검사의뢰): 생략제16조(공중위생영업소 출입·검사 등)

① 삭제 [2011.2.10]

② 법 제9조제2항의 규정에 의한 관계공무원의 권한을 표시하는 증표는 별지 제13호 서식에 의한다.

제17조(개선기간)

① 법 제10조의 규정에 의하여 시·도지사 또는 시장·군수·구청장은 공중위생영업자 및 공중이용시설의 소유자등에게 법 제3조제1항 법 제4조 및 법 제5조의 위반사항에 대한 개선을 명하고자 하는 때에는 위반사항의 개선에 소요되는 기간 등을 고려하여 즉시 그 개선을 명하거나 6개월의 범위에서 기간을 정하여 개선을 명하여야 한다.

② 법 제10조의 규정에 의하여 시·도지사 또는 시장·군수·구청장으로부터 개선명령을 받은 공중위생영업자 및 공중이용시설의 소유자등은 천재·지변 기타 부득이한 사유로 인하여 제1항의 규정에 의한 개선기간 이내에 개선을 완료할 수 없는 경우에는 그 기간이 종료되기 전에 개선기간의 연장을 신청할 수 있다. 이 경우 시·도지사 또는 시장·군수·구청장은 6개월의 범위에서 개선기간을 연장할 수 있다.

● 제18조(개선명령시의 명시사항)법 제10조의 규정에 의하여 시·도지사 또는 시장·군수·구청장은 법 제5조의 규정을 위반한 공중이용시설의 소유자등에게 개선명령을 하는 때에는 위생관리기준, 발생된 오염물질의 종류, 오염허용기준을 초과한 정도와 개선기간을 명시하여야 한다.

● 제19조 (행정처분기준)법 제7조제2항 및 법 제11조제2항의 규정에 의한 행정처분의 기준은 별표 7과 같다.

● 제20조 (위생서비스수준의 평가주기) 법 제13조제4항의 규정에 의한 공중위생영업소의 위생서비스수준 평가(이하 "위생서비스평가"라 한다. 이하 같다)는 2년마다 실시하되, 공중위생영업소의 보건·위생관리를 위하여 특히 필요한 경우에는 보건복지부장관이 정하여 고시하는 바에 의하여 공중위생영업의 종류 또는 제21조의 규정에 의한 위생관리등급별로 평가주기를 달리할 수 있다. 제1호(보건복지부와 그 소속기관 직제 시행규칙)

● 제21조 (위생관리등급의 구분 등)

① 법 제13조제4항의 규정에 의한 위생관리등급의 구분은 다음 각호와 같다.

1. 최우수업소 : 녹색등급
2. 우수업소 : 황색등급
3. 일반관리대상 업소 : 백색등급

② 제1항의 규정에 의한 위생관리등급의 판정을 위한 세부항목, 등급결정 절차와 기타 위생서비스평가에 필요한 구체적인 사항은 보건복지부장관이 정하여 고시한다.

● 제22조(위생관리등급의 통보 및 공표절차 등)

① 삭제

② 법 제14조제1항의 규정에 의하여 시장·군수·구청장은 별지 제14호서식의 위생관리등급표를 해당 공중위생영업자에게 송부하여야 한다.

③ 법 제14조제1항의 규정에 의하여 시장·군수·구청장은 공중위생영업소별 위생관리등급을 당해 기관의 게시판에 게시하는 등의 방법으로 공표하여야 한다.

● 제23조 (위생교육)

① 법 제17조에 따른 위생교육은 3시간으로 한다.

② 위생교육의 내용은 공중위생관리법 및 관련 법규, 소양교육(친절 및 청결에 관한 사항을 포함한다), 기술교육, 그 밖에 공중위생에 관하여 필요한 내용으로 한다.

③ 법 제17조제1항 및 제2항에 따른 위생교육 대상자 중 보건복지부장관이 고시하는 도서·벽지지역에서 영업을 하고 있거나 하려는 자에 대하여는 제7항에 따른 교육교재를 배부하여 이를 익히고 활용하도록 함으로써 교육에 갈음할 수 있다. 제1호(보건복지부와 그 소속기관 직제 시행규칙)]

④ 법 제17조제2항 단서에 따라 영업신고 전에 위생교육을 받아야 하는 자 중 다음 각 호의 어느 하나에 해당하는 자는 영업신고를 한 후 6개월 이내에 위생교육을 받을 수 있다.

1. 천재지변, 본인의 질병·사고, 업무상 국외출장 등의 사유로 교육을 받을 수 없는 경우

2. 교육을 실시하는 단체의 사정 등으로 미리 교육을 받기 불가능한 경우

⑤ 법 제17조제2항에 따른 위생교육을 받은 자가 위생교육을 받은 날부터 2년 이내에 위생교육을 받은 업종과 같은 업종의 영업을 하려는 경우에는 해당 영업에 대한 위생교육을 받은 것으로 본다.

⑥ 법 제17조제4항에 따른 위생교육을 실시하는 단체(이하 "위생교육 실시단체"라 한다)는 보건복지부장관이 고시한다. 제1호(보건복지부와 그 소속기관 직제 시행규칙)

⑦ 위생교육 실시단체는 교육교재를 편찬하여 교육대상자에게 제공하여야 한다.

⑧ 위생교육 실시단체의 장은 위생교육을 수료한 자에게 수료증을 교부하고, 교육실시 결과를 교육 후 1개월 이내에 시장·군수·구청장에게 통보하여야 하며, 수료증 교부대장 등 교육에 관한 기록을 2년 이상 보관·관리하여야 한다.

⑨ 제1항부터 제8항까지의 규정 외에 위생교육에 관하여 필요한 세부사항은 보건복지부장관이 정한다. 제1호(보건복지부와 그 소속기관 직제 시행규칙)

제23조의2(행정지원)

① 시장·군수·구청장은 위생교육 실시단체의 장의 요청이 있으면 공중위생영업의 신고 및 폐업신고 또는 영업자의 지위승계신고 수리에 따른 위생교육대상자의 명단을 통보하여야 한다.

② 시·도지사 또는 시장·군수·구청장은 위생교육 실시단체의 장의 지원요청이 있으면 교육대상자의 소집, 교육장소의 확보 등과 관련하여 협조하여야 한다.

제24조(과징금의 징수절차)

① 영 제7조의3에 따른 과징금의 납입고지서에는 이의제기의 방법 및 기간 등을 함께 적어야 한다.

② 제1항에 따른 과징금을 납기일까지 납부하지 아니한 때에는 납기일이 경과한 날부터 15일 이내(은행납인 경우에는

50일 이내)에 10일 이내의 납기기한을 정하여 독촉장을 발부하여야 한다.

제25조 (규제의 재검토)

① 보건복지부장관은 다음 각 호의 사항에 대하여 다음 각 호의 기준일을 기준으로 3년마다(매 3년이 되는 해의 기준일과 같은 날 전까지를 말한다) 그 타당성을 검토하여 개선 등의 조치를 하여야 한다.(규제 재검토기한 설정 등 규제정비를 위한 감염병의 예방 및 관리에 관한 법률 시행규칙 등)

1. 제2조 및 별표 1에 따른 공중위생영업의 종류별 시설 및 설비기준
2. 생략
3. 제5조 및 별표 3에 따른 이용기구 및 미용기구의 소독기준 및 방법
4. 제7조 및 별표 4에 따른 공중위생영업자가 준수하여야 하는 위생관리기준 등
5. 제13조에 따른 영업소 외에서의 이용 및 미용 업무
6. 제19조 및 별표 7에 따른 행정처분기준

② 보건복지부장관은 다음 각 호의 사항에 대하여 다음 각 호의 기준일을 기준으로 2년마다(매 2년이 되는 해의 기준일과 같은 날 전까지를 말한다) 그 타당성을 검토하여 개선 등의 조치를 하여야 한다.(규제 재검토기한 설정 등 규제정비를 위한 감염병의 예방 및 관리에 관한 법률 시행규칙 등)

1. 제3조에 따른 공중위생영업 신고 시 제출서류
2. 제3조의2에 따른 공중위생영업 변경신고 시 제출서류
3. 제3조의3에 따른 공중위생영업 폐업신고 시 제출 서식의 내용
4. 제3조의4에 따른 영업자의 지위승계신고 시 제출서류
5. 제23조에 따른 위생교육 시간 및 내용

■ 부칙

(시행일) 이 규칙은 공포한 날부터 시행한다.

1. "감염병예방법 제2조제1항제3호에 따른 결핵(비감염성인 경우를 제외한다)환자"를 "감염병의 예방 및 관리에 관한 법률에 따른 결핵(비감염성인 경우는 제외한다)환자"로 한다.
2. "교육과학기술부장관"을 각각 "교육부장관"으로 한다.
3. 미용업(손톱·발톱) 관련 부분은 2014년 7월 1일부터 시행한다.

요점 정리 Beautician

◇ 청문을 실시할 수 있는 경우는 면허취소 및 정지, 영업정지 및 시설사용중지, 영업소 폐쇄명령이다.

◇ 위생서비스 평가는 2년마다 실시하며 평가주기와 방법, 등급은 보건복지부령으로 정하고 등급은 3등급(녹색, 황색, 백색)으로 나누어진다.

◇ 공중위생관리법은 공중이 이용하는 영업과 시설의 위생관리 등에 관한 사항을 규정함으로써 위생수준을 향상시켜 국민의 건강증진에 기여함을 목적으로 한다.

◇ 이·미용사의 면허증에 관해 발급과 취소, 제출은 모두 시장, 군수, 구청장이다.

◇ 미용업의 지위 승계를 받을 경우는 반드시 면허를 소지한 자에 한해서 받을 수 있다.

◇ 영업 정지, 일부시설의 사용중지나 영업소 폐쇄는 6개월 이내에 명할 수 있다.

◇ 피부미용을 위하여 의료기구 또는 의약품을 사용해서는 안 되며 이·미용 업소의 조명기준은 75룩스 이상이다.

◇ 보건복지부장관은 대통령령에 의해 공중위생관리법에 의한 권한의 일부를 시·도지사에게 위임할 수 있다

◇ 미용사의 면허증을 대여 시 행정처분 기준은 1차 위반시 면허정지 3월, 2차 위반시 면허정지 6월, 3차 위반시 면허취소이다.

◇ 과징금을 부과하는 위반행위의 종별이나 정도, 과징금 금액에 관한 필요사항은 대통령령으로 정하고 과징금에 대한 징수절차는 보건복지부령으로 정한다.

◇ 윤락행위 제공에 관한 1차 행정처분 기준은 영업정지 2월이며 영업의 정지는 면허정지와 함께 이루어진다.

◇ 과태료 처분에 불복하는 자는 처분을 고지 받은 날부터 30일 이내에 처분권자에게 이의를 제기할 수 있다.

01 면허의 발급, 취소, 정지명령 시 누구에게 면허증을 반납해야 하는가?

① 시장 · 군수 · 구청장　　② 시 · 도지사
③ 보건복지부장관　　　　④ 대통령

정답 해설 시장 · 군수 · 구청장에게 반납해야 한다.

02 영업장의 명칭이나 상호는 어느 정도일 경우에 변경신고를 하는가?

① 5분의 1　　　　　　② 4분의 1
③ 3분의 1　　　　　　④ 2분의 1

정답 해설 영업소의 명칭 및 상호, 영업장 면적의 3분의 1이상을 변경 시에는 변경신고를 해야 한다.

03 공중위생영업소의 위생관리 등급의 구분에 있어 최우수에 내려지는 등급은?

① 백색등급　　　　　　② 녹색등급
③ 황색등급　　　　　　④ 청색등급

정답 해설 최우수등급은 녹색이며 우수등급은 황색이고 일반업소의 등급는 백색이다.

04 영업정지에 따른 과징금부과의 산출하는 기준은?

① 처분일이 속한 년도의 전년도 1년간 총 매출액
② 처분일이 속한 년도의 금년도 1년간 총 매출액
③ 처분일이 속한 년도의 전년도 2년간 총 매출액
④ 처분일이 속한 년도의 금년도 2년간 총 매출액

정답 해설 처분일이 속한 년도의 전년도 1년간 총 매출액이 산출의 기준이 된다.

05 공중위생법상 면허증의 게시에 대한 내용으로 옳은 것은?

① 영업소 내에 면허증원본을 게시한다.
② 영업소 내에 대여한 면허증을 게시한다.
③ 면허증게시는 의무사항이 아니다.
④ 영업소 내에 면허증 사본을 게시한다.

정답 해설 미용실 내 영업자의 면허증원본이 게시되어야 한다.

06 이 · 미용 영업소의 소재지를 변경신고 하지 아니하고 변경한 때의 1차 위반행정처분 기준으로 옳은 것은?

① 영업정지 1월
② 영업정지 3월
③ 영업정지 6월
④ 영업장 폐쇄명령

정답 해설 소재지 변경신고가 없는 경우 1차에 영업장 폐쇄명령이다.

07 공중위생영업소의 위생서비스 수준의 평가는 몇 년을 주기로 실시하는가?

① 2년　　　　　　　② 3년
③ 4년　　　　　　　④ 5년

정답 해설 공중위생영업소의 위생서비스 수준평가는 2년마다 실시된다.

08 이 · 미용사의 일부시설의 사용중지, 폐쇄명령, 영업의 정지 등의 처분을 행하고자 할 경우 실시해야 하는 절차는?

① 구두 통보　　　　　② 서면통보
③ 청문　　　　　　　④ 공지

정답 해설 면허취소 및 정지, 일부시설의 사용중지, 영업소 폐쇄명령 등의 처분을 하고자 할 때는 청문을 실시할 수 있다.

09 이 · 미용업영업자가 손님에게 윤락행위를 제공한 경우 2차 행정처분기준은?

① 경고
② 영업정지 2월
③ 영업정지 3월
④ 영업장 폐쇄명령

정답 해설 윤락행위 제공에 관한 행정처분 기준은 1차에 영업정지 2월, 2차에 영업정지 3월, 3차에 영업장 폐쇄명령이다.

10 영업소의 출입이나 검사, 위생감시 실시주기 및 횟수, 위생감시기준을 정하는 령은?

① 시장 · 군수 · 구청장령
② 시 · 도지사령
③ 보건복지부령
④ 대통령령

정답 해설 영업소의 출입이나 검사, 위생감시 실시주기 및 횟수, 위생감시기준은 보건복지부령으로 정한다.

11 다음 이 · 미용업의 준수사항으로 옳지 않은 것은?

① 피부미용을 위한 의료기구나 의약품을 사용하여서는 아니된다.
② 고객에게 사용한 기구는 소독을 하지 아니한 기구와 분리 보관하여야 한다.
③ 영업장의 조명도는 75룩스 이상되도록 유지한다.
④ 점빼기, 문신 등의 일반적으로 하는 행위는 법적인 제제를 받지 아니한다.

정답 해설 점빼기, 문신 등의 의료행위를 하여서는 아니 된다.

12 이 · 미용의 이용 또는 미용면허증이 없는 자가 업무에 종사할 때에 대한 벌금은?

① 500만원 이하을 벌금
② 300만원 이하을 벌금
③ 200만원 이하의 벌금
④ 100만원 이하의 벌금

정답 해설 무면허증자가 업소개설이나 업무에 종사한 경우에는 300만원 이하의 벌금이다.

13 관계공무원이 취하는 조치 중 영업소의 폐쇄명령 이후에도 영업을 할 때의 조치로 옳지 않은 것은?

① 영업자와의 상담내용의 부착
② 위법한 영업소임을 알리는 게시물 부착
③ 영업소의 간판, 영업표지물의 제거
④ 영업에 사용되는 기구 및 시설물의 봉인

정답 해설 취할 수 있는 조치로는 시설물의 봉인, 게시물 부착, 영업표지물의 제거이다.

14 공중위생영업자가 위생교육을 받아야 하는 위생교육시간은 매년 몇 시간인가?

① 2시간　　　　② 3시간
③ 8시간　　　　④ 10시간

정답 해설 위생교육시간은 매년 3시간이다.

15 이 · 미용사의 면허증을 대여한 때의 1차 위반 행정처분 기준은?

① 면허정지 3월
② 영업정지 3월
③ 면허정지 6월
④ 영업정지 6월

정답 해설 면허증을 다른 사람에게 대여한 때의 1차 위반 행정처분은 면허정지 3월이다.

16 공중위생법의 이 · 미용업의 지위 승계를 받은 영업자가 꼭 갖추어야 할 필수 조건은?

① 면허증을 소지하여야 한다.
② 상속인 이어야 한다.
③ 개설한 금액이 충분해야 한다.
④ 양도 계약서를 소지해야 한다.

정답 해설 이 · 미용업 영업자의 지위 승계는 면허를 소지한 자에 한한다.

화장품학 PART 3

Chapter 01 화장품학 개론

S·e·c·t·i·o·n
51 화장품의 정의와 분류

1 화장품의 정의

- "화장품이란 인체를 대상으로 사용하는 것으로서 인체를 청결, 미화하고 매력을 더하고 용모를 밝게 변화시키거나 피부 또는 모발의 건강을 유지 또는 증진하기 위하여 인체에 사용되는 물품"이라고 화장품법 제 1장 총칙 제 2조 1항에 법적으로 정의하고 있다. 인체에 대한 작용이 경미해야하며 약사법 제 2조 제 4항의 의약품에 해당되는 물품은 제외한다.
- 화장품은 세정, 미용을 목적으로 하며 인체에 유해함이 없어야 한다.
- "향장품"이란 향료와 화장품을 총칭하는 것으로 향료제품은 향취의 발산이 주목적이며 화장품은 피부에의 살균작용과 수렴작용, 피부보호 및 미화를 주목적으로 한다.

■ 화장품의 4대요건
- 안전성 : 피부에 자극, 독성, 알러지 반응이 없을 것이다.
- 안정성 : 보관시 변질이나 변색, 변취 및 미생물오염이 없을 것이다.
- 사용성 : 사용감이 좋고 잘 스며들 것이다.
- 유효성 : 적절한 보습, 노화억제, 미백, 자외선차단, 세정, 색채효과를 부여할 것이다.

■ 화장품과 의약부외품 및 의약품의 비교

구분	화장품	의약부외품	의약품
대상	정상	정상	환자
목적	세정과 미용	위생과 미학	치료, 예방, 진단
범위	전신	특정 부위	특정 부위
기간	지속적, 장기간	단속적, 장기간	일정기간
효능	제한	효과, 효능의 범위 일정	제한 없음
부작용	없어야 함	없어야 함	있을 수 있음

2 비누

■ 비누의 원료
- 수산화나트륨(NaOH)과 수산화칼륨(KOH)이 있다.
- 수산화나트륨은 알코올에 녹는다.

■ 화장비누의 구비조건
- 안전성 : 습하거나 건조한 조건에서도 형태와 질이 변하지 않아야 한다.
- 자극성 : 피부를 자극시키지 않아야 한다.
- 용해성 : 냉수와 온수 모든 곳에 잘 용해되어야 한다.
- 기포성 : 거품에 의해 피부가 닿는 면이 부드러우며 세정력이 있어야 한다.

③ 화장품의 분류

● 화장품의 분류에는 사용목적에 따른 분류, 부위에 따른 분류, 규제에 따른 분류, 연령대상에 따른 분류 등으로 나누어 살펴볼 수 있다.
● 사용목적에 따른 분류에는 기초화장품, 색조화장품, 두발용 화장품, 염모제용 화장품, 방향용 화장품, 목욕용 화장품, 세안용 화장품, 어린이용 화장품 등이 있다.

● 부위에 따른 분류에는 페이스 화장품, 바디화장품, 두발용 화장품, 방향용 화장품 등이 있다.
● 용도에 따른 분류에는 일반화장품, 기능성 화장품, 세안용 화장품 등이 있다.
● 연령대상에 따른 분류에는 여성용 화장품, 남성용 화장품, 어린이용 화장품, 유아용 화장품, 공용 화장품 등이 있다.

요점 정리 Beautician

◇ 화장품의 사용목적은 청결과 미화이다.

◇ 화장품의 안전성은 피부에 대한 자극이나 독성이 없고 알레르기 반응이 없어야 하는 요건이다.

◇ 화장품은 인체에 유해함이 없어야 한다.

◇ 향료제품은 향취의 발산이 주목적이다.

◇ 화장품의 안정성은 변질이나 변색, 변취 및 미생물의 오염이 없어야 하는 요건이다.

◇ 화장품과 의약부외품은 정상인이 대상이다.

◇ 화장품의 범위는 전신이다.

◇ 비누의 원료로 사용되는 것은 수산화나트륨과 수산화칼륨이다.

◇ 화장비누의 요건은 안전성, 자극성, 용해성, 기포성이다.

◇ 화장품의 분류에는 주로 사용목적에 따른 분류방법을 많이 이용한다.

1 화장품의 4대요건에 관한 연결로 옳지 <u>않은</u> 것은?

① 안전성– 청결과 소독적인 면에서 안전을 취해야 한다.
② 안정성– 보관에 따른 변질이나 변취, 변색, 미생물에 오염이 없어야 한다.
③ 사용성– 피부에 사용 시 손놀림의 부드러움과 스머드는 정도가 좋아야 한다는 것이다.
④ 유효성– 적절한 보습, 노화억제, 미백, 세정, 자외선 차단등의 유효한 면이 있어야 한다.

정답 해설 안전성은 피부에 대한 자극이나 독성이 없고 알레르기 반응이 없어야 하는 요건이다.

2 다음 중 화장품의 4대요건이 <u>아닌</u> 것은?

① 안정성　　　　　　② 필요성
③ 사용성　　　　　　④ 안전선

정답 해설 화장품의 4대요건은 안전성, 안정성, 사용성, 유효성이다.

3 화장품과 의약품에 대한 내용으로 틀린 것은?

① 화장품은 정상인에 사용된다.
② 의약품은 환자에 사용된다.
③ 화장품의 사용목적은 위생과 치료이다.
④ 의약품의 부작용은 어느정도 인정된다.

정답 해설 화장품의 사용목적은 청결과 미화이다.

4 화장품의 분류 방법으로 가장 적절하지 <u>않은</u> 것은?

① 사용목적에 따른 분류
② 부위에 따른 분류
③ 용도에 따른 분류
④ 가격에 따른 분류

정답 해설 가격별 분류 방법은 동일 제품의 편차, 제품회사마다의 편차, 세일에 의한 가격의 변동 등에 의해 일정하지 않은 면을 많이 가지고 있으므로 분류방법으로는 적합하지 않다.

5 다음 중 화장비누의 주요 요건이 <u>아닌</u> 것은?

① 방향성　　　　　　② 자극성
③ 용해성　　　　　　④ 기포성

정답 해설 화장비누의 요건은 안전성, 자극성, 용해성, 기포성이다.

6 화장품의 안정성에 대한 요건으로 옳은 것은?

① 사용감이 좋고 잘 스머들어야 한다.
② 피부에 자극, 독성, 알러지 반응이 없어야 한다.
③ 변질이나 변색, 변취 및 오염이 없어야 한다.
④ 적절한 보습 및 노화억제, 미백 효과를 부여한다.

정답 해설 화장품의 안정성은 변질이나 변색, 변취 및 미생물의 오염이 없어야 하는 요건이다.

7 화장품의 정의에 대한 내용으로 옳지 <u>않은</u> 것은?

① 인체를 대상으로 한다.
② 세정과 미용을 목적으로 한다.
③ 의약품에 해당되는 물품도 있다.
④ 인체에 유해함이 없어야 한다.

정답 해설 화장품은 약사법 제 2조 제 4항의 의약품에 해당되는 물품은 제외한다.

Chapter 02 화장품 제조

52 Section 화장품의 원료

1 화장품 성분

- 화장품에 사용되는 성분은 정제수, 알코올(에탄올), 오일, 왁스, 계면활성제, 보습제, 방부제, 색소, 향료, 산화방지제, 점증제, pH 등이다.
- 화장품의 성분은 크게 수성성분(물에 녹는 것)과 유성성분(기름에 녹는 것)으로 나눌 수 있다.
- 화장품 성분 중 수성성분의 대표적인 것은 (글리세린)으로 보습제의 기능을 갖는다.
- 유성성분은 오일과 왁스가 있으며 화장품은 수성과 유성성분의 적절한 배합이라고 할 수 있다.
- 수성원료와 유성원료, 그리고 첨가원료로 구분할 수 있으며 수성원료는 정제수, 에탄올, 보습성 원료 등이며 유성원료는 오일과 왁스이다.

■ 정제수

- 정제수는 세균과 금속이온이 제거된 물로 수분공급과 용해의 기능으로 피부를 촉촉하게 하는 작용을 한다.
- 화장수, 크림, 로션의 기초 물질이다.

■ 에탄올(Ethanol)

- 에탄올은 에틸알코올(Ethyl alcohol)이라고 하며 휘발성이 있고 청량감과 살균·소독작용, 수렴효과가 있다.
- 에탄올은 맥주, 소주, 위스키 등에 들어있는 알코올로 설탕발효로 얻을 수 있다.
- 화장수, 아스트리젠트, 향수, 헤어토닉 등에 많이 사용된다.
- 에탄올의 배합량이 높아지면 살균·소독작용도 발휘된다.
- 화장품용 에탄올은 변성에탄올로 술을 만드는 데 사용할 수 없도록 변성제(메탄올, 페놀, 부탄올 등)를 첨가한다.

■ 보습성 원료(보습제)

- 보습제는 피부에 도포하여 건조한 피부의 증상을 완화하는 물질로 적절 흡습력, 흡습성의 지속성, 다른 성분과의 상용성이 좋고 응고점이 낮을수록 좋다.
- 보습제가 갖추어야 하는 조건에는 적당한 점성, 우수한 감촉, 피부와의 친화성이 있고 무색, 무취, 무미한 것으로 안전성이 있어야 한다.
- 수분을 흡수하는 효과만 이용하였다.
- 보습제는 폴리올계(글리세린, 프로렌글리콜, 부틸렌글리콜, 솔비톨)와 고분자 다당류(히아루론산염, 가수분해콜라겐, 콘드로이친 황산염), 천연보습인자(아미노산, 요소, 젖산염, 피롤리돈카르본산염), 베타인이 있다.

글리세린	· 포도당 종류, 흡착력 강, 물과 희석해서 사용 · 지방의 분해와 합성에 의해 얻어진 무색의 지방성분. 글리세롤에서 만들어짐 · 용해, 유화제, 습윤제, 희석제로 사용
프로렌글리콜	· 파운데이션의 보습제로 사용
솔비톨	· 조미료, 설탕 제조 과정 중에 추출 · 보습효과가 가장 우수
P.C.A 염, 젖산염	· 천연보습인자(NMF)의 일종
하아루론산염	· 닭 벼슬에서 추출, 미생물 발효로 생산 · 고분자 보습제

■ 유성원료(오일과 왁스)

- 유연성과 윤활성을 부여, 용매효과에 의한 청결작업을 한다.
- 피부표면에 친유성 막을 형성하여 보호 및 유해물질이 침투되는 것을 방지하며 수분증발을 막는 지용성 용매로 작용한다.
- 사용되는 오일에는 올리브유, 피마자유, 월견 유, 마카다미아 트유, 해바라기유, 포도씨유, 동백유, 호호바오일, 윗점오일,

난황유, 밍크유가 있고 식물성왁스인 카르나우바 왁스, 칼레릴라 왁스와 동물성왁스인 밀납, 라놀린이 있으며 그외에는 유동 파라핀, 바셀린, 스쿠알렌, 스쿠알란, 라우린산, 스테아르산, 팔미트산, 미르스틴산 등이 있다.
- 왁스는 고급지방산과 고급 알코올이 서로 어울려 에스테르결합을 하고 있는 물질의 총칭이며 식물성과 동물성왁스가 있다.

■ 첨가원료
- 첨가원료는 식물성 원료, 비타민, 아미노산성 원료, 알란토인, 로얄젤리로 나뉜다.
- 식물성 원료는 오이, 레몬, 알로에, 수세미, 아줄렌, 카렌듀라, 호프, 쑥 등에서 추출한다.
- 아미노산 원료에는 단백질의 일종인 콜라겐, 트릴라겐, 엘라스틴이 있으며 닭벼슬에서 추출한 히아루론산, 누에고치에서 추출한 프로테인이 있다.
- 비타민은 각종 비타민류가 있으며 소량으로도 생리기능과 대사기능을 정상화시키며 비타민 결핍에 의한 피부질환을 예방한다.
- 알란토인은 소의 요막에서 추출한 것으로 상처 치유에 효과적이다.
- 로얄젤리는 영양과 보습효과가 우수하다.

■ 방부제
- 화장품에 함유된 영양분이 공기에 노출되거나 다른 이물질이 침투되면 미생물에 의해 부패가 일어나게 되는데 이때 부패를 억제시키는 물질이 방부제이다.
- 방부제의 배합량이 많아지면 피부에 트러블이 유발된다.
- 피부 안전성이 확인된 것으로 화장품에 사용되는 방부제는 파라옥시 안식향산메칠, 파라옥시안식향산프로, 이미다졸리디닐 우레아 등이 있다.
- 산화방지제 및 pH조절제로는 EDTA, BHT, BHA, 시트리스 계열 암모늄 카보나이트가 있다.

■ 색소
- 염료와 안료로 구분하며 염료는 물에 녹는 염료를 수용성염료, 오일에 녹는 염료를 유용성 염료라고 한다. 안료는 물과 오일에 녹지 않는 것이며 무기질로 된 것은 무기안료, 유기질로 된 것은 유기안료라고 한다.
- 레이크는 수용성의 염료에 알루미늄, 칼륨염, 마그네슘을 가해 물과 오일에 녹지 않도록 만든 것으로 색상은 무기안료와 유기안료의 중간 정도로 안료에 포함된다.

■ 계면활성제
- 수성원료와 유성원료의 배합이 잘 되도록 한다.

2 자외선 차단제 (SPF)
- Sun Protection Factor의 약자로 자외선 차단지수라고 한다.
- SPF는 자외선 차단지수UV-B 방어효과를 나타내는 지수이다.
- 자외선 차단제의 차단 구성성분은 자외선 흡수제와 자외선 산란제로 구분된다.
- 멜라닌 색소의 양과 자외선에 대한 민감도에 따라 자외선 차단제의 효과가 다를 수 있다.
- 자외선 차단제에는 SPF 지수가 매겨져 있으며 SPF 숫자가 높을수록 차단지수가 높다.
- 자외선 차단지수는 지속시간을 의미하지 지속효과를 의미하지는 않는다.
- $SPF = \dfrac{\text{자외선 차단제를 발랐을 때 홍반이 일어나는 시간}}{\text{자외선 차단제를 바르지 않았을 때 홍반이 일어나는 시간}}$
- 자외선 차단을 도와주는 성분에는 파라아미노안식향산, 옥탈디메틸파바, 티타늄디옥사이드가 있다.

■ 자외선 산란제
- 자외선 산란제는 물리적인 산란작용을 이용한 제품이다.
- 산란제는 차단작용이 우수하며 접촉성 피부염 등의 부작용은 없으나 불투명하다(크림, 로션에 많이 배합).
- 이산화티탄, 산화아연이 있다.

■ 자외선 흡수제
- 자외선 흡수제는 화학적인 흡수작용을 이용한 제품이다.
- 흡수제는 투명하기에 보기는 좋으나 배합 시 접촉성 피부염을 일으킬 수 있다.
- 옥틸디메칠파바, 옥틸메톡시 신나메이트가 있다.

■ SPF의 사용법
- 자외선 차단제는 일광 노출 전에 바르며 시간의 경과시 덧바르고 병변이 있는 부위의 사용은 피하며 민감한 피부에는 차단지수가 높지 않는 것이 좋다.

1 계면활성제의 성질

친유성기
(소수성기)　　친수성기

■ 계면활성제의 종류와 특징
● 둥근 머리모양이 친수성기이고 막대모양이 소수성기(친유성기)이다.
● 한 분자내에 친수성기와 친유성기가 함께 있는 물질로 물과 기름의 경계면인 계면의 성질을 변화시킬 수 있는 특성이 있다.

종류	특징
양이온성 계면활성제	살균, 소독작용이 크고 정전기 발생 억제작용이 있어 헤어린스, 헤어트리트먼트에 사용
음이온성 계면활성제	세정작용, 기포형성작용이 우수하며 비누, 클렌징폼, 샴푸 등에 사용
양쪽성 계면활성제	세정작용이 있고 피부자극이 적어 베이비 샴푸, 저자극샴푸에 사용 (저자극제품과 유아용제품)
비이온성 계면활성제	피부자극이 가장 적어 화장수의 가용화제나 크림의 유화제, 클렌징 크림의 세정제 등에 사용

● 자극의 세기는 양이온성>음이온성>양쪽성>비이온성계면활성제이다.
● 양쪽성 계면활성제는 물에 용해될 때, 친수성기에 양이온과 음이온을 동시에 갖는 계면활성제이다.
● 비이온 계면활성제는 물에 용해 시 이온으로 해리하지 않는 수산기, 에테르결합, 에스테르를 분자 중에 갖고 있는 계면활성제이다.
● 음이온 계면활성제는 물에 용해 시 친수성기 부분이 음이온으로 해리된다.
● 양이온 계면활성제는 물에 용해될 때, 친수성기 부분이 양이온으로 해리된다.

■ 계면활성제의 분류와 작용원리

유화제	물과 기름에 잘 섞이게 하는 것
가용화제	기름(소량)을 물에 투명하게 녹이는 것
세정제	오염물질을 제거해 주는 것
분산제	고체입자를 물에 균등하게 분산시키는 것

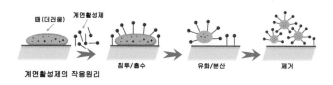

때(더러움)　계면활성제
계면활성제의 작용원리　　침투/흡수　　유화/분산　　제거

■ 유화(Emulsion)
● 유화 제품은 물에 오일성분이 계면활성제에 의해 우유빛색으로 백탁화된 상태의 제품이다.
● 섞여있는 오일의 크기가 미셀에 비해 크기 때문에 빛을 통과하지 못하고 반사하게 되어 뿌옇게 보인다.
● 물에 오일 성분이 섞여있는 O/W형 에멀젼(수중유형 유화)과 오일에 물이 섞여있는 W/O형 에멀젼(유중수 유화)이 있다.
● 단상 에멀젼 O/W형의 경우는 수분베이스에 오일입자를 분산시켜 제조한 것이며 피부에 효과적인 수용성 물질을 함유하고 있다. 오일입자는 외부 윤활제로 표면을 보호하고 부드럽게 하며 유화상태의 수분량은 내적인 윤활제로 작용하고 물에 의해 쉽게 제거된다.
● 대표적 유화제품은 크림과 로션이다.

■ 가용화(Solublilization)
● 가용화 제품은 소량의 오일성분이 계면활성제에 의해 물에 투명하게 용해되어 있는 상태의 제품이다.
● 미셀의 크기가 작아 빛을 통과함으로 투명한 상태를 나타낸다.
● 가용화 현상은 난용성, 불용성의 물질이 계면활성제의 수용액에서 투명하게 용해하는 현상이며 가용화 작용의 계면활성제를 가용화제라고 한다.
● 가용화 제품으로는 화장수, 투명 에멀젼, 에센스, 립스틱, 네일에나멜, 헤어리퀴드, 포마드, 헤어토닉, 향수 등이 있다.

■ 분산 (Dispersion)
● 분산 제품은 미세한 고체입자가 계면활성제에 의해 물이나 오일 성분에 균일하게 혼합된 상태의 제품이다.
● 분산제품으로는 고체-액체 분산제로 립스틱, 아이라이너, 마스카라 아이섀도, 네일 에나멜 등이며 크림파운데이션과 같은 고체-액체-액체 분산제도 있다.
● 분산의 경우 고체 상태의 안료가 이용되며 안료는 색채를 줄 목적으로 사용되고 있다.

요점 정리 Beautician

◇ 계면활성제는 둥근 머리모양이 친수성기이고 막대모양이 소수성기이며 피부자극의 세기는 양이온성>음이온성>양쪽성>비이온성의 순이다.

◇ 음(−)이온성 계면활성제는 기포형성과 세정작용이 우수하여 비누, 샴푸, 클렌징 폼 등에 사용되며 양쪽성 계면활성제는 피부자극이 적어 베이비 샴푸와 저자극 샴푸 등에 사용된다.

◇ 물 위에 오일성분이 섞여있는 수중유형(O/W)과 오일성분 위에 물이 섞여있는 유중수형(W/O)의 에멀전이 있다.

◇ 분자량이 적을수록 피부흡수율은 높다.

◇ 보습제는 다른 성분과 혼용성이 좋고 응고점이 낮은 것이 좋으며 적절한 보습력이 있어야 한다.

◇ 메이크업 화장품에 사용되는 주된 제조방법은 분산이다.

◇ 유화기술은 다량의 유성성분을 물에 균일하게 혼합하는 기술이다.

◇ 가용화기술은 소량의 유성성분을 물에 투명하게 녹이는 기술이다.

◇ 분산기술은 안료 등의 고체 입자를 액체 속에 균일하게 혼합시키는 기술로 이때 사용되는 계면활성제를 분산제라고 한다.

1 다음 중 계면활성제에 대한 설명 중 잘못된 것은?

① 친수성기는 물과 잘 섞이며 친유성기는 기름과 잘 섞인다.
② 한 분자내에 친수성기와 친유성기를 함께 갖는 물질이다.
③ 음이온성 계면활성제는 세정력이 우수하고 화장비누, 샴푸, 바디제로 사용된다.
④ 친수성기가 꼬리 모양이고 친유성기(소수성기)는 둥근 머리 모양이다.

정답 해설 친수성기가 둥근 머리 모양이고 친유성기(소수성기)는 꼬리 모양이다.

2 계면활성제에 대한 설명으로 틀린 것은?

① 양쪽성 계면활성제는 세정작용이 있으며 피부자극이 없고 기포형성 작용이 약하다.
② 피부자극은 양이온성>음이온성>양 성>비이온성의 순이다.
③ 양쪽성 계면활성제는 물에 용해 시 친수성기에 양이온, 음이온을 동시에 갖는 것으로 저자극성 제품, 유아용 제품에 많이 사용된다.
④ 계면활성제의 분류는 세정제와 분산제로만 구분된다.

정답 해설 계면활성제의 분류는 유화제, 가용화제, 세정제, 분산제로 구분할 수 있다.

3 보습제에 대한 내용으로 틀린 것은?

① 피부에 도포하여 건조증상을 완화하는 물질이다.
② 적절한 흡습과 흡습의 지속성이 있어야 한다.
③ 다른 성분과의 상용성이 좋아야 한다.
④ 응고점이 높을수록 좋다.

정답 해설 응고점이 낮을수록 좋다.

4 보습제에 사용되는 것이 아닌 것은?

① 글리세린　　　　　② 파라벤
③ 솔비톨　　　　　　④ 프로필렌글리콜

정답 해설 파라벤은 방부제이다.

5 화장품의 구성성분에서 원료와 원료의 종류가 틀린 것은?

① 수성원료- 물, 에탄올
② 유성원료- 오일, 고급 알코올, 에스테르계, 왁스
③ 계면활성제- 양이온, 음이온, 양쪽성, 비이온성
④ 방부제- 클리세린, 히아루론산염, 아미노산

정답 해설 방부제 – 파라벤계(파라옥시안식향산프로필, 파라옥시안식향산메칠), 이미다졸리디닐우레아이며 보습제는 폴리올계(글리세린, 솔비톨 등)와 고분자다당류(히아루론산염), 천연보습인자(아미노산, 요소 등)이다.

6 화장품의 구성성분이 아닌 것은?

① 계면활성제
② 소독제
③ 색조류
④ 산화방지제

정답 해설 화장품의 구성성분은 수성원료, 유성원료, 계면활성제, 보습제, 방부제, 색조류, 향료, 산화방지제, 활성성분 등이다.

7 계면활성제에 대한 설명으로 옳은 것은?

① 계면활성제는 일반적으로 둥근 머리모양의 소수성기와 막대 꼬리모양의 친수성기를 가진다.
② 계면활성제의 피부에 대한 자극은 양성>양이온성>음이온성>비이온성의 순으로 감소한다.
③ 비이온성 계면활성제는 피부자극이 적어 화장수의 가용화제, 크림의 유화제, 클렌징 크림의 세정제 등에 사용된다.
④ 양이온성 계면활성제는 세정작용이 우수하며 비누 샴푸 등에 사용된다.

정답 해설 둥근 머리모양이 친수성기이고 막대모양이 소수성기이며 피부자극은 양이온성>음이온성>양성>비이온성의 순이며 ④은 음이온성 계면활성제이다.

8 다음 중 물에 오일성분이 혼합되어 있는 유화 상태는?

① O/W 에멀젼　　　② W/O 에멀젼
③ W/S 에멀젼　　　④ W/O/W 에멀젼

정답 해설 물 위에 오일성분은 수중유(O/W)의 유화상태이다.

54 Section 기초 화장품

1 기초 화장품

- 기초적인 화장품을 말하며 세안제와 화장수, 크림, 팩 등이 있다.

■ 기초 화장품의 정의

- 기초 화장품은 피부의 청결과 보호, 건강을 유지시키기 위한 목적으로 사용되는 제품이다. 즉, 피부의 정상적인 기능수행을 도와주는 제품이다.

■ 기초 화장품의 목적

- 기초 화장품의 사용목적은 세안, 피부보호, 피부정돈이다.

세안	피부 표면에 먼지나 노폐물의 제거로 피부 청결
피부보호	피부표면의 건조 방지, 피부를 부드럽게 함
피부정돈	비누 세안에 의해 손상된 산성막의 pH를 정상적인 상태로 되돌림

- 피부를 청결히 하고 피부의 수분 밸런스를 유지한다.
- 피부의 신진대사를 촉진시키며 피부에 유해한 환경인자(먼지, 공해, 자외선, 미생물 등)로부터 보호한다.

2 세안 화장품

- 세안제(Cleanser)는 얼굴의 노폐물 및 화장을 지워 피부를 청결하게 유지, 보습 및 유연효과를 위해 사용하는 것으로 비누와 클렌징제(리퀴드, 로션, 크림, 폼, 젤 등)로 분류된다.
- 세안의 목적과 기능은 피부 표면층에 붙어있는 오물을 씻어내는 세정과 주름, 처짐의 개선이다.

- 세안 화장품은 피부의 상태와 물의 온도 등이 고려되어야 하며 여드름 피부의 경우 멸균된 물(끓여서 식힌 물)을 사용하는 것이 좋다.
- 따뜻한 물은 각질을 부풀리고 혈액순환을 촉진시키고 물의 세정력이 좋아 지성피부에 좋으나 뜨거운 물의 경우는 건성피부나 모세혈관 확장피부, 민감성피부에 사용하지 않는 것이 좋다.
- 차가운 물은 자극을 진정, 혈관을 수렴하기 때문에 건성과 민감성피부에 좋으나 따뜻한 물에 비해 세정력은 떨어진다.

■ 계면활성제와 용제형 세안 화장품의 작용원리

- 세안 화장품에는 계면활성제 세안 화장품(주로 씻어내는 타입)을 이용한 것과 용제 및 유성성분이 함유된 크림의 용해작용을 이용한 용제형 세안 화장품(닦아내는 타입)이 있다.

■ 화장비누(Soap)

- 비누는 거품을 잘 나게 하며 잘 헹구어져 뽀득한 느낌을 주지만 피부의 pH를 알칼리성으로 만들며 경수에서는 거품이 잘 생성되지 않고 사용 후 피부 당김을 준다.

■ 클렌징 폼(Cleansing foam)

- 주성분은 지방산 비누와 중성세제를 주성분으로 하고 있는 계면활성제형의 세안 화장품으로 비누의 우수한 세정력 및 클렌징 크림의 피부 보호기능을 겸한 부드러운 반고체상이며 탈지를 막기위해 보습과 유분을 배합하고 있다.
- 비누세안 후 느끼는 당김이 적으며 촉촉한 느낌을 유지시켜 준다.

● 비누와 중성세제의 일종인 비이온 계면활성제의 적절한 배합이 되도록 하는 것이 좋다.

■ 페이셜 스크럽(Facial scrub)
● 클렌징폼에 스크럽이 함유된 것을 페이셜 스크럽이라고 한다.
● 스크럽이 함유된 클렌징 폼의 경우에는 뛰어난 세정은 필링효과를 가져온다.

스크럽의 효능과 효과	
세안효과	세균, 피부의 노폐물, 메이크업 잔여물을 제거
마사지 효과	진피 및 피하조직에 분포된 혈관과 신경을 자극하여 혈액순환 촉진과 건강한 피부를 유지
필링효과	각화된 각질제거효과로 각질층이 두꺼워지는 것을 막고 세포의 재생을 촉진

■ 클렌징 젤(Cleansing gel)
● 젤타입으로 대부분 중성, 지성, 여드름 피부용으로 사용가능한 오일 프리(Oil free) 타입이며 건성용 오일프리 타입도 있다.
● 클렌징 젤은 피부에 촉촉하고 매끄럽게 작용하기 때문에 엷은 화장을 지우기에 적합하며 단점으로는 세정력이 다소 떨어진다는 것이다.

■ 클렌징 크림(Cleansing cream)
● 크림타입은 피지와 기름때 등의 노폐물과 결합하여 오일성분을 녹이므로 두터운 메어크업에 적당하다.
● O/W(수중유)형은 물에 잘 용해되지만 유성 메이크업에 대한 친화성이 적고 사용감이 무겁다.
● W/O(유중수)형은 유성의 메이크업에 빠른 침투와 용해, 분산의 효과를 가지지만 물에는 잘 용해되지 않아 워시 오프(Wash-off) 타입보다는 티슈 오프(Tissue-off) 타입의 개발이 이루어지고 있다.

■ 클렌징 로션(Cleansing lotion)
● 피부자극이 적은 계면활성제와 알코올, 보습제를 함유하고 있어 피부에 부담이 적어 가벼운 메이크업을 지우는데 효과적이며 민감성피부에 좋다.
● 클렌징 크림보다 가벼운 클렌징이다.

■ 클렌징 오일(Cleansing oil)
● 클렌징 크림의 세정력에 클렌징 폼의 물세안의 효과를 동시에 갖고 있다.

● 오일 성분에 소량의 계면활성제, 에탄올이 함유되어 있고 세정력이 우수하다.

■ 클렌징 워터(Cleansing lotion)
● 세정용 화장수로 가벼운 메이크업의 제거와 피부의 노폐물을 없앰을 목적으로 사용된다.
● 솔비톨 등 폴리올 및 용제로서 에탄올이 사용된다.

> **TIP**
> • 세안에 좋은 물은 연수이다.
> • 글리세린은 수성성분의 대표적인 것으로 보습제 역할을 한다.

③ 화장수(Skin lotion)

■ 화장수의 목적과 기능
● 세안 후에도 지워지지 않는 성분의 제거를 위해 사용되며 세안제의 알칼리성 성분과 피부에 남아있는 잔여물이 피부표면을 약알칼리성이나 중성으로 만들게 되는데 이때 유연화장수는 피부표면을 약산성으로 만들어 정상화시킨다.
● 수렴화장수의 경우는 각질층에 수분을 공급하여 발한과 피지분비의 속도를 제한하며 모공을 수축시켜 피부결을 정리한다.
● 정상피부와 건성피부의 경우 유연화장수가 적합하며 지성과 여드름피부의 경우 수렴화장수가 적합하다.
● 화장수의 기본적인 기능은 각질층의 수분공급으로 보습의 효과 외에도 유연과 수렴의 목적에 따라 성분을 배합한다.

■ 화장수 원료
● 알코올(에탄올)과 글리세린, 붕산, 과산화수소가 있다.
● 화장수에 함유된 알코올(에탄올)은 10% 전·후 이다.

■ 화장수의 주요 성분

구분	성분 예	성분 예
정제수	물(Water)	수분공급, 용해
알코올	에탄올(Ethanol)	청량감, 소독, 용해
보습제	폴리올(글리세린-Glycerine, 솔비톨-Sorbitol, 프로필렌글리콜-Propylene glycol, 부틸렌글리콜-Butylene glycol), PEG, 수용성 고분자(Sodium hyaluronate)	보습, 용해보조
유연제	실리콘 오일(Phenyl siloxane)	유연, 보습유지
수렴제	식물 추출물(Witch hazel extract)	긴장감 부여
계면활성제	POE(12)nonyl phenyl ether	유분, 향료 용해
향료	퍼퓸(Perfume)	향취 부여
방부제	메틸 파라벤(Methyl paraben), 프로필 파라벤(Propyl paraben)	세균증식억제
pH 조절제	유기산(Citric acid, lactic acid)	pH 조절
기타	Dye, Disondium EDTA, -Panthenol, Allantoin	색소, 킬레이트제, 비타민, 활성성분

■ 화장수 종류

● 유연화장수 : 크린싱 사용 후에 크림을 닦아내듯이 사용하는 화장수로 거친피부용 화장수이며 알칼리성 화장수이다.
● 수렴화장수 : 아스트리젠트 등의 모공을 수축시키는 화장수로 지성피부에 적당하며 산성 화장수이다. 산성화장수에는 스킨로션, 스킨토닉, 아스트리젠트가 있다.
● 세정화장수 : 맨살의 세안료로도 사용되며 가벼운 색조화장을 지우거나 오염을 제거하고 피부의 청결과 세정효과를 위해 보습제, 에탄올, 계면활성제를 많이 배합한다.
● 알칼리성 화장수 : pH7 이상의 화장수로 피부흡수나 청정작용이 우수하며 벨츠수라고도 한다.
● 다층식 화장수 : 층을 이루는 화장수로 대체로 유층/수층 및 수층/분말의 2층의 형태로 구성되며 사용시에는 흔들어서 사용하고 유액상과 분말분산상의 특이한 사용성을 나타낸다.

TIP
• 수렴화장수(산성화장수)의 원료로는 붕산, 알코올, 구연산(수렴, 표백, 순환작용), 백반, 습윤제, 물이다.
• 화장수를 바른 후 상쾌함은 알코올 성분에 의한 시원함이며 박하에서 추출한 맨톨도 피부청량감을 주고 살균작용, 방부제 특성이 있다.

④ 유액(로션, Lotion)

■ 유액의 목적과 기능
● 화장수와 크림의 중간적 성질을 지니고 있으며 유분량은 적은 유동성이 있는 유화제이다.
● 피부의 모이스춰 밸런스를 유지시키는 유효한 보습제, 수분, 유분을 지니고 있어 피부의 보습과 유연기능이 있다.

■ 유액의 종류

보습과 유연	에몰리엔트 로션
혈행 촉진과 유연	마사지 로션
세정과 화장제거	클렌징 로션
자외선 방지	선프로텍트 로션

● 정상 피부용은 유분과 보습제를 적절히 함유하고 있으며 건성 피부용은 유분과 보습제를 많이 함유하고 있고 지성 피부용은 유분을 적게 함유하고 알코올의 함량이 조금 높다.
● 복합성 피부용의 경우 유분과 보습제를 적절히 하면서 피지 분비를 조절할 수 있는 피지흡착 컨트롤 파우더와 천연물 등을 배합한다.
● 민감성 피부용은 저자극성 성분을 사용하며 알코올, 향, 색소, 방부제의 첨가를 억제한다.

■ 유액의 주요성분
● 유성성분으로 사용되는 것은 탄화수소, 유지, 왁스(고급지방산에 고급 알코올이 결합된 에스테르) 등이 있다.
● 수성 성분으로는 정제수, 다가 알코올, 에탄올, 수용성 고분자 등이 있다.
● 다른 성분으로는 약제, 방부제, 자외선 흡수제, 킬레이트제, 분산제, 산화방지제, 퇴색방지제, 색제, 완충제, 향료 등이 있다.

유분 함유량	로션의 종류
3~8%	화장수에 가까운 로션
10~20%	모이스춰 로션, 밀크로션
20~30%	에몰리엔트 로션, 클렌징 로션

5 크림(Cream)

■ 크림의 목적과 기능
- 섞이기 힘든 물과 기름을 유화상태를 만들어 피부에 흡착하기 쉽게 하여 수분과 유분을 공급하며 피부를 매끄럽고 유연하게 하는 것이 목적이다.
- 반 고체상으로 유동성이 적고 안정성이 있어 수분, 유분, 보습제 등을 다량배합 할 수 있다.
- 계면활성제의 개발은 다양한 크림의 제조를 도우며 크림의 경우 혼합되지 않는 물과 기름을 한쪽의 액체는 분산상으로 하고 다른 한쪽은 연속상으로 한 안정된 상태의 혼합을 만든 에멀전의 일종이다.

■ 유화의 형태에 따른 크림의 특성

유화의 형태	크림의 특징
O/W형 에멀전	수중유의 형태로 W/O형 보다 수분증발이 빠르고 시원하고 촉촉함
W/O형 에멀전	유중수의 형태로 O/W형 보다 지속성이 있으며 시원함이 적고 퍼짐성이 낮음 겨울철에 스포츠용 제품에 사용하면 살이 트는 것을 방지함
W/O/W형 에멀전	3층을 형성하는 것으로 영양물질과 활성물질의 안정한 상태의 보존이 가능함 각종 영양크림과 보습크림의 제조에 이용

■ 크림의 종류
- 크림의 종류에는 모이스춰 크림, 클렌징 크림, 메이크업 베이스 크림, 자외선 차단 크림, 마사지 크림, 헤어 크림 등이 있다.
- 모이스춰 크림은 영양 크림과 나리싱 크림이라고도 한다. 피부에 영양을 주며 유분이 많고 사용목적에 따라 유분과 보습량을 다르게 한다.
- 클렌징 크림은 피부청결을 목적으로 모공 속에 남아 있는 먼지나 때, 메이크업 잔여물 등의 오염을 제거하는데 사용한다.
- 메이크업 베이스 크림의 경우는 밑화장용으로 피부를 보호한다.
- 자외선 차단 크림은 피부를 자외선으로부터 보호하는 기능을 갖는다.
- 마사지 크림은 피부의 혈행 자극으로 마사지 효과를 가져 오고 콜드 크림(마사지 크림)의 경우 유성이 많아 피부에 대한 친화력이 강하며 거친 피부에 유분과 수분을 공급하여 윤기를 준다.
- 바니싱 크림의 원료는 스테아린산이며 산뜻한 느낌이 있어 지방성 피부가 거칠어 졌을 경우에 적당하다.

- 헤어 크림은 모발의 정발(모발의 정돈)과 보호효과가 있다.

■ 크림의 유분 함량에 따른 분류
- 약유성 크림은 10~30%의 유분함유로 사용감이 가볍고 지성 피부에 사용하면 효과적이다.
- 중유성 크림은 30~50%의 유분함유로 O/W이 대부분이며 유성크림보다 사용감이 가볍다.
- 유성 크림은 50% 이상의 유분함유로 O/W, W/O형이 있으며 건성피부에 효과적이다.

■ 좋은 크림으로서의 조건
- 유화상태가 양호하도록 입자가 균일해야 한다.
- 사용 후 상쾌한 감촉이 남아야 한다.
- 자극적인 냄새와 피부에 자극성이 없어야 한다.
- 온도의 변화에 상태변화가 없어야 한다.

6 에센스(Essence)

■ 에센스의 목적과 기능
- 보습작용과 노화억제 작용이 있는 고농축 성분을 함유하여 보습효과와 피부에 영양물질을 공급하는 역할을 한다.
- 보습과 피부보호, 영양공급이 주요효과이다.
- 쎄럼이라고도 하며 피부보습, 노화억제 효과를 주는 고농축으로 함유된 영양물질이다.
- 스킨타입, 로션타입 그리고 크림타입, 젤타입이 있으며 스킨타입이 주로 사용된다.

■ 화장 닦는 법
- 기초화장을 비롯하여 크림이나 클렌징, 마사지 크림 등 모든 화장은 안쪽에서 바깥쪽으로 닦아내야 피부결의 밀림을 방지한다.

55 메이크업 화장품

1 메이크업 화장품

- 피부에 색상을 부여하는 것으로 메이크업 베이스, 파운데이션, 파우더, 립스틱, 브로셔, 아이브로우, 아이섀도, 아이라이너, 마스카라가 있다.
- 포인트 메이크업 화장품은 립스틱, 브로셔, 아이브로우, 아이섀도, 아이라이너, 마스카라가 있다.

■ 메이크업 베이스(Make-up Base)
- 파운데이션을 바르기 전 사용되는 것으로 파운데이션 등이 피부에 직접적으로 흡수되는 것을 방지한다.
- 파운데이션의 밀착감, 퍼짐성을 좋게 하여 화장의 지속성을 높여준다.
- 화장을 잘 받게 하며 화장이 들뜨는 것을 방지, 파운데이션 색소 침착을 방지하며 인공피지막의 형성으로 피부를 보호한다.
- 초록색, 보라, 핑크색, 푸른색, 브론즈색 등의 다양한 색상이 있다.

■ 파운데이션(Foundation)
- 파운데이션은 O/W형(리퀴드 파운데이션, 크림 파운데이션)과 W/O형(크림 파운데이션)의 유화형, 분산형(스킨커버, 스틱 파운데이션, 컨실러), 파우더형(파우더 파운데이션, 트윈케이크)이 있다.
- 베이스 컬러라고도 하며 얼굴색의 변화와 피부의 결점을 보완하기 위해 사용한다.

■ 파운데이션의 종류

리퀴드 파운데이션 (Liquid foundation)	• 부드럽고 퍼짐성이 우수하며 건성피부인 경우에 사용하면 좋은 O/W형 유화타입이며 투명감 있게 마무리가 가능 • 피부결점이 별로 없는 피부, 건성피부에 사용하는 것이 좋음
크림 파운데이션 (Cream foundation)	• O/W형은 W/O형의 유화 타입 • O/W형은 W/O형에 비해 사용감이 가볍고 퍼짐성이 좋음 • W/O형은 피부 부착성이 우수하여 잡티나 결점커버에 좋고 땀이나 물에 잘 지워지지 않음
파우더 파운데이션 (Powder foundation)	• 파우더와 트윈케이크의 중간형으로 얇게 발라지며 가벼운 느낌 • 쉽고 가볍게 피부표현, 번들거림 없이 매트(Mat)한 느낌
트윈 케이크 (Twin cake)	• 친유 처리한 안료가 배합되어 사용 시 뭉침이 없음 • 땀에 의해 쉽게 지워지지 않음

스킨 커버 (Skin cover)	• 안료를 오일과 왁스에 혼합 분산 • 크림 파운데이션보다 내성, 커버력, 밀착감이 우수 • 커버스틱, 컨실러 등도 유사기능 • 기미, 여드름 자국, 잡티를 커버 • 사진촬영, 무대 분장 등에 사용 • 사용감이 부드럽지 않음

■ 파우더(Powder)
- 피부에 색조효과를 주며 피부결함을 감추고 땀이나 화장(수분, 오일성분)으로 번들거리는 것을 감추어 준다.
- 피부보호를 위해 사용되며 파우더 상이다.

■ 립스틱(Lipstick)
- 연지, 루즈라고도 하며 입술에 색상을 주는 것으로 안전성에 유의해야 한다.
- 유분의 종류에 따라 글로즈나 매트 타입이 있다.
- 먹었을 때에도 인체에 해가 없고 불쾌한 냄새와 맛이 없어야 하고 번짐이 없어야 한다.
- 부러짐이 없고 매끄럽고 부드럽게 발리는 것이 좋다.
- 크림, 스틱, 펜슬상의 립스틱이 있다.
- 립글로스(Lip gloss) 입술보호와 입술에 윤기를 주는 것으로 성분은 립스틱과 유사하지만 광택과 점성이 좋은 고분자 물질의 사용으로 반투명성을 나타낸다.

■ 블로셔(Blusher, Cheek Color)
- 볼에 색조효과를 주어 얼굴색을 밝고 건강하게 보이게 하며 음영과 윤곽을 주어 입체감을 나타낸다.
- 치크컬러, 볼터치라고도 하며 파운데이션과의 친화성이 좋아야 한다. 광택성, 부착성, 적절한 커버력이 있어야 하며 피부 염착이 없게 제거가 용이해야 한다.

■ 아이브로우 펜슬(Eyebrow pencil)
- 눈썹 모양을 그리고 눈썹의 색조정을 위해 사용된다.
- 피부에 균일하게 그려지고 지속성이 높으며 안전성이 좋고 변한과 발분이 없으며 섬세하게 그려지는 것이 좋다.

■ 아이섀도(Eye shadow)
- 눈과 눈썹 사이의 부위에 색채와 음영을 주어 입체감을 나타내는 것으로 눈의 아름다움을 강조하기 위해 사용한다.
- 눈매의 표정을 연출, 눈의 단점을 보완하며 개성을 연출한다.
- 밀착감이 있고 색상의 변화가 없으며 안전성이 좋고 번지지 않는 것이 좋다.

■ 아이라이너(Eye liner)
- 눈매를 또렷하고 선명하게 하고 눈의 모양을 조정, 개성적 눈매연출을 한다.
- 안전성이 매우 중요하며 건조가 빠르고 벗겨짐이 없이 피막이 유연한 것이 좋고 리퀴드, 펜슬, 케이크 상이 있다.

■ 마스카라(Mascara)
- 속눈썹을 길고 짙게 보이게 하기 위해 사용하며 눈의 인상을 부드럽고 매력적으로 보이게 한다.
- 균일한 도포와 신속한 건조, 컬링이 잘 되는 것이 좋으며 안전성이 좋아야 한다.

② 메이크업 화장품의 구성

■ 구성 성분
- 메이크업 화장품은 안료성분들과 안료성분들을 분산시키는 기제로 되어 있다.
- 안료에는 착색안료, 백색안료, 체질안료, 펄안료가 있다.
- 기제에는 유분이나 보습을 위한 것과 계면활성제, 정제수 등이 있다.

안료	착색안료	· 메이크업 색상 부여, 커버력 조절
	백색안료	· 백색안료가 커버력이 크다.
	체질안료	· 층상구조의 광물로 퍼짐성과 윤택한 감촉 · 커버력이 적다.
	펄안료	· 진주광택을 색상에 부여
기제		유분, 보습제, 계면활성제, 정제수 등

③ 메이크업 도구

■ 메이크업에 사용되는 도구
- 스펀지 – 메이크업 베이스 및 파운데이션을 고르게 펴 바를 때 사용한다. 천연고무로 만든 것을 라텍스라고 한다.
- 퍼프 – 파우더를 펴 바를 때 사용하며 면소재로 되어있다. 손에 끼우고 사용할 수 있다.
- 아이래시 컬 – 마스카라를 바르기전 속눈썹을 올려주는데 사용된다. 뷰러라고도 불린다.
- 눈썹가위 – 눈썹모양을 정리할 때 사용한다.
- 눈썹 면도칼 – 눈썹 주변의 잔털을 제거할 때 사용한다.
- 핀셋 – 족집게라고도 하며 털의 뿌리까지 제거할 때 사용한다.
- 면봉 – 좁은 부분의 수정 메이크업에 사용되거나 색상의 뭉침을 펴 바르는 등 다양하게 사용된다.
- 아이브로우 브러시(콤) – 브러시와 작고 좁은 빗이 같이 달려 있는 형태로 마스카라의 뭉침이나 눈썹 화장 손질에 사용된다.
- 아이브로우 브러시 – 눈썹을 아이섀도우로 칠할 때 사용되는 탄력있는 붓이다.
- 스쿠로 브러시 – 눈썹이나 엉겨붙은 속눈썹을 빗어 줄 때 사용한다.
- 아이섀도우 브러시 – 아이섀도우를 펴 바를 때 사용하는 것으로 넓은 붓에서부터 좁은 붓까지 다양하며 털이 부드럽다.
- 아이라이너 브러시 – 아이라인을 그릴 때 사용되는 가늘고 섬세한 붓이다.
- 팬 브러시 – 파우더나 아이섀도우 등이 얼굴에 묻었을 때 털어내는 부채형 모양의 붓이다.
- 파우더 브러시 – 쉐이딩을 할 때나 파우더를 얼굴 전체에 바를 때 사용된다.
- 치크 브러시 – 볼터치나 얼굴 윤곽을 줄 때 사용된다.
- 립 브러시 – 립스틱을 바를 때 사용한다.

56 바디(body)관리 화장품, 방향화장품

1 바디관리 화장품(전신관리용 화장품)

● 바디 화장품에는 바디(전신)에 관계된 바디샴푸, 바디로션, 바디오일 및 체취방지제도 포함된다.

● 세정과 함께 물리적인 힘에 의해 오염물을 제거시키는 것으로 화장비누와 약용비누가 있다.

■ 바디 샴푸(Body shampoo, 액체 바디세정료, 바디클렌저)

● 샤워할 때 사용하는 제품으로 전신 피부의 생리기능에 나쁜 영향을 미치지 않고 오염을 제거해야 한다.

● 종류로는 투명, 불투명 타입과 중성, 알칼리성, 약산성 타입이 있다.

● 바디샴푸의 기능으로는 높은 기포성, 매끄럽고 치밀한 기포의 질, 기포의 지속성, 세포간지질의 보호가 있다.

● 바디샴푸는 피부 생리기능에 해를 주지 않고 오염만을 잘 제거하는 정도가 좋다.

■ 목욕용 제품

● 목욕시 사용되는 제품으로 세정, 경수연화, 향취를 목적으로 사용되는 파우더, 젤, 과립상, 리퀴드 상의 제품이 있다.

■ 방취제

● 데오도란트 제품은 방취화장품으로 피부상재균의 증식을 억제, 체취를 억제하는 기능이 있다.

● 데오도란트 로션, 파우더, 스프레이, 데오도란트 스틱이 있다.

2 방향 화장품(향수)

● 향의 특징이 있어야 하며 향의 확산성이 좋고, 향의 조화가 잘 이루어진 것이 좋다. 또한 시대에 부합되는 향(시대에 따른 선호 향)이 좋다.

■ 향수의 요건과 기능

● 향수는 향기나는 물질로 향이 부드럽고 오래 지속되는 것이 좋으며 기분을 좋게 하고 즐거움을 줄 수 있는 것이 좋다.

● 향은 특징이 있고 확산성이 좋으며 적당히 강한 향으로 지속성이 있는 것이 좋다.

● 시대에 맞는 향으로 향의 조화가 이루어지는 것이 좋다.

● 조합향료의 휘발성에 따라 탑노트(시트러스, 그린), 미들노트(플로럴, 프루티), 베이스노트(무스크, 우디)가 있다.

● 탑노트가 휘발성이 강하며 미들노트는 중간 정도이고 베이스노트는 휘발성이 낮다.

■ 향수의 구분

유형	부향률	용도와 특징
퍼퓸	15~30%	향이 풍부하고 고가이다.
오데퍼퓸	9~12%	퍼퓸과 오데토일렛의 중간 타입
오데토일렛	6~8%	지속성과 가벼움이 동시에 있음
오데코롱	3~5%	상쾌한 향취, 과일향이 많음
샤워코롱	1~3%	바디용 방향화장품

● 향수는 알코올, 프로필렌글리콜, 물을 사용하여 희석한 정도에 따라 향의 발산력이 적당히 조절된다.

● 부향률의 순서는 퍼퓸〉오데퍼퓸〉오데토일렛〉오데코롱〉샤워코롱의 순이다.

● 부향률이 적은 향수는 부향률이 높은 향수에 비해 오랜 숙성기간을 요하지 않는다.

● 지속시간도 부향률의 순서와 같은 순이다(퍼퓸 6~7시간, 오데퍼퓸 5~6시간, 오데토일렛 3~5시간, 오데코롱 1~2시간, 샤워코롱 1시간 정도).

■ 천연향의 추출

● 식물에서 추출한 천연향을 에센셜 오일이라고 하며 정유라고도 한다.

● 물에 담그어 가온한 기체를 냉각하여 얻는 수증기 증류법과 직접 압착하여 얻는 압착법, 휘발성이나 비휘발성 용매로 낮은 온도에서 정유를 얻는 추출법이 있다.

에센셜(아로마)오일 및 캐리어 오일

1 에센셜(아로마) 오일

- 식물의 꽃이나 줄기, 잎, 열매, 뿌리, 과피 등 다양한 부위에서 추출한 것으로 휘발성이나 인화성이 있는 물질이다.
- 분자량이 작아 침투력이 강하며 독성은 오일에 따라 강한 것과 약한 것이 있다.
- 마사지에 적용되는 아로마 오일은 피부에 서서히 스며들어 각질층을 통하여 림프관, 혈관 속으로 침투된다.
- 방향성이 높은 물질을 추출한 오일이다.

■에센셜 오일의 사용법

- 공기와 빛에 의해 쉽게 분해되므로 표면처리된 알미늄 용기, 갈색유리병에 넣고 밀봉해야 한다.
- 아로마 오일을 사용하기 전에 안전성 확보를 위하여 패취테스트를 실시하여야 한다(팔의 안쪽에 오일을 떨어뜨려 15분 정도 경과 후에 자극반응을 관찰).
- 아로마 오일은 희석해서 사용하며 점막이나 점액 부위의 직접 사용은 피해야 한다.
- 아로마 오일을 희석하기 위해 사용되는 것은 캐리어 오일 (Carrier oil)이다.

■아로마 오일의 추출법

- 수증기 증류법과 압착법, 휘발성 용매추출법, 비휘발성 용매추출법이 있다.

수증기 증류법	증발되는 향기물질을 냉각시켜 액체 상태로 얻을 수 있는 방법
압착법	식물의 과실(감귤류의 껍질 등)을 직접 압착하여 얻는 방법
휘발성 용매 추출법	식물의 꽃을 이용하여 향기 성분을 녹여내는 방법
비휘발성 용매 추출법	동·식물의 지방유를 이용한 추출법으로 냉침법과 온침법으로 구분

- 수증기 증기법은 뜨거운 물이나 수증기를 이용하는 것으로 증발되는 향기물질을 냉각시켜 액체 상태로 얻을 수 있는 방법이다. 단시간에 많은 양의 추출이 가능한 가장 경제적인 방법으로 널리 실시되고 있으며 대량으로 얻어낼 수 있다. 그러나 향기 물질이 물과 열에 분해될 수 있다.
- 압착법은 압착시 향기성분이 파괴되는 것을 막기 위해 냉각 후 압착하기도 하여 냉각압착법이라고도 한다. 레몬, 오렌지,

베르가못, 자몽(그레이프 프루트), 라임과 같은 감귤류에서 향기를 얻는 방법으로 이용되며 열에 영향을 받지 않는 추출법 장점이 있지만 감귤계의 오일만 추출이 가능한 단점이 있다.
- 휘발성 용매추출법은 솔벤트법이라고도 하며 휘발성 유기 용매(헥산, 석유에테르 등)에 일정기간동안 냉암소에 식물의 꽃을 침전시킨 후 향기 성분을 녹여내는 방법이다. 장점으로는 비교적 수율이 높다는 것이며 단점으로는 휘발성 용매를 완전 제거해야 하는 것이다.
- 비휘발성 용매추출법은 식물과 동물의 지방유를 이용한 추출법이며 현재는 거의 사용하지않고 있는 방법으로 냉침법(천연에 가까운 꽃향기를 얻을 수 있다)과 온침법이 있다. 장점으로는 용매를 제거할 필요가 없는 것이며 단점으로는 시간과 많은 노동력이 필요하다는 것이다.

■향취의 표현 방법

- 향취의 느낌을 '노트(Note)'라고 하며 휘발성의 정도를 나타내기도 한다.
- 향취는 공기 중에 휘발되는 속도에 따라 변화하며 변화에 따른 향취를 일반적으로 탑(Top), 미들(Middle), 베이스(Base) 노트로 분류한다.
- 탑노트(Top note)는 휘발성이 높아 향취가 빨리 사라지는 것이다.
- 미들노트(Middle note)는 보통의 휘발성으로 전체 향취를 조화롭게 한다.
- 베이스노트(Base note)는 잔향이 오래 가는 것으로 휘발성이 매우 낮으며 향취를 오래 유지하게 하는 역할이 있어 탑노트와 베이스노트의 혼합 시 탑노트의 향취를 좀더 머무르게 할 수 있다.

2 아로마 오일

■아로마 오일(탑노트)

- 티트리(Tea-tree)는 살균, 소독작용이 강하며 여드름 치유에 효과적이다(감염을 일으킨 여드름, 뾰루지 등을 소독).
- 오렌지(Orange)는 콜라겐의 생성을 촉진, 주름과 노화피부에 효과적이며 셀룰라이트를 분해하여 비만치료에 효과적, 림프의 순환촉진으로 부은 피부에도 효과적이다.
- 레몬(Lemon)은 살균, 미백작용이 있으며 머리를 맑게 하여

기분을 상승시키고 기미, 주근깨에도 효과적이며 피지과잉분비의 억제작용으로 여드름, 지성피부에도 효과적이다.

- 유칼립투스(Eucalyptus)는 상처에 효과적이며 소염, 살균, 방부, 소취효과가 있고 청량감을 주고 근육통 치유에도 효과적, 감기, 기침, 천식 등에도 효과, 염증에 탁월한 효과가 있다.
- 베르가못(Bergamot)은 일광 알러지를 일으키지 않는 오일의 의미, 직사광선은 피해야 한다.
- 그레이프프루트(Grapefruit)는 셀룰라이트 분해작용이 있다(림프순환촉진에 의한 비만해소).
- 레몬 그라스(Lemongrass)는 머리를 맑게 하고 지성피부에 효과적이다.

■ 아로마 오일(탑 - 미들노트)

- 라벤더(Lavender)는 마사지용으로 폭넓게 사용, 상처치유에 효과적, 심신의 안정과 밸런스를 유지(불면증, 우울증에 효과적), 화상치료에도 효과적이다.
- 페퍼민트(Peppermint)는 시원하고 상쾌한 박하향이 나며 피로회복(발의 피로에 탁월한 효과), 졸음방지에 효과적, 냉각효과, 통증완화, 지성피부에 효과적이다.
- 클라리세이지(Clary sage)는 여성호르몬(에스트로겐)과 유사한 작용을 보임, 월경주기를 정상화, 지루성피부에 효과적이다.
- 펜넬(Fennel)은 회향이라고도 하며 피부건조와 주름을 완화, 셀룰라이트 분해작용, 여성호르몬(에스트로겐)과 유사한 식물성 호르몬 함유로 갱년기 장애치유와 모유의 생성을 촉진한다.
- 제라늄(Geranium)은 수렴, 진통효과, 피부염 치유에 효과적, 지성피부에 효과적, 노폐물을 제거한다.
- 타임(Thyme)은 백리향이라고도 하며 강한 소독, 살균작용과 방부작용이 있다.

■ 아로마 오일(미들노트)

- 로즈마리(Rosemary)는 기억력을 증진, 두통완화, 성욕강화, 배뇨촉진 효과, 비듬과 탈모예방 효과가 있다.
- 카모마일 저먼(Chamonlle German)은 소양증에 효과적이며 진정 효과, 민감성, 알러지피부에 효과적이다.
- 네롤리(Neroll)는 우울증, 불면증, 노화피부, 튼살에 효과적이며 반흔과 임신선을 없애는 효과가 있다.
- 사이프러스(Cypress)는 수렴작용이 있고 지성, 여드름, 비듬에 효과적이며 셀룰라이트 분해작용이 있다.
- 주니퍼(Juniper)는 해독작용이 있어 체내 독소를 배출하며 지

방분해, 수렴작용으로 셀룰라이트와 지성피부에 좋다.
- 마죠람(Marjoram)은 타박상 치유에 효과적이다.
- 멜리사(Melissa)는 감정의 밸런스를 조절, 기분을 좋게하며 지루성모발, 탈모 개선 효과가 있다.

■ 아로마 오일(미들 베이스노트)

- 신나몬(Clnnamon)은 부패방지, 살균, 소독작용, 수렴, 지혈, 통경, 최음작용이 있다.
- 클로브(Clove)는 정향이라고도 하며 피부에 자극적이고 강한 살균작용을 한다.
- 파인(Pine)은 솔잎을 수증기 증류한 것으로 냄새를 제거하는데 탁월한 효과가 있다. 근육통 치료와 피부병에도 효과적이다.
- 로즈(Rose)는 감정을 조절해 주고 숙취를 해소, 염증, 가려움증을 치유, 수렴과 진정, 성욕강화, 배뇨촉진 작용이 있으며 건성, 민감성 피부에 효과적이다.

■ 아로마 오일(베이스노트)

- 벤조인(Benzoin)은 긴장과 스트레스 완화 작용이 있다.
- 시더우드(Cedarwood)는 지성피부에 최고의 효과를 발휘하며 비듬, 탈모에도 효과적이다.
- 쟈스민(Jasmin)은 밤의 꽃이라고도 하며 고급스러운 향취가 나고 호르몬 밸런스의 조절로 피부상태를 정상화, 정서적 안정, 긴장완화, 성욕강화 작용이 있다.
- 패츌리(Patchouli)는 곽향이라고 하며 불안과 우울한 감정을 조절하고 일광화상과 피부염 치료에도 사용된다.
- 프랑킨신스(Frankincense)는 유향을 수증기 증류한 것으로 정신치료에 효과적이다.
- 샌달우드(Sandalwood)는 백단유라고도 하며 피부유연과 노화피부, 탈수피부에 효과적이다.
- 일랑일랑(Ylang-Ylang)은 최음성이 강하며 아드레날린의 분비를 억제하여 기분상태를 좋게 한다.

③ 아로마 오일의 활용 방법

■ 흡입법

- 가장 간단하게 사용할 수 있는 방법으로 훈증이나 태워서 아로마 오일 성분이 기체 형태가 되어 퍼져 나갈 때 쉽게 흡수되어 효과를 볼 수 있다.
- 기체 형태의 흡입은 코를 통한 폐에 도달되어 혈관을 통한 이동으로 쉽게 순환계에서 효과를 볼 수 있다.
- 직접 흡입법과 간접 흡입법이 있다.

직접 흡입법	• 증기 흡입법 : 더운물에 아로마 오일을 몇 방울 떨어뜨린 후 머리를 숙여 직접 흡입 • 솜과 티슈를 이용한 흡입법 : 가장 간단히 흡입하는 방법으로 아로마 오일을 솜, 티슈에 떨어뜨린 후 베인 향을 통해 흡입하는 방법, 베개나 이불에 떨어뜨려 이용하기도 함 • 후드 설치 공간의 흡입법 : 후드(Hood)가 설치되어 있는 좁은 공간에 오일과 공기를 함께 분무시켜 증기를 흡입하는 방법 • 펜던트(목걸이)를 이용한 방법 : 아로마 목걸이에 넣고 다니며 흡입하는 방법
간접 흡입법	• 램프이용법 : 일반적인 방법으로 아로마 램프에 물을 채우고 몇 방울의 아로마 오일을 떨어뜨린 후 초를 이용해 가열시켜 열을 가하게 되므로 오일을 휘발 발산 시키는 방법 • 분무기 : 물과 아로마 오일을 분무하는 방식으로 공기 정화와 향기를 통한 정서적 안정 • 가습기 : 가습기의 수증기를 이용한 방법이며 아로마 오일을 떨어뜨린 헝겊을 수증기 출구에 놓아두고 수증기의 증발과 함께 확산해 나가는 방식(가습기에 직접 떨어뜨리면 물위에 오일이 떠서 효과가 떨어짐)

■ 확산법

● 아로마 램프, 스프레이를 이용해 분자상태로 확산시키는 방법이다.

● 아로마 램프는 기관지염, 감기, 천식, 기침, 피로, 불면증, 흥분된 상태에 적용하면 좋으며 스프레이시 용기는 금속이나 플라스틱보다 유리재질이나 세라믹이 좋다.

■ 목욕법

● 수욕, 족욕, 좌욕, 발꿈치욕, 바디전체 목욕법을 이용한 흡수가 있으며 몸 전체의 목욕은 코를 통한 흡입과 피부를 통한 흡수의 두가지 효과를 볼 수 있다.

● 사용용도에 따라 그릇의 크기와 아로마 오일의 양을 결정한다.

● 관절염, 피부염, 건성피부, 류머티즘, 팔꿈치 통증에 효과를 볼 수 있다.

■ 마사지법

● 아로마 오일을 캐리어 오일에 희석한 것을 피부에 도포하여 매뉴얼 테크닉을 이용한 방법으로 피부타입에 맞는 아로마 오일의 선택이 중요하다.

● 아로마 오일과 캐리어 오일의 희석은 얼굴의 경우는 1%의 희석, 바디(몸)의 경우에는 3%의 희석한 것을 사용한다.

● 사용 시 근육이나 림프절을 따라 마사지하거나, 스웨디시 마사지, 반사요법 등을 적용하여 더 나은 효과를 보게 한다.

■ 아로마 오일의 복용

● 아로마 오일을 직접적으로 복용하지는 않지만 티백의 형태로 복용하거나 향신료 형태, 강장제 형태로 사용되며 낮은 농도의 형태로 복용할 수 있게 한다.

TIP

- 아로마 오일의 희석비율은 캐리어오일 50mℓ를 기준으로 만들어 두는 것이 편리하며 마사지 오일의 산화를 지연시키는 방법으로 맥아오일을 10% 정도 혼합하면 좋다.
- 휘발성 용매 추출법은 낮은 온도에서 아로마 오일을 얻어내는 방법이다.
- 라벤더 에센셜 오일은 피부 재생, 이완, 화상 치유작용이 있다.

④ 캐리어 오일

■ 캐리어 오일

● 베이스 오일이라고도 하며 아로마 오일을 효과적으로 피부에 침투시키기 위해 사용되는 식물성 오일이다.

● 캐리어 오일도 오일의 점도, 색상, 효능이 달라 사용목적에 맞게 선택되어야 한다.

호호바 오일	• 피부의 피지와 지방산의 조성이 비슷하여 피부 친화성이 좋고 흡수도 좋고 쉽게 산화되지 않아 보존안정성이 높음 • 노폐물의 배출을 용이하게 하여 지성피부, 여드름 피부에 효과적
달맞이유 (월견 유)	• 항알러지 효과가 있어 아토피성 피부염에 좋고 항혈전작용, 항염증작용 • 공기 중 쉽게 산화, 악취발생(밀봉 보관) • 붓거나 여드름, 습진의 치료에도 효과적
아몬드 오일	• 스위트 아몬드와 아미그달린이 있음 • 유연작용이 좋아 크림, 마사지 오일로 사용 • 가려움증, 건성피부에 효과적
살구씨 오일	• 행인이라 불림 • 끈적임이 적고 유연성좋음, 사용감이 가벼움 • 노화피부, 민감성피부에 적합
아보카도 오일	• 비타민A, 프로비타민A, 비타민B복합체, 비타민E, 레시친, 피토스테롤을 함유 • 쉽게 산폐, 저온에서 점성과 혼탁(변질아님) • 민감성 피부의 진정, 노화피부에도 효과적
보리지 오일	• 뿌리에 시코닌성분 함유 • 쉽게 산화 밀봉 후 냉암소에 보관 • 피부재생, 세포활성 증가, 신진대사 향상 기능 • 노화억제에 효과적, 민감성, 알러지피부에도 효과
피마자유	• 아주까리로 불려짐, 왁스의 대체품이나 계면활성제 원료로 쓰임
마카다미아 너트 오일	• 가장 잘 흡수되는 오일중의 하나임 • 빠른 흡수로 바니싱오일이라고도 함

올리브 오일	• 감람유라고도 하며 자외선을 20%정도 차단 • 선탠오일로 사용, 유연효과(에몰리언트효과)
맥아오일	• 화장품 분야에 널리 사용, 민감피부는 주의

- 호호바 오일은 100%식물성 오일로 피지와 매우 유사한 구조의 오일이며 자체가 피부에 바로 흡수되지는 않지만 에센셜 오일을 희석하여 확산시킴에 의해 피부흡수를 용이하게 한다. 보습력이 우수하고 쉽게 산화되지 않아 보존안정성이 높으며 피부염, 여드름, 습진, 건선 피부에 안심하고 사용가능하다.
- 화학적으로 지방유(Fat oil)라고도 하며 식물성 오일은 액체 상태의 불포화 지방산으로 이루어져 있어 장시간 공기에 노출되면 산패가 일어나므로 보관 시 잘 밀봉하여 냉장보관해야 한다.

⑤ 피부반응의 검사(첩포시험)

- 피부 질환에 대한 여러 가지 진단방법(피부병리, 혈액 검사, 미생물학적 검사, 방사선 검사, 우드등 검사, 요 검사, 대변 검사 및 첩포시험 등)이 있다.
- 첩포시험은 정상피부에서 화장품이나 외용제에 대한 피부 안전성을 검사하는 대표적인 방법이며 사용성 시험은 안전성에 대한 최종 확인시험이다.

■ **첩포시험(Patch test)**
- 일차적자극 물질을 검색하기 위한 방법으로 동물 시험을 행하여 안전성이 확인되면 사람에게 행한다.
- 등이나 점막부에 붙여 48시간 이후 제거(30분 후에 판독), 다시 2일 후에 반복 후 판독하는 것으로 일반적으로 4일의 경과 후에도 양성반응이면 알레르겐(Allergen, 알레르기성 질환의 원인으로 작용하는 항원)으로 판정한다.
- 반응은 홍반이나 부종의 정도에 따라 숫자의 표식이다.
- 화장품의 경우 자극정도가 미비하여 일차 자극 시험으로는 검색이 어려워 반복노출에 의한 누적자극시험으로 검색하는 방법을 통해 변형된 알러지 시험방법이 이용되기도 한다.

■ **사용성 시험(Controlled use test)**
- 피부에 사용되는 화장품, 외용제에 대한 자극이나 감작반응의 유발 가능성을 확인하고자 하는 안전성에 대한 최종확인 시험이다.
- 시험 목적은 부작용에 대한 가능성의 감지이며 시험을 할 경우 실제사용보다 과도하게 사용하고 보통 1~4주 정도 시행한다.

58 S·e·c·t·i·o·n 기능성 화장품

① 기능성 화장품

- 기능성 화장품의 범위는 화장품 시행규칙 제 2조에 '피부에 멜라닌 색소가 침착하는 것을 방지하여 기미, 주근깨 등의 생성을 억제함으로써 피부의 미백에 도움을 주는 기능을 가진 화장품, 피부에 침착된 멜라닌 색소의 색을 엷게 하여 피부에 도움을 주는 기능을 가진 화장품, 피부에 탄력을 주어 피부의 주름을 완화 또는 개선하는 기능을 가진 화장품, 강한 햇볕을 방지하여 피부를 곱게 태워 주는 기능을 가진 화장품, 자외선 흡수 또는 산란시켜 자외선으로부터 피부를 보호하는 기능을 가진 화장품을 말하며 그 범위를 규정하고 있다.
- 자외선에 의해 피부가 그을리거나 노출에 의해 일광화상이 생기는 것을 지연시킨다.
- 기능성 화장품의 종류에는 미백 화장품, 자외선 차단용 화장품, 각질제거용 화장품, 선탠 화장품 및 리포좀, 레티노이드 화장품(주름개선) 등이 있다.

■ **미백 화장품**
- 멜라닌 세포 속에 흡수된 아미노산의 일종인 티로신이 티로시나아제의 작용으로 산화되어 멜라닌을 만든다.
- 인체의 자연적 기능으로 생성되는 기미, 주근깨의 원인인 갈색의 색소인 멜라닌은 자외선에 심하게 노출되었을 때 멜라닌 생성 증가로 색소침착이 발생된다.
- 미백 화장품은 피부의 결점이 생기는 것을 미리 방지하는 것을 목적으로 한다.
- 피부의 미백을 위한 미백 화장품의 메커니즘은 멜라닌 생성단계의 차단으로 자외선 차단, 도파 산화 억제, 티로시나제 저해제, 멜라닌 합성 저해이다.

- 미백을 위한 성분에는 알부틴, 코직산, 비타민C, 아하, 하이드로퀴논, 옥틸디메틸 파바, 이산화티탄 등이 사용되고 있다.
- 티로신의 산화 촉매제인 티로시나아제의 작용 억제물질은 알부틴, 코직산, 감초추출물, 닥나무 추출물, 상백피 추출물이 있고 도파(Dopa)의 산화 억제 물질은 비타민C가 있고 각질 세포를 벗겨내므로 멜라닌 색소를 제거하는 AHA가 있다. 또한 멜라닌 세포 자체를 사멸시키는 물질로는 하이드로퀴논이 가장 확실한 방법이지만 백반증이라는 부작용이 있고 자외선을 차단하는 물질로는 옥틸디메틸 파바, 이산화티탄 등이 사용된다.

비타민 C

아르코르빈산이라고 함, 수용성 비타민으로 물에 잘 녹아 환원력이 강함, 열에 약함, 멜라닌색소 생성억제(미백효과), 콜라겐과 엘라스틴의 합성에 관여, 비타민 C의 부족시 괴혈병, 신선한 과일에 함유, 피부침투 어려움, 쉽게 산화, 화장품에는 아스코빌팔미테이트나 마그네슘 아스코빌포스페이트와 같은 유도체를 사용

■ 자외선 차단용 화장품
- 유해 자외선의 침투를 방지할 목적으로 주로 여름철에 사용된다.
- 선스크린이나 선블록으로도 불려지고 있고 로션이나 크림 형태이다.
- 자외선 차단제는 산란제와 흡수제로 나누어지며 산란제에는 이산화티탄, 산화아연이 있으며 자외선 흡수제에는 올틸디메칠 파바(PABA), 옥틸메톡시 신나메이트가 있다.
- 자외선 산란제는 무기물질을 이용한 물리적 산란작용으로 자외선의 피부속 침투를 막고 자외선 흡수제는 유기물질을 이용하여 화학적인 방법에 의해 자외선을 흡수와 소멸시키는 것이다.
- 자외선 차단제품(선스크린 크림, 선블록크림)에는 자외선을 산란하는 물질, 자외선을 흡수하는 물질이 배합되어 있다.
- 차단제품은 한번에 두껍게 바르기 보다는 일조량에 따른 시간별 바르기로 덧발라 주는 것이 피부의 부담을 적게 한다.

■ 각질제거용 화장품
- 클렌징이나 딥클렌징시 죽은 각질을 제거하는 것으로 물리적, 화학적인 방법, 효소를 이용하는 방법이 있으며 이중 효소를 이용하는 방법과 알파-히드록시산(AHA)을 사용하는 방법이 있다.
- 죽은 각질을 제거하고 건강한 세포로 하여금 피부를 자극하게 도와주는 성분은 알파 - 히드록시산(AHA)이다.

- AHA(알파 하이드록 에시드)의 보습기능과 표면의 죽은 각질의 제거는 거친피부 표면을 매끄럽게 하고 잔주름도 깊이 자리 잡지 않게 하며 지성피부의 모공의 더러움의 제거로 피지 분비를 조절하여 지성피부를 개선해 준다.
- AHA의 성분이 피부에 따끔거림이나 햇빛에 민감하게 작용하는 등의 피부와 점막에 약간의 자극을 일으킬 수 있어 pH의 농도를 3.5~10% 이하로 사용하며 각질효과는 AHA보다 약한 BHA의 사용으로 안전성을 좋게 한다.
- 발바닥의 굳은살, 각질 등은 풋크림(foot cream)이 개발되어 사용되는데 풋크림에는 AHA에 효소가 배합되어 흡수촉진과 보습효과를 있게 한다.

■ 선탠 화장품
- 피부 상태의 손상이 없이 멜라닌 색소의 생산량을 늘려 피부를 그을리게하는 화장품이다.
- 디히드록시 아세톤(DHA)은 피부의 아미노산을 갈색의 색소로 만들어준다.
- 셀프 탠닝(Self tanning) 제품의 경우 자외선에 대한 피부손상이 없고 디히드록시 아세톤은 피부의 각질층 윗부분만 작용되어 멜라닌 색소를 만드는 기저층의 영향은 없어 색소 침착의 우려도 없으며 지속력은 3~4일 정도이다. 원하는 부위만 선택적으로 사용하며 바르는 횟수에 따라 색상조절이 가능하다.

■ 리포좀 화장품
- 계면활성제의 일종으로 리포좀의 제조에 사용되는 인지질의 대표적인 것은 레시친이다.

■ 레티노이드 화장품(주름개선)
- 레티노이드는 비타민A와 관련된 화합물의 총칭, 레티노이드 레티놀, 레틴알데히드, 레틴산이 있다.

2 여드름 화장품
- 여드름균은 피지를 먹고 사는 혐기성균으로 지방을 분해하여 유리 지방산(피부에 심한 자극을 주는 물질)으로 변화시킨다.
- 여드름 치료제로 사용되는 것은 벤조일퍼옥사이드, 살리실산 유황 등이 있으나 부작용이 있고 화장품으로 피지 억제 작용하는 인삼, 우엉, 로즈마리 추출물, 비타민B$_6$ 등을 사용하여 피지분비를 정상화시키고 각질을 부드럽게 하기 위한 보습제와 알파-히드록시산의 사용은 피지배출을 촉진시켜 여드름 치료를 돕는다.
- 여드름은 유전적인 소인이 많으나 화장품에서 여드름 발생을

유발하는 물질에는 유동성 파라핀, 바렐린, 라놀린, 올레인산, 라우릴 알코올 등이 있다.

- 여드름 유발물질이 없는 화장품을 논-코메도제닉 화장품이라고 한다.

- 여드름 피부 화장품에 사용되는 성분에는 벤조일퍼옥사이드, 아줄렌, 글리시리진산, 유향, 살리실산 등이 있다.

- 여드름 피부에 맞는 화장품의 성분에는 캄퍼, 로즈마리 추출물, 하마멜리스 등이 있다.

요점 정리 Beautician

◇ 물 위에 오일성분이 섞여있는 수중유형(O/W)의 유화상태와 오일성분 위에 물이 섞여있는 유중수형(W/O)의 에멀젼이 있다.

◇ 피부상재균의 증식억제의 향균기능을 가진 체취억제 기능의 방취제는 데오도란트이다.

◇ 기초화장품의 사용목적은 세안, 피부보호, 피부정돈이다.

◇ 리퀴드 파운데이션은 부드럽고 퍼짐성이 우수하며 건성피부인 경우에 사용하면 좋은 O/W형 유화타입이고 투명감 있게 마무리할 수 있다.

◇ 크림 파운데이션은 O/W형과 W/O형이 있으며 O/W형은 W/O형에 비해 사용감이 가볍고 퍼짐성이 좋고 피부 부착성이 우수하여 잡티나 결점커버에 좋다.

◇ 핸드 새니타이저는 물을 사용하지 않고 피부 청결 및 소독효과를 목적으로 사용한다.

◇ 향수부향률의 순서는 퍼퓸〉오데퍼퓸〉오데토일렛〉오데코롱〉샤워코롱의 순이다.

◇ 바디샴푸의 기능은 피부 각질층 세포간지질 보호, 부드럽고 치밀한 기포 부여, 높은 기포 지속성 유지이다.

◇ 페이스 파우더는 색조(메이크업) 화장품에 속하며 퍼퓸, 오데코롱은 방향 화장품에 속한다.

◇ 티트리(Tea-tree)는 살균, 소독작용이 강하며 여드름 치유에 효과적이다(감염을 일으킨 여드름, 뾰루지 등의 소독에 좋다.

◇ 호호바 오일은 100% 식물성 오일로 아로마 오일을 효과적으로 피부에 침투시키기 위해 사용된다.

◇ 아로마 오일은 향기식물의 꽃, 잎, 줄기, 뿌리 등 다양한 부위에서 추출되며 노트(향취의 느낌)는 탑, 미드, 베이스 노트 등 다양하다.

◇ 알파 – 히드록시산(AHA)은 각질제거용 화장품에 쓰이며 죽은 각질을 떨어져 나가게 하고 건강한 세포로 하여금 피부를 자극하게 도와주는 성분이다.

◇ 기능성 화장품에는 미백, 주름 개선, 자외선으로부터 피부보호 화장품이 있으며, 화장품법 상 여드름을 방지하기 위한 화장품은 포함되지 않는다.

1 기초화장품의 사용 목적으로 적합하지 <u>않는</u> 것은?

① 결점커버　　　　② 세안
③ 피부보호　　　　④ 피부정돈

정답해설 기초화장품의 사용목적은 세안, 피부보호, 피부정돈이다.

2 향수의 구비 요건에 포함되지 <u>않은</u> 것은?

① 향의 확산성이 좋아야 한다.
② 향은 약한 것으로 자극이 없어야 한다.
③ 향의 조화가 잘 이루어져야 한다.
④ 향이 시대에 부합되어야 한다.

정답해설 향이 적당히 강하고 지속성이 있으며 향에 특징이 있는 것이 좋다.

3 화장품의 사용목적이 바르지 <u>않은</u> 것은?

① 기초화장품– 세정, 피부정돈, 피부보호
② 메이크업 화장품– 베이스, 포인트, 특수 메이크업
③ 모발 화장품– 세정, 트리트먼트, 정발, 육모, 양모, 제모
④ 방향 화장품– 세정, 보습, 체취

정답해설 방향 화장품 – 향취부여, 바디화장품 – 세정, 신체보호, 보습, 미화, 체취이다.

4 기능성 화장품의 사용목적으로 <u>틀린</u> 것은?

① 미백개선 관리　　② 주름개선 관리
③ 혈액순환 촉진　　④ 자외선 차단 관리

정답해설 혈액순환 촉진은 아로마 화장품의 사용목적에 포함된다.

5 방향 화장품인 향수의 유형이 <u>아닌</u> 것은?

① 데오도란트　　　② 샤워코롱
③ 오데토일렛　　　④ 오데코롱

정답해설 향수의 유형에는 퍼퓸, 오데퍼퓸, 오데토일렛, 오데코롱, 샤워코롱이 있으며 데오도란트는 체취억제제로 바디 화장품에 속한다.

6 다음 중 기초화장품에 속하지 <u>않는</u> 것은?

① 화장수　　　　　② 영양크림
③ 아이브로우　　　④ 클렌징크림롱

정답해설 아이브로우는 메이크업 화장품에 속한다.

7 기초화장품에서 세정용 화장품 중 용제형 세안제가 <u>아닌</u> 것은?

① 클렌징 폼　　　　② 클렌징 로션
③ 클렌징 크림　　　④ 클렌징 젤

정답해설 용제형 세안제에는 클렌징크림, 로션, 젤, 오일이 있으며 계면활성제 세안제에는 클렌징 워터, 클렌징 폼, 고형비누가 있다.

8 화장수에 대한 내용으로 <u>틀린</u> 것은?

① 화장수는 스킨로션으로도 불린다.
② 화장수의 종류는 아스트리젠트만 있다.
③ 피부결을 정돈하고 수분을 공급한다.
④ 세안에 의해 제거되지 않은 노폐물을 닦아낸다.

정답해설 화장수에는 유연화장수, 수렴화장수(아스트리젠트)가 있다.

9 파운데이션의 사용 목적으로 옳은 것은?

① 피부결점 커버와 피부색을 조절한다.
② 피부에 영양을 공급해 준다.
③ 피부에 각질을 제거해 준다.
④ 화장의 지속성을 높여준다.

정답 해설 파운데이션의 사용 목적은 결점 커버, 색상조절, 이미지 연출, 개성강조, 윤곽수정 등이다.

10 캐리어 오일 중 액체상 왁스에 속하고, 인체 피지와 지방산의 조성이 유사하여 피부 친화성이 좋으며, 다른 식물성 오일에 비해 쉽게 산화되지 않아 보존안정성이 높은 것은?

① 아몬드 오일　　　　② 호호바 오일
③ 아보카도 오일　　　④ 맥아 오일

정답 해설 호호바 오일은 액체 왁스에 속하며 피부 친화성이 좋아 잘 흡수되며 쉽게 산화되지 않고 모공 속의 노폐물을 용해시켜 지성 피부에 좋다.

11 세발용 화장품인 샴푸의 구비 요건으로 틀린 것은?

① 적절한 세정력을 가져야 한다.
② 세발 후 모발이 뻣뻣한 것이 좋다.
③ 거품이 섬세하고 풍부해야 한다.
④ 눈과 두피나 모발에 자극이 없어야 한다.

정답 해설 세발후 모발이 부드럽고 윤기 있어야 한다.

12 다음 중 기능성 화장품이 <u>아닌</u> 것은?

① 선탠 화장품
② 각질제거용 화장품
③ 에센스
④ 레티노이드 화장품

정답 해설 에센스는 기초화장품에 속한다.

13 캐리어 오일에 대한 내용으로 틀린 것은?

① 100%의 식물성 오일로 아로마 오일을 효과적으로 피부에 침투시키기 위해 사용되는 오일이다.
② 일명 베이스 오일(Base oil)이라고도 한다.
③ 캐리어 오일에는 아몬드 오일, 살구씨오일, 아보카도 오일, 보리지 오일, 피마자유, 달맞이유, 호호바 오일, 올리브 오일, 마카다미아트 오일이 있다.
④ 아로마테라피에 사용되는 캐리어 오일은 점도, 색상, 효능이 모두 같다.

정답 해설 각각의 캐리어오일은 점도, 색상, 효능이 모두 달라 아로마테라피에 사용되는 것도 사용 목적에 따라 잘 선택해야 한다.

14 아로마 오일에 대한 설명으로 틀린 것은?

① 아로마 오일은 원액을 그대로 사용하지 않고 희석해서 사용한다.
② 아로마 오일은 공기 중의 산소나 빛 등에 의해 변질된다.
③ 아로마 오일의 평가법에 감각을 통해 성분의 유무를 파악하는 것은 크로마토그래피이다.
④ 아로마 오일은 천연식물에서 얻어지므로 사전에 패치테스트를 실시할 필요가 있다.

정답 해설 감각을 통해 성분의 유무를 파악하는 것은 관능 평가로 색깔과 냄새 등을 관찰하는 것이다.

Memo

PART 4

종합 예상문제 및 적중 모의고사

종합 예상문제 109제

01 메이크업 설명이 잘못 연결된 것은?

① 그리스 페인트 메이크업 – 무대화장
② 선번 메이크업 – 햇볕 방지 화장
③ 소셜 메이크업 – 성장화장
④ 데이타임 메이크업 – 짙은 화장

정답 해설 데이타임 메이크업은 가벼운 낮화장이다.

02 다음 중 흰 얼굴에 가장 알맞은 백분의 색깔은?

① 베이지계
② 흰색
③ 핑크계
④ 갈색계

정답 해설 흰 얼굴에 사용되는 백분의 색깔은 핑크계가 알맞다.

03 파운데이션 선택 시에 가장 알맞은 것은?

① 자신의 피부색보다 짙은 색을 선택한다.
② 자신의 피부색과는 관계없이 유행하는 색상을 선택한다.
③ 자신의 피부색보다 하얀 색을 선택한다.
④ 자신의 피부색과 동일한 색상을 선택한다.

정답 해설 파운데이션의 기본 색상은 자신의 피부색과 동일한 색상을 선택하는 것이 좋다.

04 립스틱색에 따라 어울리는 피부에 대한 것 중 틀린 것은?

① 오렌지계 – 소맥색 피부의 젊은 여성에게 알맞다.
② 자홍계 – 흰 피부, 중년 이후 여성에게 알맞다.
③ 핑크계 – 검은 피부, 젊은 여성에게 알맞다.
④ 적색계 – 어떤 피부에도 어떤 연령에도 두루 알맞다.

정답 해설 핑크계의 립스틱색은 흰피부와 젊은 층에 알맞다.

05 화장은 목적에 따라 여러 가지로 분류한다. 이 중에서 데이타임 메이크업을 설명한 것은?

① 성장화장
② 스테이지 메이크업
③ 사진을 찍을 경우의 화장
④ 낮 화장을 의미한다.

정답 해설 데이 메이크업은 낮화장의 가벼운 화장을 의미한다.

06 화장시 아이섀도에 쓰이는 색상은 다양하다. 이 중 귀여운 이미지 연출에 가장 적당한 색상은?

① 청색
② 녹색
③ 핑크색
④ 보라색

정답 해설 귀여운 이미지의 연출시에는 핑크계의 색상이다.

07 성장화장이라 하여 낮화장보다는 정성을 들여야 하는 화장은?

① 소셜 메이크업
② 데이타임 메이크업
③ 컬러 포토 메이크업
④ 스테이지 메이크업

정답 해설 소셜 메이크업은 짙은 화장, 성장화장이다.

08 언더 메이크업을 가장 잘 설명한 것은?

① 베이스 컬러라고도 하며 피부색과 피부결을 정돈하여 자연스럽게 해준다.
② 유분과 수분, 색소의 양과 질, 제조공정에 따라 여러 종류로 구분된다.
③ 효과적인 보호막을 결정해주며 피부의 결점을 감추려 할 때 효과적이다.
④ 파운데이션이 고루 잘 퍼지게 하며 화장이 오래 잘 지속되게 해주는 작용을 한다.

정답 해설 언더 메이크업은 화장을 오래 지속시켜 주기 위해 파운데이션 바르기 전에 사용한다.

09 페이스(Face) 파우더(가루형 분)의 주요 사용 목적은?

① 파운데이션의 번들거림을 낮추려고
② 파운데이션을 사용하지 않으려고
③ 주름살을 감추려고
④ 깨끗하지 않은 부분을 감추려고

정답 해설 땀과 피지로 번지는 화장을 막을 경우 파우더를 사용한다.

10 다음 중 메이크업의 효과와 거리가 먼 것은?

① 심리적 효과
② 보호적 효과
③ 세정 효과
④ 미적 효과

정답 해설 메이크업의 효과는 미적, 심리적, 보호적 역할을 한다.

11 파운데이션의 종류 중 가벼움, 부드러움, 산뜻함 등 피부에 빠르게 흡수되고 피지분비가 많은 여성에게 적합한 파운데이션은?

① 크림 타입의 파운데이션
② 케이크 타입의 파운데이션
③ 파우더 타입의 파운데이션
④ 리퀴드 타입의 파운데이션

정답해설 피부분비가 많은 경우 파우더 타입의 파운데이션을 사용한다.

12 아이 섀도(Eye Shadow)에 있어서 돌출되어 보이도록 하거나 혹은 돌출된 부분에 경쾌함을 줄 수 있는 것으로 가장 적합한 것은?

① 섀도 컬러(Shadow color)
② 액센트 컬러(Accent color)
③ 하이라이트 컬러(High light color)
④ 베이스 컬러(Base color)

정답해설 돌출되어 보이도록 하는 컬러는 하이라이트 컬러이다.

13 다음 중 주근깨가 많은 얼굴에 가장 알맞은 화장법은?

① 안면 표백 후 화장
② 암색 계열의 화장
③ 투명도를 높이는 화장
④ 밝은 색을 사용하는 화장

정답해설 잡티나 주근깨 얼굴에는 갈색이나 암색 계열의 화장

14 다음 중 무대화장을 일컫는 화장법은?

① 데이타임 메이크업
② 선번 메이크업
③ 그리스 페인트 메이크업
④ 컬러 포토 메이크업

정답해설 스테이지 메이크업이나 그리스 페인트 메이크업을 무대화장이라고 할 수 있다.

15 다음의 화장목적에 따른 분류에서 그 분류가 다른 화장법은?

① 일상적인 메이크업   ② 그리스 페인트 메이크업
③ 소셜 메이크업   ④ 스테이지 메이크업

정답해설 소셜, 스테이지, 그리스 페인트 메이크업은 짙은 화장이며 일상적인 메이크업은 옅은 화장이다.

16 피부가 붉은 사람이 커버하기에 적당한 언더 메이크업 색상은?

① 노란색   ② 핑크색
③ 초록색   ④ 갈색

정답해설 보색관계의 초록색이 붉은 피부의 언더 메이크업의 색상으로 적당하다.

17 다음 중 "블루밍 효과"의 설명으로 가장 적당한 것은?

① 피부색을 고르게 보이도록 하는 것
② 보송보송하고 투명감 있는 피부표현
③ 파운데이션의 색소침착을 방지하는 것
④ 밀착성을 높여 화장의 지속성을 높게 함

정답해설 투명감 있는 보송보송한 피부표현을 '블루밍 효과'라고 한다.

18 넓은 얼굴을 좁아 보이게 하기 위해 진하게 표현하는 경우 주로 사용하는 것은?

① 섀도 컬러   ② 하이라이트 컬러
③ 베이스 컬러   ④ 액센트 컬러

정답해설 섀도 컬러는 좁아보이게 하는 컬러이다.

19 메이크업 베이스 색상이 잘못 연결된 것은?

① 그린색 : 모세혈관이 확장되어 붉은 피부
② 핑크색 : 푸석푸석해 보이는 창백한 피부
③ 화이트색 : 어둡고 칙칙해 보이는 피부
④ 연보라 : 생기가 없고 어두운 피부

정답해설 보라색은 황색피부를 중화시켜 피부톤을 밝게 표현해 준다.

20 주근깨가 많은 얼굴의 화장법으로 옳지 않은 것은?

① 밝은 계열의 백분을 두껍게 발라준다.
② 입술과 눈을 강조한다.
③ 볼연지는 암색계를 사용한다.
④ 밝은 색상의 립스틱으로 시선을 옮겨준다.

정답해설 주근깨의 피부에는 강조와 암색계의 화장이 좋다.

21 파운데이션의 종류와 적합한 피부의 연결이 틀린 것은?

① 크림 타입의 파운데이션 – 건성피부
② 파우더 타입의 파운데이션 – 지성피부
③ 리퀴드 타입의 파운데이션 – 건성피부
④ 케이크 타입의 파운데이션 – 건성피부

정답 해설 리퀴드나 크림 타입의 파운데이션은 건성피부, 파우더나 케이크 타입은 지성피부에 알맞다.

22 메이크업에서 T.P.O에 속하지 않는 것은?

① 시간　　　　　　② 장소
③ 체형　　　　　　④ 목적

정답 해설 메이크업의 T.P.O는 시간, 장소, 목적이다.

23 눈꺼풀에 색감을 주어 입체감을 살려 눈의 표정을 강조하는 화장품은?

① 아이라이너　　　② 아이섀도
③ 아이브로 펜슬　　④ 마스카라

정답 해설 아이섀도는 색조화장으로 눈의 입체감을 살리는 것이다.

24 그리스 페인트 화장(Grease paint make–up)이란?

① 낮 화장　　　　　② 햇볕 그을림 방지 화장
③ 밤 화장　　　　　④ 무대용 화장

정답 해설 그리스 페인트 메이크업은 무대용 화장이다.

25 작은 눈을 크게 보이도록 아이섀도를 이용한 눈 부분 수정 화장법으로 가장 적당한 것은?

① 아래 눈꺼풀의 눈 꼬리 부분에만 바른다.
② 윗 눈꺼풀의 눈 꼬리 부분에 강하게 표현한다.
③ 윗 눈꺼풀의 안쪽 끝부분에 아이섀도를 강하게 칠한다.
④ 윗 눈꺼풀의 전체에 갈색 아이섀도를 고루 바른다.

정답 해설 작은 눈은 갈색 계열의 섀도를 전체에 발라 눈이 들어가 보이도록 한다.

26 둥근(원형) 얼굴형에 대한 화장술로써 가장 적합한 것은?

① 뺨은 풍요하게 턱은 팽팽하게 보이도록 한다.
② 모난 부분을 밝게 표현한다.
③ 양 옆폭을 좁게 보이도록 한다.
④ 위와 아래를 짧게 보이도록 한다.

정답 해설 둥근 얼굴은 길어 보이도록 옆을 축소시키는 화장을 한다.

27 이마의 양쪽 끝과 턱의 끝부분을 진하게, 뺨 부분을 엷게 화장하면 가장 잘 어울리는 얼굴형은?

① 삼각형 얼굴　　　② 역삼각형 얼굴
③ 원형 얼굴　　　　④ 사각형 얼굴

정답 해설 역삼각형의 얼굴은 이마의 양끝과 턱의 뾰족한 부분을 진하게 하고 얼굴의 옆(뺨)을 밝게 한다.

28 좁은 이마와 넓은 턱을 가진 사람에게는 어떻게 메이크업을 하는 것이 가장 적당한가?

① 그 얼굴의 형을 살리도록 화장한다.
② 이마를 넓게 보이도록 하며 얼굴을 길게 보이게 한다.
③ 이마를 좁게 보이게 하며 턱을 넓게 보이게 한다.
④ 얼굴을 좁게 보이게 하며 이마는 넓게 보이게 한다.

정답 해설 좁은 이마와 넓은 턱은 삼각형의 얼굴형이다. 삼각형의 얼굴 화장은 이마를 넓어 보이게 하며 얼굴을 길어 보이게 하는 화장법을 한다.

29 눈썹의 모양을 강하지 않은 둥근 느낌으로 만들면 가장 효과적인 얼굴형은?

① 마름모형 얼굴　　② 사각형 얼굴
③ 원형 얼굴　　　　④ 장방형 얼굴

정답 해설 각진 얼굴일 경우 둥근 느낌의 눈썹을 그린다. 마름모의 경우 눈썹을 둥글게 그리면 처져 보이므로 위로 올라간 듯 그려야 한다.

30 눈썹에 대한 설명 중 부적절한 것은?

① 눈썹 산이 전체 눈썹의 1/2되는 지점에 위치해 있으면 볼이 넓게 보이게 된다.

② 눈썹 산의 표준형태는 전체 눈썹의 1/2되는 지점에 위치하는 것이다.

③ 눈썹은 눈썹머리, 눈썹산, 눈썹꼬리로 크게 나눌 수 있다.

④ 수평상 눈썹은 긴 얼굴을 짧게 보이게 할 때 효과적이다.

정답해설 눈썹의 표준형태는 눈썹산이 눈썹의 1/3에 위치하는 것이다.

31 낮은 코에 대한 가장 알맞은 화장 방법에 해당되는 것은?

① 코의 양 옆면은 세로로 색을 진하게 하며 콧등은 색을 엷게 한다.

② 코의 양 옆면은 색을 연하게 하며 콧등은 진하게 한다.

③ 코의 양 옆면은 색을 진하게 하며 코끝은 엷은 색을 바른다.

④ 코 전체를 다른 부분보다 색을 진하게 한다.

정답해설 낮은 코의 경우 코의 양쪽 측면은 짙은 색, 콧등은 옅은 색을 사용하며 경계선이 나타나지 않게 한다.

32 이마의 상부와 턱의 하부를 진하게, 관자놀이(귀와 눈 사이) 부분을 엷게 화장하였을 때 가장 잘 어울린다면 이 얼굴의 기본형은?

① 원형   ② 마름모형
③ 삼각형   ④ 장방형

정답해설 장방형의 얼굴은 얼굴길이를 짧아 보이게 하기 위하여 이마상부와 턱의 하부를 짙게 하며 옆으로 확대시키기 위해 볼부분을 엷게 화장한다.

33 얼굴형에 따른 화장술의 설명으로 옳은 것은?

① 삼각형 얼굴의 경우 아래로 처진 눈썹을 그려준다.

② 사각형 얼굴의 경우 일자형의 눈썹을 그려준다.

③ 마름모형 얼굴의 경우 광대뼈 부분을 밝게 표현한다.

④ 역삼각형 얼굴의 경우 볼을 밝게 표현한다.

정답해설 역삼각형의 얼굴은 얼굴의 옆(뺨)을 밝게 한다.

34 턱에 어두운 파운데이션(Foundation)을 바르고 밝은 파운데이션으로 코에 하이라이트(Highlight) 효과를 주는 화장법이 적합한 얼굴은?

① 작은 턱과 큰 코를 가진 얼굴

② 튀어나온 턱과 큰 코를 가진 얼굴

③ 튀어나온 턱과 작은 코를 가진 얼굴

④ 작은 턱과 작은 코를 가진 얼굴

정답해설 돌출부분은 어둡게 하고 확대나 높아 보이게 할 경우 하이라이트의 효과를 주는 화장법을 택한다.

35 아이 섀도(Eye Shadow)를 윗눈꺼풀의 중간부분에서 눈 꼬리에 걸쳐 위로 올라가도록 발라주는 눈 화장이 적합한 경우는?

① 눈과 눈썹 사이가 너무 넓은 경우

② 눈 사이가 너무 가까운 경우

③ 눈 사이가 너무 먼 경우

④ 눈과 눈썹 사이가 너무 좁은 경우

정답해설 눈 사이가 가까운 경우 눈두덩의 중간부터 눈꼬리 쪽이 올라가는 섀도 사용으로 눈 사이의 간격을 넓어 보이게 하는 화장을 한다.

36 위, 아래 입술 중 어느 하나가 얇은 경우의 화장법으로 가장 적당한 것은?

① 외각을 실제 입술선보다 작게 그리고, 바깥쪽은 분을 발라 감춰준다.

② 윗입술의 외각 전체를 꽉 차게 그리고 아랫입술도 여기에 비해서 크게 그린다.

③ 얇은 입술을 두꺼운 쪽에 맞춰서 위, 아래의 균형을 유지하도록 한다.

④ 구각을 좌우로 늘리도록 한다.

정답해설 입술의 차이는 입술의 균형을 살펴 두꺼운 쪽에 맞추어준다.

37 작은 코의 화장법으로 가장 좋은 것은?

① 코 양 세로에 진한 색, 콧등은 엷은 색

② 코 전체에는 진한 색, 콧등은 옅은 색

③ 코 전체에 진한 색

④ 코 전체에는 옅은 색, 양 측면에는 진한 색

정답해설 코 전체를 옅은 색으로 사용하고 양측면은 짙은 색을 사용하여 바른다.

38 사각형 얼굴에 대한 화장법으로 잘못된 것은?

① 이마의 상부와 턱의 하부를 진하게 표현한다.
② 눈썹은 크게 활 모양으로 그려준다.
③ 둥근 느낌이 드는 풍만한 입술로 표현해 준다.
④ 이마의 각진 부분은 두발형으로 감춰주는 것이 좋다.

정답 해설 이마의 상부와 턱의 하부를 진하게 표현하는 것은 장방형의 얼굴 화장이다.

39 신부화장에서 신부의 인중이 짧을 때는 어디를 수정해야 가장 적절한가?

① 윗입술을 작게 그리고 아랫입술을 크게 그린다
② 윗입술은 크게 아랫입술은 작게 그린다
③ 코벽을 세운다.
④ 인중을 크게 그린다.

정답 해설 인중이 짧을 경우 윗입술과의 간격을 넓혀주기 위해 윗입술을 작게 그리고 아랫입술을 크게 그린다.

40 모공이나 땀샘에 작용하여 피지 분비의 과잉을 억제하고 피부를 수축시켜 주는 것은?

① 유연 화장수　　　　② 수렴 화장수
③ 소염 화장수　　　　④ 영양 화장수

정답 해설 모공을 수축시키는 화장품은 수렴화장수이다.

41 다음 중 좋은 크림으로서의 조건과 거리가 <u>먼</u> 것은?

① 유화상태가 양호하도록 입자가 균일해야 한다.
② 사용 후 상쾌한 감촉이 남아야 한다.
③ 온도변화에 따라서 현저하게 변화되어야 한다.
④ 자극적인 냄새가 없어야 한다.

정답 해설 좋은 크림은 온도의 변화에 따른 상태 변화가 없는 것이다.

42 화장수를 바른 후에 시원한 것은 무엇 때문인가?

① 알코올　　　　② 붕산
③ 글리세린　　　　④ 붕사

정답 해설 알코올 성분(에탄올)은 청량감과 수렴효과를 부여하며 휘발성이 있다.

43 유연화장수의 작용으로 틀린 것은?

① 피부의 모공을 넓혀준다.
② 피부에 남아있는 비누의 알칼리를 중화시킨다.
③ 유연화장수는 보습제가 포함되어 있다.
④ 피부에 영양을 주고 윤택하게 한다.

정답 해설 피부의 영양을 주는 것은 영양 크림이다.

44 다음 중 유분의 함량이 가장 많은 화장품은?

① 리퀴드 파운데이션　　　② 파우더 파운데이션
③ 스킨커버　　　　④ 트윈케이크

정답 해설 스킨커버는 유분함량이 많다.

45 토닉(화장수)의 작용으로 맞는 것은?

① 피부를 밝게 하는 것
② 피부의 탈수를 막는 것
③ 햇빛으로부터 피부를 보호하는 것
④ 클렌징 후에 피부의 지방을 제거하는 것

정답 해설 토닉화장수는 피부 지방분의 제거로 상쾌함을 주는 화장수이다.

46 화장수의 원료로 사용되는 글리세린의 작용은?

① 수분흡수작용　　　　② 소독작용
③ 방부작용　　　　④ 탈수작용

정답 해설 글리세린은 보습작용이 있다.

47 클렌징 크림의 조건과 거리가 <u>먼</u> 것은?

① 체온에 의하여 액화되어야 한다.
② 피부에 빨리 흡수되어야 한다.
③ 피부의 유형에 적절해야 한다.
④ 피부의 표면을 상하게 해서는 안 된다.

정답 해설 클렌징 크림은 피부청결을 목적으로 모공 속에 남아 있는 먼지나 때를 제거하는 크림이며 피부에 흡수되는 것과는 상관이 없다.

48 다음 중 화장품의 4대 요건에 해당하지 <u>않는</u> 것은?

① 안전성　　　　② 안정성
③ 유효성　　　　④ 친유성

정답 해설 4대 요건은 안전성, 안정성, 사용성, 유효성이다.

49 유성이 많아 피부에 대한 친화력이 강하고 거친 피부에 유분과 수분을 주어 윤기를 갖게 하는데 가장 효과적인 크림은?

① 바니싱 크림　　　　　② 콜드 크림
③ 파운데이션 크림　　　④ 클렌징 크림

정답해설 콜드 크림은 피부에 친화력이 있으며 거친 피부에 효과적인 크림이다.

50 다음 중 중성세제의 특징으로 올바른 것은?

① 경수에서는 거품이 잘 안 일어난다.
② 비누에 비해 잘 헹구어지지 않는다.
③ 물때를 잘 형성한다.
④ 사용 후 피부가 당기는 느낌을 준다.

정답해설 비누와 중성세제 중 비누가 더 잘 헹구어진다.

51 다음 중 화장품에 배합되는 에탄올의 역할이 <u>아닌</u> 것은?

① 청량감　　　　　　　② 수렴효과
③ 보습작용　　　　　　④ 소독작용

정답해설 보습작용은 글리세린의 역할이다.

52 자외선 차단지수를 무엇이라 하는가?

① FDA　　　　　　　② SPF
③ SCI　　　　　　　　④ WHO

정답해설 SPF은 Sun Protection Factor의 약자로 자외선 차단지수라고 한다.

53 고형의 유성성분으로 고급 지방산에 고급 알코올이 결합된 에스테르를 나타내며 화장품의 굳기를 증가시켜주는 것은?

① 바셀린　　　　　　　② 피자마유
③ 밍크오일　　　　　　④ 왁스

정답해설 왁스는 화장품의 굳기를 증가, 고급지방산에 고급알코올 결합이 된 에스테르를 말한다.

54 피부에서 땀과 함께 분비되는 천연 자외선 흡수제는?

① 글리콜산　　　　　　② 글루탐산
③ 우로칸산　　　　　　④ 레틴산

정답해설 천연 자외선 흡수제는 우로칸산이다.

55 피부의 유분과 수분을 공급해주고 피부보호막을 형성하여 각질층의 수분 증발을 막아 외부의 자극으로부터 피부를 보호해주는 것으로 가장 좋은 것은 무엇인가?

① 화장수　　　　　　　② 영양 크림
③ 수렴화장수　　　　　④ 클렌징 크림

정답해설 크림은 유분, 수분, 보습제를 공급하며 보호, 생리기능의 목적이 있다.

56 다음 중 지방성 피부에 가장 적당한 화장수는?

① 글리세린　　　　　　② 유연화장수
③ 수렴성 화장수　　　　④ 영양화장수

정답해설 수렴화장수는 모공의 수축을 가져오므로 지성피부에 알맞다.

57 화장수에 가장 널리 배합되는 알코올 성분은 다음 중 어느 것인가?

① 프로판올(Propanol)　　② 부탄올(Butanol)
③ 에탄올(Ethanol)　　　　④ 메탄올(Methanol)

정답해설 화장품에 사용되는 알코올은 에탄올이다.

58 현대 향수의 시초라고 할 수 있는 헝가리 워터(Hungary water)가 개발된 시기는?

① 1770년경　　　　　② 970년경
③ 1570년경　　　　　④ 1370년경

정답해설 1370년경에 향기를 내는 물질(향료)을 알코올에 녹인 것이 현대향수의 시초이다.

59 자외선 차단제에 관한 설명이 <u>틀린</u> 것은?

① 자외선 차단제는 SPF(Sun Protect Factor)의 지수가 매겨져 있다.
② SPF(Sun Protect Factor)는 차단지수가 낮을수록 차단지수가 높다.
③ 자외선 차단제의 효과는 자신의 멜라닌 색소의 양과 자외선에 대한 민감도에 따라 달라질 수 있다.
④ 자외선 차단지수는 제품을 사용했을 때 홍반을 일으키는 자외선의 양을 제품을 사용하지 않았을 때 홍반을 일으키는 자외선의 양으로 나눈 값이다.

정답해설 ・자외선 차단제는 자외선을 산란하는 물질과 흡수하는 물질이 배합되어 있어 자외선의 피부침투를 방어한다.
・SPF 숫자가 높을수록 차단지수가 높다. 차단지수 1은 10~15분이다.

60 화장품 성분 중 아줄렌은 피부에 어떤 작용을 하는가?

① 미백　　　　　　　　② 자극
③ 진정　　　　　　　　④ 색소침착

정답해설 피부진정작용을 하는 것은 아줄렌이다.

61 약산성인 피부에 가장 적합한 비누의 pH는?

① pH3　　　　　　　　② pH4
③ pH5　　　　　　　　④ pH7

정답해설 약산성(정상피부) : 중성비누(pH7)가 적합하다.

62 박하(Peppermint)에 함유된 시원한 느낌의 혈액순환 촉진 성분은?

① 자일리톨(Xylitol)　　② 멘톨(Menthol)
③ 알코올(Alcohol)　　　④ 마조람 오일(Majoram oil)

정답해설 멘톨의 성분으로 시원한 느낌이 있다.

63 향료 사용의 설명으로 옳지 않은 것은?

① 향 발산을 목적으로 맥박이 뛰는 손목이나 목에 분사한다.
② 자외선에 반응하여 피부에 광 알레르기를 유발시킬 수도 있다.
③ 색소 침착된 피부에 향료를 분사하고 자외선을 받으면 색소 침착이 완화된다.
④ 향수 사용 시 시간이 지나면서 향의 농도가 변하는데 그것은 조합향료 때문이다.

정답해설 자외선을 받으면 색소침착이 있게 된다.

64 다음 중 피부에 적당한 수분을 보충하여 보습효과를 높여 피부를 촉촉하게 하는데 가장 좋은 화장수는?

① 샤워코롱　　　　　　② 수렴화장수
③ 세정용 화장수　　　　④ 유연화장수

정답해설 유연화장수는 보습제, 유연제가 함유, 각질층을 촉촉하고 부드럽게 한다.

65 피부표면의 수분증발을 억제하여 피부를 부드럽게 해주는 물질은?

① 방부제　　　　　　　② 보습제
③ 유연제　　　　　　　④ 계면활성제

정답해설 피부를 부드럽게 하는 것은 유연제이다.

66 피부의 피지막은 보통 상태에서 어떤 유화상태로 존재하는가?

① W/S 유화　　　　　② S/W 유화
③ W/O 유화　　　　　④ O/W 유화

정답해설 천연피지막이라고도 하며 보통은 기름 속에 수분이 섞인 유중수형(W/O) 의 유화상태이나 땀을 흘리게 되면 수중유(O/W)상태가 된다.

67 다음 중 기초화장품의 주된 사용 목적에 속하지 않는 것은?

① 세안　　② 피부채색　　③ 피부정돈　　④ 피부보호

정답해설 기초화장품은 보통 크림, 화장수, 로션, 에센스를 말한다.

68 다음 중 여드름을 유발하지 않는(Noncomedogenic) 화장품 성분은?

① 올레인산　　　　　　② 라우린산
③ 솔비톨　　　　　　　④ 올리브 오일

정답해설 솔비톨은 여드름을 유발하지 않는다.

69 다음 중 진정 효과를 가지는 피부관리 제품 성분이 아닌 것은?

① 아줄렌(Azulene)
② 카모마일 추출물(Chamomile extracts)
③ 비사볼롤(Bisabolol)
④ 알코올(Alcohol)

정답해설 알코올(에탄올)은 청량감과 수렴효과이다.

70 천연 보습인자(NMF)의 구성 성분 중 40%를 차지하는 중요 성분은?

① 요소
② 젖산염
③ 무기염
④ 아미노산

71 히아론산의 설명이 아닌 것은?

① 탄력섬유와 결합섬유 사이에 존재하는 보습성분
② 갓 태어난 아기의 피부에는 히아론산이 많이 존재한다.
③ 많을수록 피부가 부드럽고 촉촉하다.
④ 연령이 많아질수록 증가하게 된다.

72 제모 후에는 어떤 제품을 바르는 것이 가장 좋은가?

① 알코올
② 진정 젤
③ 파우더
④ 우유

73 오일의 설명으로 옳은 것은?

① 식물성 오일 – 향은 좋으나 부패하기 쉽다.
② 동물성 오일 – 무색투명하고 냄새가 없다.
③ 광물성 오일 – 색이 진하며, 피부 흡수가 늦다.
④ 합성 오일 – 냄새가 나빠 정제한 것을 사용한다.

74 유성 파운데이션의 기능이 아닌 것은?

① 유연효과가 좋아 하절기에 적당하다.
② 피부에 퍼짐성이 좋다.
③ 피부에 부착성이 좋다.
④ 심한 기미나 주근깨 등의 피부반점을 커버하기에 좋다.

75 다음의 분장재료 중 주된 용도가 다른 것은?

① 파운데이션
② 더마왁스
③ 라이닝칼라
④ 아쿠아칼라

76 다음 중 수분함량이 가장 많은 파운데이션은?

① 크림 파운데이션
② 리퀴드 파운데이션
③ 스틱 파운데이션
④ 스킨 커버

77 다음 중 지성피부 관리에 알맞은 크림은?

① 콜드 크림
② 라노틴 크림
③ 바니싱 크림
④ 에모리멘트 크림

78 진흙 성분의 머드 팩에 주로 함유되어 있는 성분은?

① 카올린이나 벤토나이트
② 유황
③ 캄보
④ 레시틴

79 눈썹연필의 구비요건으로 옳은 것은?

① 선명하고 두껍게 그려질 수 있어야 한다.
② 지속성이 있어야 한다.
③ 균일하게 그려져야 한다.
④ 검정색이어야 한다.

80 각질제거제로 사용되는 알파-히드록시산 중에서 분자량이 작아 침투력이 뛰어난 것은?

① 글리콜산　　　　　② 사과산
③ 주석산　　　　　　④ 구연산

81 립스틱이 갖추어야 할 조건으로 틀린 것은?

① 저장식 수분이나 분가루가 분리되면 좋다.
② 시간의 경과에 따라 색의 변화가 없어야 한다.
③ 피부점막에 자극이 없어야 한다.
④ 입술에 부드럽게 잘 발라져야 한다.

82 일반적으로 많이 사용되고 있는 화장수의 알코올 함유량은?

① 70% 전후　　　　　② 10% 전후
③ 30% 전후　　　　　④ 50% 전후

83 다음 중 기초화장품에 해당하는 것은?

① 파운데이션　　　　② 네일 에나멜
③ 볼연지　　　　　　④ 스킨로션

84 여드름관리에 사용되는 화장품의 올바른 기능은?

① 피지증가 유도효과
② 수렴작용효과
③ 박테리아 증식효과
④ 각질의 증가효과

85 다음 중 성격이 <u>다른</u> 하나는?

① 화이트닝 크림　　　② 데이 크림
③ 영양 크림　　　　　④ 나이트 크림

86 수렴화장수의 원료에 포함되지 <u>않은</u> 것은?

① 습윤제　　　　　　② 알코올
③ 물　　　　　　　　④ 표백제

87 피부가 거칠어지는 원인과 거리가 먼 것은?

① 알칼리에서 약한 피지막이 형성되어 있을 때
② 피지막이 오염되었을 때
③ 지방과 수분이 결합하여 피지막이 형성되지 않을 때
④ 피부표면의 pH가 약산성일 때

88 얼굴에 있어 T존 부위는 번들거리고, 볼 부위는 당기는 파 타입은?

① 지성 피부　　　　　② 중성 피부
③ 복합성 피부　　　　④ 건성 피부

89 산화된 피지가 쌓여 모공의 때나 코 주위의 번들거림이 쉽 눈에 띄어 세안이 중요한 계절은?

① 겨울　　　　　　　② 가을
③ 봄　　　　　　　　④ 여름

90 피부가 건조해지고 주름살이 잡히며 윤기가 없어지게 되는 현상은?

① 피부의 노화 현상   ② 피부의 각화 현상
③ 알레르기 현상   ④ 피부질환 발생 현상

> **정답 해성** 피부의 기능이 떨어져 생기는 주름살은 노화현상이며 자연적인 노화를 내인성 노화라고 한다.

91 기미를 악화시키는 주요한 원인이 <u>아닌</u> 것은?

① 경구 피임약의 복용   ② 임신
③ 자외선 차단   ④ 내분비 이상

> **정답 해성** 자외선의 차단은 멜라닌 생성을 활성화 시키지 않으므로 색소 침착이 생기지 않아 기미가 덜 나타난다.

92 다음 중 주름살이 생기는 요인이 <u>아닌</u> 것은?

① 수분의 부족상태
② 지나치게 햇볕에 노출되었을 때
③ 갑자기 살이 찐 경우
④ 지나친 안면 운동

> **정답 해성** 갑작스러운 살은 주름의 완화현상이 있다.

93 다음 중 기미의 유형이 <u>아닌</u> 것은?

① 혼합형 기미   ② 진피형 기미
③ 표피형 기미   ④ 피하조직형 기미

> **정답 해성** 기미가 표피의 기저층에서 생성되므로 인접한 진피형 기미(짙은 기미)는 있으나 피하조직형 기미는 없다.

94 피지분비가 많아 모공이 잘 막히고 노화된 각질이 두껍게 쌓여 있어 여드름이나 뾰루지가 잘 생기는 피부는?

① 건성피부   ② 민감성 피부
③ 복합성 피부   ④ 지성피부

> **정답 해성** 피지 분비가 많아 여드름이 잘 나는 피부는 지성피부이다.

95 다음의 중성피부에 대한 설명으로 옳은 것은?

① 중성피부는 화장이 오래가지 않고 쉬 지워진다.
② 중성피부는 계절이나 연령에 따른 변화가 전혀 없이 항상 중성 상태를 유지한다.
③ 중성피부는 외적인 요인에 의해 건성이나 지성 으로 되기 쉽기 때문에 항상 꾸준한 손질을 해야 한다.
④ 중성피부는 자연적으로 유분과 수분의 분비가 적당하므로 다른 손질은 하지 않아도 된다.

> **정답 해성** 중성피부의 경우도 유·수분의 공급이 균형되게 유지하며 마사지용 팩의 사용도 꾸준히 한다.

96 장시간 동안의 여행이나 난로 가에 오래 있으면 세포 내 무엇이 감소하는가?

① 피부의 혈액순환   ② 피부의 각질화
③ 피부의 보습량   ④ 피부의 탄력감

> **정답 해성** 열에 의한 수분의 손실로 보습량이 감소하게 된다.

97 피부결이 거칠고 모공이 크며 화장이 쉽게 지워지는 피부 타입은?

① 지성   ② 민감성
③ 중성   ④ 건성

> **정답 해성** 모공이 많이 열려있어 피비분비가 많으며 피부결이 거친 피부는 지성피부이다.

98 여름철의 피부의 상태를 설명한 것으로 틀린 것은?

① 각질층이 두꺼워지고 거칠어진다.
② 표피의 색소침착이 뚜렷해진다.
③ 고온다습한 환경으로 피부에 활력이 없어지고 피부는 지친다.
④ 버짐이 생기며 혈액순환이 둔화된다.

> **정답 해성** 여름철의 피부는 피지 분비가 많다. 버짐은 건성일 때 쉽게 일어난다.

99 다음 중 피부표면의 pH에 가장 큰 영향을 주는 것은?

① 각질생성   ② 침의 분비
③ 땀의 분비   ④ 호르몬의 분비

정답해설 피부의 pH는 수소이온농도로 땀의 분비에 의해 영향을 받는다.

100 노화가 되면서 나타나는 일반적인 얼굴 변화에 대한 설명으로 틀린 것은?

① 얼굴의 피부색이 변한다.   ② 눈 아래 주름이 생긴다
③ 볼우물이 생긴다.   ④ 피부의 흉터자국

정답해설 노화와 보조개(볼우물)와의 연관성은 없다.

101 우리나라 조선 중엽 일반 부녀자의 화장 설명 중 틀린 것은?

① 연지, 곤지를 찍었다.
② 참기름을 사용했었다.
③ 열 가지 종류의 눈썹모양을 그렸다.
④ 분을 바른 시초였다.

정답해설 열 가지의 눈썹모양(십미도)는 중국의 현종이 소개한 것이다.

102 우리나라에 있어 일반인 신부화장의 하나로서 양쪽 뺨에는 연지를 이마에는 곤지를 찍어서 혼례식을 하던 시대에 해당되는 것은?

① 고려말기부터   ② 조선말기부터
③ 고려중엽부터   ④ 조선중엽부터

정답해설 이마에 곤지를 양볼에 연지를 사용한 것은 조선중엽이다.

103 조선시대의 신부화장술을 설명한 것이다. 틀린 것은?

① 연지는 뺨쪽에, 곤지는 이마에 찍었다.
② 눈썹은 실로 밀어낸 후 따로 그렸다.
③ 밑화장으로 동백기름을 발랐다
④ 분화장을 했다.

정답해설 조선시대 밑화장용으로는 참기름이 사용되었다.

104 분대 화장(짙은 화장)을 행한 시기는?

① 삼한시대   ② 삼국시대
③ 조선시대   ④ 고려시대

정답해설 고려시대에 분대 화장과 비분대 화장이 있었으며 분대 화장은 기생중심으로 행하였다.

105 다음 중 고대 미용의 발상지는?

① 그리스   ② 이집트   ③ 바빌론   ④ 로마

정답해설 고대 미용의 발상지는 이집트이다.

106 중국 미용의 역사에 있어서 틀린 것은?

① 기원전 2,200년경인 하나라 시대에 이미 분이 사용되었다.
② 기원전 1,150년경은 은나라의 주왕 때에 연지화장이 사용되었다.
③ 당나라 시대에는 홍장이라고 하여 이마에 발라 약간의 입체감을 살렸으며 액황이라고 하여 백분을 바른 후에 연지를 발랐다.
④ 현종은 십미도라고 하여 눈썹모양을 소개하는 등 눈썹화장에도 신경을 썼다.

정답해설 중국 당나라 시대에는 액황이라고 하여 이마에 발라 약간의 입체감을 주었으며 홍장이라 하여 백분을 바른 후 다시 연지를 덧발랐다.

107 고대 중국 당나라시대의 메이크업과 가장 거리가 먼 것은?

① 백분, 연지로 얼굴형 부각
② 액황을 이마에 발라 입체감 살림
③ 10가지 종류의 눈썹모양으로 개성을 표현
④ 일본에서 유입된 가부끼 화장이 서민에게 까지 성행

정답해설 중국 당나라 시대에는 액황이라고 하여 이마에 발라 약간의 입체감을 주었으며 홍장이라 하여 백분을 바른 후 다시 연지를 덧발랐으며 10가지 눈썹모양(십미도)로 개성을 연출하였다.

108 고대 중국 미용술에 관한 설명 중 <u>틀린</u> 것은?

① 기원전 2,200년경 하나라 시대에 분이 사용되었다.
② 눈썹 모양은 십미도라고 하여 열 종류의 대체로 진하고 넓은 눈썹을 그렸다.
③ 액황은 입술에 바르고 홍장은 이마에 발랐다.
④ 입술화장은 희종 · 소종(서기 874~890년) 때에는 붉은 것을 바른 것을 미인이라 평가했다.

정답 해설 액황이라고 하여 이마에 발라 약간의 입체감을 주었으며 홍장이라 하여 백분을 바른 후 다시 연지를 덧발랐다.

109 메이크업을 할 때 얼굴에 입체감을 주기 위해 사용되는 브러시는?

① 아이브로 브러시　　② 네일 브러시
③ 립라인 브러시　　　④ 섀도 브러시

정답 해설 섀도 브러시(Shadow brush)는 얼굴에 입체감을 주고 다양한 컬러의 섀도를 바를 때 사용한다.

적중 모의고사 1회 분

01 우리나라 화장에 대한 정의를 가장 잘 표현한 것으로 옳은 것은?

① 무대화장을 의미한다.
② 얼굴의 색조에 의한 아름다움만을 의미한다.
③ 화장품을 바르거나 문질러서 얼굴을 곱게 꾸미는 것이다.
④ 화사하게 얼굴 및 의상을 꾸미는 것이다.

정답 해설 화장에 대한 정의는 화장품을 바르거나 문질러서 얼굴을 곱게 꾸미는 것이다.

02 메이크업이라는 용어의 언급을 최초로 한 사람은?

① 셰익스피어   ② 리차드 크라슈
③ 마꾸아쥬   ④ 크라우드

정답 해설 영국 시인인 리차드 크라슈(Richard Crashou)가 최초로 메이크업이라는 단어를 사용하였다.

03 메이크업의 기원설로 종족 보존설이라고 할 수 있는 것은?

① 종교설   ② 장식설
③ 보호설   ④ 본능설

정답 해설 메이크업의 기원설중 본능설은 이성에게 매력을 발산하여 종족을 보존하려는 종족 보존설도 포함하고 있다.

04 우리나라의 메이크업 역사에서 연지화장으로 발려진 부위로 적당하지 <u>않은</u> 것은?

① 이마   ② 볼(뺨)
③ 입술   ④ 눈썹

정답 해설 연지화장은 이마, 볼, 입술에 하였으며 이마의 경우 곤지라고도 하였으나 넓은 의미에서는 연지에 포함된다.

05 다음 중 메이크업 종사자가 미리 확인해 두어야 할 사항이 <u>아닌</u> 것은?

① 예약시간   ② 시술준비상태
③ 눈썹상태   ④ 시술형태

정답 해설 종사자는 예약시간, 시술준비상태, 시술형태, 건강상태 등을 미리 확인해 두어야 하며 눈썹은 시술 형태에 따라 달라지는 부분으로 미리 확인할 사항은 아니다.

06 얼굴의 황금비율에서 입과 입술에 대한 내용으로 틀린 것은?

① 입의 가로길이는 두 눈의 검은 눈동자의 위치를 수직으로 내렸을 때보다 크지 않아야 한다.
② 입술의 가로와 세로의 비율은 3:1이 적당하다.
③ 입술의 가로길이는 눈의 가로길이의 1.5배 정도이다.
④ 입술의 크기는 눈과 눈 사이의 크기와 같아야 한다.

정답 해설 황금비율에서 눈과 눈사이의 크기는 눈의 크기이며 입술은 눈의 크기보다 1.5배 정도 큰 것이 적당하다.

07 노우즈 수정 테크닉 중 코 전체를 밝은 색으로 사용하고 코벽을 진하게 쉐이딩 해 높아 보이게 해야 하는 코는?

① 작은 코   ② 높은 코
③ 큰 코   ④ 짧은 코

정답 해설 작은 코는 코 전체를 밝은 색으로 사용하고 코벽은 짙게 표현하여 높아보이게 한다.

08 다음 중 골상에 대한 전체적인 내용으로 틀린 것은?

① 골상이란 얼굴이나 머리뼈의 겉으로 보이는 생김새를 말한다.
② 골상학이란 두골의 형상에서 성격을 비롯한 심적 특성이나 운명 등을 추정하는 학문이다.
③ 골상에 대한 지식은 관상가들에게만 필요한 지식으로 메이크업 미용인에게는 필요치 않은 부분이다.
④ 타인 일상의 생활이나 생김새에 따라 성격을 판단하게 되므로 골상의 이해가 필요하다.

정답 해설 골상에 대한 지식은 메이크업 미용인에게도 필요한 부분이다.

09 아이 메이크업의 수정에서 눈과 눈 사이 간격이 좁은 눈의 경우 어떤 부위에 포인트 컬러를 사용해야 하는가?

① 눈머리쪽   ② 눈꼬리쪽
③ 눈 중앙   ④ 눈썹 밑

정답 해설 눈사이 간격이 좁을 경우 눈의 간격이 넓어 보이게 하는 아이 메이크업으로 눈꼬리에 포인트 컬러를 넓게 발라준다.

10 다음 중 메이크업 수정의 목적으로 가장 옳은 것은?

① 얼굴의 단점을 보완하고 장점을 부각하게 한다.
② 원하는 색채 이미지에 근접하게 한다.
③ 얼굴형이 부각되게 한다.
④ 피부표현의 질감을 좋게 한다.

정답 해설 메이크업 수정의 목적으로는 얼굴의 단점을 보완하고 장점을 부각하게 하여 아름다움을 주는 것이다.

11 얼굴의 메이크업에서 어두운 컬러의 사용으로 함몰과 좁아 보이는 효과를 주는 수정 컬러에 대한 용어로 적당한 것은?

① 하이라이트 컬러 ② 섀도우 컬러
③ 메인 컬러 ④ 포인트 컬러

정답 해설 섀도우 컬러는 어두운 색상을 사용하여 함몰되어 보이고 좁아 보이는 효과를 준다.

12 립 라인 그리는 기법 중 관능적이고 성숙해 보이며 풍만해 보이는 입술 형태로 나타나는 기법은?

① 인 커브(In curve) ② 스트레이트 커브(Straight curve)
③ 아웃 커브(Out curve) ④ 롱 커브(Long curve)

정답 해설 아웃 커브는 관능적이고 성숙해 보이며 풍만해 보이는 입술형태로 나타난다.

13 다음 중 빛과 색채에 대한 내용으로 틀린 것은?

① 보라색은 단파장이다.
② 빨간색은 장파장이다.
③ 모든 빛의 파장은 같으나 굴절은 다르다.
④ 파장에 따라 다른 색감을 일으킨다.

정답 해설 모든 빛은 파장이 다르며 파장에 따라 굴절이 다르다.

14 다음 중 그라데이션 배색에서 점진적인 변화 내용으로 옳지 않은 것은?

① 색상순 변화의 점진적 배색이다.
② 명도순 변화의 점진적 배색이다.
③ 무늬순 변화의 점진적 배색이다.
④ 톤순 변화의 점진적 배색이다.

정답 해설 그라데이션 배색은 색상순, 명도순, 채도순, 톤순에 의한 점진적 배색이다.

15 다음 중 조명방식을 표현한 것이 아닌 것은?

① 직접조명 ② 반확장조명
③ 간접조명 ④ 반간접조명

정답 해설 조명 방식에는 직접조명, 간접조명, 반직접조명, 반간접조명, 전반 확산조명이 있다.

16 립 메이크업에서 립스틱 위에 덧발라 입술을 보호해 주고 광택을 주는 것으로 가장 적당한 것은?

① 립토너 ② 립크림
③ 립클로즈 ④ 립라이너

정답 해설 립클로즈는 립스틱 위에 덧발라 색상을 맑게 표현하고 입술을 보호하며 광택을 주는 제품이다.

17 다음 중 아이래쉬 컬러의 사용방법으로 틀린 것은?

① 속눈썹을 1번에 집어 올리면 더 좋다.
② 속눈썹의 안쪽을 더 강하게 집어준다.
③ 시선을 아래로 하여 눈꺼풀이 집히지 않도록 한다.
④ 속눈썹을 3등분으로 나누어 집어준다.

정답 해설 시선을 아래로 하고 속눈썹을 3등분으로 나누어 집어주며 안쪽을 더 강하게 집어준다.

18 아이 메이크업의 사용 도구로 적당하지 않은 것은?

① 아이래쉬 컬러 ② 붓 펜
③ 마스카라 브러시 ④ 스펀지

정답 해설 스펀지는 베이스 화장에서 메이크업 베이스나 파운데이션을 펴 바를 때 사용되는 도구이다.

19 다음 중 아이 섀도우의 기능을 가장 잘 설명한 것으로 옳은 것은?

① 눈의 색상을 밝게 하여 무조건 어리게 보이게 한다.
② 눈의 단점을 보완하는 밝은 색으로 다양한 이미지를 표현한다.
③ 언더 컬러의 다양한 색의 조화로 젊어 보이게 한다.
④ 눈에 색감을 부여해 입체감과 색의 조화로 다양한 이미지를 표현한다.

정답 해설 아이 섀도우는 눈에 색감과 음영을 주어 눈매를 수정, 보완하고 다채로운 색상의 조화로 다양한 이미지를 표현한다.

20 다음 중 스틱형 파운데이션의 기능으로 가장 옳은 것은?

① 피부의 돌출된 부위에 발라 축소해주는 효과가 있다.
② 유분과 수분의 배합을 적절히 한 고체화된 제품으로 커버력이 우수해 결점보완에 좋다.
③ 외부로부터 효과적인 보호막 역할을 하며 모든 피부에 일반적으로 사용된다.
④ 수분함량이 가장 많아 촉촉하며 피부 친화력과 밀착력이 좋고 투명하고 자연스럽게 표현된다.

정답 해설 스틱형 파운데이션은 유분과 수분의 배합을 적절히 한 고체화된 제품으로 커버력이 우수해 결점보완에 좋다.

21 계절 메이크업에서 여름 메이크업을 설명한 내용으로 옳은 것은?

① 표현되는 대표적 색상은 블루, 오렌지, 화이트계열이다.
② 메이크업의 질감은 촉촉한 느낌이 들도록 표현한다.
③ 여름 메이크업의 눈과 입술 중 둘 모두에게 포인트가 가는 투 포인트 메이크업이다.
④ 방수효과 보다는 물과 친화력이 있게 리퀴드 타입을 사용한다.

22 다음 중 색조 메이크업의 기능에서 피부의 결점 커버나 건강한 피부표현을 위해 가장 바람직한 것은?

① 메이크업 베이스
② 영양크림
③ 파운데이션
④ 선크림

23 다음 중 드라마 메이크업의 설명으로 가장 적합한 것은?

① 캐릭터의 분석보다 배우의 외모 분석이 우선이다.
② 극중 인물의 성격을 잘 나타낼 수 있어야 한다.
③ 사극이나 시대물인 경우에 분장은 없다.
④ 선명한 고화질로 인해 밝은 메이크업이 더 요구된다.

24 원형, 삼각형, 사각형, 장방형 얼굴형 중에서 가로선을 주로 이용하는 메이크업을 해야 하는 얼굴형은?

① 원형의 얼굴형
② 삼각형의 얼굴형
③ 사각형의 얼굴형
④ 장방형의 얼굴형

25 다음 중 T.P.O 메이크업에 데이 메이크업은 어디에 해당되는가?

① Time(시간)
② Place(장소)
③ Occasion(경우나 상황)
④ Purpose(목적)

26 다음 중 상피조직에 포함되지 않는 것은?

① 편평상피
② 원주상피
③ 탄성상피
④ 입방상피

27 표피의 기저층과 진피의 유두층 사이 경계선의 형태는?

① 물결 상
② 직선
③ 사선
④ 점선

28 피부표면의 구조와 생리에 대한 설명한 것으로 옳은 것은?

① 피지막의 친수성분을 NMF라고 한다.
② 피부의 이상적인 pH는 6.5~8.5이다.
③ 피부의 pH는 성별, 나이에 관계가 없다.
④ 피부의 피지막은 건강상태나 위생과는 관계가 없다.

29 진피의 조직에 포함되지 않는 것은?

① 유두층
② 투명층
③ 교원섬유 및 탄성섬유
④ 망상층

30 피부 각질층에 대한 설명 중 옳지 않은 것은?

① 생명력이 없는 세포
② 비늘의 형태
③ 혈관이 분포되어 있다.
④ 피부의 방어막 역할 담당

31 얼굴에서 피지선이 가장 발달되어 있는 곳은?

① 뺨 부분
② 이마 부분
③ 턱 부분
④ 코옆 부분

32 피부구조에서 진피의 하단으로 피하조직과 연결되어 있는 층은?

① 유극층 ② 유두층
③ 기저층 ④ 망상층

정답해설 진피의 가장 아래층은 망상층이며 피하조직과 연결되어 있다.

33 공중보건학의 목적에 포함되지 않는 것은?

① 생명연장 ② 건강증진
③ 질병예방 ④ 질병치료

정답해설 공중보건학의 목적은 질병예방, 생명연장, 신체적, 정신적인 건강효율의 증진이다.

34 한 나라의 보건수준을 측정할 수 있는 가장 적절한 지표는?

① 영아 사망률 ② 감염병 발생률
③ 국민소득 ④ 의과대학 비율

정답해설 영아 사망률은 한 나라의 보건지표라 할 수 있는 대표적인 것이다.

35 다음의 영아 사망률 계산식에서 (B)에 알맞은 것은?

영아사망율 = B / 연간출생아수 × 1000

① 연간 생후 30일까지의 사망자 수
② 연간 생후 1년 미만 사망자 수
③ 연간 1~5세 사망지 수
④ 출생 8주 이내 사망자 수

정답해설 영유아사망률 = 생후 1년미만의 영유아 사망수/출생 1000명

36 체감온도(감각온도)의 3대 요소에 포함되지 않는 것은?

① 기습 ② 기압
③ 기온 ④ 기류

정답해설 감각온도의 3대 요소는 기온, 기습, 기류이다.

37 보건학적으로 인체에 가장 쾌적한 온도와 습도의 조건은?

① 기온 18± 2℃, 기습 40~70%
② 기온 24± 2℃, 기습 40~70%
③ 기온 10± 2℃, 기습 40~70%
④ 기온 18± 2℃, 기습 20~50%

정답해설 인체의 쾌적한 실내온도와 습도는 기온은 18±2℃이며 기습은 40~70% 이다.

38 위생해충인 바퀴벌레가 전파할 수 있는 질병이 <u>아닌</u> 것은?

① 콜레라 ② 이질
③ 재귀열 ④ 장티푸스

정답해설 바퀴벌레에 의해 전파되는 병원균은 살모넬라증, 장티푸스, 이질, 콜레라이다.

39 신경독소가 원인이 되는 것으로 세균성 식중독 원인균은?

① 티프스균 ② 포도상구균
③ 콜레라균 ④ 보툴리누스균

정답해설 독소형 세균인 보툴리누스균(botulinus)은 신경독소가 원인이 된다.

40 다음 병원 미생물을 크기에 따라 나열한 것으로서 옳은 것은?

① 비루스 〈 리케치아 〈 세균
② 비루스 〈 세균 〈 리케치아
③ 세균 〈 비루스 〈 리케치아
④ 리케치아 〈 세균 〈 비루스

정답해설 병원성 미생물의 크기는 비루스 〈 리케치아 〈 세균 순이다.

41 식중독 세균이 잘 증식할 수 있는 온도 범위는?

① 0~10℃ ② 10~18℃
③ 18~22℃ ④ 25~37℃

정답해설 병을 일으키는 병원균은 대부분 28~38℃에서 가장 활발한 증식을 보인다.

42 금속제품의 소독 시 선택할 소독제로서 적당하지 <u>않은</u> 것은?

① 승홍 ② 역성비누
③ 알코올 ④ 크레졸

정답해설 승홍은 금속을 부식시켜 금속류 제품에는 적당하지 않다.

43 소독약품 중에서 높은 방부력을 가지면서 지용성인 것으로 피부소독에 가장 알맞은 것은?

① 크레졸　　　　　　　② 승홍
③ 알코올　　　　　　　④ 석탄산

정답해설 피부소독용으로 많이 사용하는 알코올 소독약은 에틸알코올 70%사용(손, 피부, 기구소독에도 적합)

44 피부 소독 시 과산화수소의 농도로 적당한 것은?

① 5.5~7.0%　　　　　② 3.5~5.5%
③ 2.5~3.5%　　　　　④ 5~6%

정답해설 과산화수소의 피부소독 시 적당농도는 2.5~3.5%이다.

45 다음 중 유리제품의 소독방법으로 가장 알맞은 것은?

① 끓는 물에 넣어 10분간 가열한다.
② 건열멸균기에 넣고 소독한다.
③ 끓는 물에 넣어 1분간 가열한다.
④ 찬물에 넣고 80℃까지만 가열한다.

정답해설 유리제품은 건열멸균기를 이용하는 것이 적당하다.

46 화학적 약제의 사용에 의한 소독약품의 구비조건으로 적당하지 <u>않은</u> 것은?

① 용해성이 낮아야 한다.
② 부식성과 표백성이 없어야 한다.
③ 살균력이 강해야 한다.
④ 경제적이며 사용방법이 간편해야 한다.

정답해설 용해성이 높아야 한다.

47 다음 중 청문을 실시하여야 하는 경우에 해당되는 것은?

① 공중위생영업의 정지처분을 할 때
② 영업소의 시설을 1/2 이상 변경할 때
③ 벌금을 부과하려 할 때
④ 폐쇄명령을 받은 영업과 동일 종류의 영업을 다시 개업하려 할 때

정답해설 청문을 실시할 수 있는 경우는 면허정지, 면허취소, 영업정지, 시설사용중지, 영업폐쇄 명령이다.

48 공중위생 영업자가 통보받은 위생관리 등급의 관리를 하는 내용으로 가장 옳은 것은?

① 영업소 내 비밀보관함에 관리하면 된다.
② 영업소 내 다른 게시물 옆에 반드시 게시한다.
③ 영업소 명칭과 함께 영업소의 출입구에 부착할 수 있다.
④ 관계공무원의 감독 시에만 게시하면 된다.

정답해설 위생관리 등급은 영업소 명칭과 함께 출입구에 부착할 수 있다.

49 공중위생 영업소의 위생관리 수준의 향상을 위해 위생서비스 평가계획을 수립해야 하는 자는?

① 행정자치부 장관　　　② 보건복지부 장관
③ 시·도지사　　　　　　④ 시장·군수·구청장

정답해설 위생서비스 평가계획을 수립하는 자는 시·도지사이다.

50 위생서비스 평가의 주기나 방법, 위생관리 등급의 기준 등에 대한 평가에 필요한 사항을 정하고 있는 령은?

① 보건복지부령　　　　② 지방자치부령
③ 국무총리령　　　　　④ 대통령령

정답해설 위생서비스 평가를 관련해서 정하는 령은 보건복지부령이다.

51 공중위생영업의 신고를 하고자 할 경우 반드시 첨부해야 하는 것은?

① 환풍기 설치 증명서　　② 가족관계 증명서
③ 이·미용사 자격증　　　④ 면허증 원본

정답해설 미용사 면허증 원본이 필요하다.

52 이·미용업자가 위생관리 의무의 규정을 위반하였을 경우 취할 수 있는 것은？

① 개선　　　　　　　　② 청문
③ 감시　　　　　　　　④ 교육

정답해설 위생관리 의무 위반 시 개선을 명할 수 있다.

53 이 · 미용사의 면허가 취소되었을 경우 또 다시 그 면허를 받을 수 있기까지 몇 개월이 경과 되어야 하는가?

① 3개월 　　　　　② 6개월
③ 9개월 　　　　　④ 12개월

54 화장품 제조에 필요한 기술 내용으로 틀린 것은?

① 가용화는 수성성분에 유성성분을 소량 녹이는 것이다.
② 유화는 수성성분과 유성성분의 혼합이 균일하게 되게 하는 것이다.
③ 분산은 불용성 고체입자의 분산을 균일하게 하는 것이다.
④ 유화는 수성성분만 균일하게 분산시키는 것이다.

55 물이나 오일에 녹는 색소로서 화장품의 색상효과를 좋게 하기 위해 사용되는 것은?

① 안료 　　　　　② 염료
③ 레이크 　　　　　④ 향료

56 화장품의 원료 중 휘발성과 청량감, 살균, 소독 효과가 있는 것은?

① 에탄올 　　　　　② 메탄올
③ 염료 　　　　　④ 계면활성제

57 계면활성제의 내용으로 틀린 것은?

① 음이온성 계면활성제 – 세정작용이 우수하다.
② 양이온성 계면활성제 – 살균과 소독작용이 높다.
③ 비이온성 계면활성제 – 피부자극이 가장 적다.
④ 양쪽성 계면활성제 – 피부자극이 가장 높다.

58 향수를 맡았을 때의 첫느낌으로 휘발성이 강한 향료로 이루어진 것은?

① 탑노트 　　　　　② 미들노트
③ 베이스 노트 　　　　　④ 퍼스트 노트

59 다음 중 브랜딩한 아로마 오일의 보관에 대한 내용으로 옳은 것은?

① 유리병에 넣어 따뜻한 곳에 보관한다.
② 플라스틱 용기에 넣어 보관한다.
③ 갈색 유리병에 넣어 고온에서 보관한다.
④ 갈색병에 담아 건냉한 곳에 보관한다.

60 화장수의 원료로 사용되는 글리세린의 작용은?

① 수분 흡수작용 　　　　　② 소독작용
③ 방부작용 　　　　　④ 탈수작용

Beautician

01 다음 중 메이크업의 목적으로 적합하지 <u>않은</u> 것은?

① 피부의 보호와 피부의 표현을 목적으로 이용되는 것이다.
② 심리적 욕구는 제외된 외관상 아름다움을 유지시키는데 목적이 있다.
③ 얼굴의 단점을 보완하며 장점은 부각시키는 것이다.
④ 색조에 의한 용모 변화로 시각적인 아름다움을 주는 것이다.

정답 해설 심리적 욕구도 포함된 외관상 아름다움을 목적으로 한다.

02 다음 중 메이크업의 일반적인 영역 중 격식 메이크업이라고 할 수 있는 것은?

① 기본 메이크업　　　② 미디어 메이크업
③ 나이트 메이크업　　④ 웨딩 메이크업

정답 해설 웨딩 메이크업은 격식 메이크업이라고도 할 수 있다.

03 우리나라의 화장을 의미하는 용어와 그 연결이 바르지 <u>않은</u> 것은?

① 야용(冶容)은 얼굴의 화장만을 말한다.
② 단장(丹粧)은 화장과 몸단장까지를 의미한다.
③ 장식(粧飾)은 요란한 화장을 의미한다.
④ 성장(盛裝)은 옷차림까지 화사하게 하였을 때의 화장이다.

정답 해설 장식(粧飾)은 일반적인 화장을 의미하며 장신구의 치장일 경우 한자의 표현이 다른 장식(裝飾)이라 하였다.

04 다음 중 십미도에 대한 내용으로 10가지 눈썹모양을 소개했던 나라는?

① 중국　　　② 일본
③ 이집트　　④ 로마

정답 해설 중국 현종에 의해 십미도(10가지 눈썹모양)가 소개 되었다.

05 우리나라에 크림과 백분, 비누와 향수 등의 수입화장품이 사용되고 입체화장 기법도 도입되었던 년도는?

① 1920년대　　② 1940년대
③ 1960년대　　④ 1980년대

정답 해설 1920년에 수입화장품(크림, 백분, 비누, 향수 등)이 사용되었으며 입체화장 기법도 도입되었다.

06 타원형의 얼굴을 기준으로 이마의 중심부와 턱의 중심부가 조금 길며 볼이 약간 일자형으로 길어진 형태의 얼굴형은?

① 사각형(Square face)　　② 삼각형(Triangle face)
③ 장방형(Oblong face)　　④ 다이아몬드형(Diamond face)

정답 해설 장방형(Oblong face) 얼굴에 대한 내용이다.

07 다음 중 하이라이트 처리를 주로 하는 부위로 적당한 존은?

① S존　　　　　　② U존
③ T존　　　　　　④ 헤어라인 존

정답 해설 T존은 이마와 코를 있는 T자 형태로 하이라이트 처리로 적당한 부위이다.

08 눈두덩이 나온 눈의 경우의 수정 메이크업으로 가장 옳지 <u>않은</u> 것은?

① 지나치게 밝은 색이나 펄감의 색상은 피해야 한다.
② 포인트 컬러로 눈 형태에 따라 선을 긋듯 발라주어 눈매를 강조한다.
③ 붉은색 계열로 눈두덩 전체를 발라 강조한다.
④ 브라운 계열의 매트한 컬러를 사용한다.

정답 해설 눈두덩이 나온 눈의 경우 펄감이나 붉은색 계열은 피해야 한다.

09 눈썹꼬리의 위치를 콧망울과 눈꼬리를 연결해 연장했을 때 만나는 지점으로 할 때의 이용되는 각도는?

① 15도　　② 30도
③ 45도　　④ 60도

정답 해설 콧망울과 눈꼬리의 각도는 45도 각도를 이용한다.

10 베이스 메이크업의 테크닉에 포함되지 <u>않는</u> 것은?

① 메이크업 베이스 바르기　② 파운데이션 바르기
③ 포인트 섀도우 바르기　　④ 페이스 파우더 바르기

정답 해설 베이스 메이크업 기법에는 메이크업 베이스, 파운데이션 페이스 파우더 바르기 기법이 있다.

11 파운데이션 바르는 기법을 표현한 것 중 하이라이트와 쉐이딩의 경계를 자연스럽게 연결할 때 쓰이는 기법을 무엇이라 하는가?

① 블랜딩 기법   ② 패딩 기법
③ 긋기 기법   ④ 슬라이딩 기법

> **정답 해설** 블랜딩 기법은 하이라이트와 쉐이딩의 경계를 자연스럽게 연결할 때 쓰인다.

12 아이 섀도우 메이크업에 대한 내용으로 **틀린** 것은?

① 눈에 색감 및 음영을 주어 입체감을 표현한다.
② 얼굴 구조 및 피부색과의 조화를 고려해야 한다.
③ 색의 선택은 의상색과 조화되고 눈의 형태와 이미지를 고려해야 한다.
④ 터치 방법은 사선에 의한 터치법으로만 해야 한다.

> **정답 해설** 기본 터치 방법은 사선, 세로, 가로 터치법이 있다.

13 등순색, 등백색, 등흑색, 등가색환 계열이 있는 색삼각형에 의한 계열을 설명한 색채 조화론은?

① 먼셀의 색채 조화론   ② 저드의 색채 조화론
③ 오스트발트의 색채 조화론   ④ 문과 스펜서의 색채 조화론

> **정답 해설** 오스트발트의 색채 조화론에서 색 삼각형에 의해 등순색, 등백색, 등흑색, 등가색환 계열로 색을 보았다.

14 레피티션 배색에 대한 내용으로 가장 올바른 것은?

① 동일 색상에 채도차이를 변화시켜주는 배색이다.
② 2색 이상의 사용으로 일정한 질서 속에 반복되는 효과에 의해 조화되는 배색이다.
③ 유사색상에 명도 차이를 변화시켜주는 배색이다.
④ 동일색상에 명도나 채도차이를 변화시켜주는 배색이다.

> **정답 해설** 레피티션 배색은 2색 이상의 사용으로 질서 속에 반복되는 효과에 의한 조화로운 배색이다.

15 다음 중 색의 따뜻함, 차가움, 중간정도 등을 느끼는 것은 색채의 어떤 심리효과를 나타낸 것인가?

① 색채의 온도감   ② 색채의 중량감
③ 색채의 오각감   ④ 색채의 시간감

> **정답 해설** 색채의 온도감은 심리효과에 의해 따뜻함, 차가움, 중간정도 등의 느낌을 준다.

16 다음 중 페이스 파우더의 내용으로 가장 옳은 것은?

① 분말형태의 파우더만 있다.
② 파우더의 색상은 투명 파우더, 핑크계열 파우더, 베이지계열 파우더로 국한되어 있다.
③ 기능은 기초 및 색조 메이크업을 오래 유지시켜주고 번들거림을 방지하는 것이다.
④ 파운데이션을 바르기 전에 발라 유분 및 수분을 차단하여 피부를 보호해 준다.

> **정답 해설** 페이스 파우더의 기능은 기초 및 색조 메이크업을 오래 유지시켜주고 번들거림을 방지하는 것이다.

17 '분첩'이라고도 하는 것으로 가루 파우더를 펴 바를 때 사용되며 피부에 눌러주듯 바르는 것은?

① 파우더 브러시(Powder brush)   ② 파우더 퍼프(Powder puff)
③ 노우즈 브러시(Nose brush)   ④ 스펀지(Sponge)

> **정답 해설** 파우더 퍼프(Powder puff)는 분첩이라고도 하며 파우더를 펴 바를 때 사용한다.

18 다음 중 메이크업 베이스의 색상 중 그린 계열 색을 발랐을 때 좋은 피부로 가장 적합한 것은?

① 검은 피부   ② 붉은 피부
③ 흰 피부   ④ 두꺼운 피부

> **정답 해설** 그린 계열의 메이크업 베이스는 얇은 피부, 모세혈관 확장 피부, 붉은 피부, 여드름 자국이 있는 피부 등 붉은 기가 있는 피부에 적합하다.

19 아이라이너의 종류 중 붓 펜 타입의 기능으로 옳은 것은?

① 색상이 흐리고 투명하게 표현된다.
② 색상이 진하게 표현되고 광택은 없다.
③ 고형으로 물을 이용해 사용한다.
④ 색상이 연하게 표현되며 광택이 있다.

> **정답 해설** 붓 펜 타입은 색상이 진하게 표현되며 그리기 편리하고 광택은 없다.

20 다음 중 아이 브로우 브러시에 대한 내용으로 옳은 것은?

① 눈썹을 그릴 때 사용되는 브러시로 브러시의 면이 사선으로 납작하게 되어 있다
② 눈썹을 그릴 때 사용되는 브러시로 표면이 돌돌 말려있다.
③ 눈썹을 그릴 때 사용되는 브러시로 직선형 일자이다.
④ 눈썹을 그릴 때 사용되는 브러시로 곡선형이다.

> **정답 해설** 아이 브로우 브러시는 눈썹을 그릴 때 사용되는 브러시로 납작한 사선면의 브러시이다.

21 겨울 메이크업에 대한 내용으로 틀린 것은?

① 베이스는 조금 두꺼운 느낌이 들게 한다.
② 브라운이나 회색계의 색상으로 선을 강조한 눈썹을 그린다.
③ 입술보다 눈 메이크업이 강조되게 하는 것이 좋다.
④ 아이라이너는 검정색의 펜슬이나 케익 타입으로 진하게 강조한다.

정답해설 눈보다 입술 메이크업이 강조되게 하는 것이 좋다.

22 신부 메이크업에 대한 설명으로 가장 바람직한 것은?

① 아이 섀도우의 색상은 중후한 어두운 핑크 계열이나 오렌지 계열이 되어야 한다.
② 사진촬영을 고려한 입체적이면서 화사한 피부 표현이 되어야 한다.
③ 아이라인은 광택이 있는 타입으로 강한 눈매로 보이게 그려 준다.
④ 눈썹은 신부의 아름다움을 위해 각이 있거나 길이가 짧게 그려 준다.

정답해설 신부 메이크업은 사진촬영도 고려된 입체적이면서 화사한 피부 표현이 되어야 한다.

23 웨딩 메이크업에서 신랑의 메이크업으로 가장 옳은 것은?

① 신랑은 두꺼운 화장으로 커버력이 있게 한다.
② 피부색과 거의 동일한 색상으로 바른 느낌이 거의 나지 않도록 한다.
③ 신부에 맞추어 화사한 밝은 파운데이션으로 피부를 희게 표현한다.
④ 본래의 눈썹보다 강하고 짙게 표현한다.

정답해설 신랑 메이크업은 본래의 피부색과 동일하거나 유사한 색상으로 표현해야 한다.

24 일반적인 여성의 경우 한복에 가장 어울리는 눈썹 메이크업으로 옳은 것은?

① 일자형의 가는 가로형
② 각지고 굵은 직선형
③ 아치형의 가는듯한 곡선형
④ 화살형의 가는듯한 사선형

정답해설 한복에 어울리는 눈썹 메이크업은 아치형의 부드러운 가는듯한 곡선형 눈썹이다.

25 다음 중 미디어 메이크업에 대한 내용을 가장 잘 표현한 것은?

① 미디어 메이크업은 전파매체나 인쇄매체 등 모든 미디어에서 이루어지는 메이크업이다.
② 광고 메이크업의 경우 광고 목적보다는 제품의 디자인이 최대한 부각되는 메이크업을 선정한다.
③ 미디어 메이크업은 캐릭터 분장과 광고 분장으로만 구성된다.
④ 미디어 메이크업이란 TV에서 표현되는 메이크업만 뜻한다.

정답해설 미디어 메이크업은 전파매체나 인쇄매체 등 모든 미디어에서 이루어지는 메이크업이다.

26 피부구조 중 콜라겐과 에라스틴이 분포되어 있는 곳은?

① 표피
② 진피
③ 피하조직
④ 각질층

정답해설 진피에 콜라겐과 엘라스틴이 분포되어 있다.

27 피부노화의 원인이 아닌 것은?

① 영양의 불균형
② 피하지방의 결핍
③ 엘라스틴 섬유조직의 강화
④ 결합조직의 약화

정답해설 진피의 엘라스틴(탄력섬유)의 강화는 주름의 예방으로 노화의 원인이 아니다.

28 피부의 피지 막에 대한 설명 중 잘못된 것은?

① 보통 알칼리성을 나타내며 독물을 중화시킨다.
② 땀과 피지가 섞여 합쳐진 막이다.
③ 세균 또는 백선균이 죽거나 발육이 억제 당한다.
④ 피지막 형성은 피부상태에 따라 그 정도가 다르다.

정답해설 피지막은 산성의 막으로 외부자극으로부터 피부를 보호한다.

29 소한선(에크린선)에 대한 설명 중 틀린 것은?

① 혈관계와 함께 인체의 2대 체온조절 기관이다.
② 에크린선은 진피 내에 있다.
③ 땀을 구성하며 무색 무취로 99%가 수분이다.
④ 겨드랑이, 유두에만 분포되어 있다.

정답해설 소한선(작은 땀샘)은 손바닥, 발바닥, 얼굴, 등 털과 관계없이 퍼져있으며 대한선은 겨드랑이, 유두 등 털과 함께 특정부위에 분포되어 있다.

30 피부에서 선글라스와 같은 역할을 하는 것은?

① 과립층
② 투명층
③ 멜라닌
④ 각질층

정답해설 각질층은 피부방어상 중요하며 선글라스 같은 역할을 한다.

31 진피층의 보습과 관련이 있는 것으로 옳지 <u>않은</u> 것은?

① 땀
② 피지
③ 각질
④ 히아루론산염

32 비타민E에 대한 설명 중 옳은 것은?

① 부족하면 괴혈병이 된다.
② 자외선을 받아 피부표면에서 만들어져 흡수된다.
③ 부족하면 피부나 점막에 출혈이 된다.
④ 호르몬 생성, 임신 등의 생식기능과 관계가 깊다.

33 공중보건학에 대한 설명으로 옳지 <u>않은</u> 것은?

① 지역사회 전체주민을 대상으로 한다.
② 질병예방, 수명연장, 건강증진 목적이 있다.
③ 목적달성은 개인이나 일부 전문가의 노력만으로 달성될 수 있다.
④ 방법에는 환경위생, 감염병 관리, 개인위생 등이 있다.

34 다음 중 감염병의 3대 요인이 <u>아닌</u> 것은?

① 숙주
② 환경
③ 병인
④ 물건

35 수인성 감염병에 대한 설명으로 옳은 것은?

① 오염된 물에 의한 감염병이다.
② 파상풍, 유행성 출혈열, 성홍열이 있다.
③ 물건에 의한 감염병이다.
④ 한번 감염되면 회복이 불가능하다.

36 감염병 발생 시 일반인이 취하여야 할 사항으로 적절치 <u>않은</u> 것은?

① 주변 환경을 청결하게 하며 개인위생에 힘쓴다.
② 환자를 문병하고 위로한다.
③ 필요한 경우 환자를 격리한다.
④ 예방접종을 받도록 한다.

37 사회보장을 위한 사회보험에 포함되지 <u>않는</u> 것은?

① 의료보호
② 건강보험
③ 국민연금
④ 고용보험

38 다음 중 눈의 보호를 위한 조명 중 가장 좋은 방법은?

① 간접조명
② 반직접조명
③ 반간접조명
④ 직접조명

39 식중독 중 감자가 원인이 되는 것과 관계가 있는 것은?

① 솔라닌
② 테트로도톡신
③ 아미그달린
④ 무스카린

40 멸균의 의미로 가장 옳은 표현은?

① 모든 세균의 독성만의 파괴
② 병원성 균의 증식억제
③ 병원성 균의 사멸
④ 아포를 포함한 모든 균의 사멸

41 소독제에 대한 내용으로 옳은 것은?

① 농도 표시는 없어도 무방하다.
② 취급 방법이 쉬운것만 골라 소독제로 사용한다.
③ 소독제는 세균오염의 정도와는 관계없다.
④ 소독하려는 목적에 따라 사용방법이 각기 다르다.

정답 해설 소독제는 취급 방법, 농도표시, 세균오염, 필요량, 목적에 따른 사용이 되어야 한다.

42 다음 중 물리적 소독 방법은?

① 석탄산 소독   ② 자비 소독
③ 역성비누 소독   ④ 승홍수 소독

정답 해설 물리적 소독은 자비소독이다.

43 다음 중 이·미용업소 기구 소독의 가장 완전한 방법은?

① 고압증기멸균   ② 건열멸균
③ 자비소독   ④ 일광소독

정답 해설 고압증기멸균은 아포형성균까지 완전히 사멸하는 것으로 가장 완전한 방법이다.

44 플라스틱 브러시의 소독방법 중 가장 알맞은 것은?

① 0.5%의 역성비누에 7분 정도 담근 후 물로 씻는다.
② 100℃의 끓는 물에 20분 정도 자비소독을 행한다.
③ 세척 후 자외선 소독기를 사용한다.
④ 고압증기 멸균기를 이용한다.

정답 해설 플라스틱 브러시의 소독은 세척을 한 후 자외선소독기를 이용하는 것이 좋다.

45 다음 중 소독제로서 승홍수의 특징은?

① 금속의 부식성이 강하다.
② 냄새가 없다.
③ 유기물에 대한 완전한 소독은 어렵다.
④ 피부점막에 자극성이 강하다.

정답 해설 승홍수는 무색무취이다.

46 다음의 소독제 중에서 계면활성제는?

① 크레졸   ② 승홍수
③ 역성비누   ④ 과산화수소

정답 해설 계면활성제는 비누(역성비누), 유화제, 세제 등으로 물에 용해될 때 분해되는 것(이온형)과 분해되지 않는 것(비이온형)으로 나누어진다.

47 공중위생관리법의 목적은 위생수준을 향상시켜 국민의 무엇에 기여함이 목적인가?

① 건강   ② 건강관리
③ 건강증진   ④ 삶의 질 향상

정답 해설 건강증진의 기여함에 목적이 있다.

48 공중위생 영업자의 지위를 승계한 자가 1월 이내에 취해야 하는 행정 절차는?

① 시장·군수·구청장에게 신고
② 경찰서장에게 신고
③ 시·도지사에게 허가
④ 세무서장에게 통보

정답 해설 승계한 자도 개설자와 마찬가지로 시장·군수·구청장에게 1월 이내에 신고하여야 한다.

49 이·미용업자에 대한 과태료 부과 징수를 할 수 있는 자는?

① 시·도지사
② 시장·군수·구청장
③ 행정부장
④ 세무서장

정답 해설 과태료의 부과와 징수는 시장·군수·구청장이 한다.

50 영업소 안에 면허증을 게시하도록 명시된 위생관리 기준의 경우는?

① 세탁업을 하는 자
② 목욕장업을 하는 자
③ 미·이용업을 하는 자
④ 위생관리용역업을 하는 자

정답 해설 면허증 소지자의 경우는 면허증을 게시하여야 한다.

51 이·미용업자가 건전한 영업질서를 해 준수해야 할 사항을 준수하지 않은 자에 대한 벌칙 사항은?

① 1년 이하이 징역 또는 500만원 이하의 벌금
② 1년 이하의 징역 또는 300만원 이하의 벌금
③ 6월 이하의 징역 또는 500만원 이하의 벌금
④ 6월 이하의 지역 또는 300만원 이하의 벌금

정답 해설 건전한 영업을 위해 준수사항을 준수하지 않은 자는 6월 이하의 징역이나 500만원 이하의 벌금이다.

52 이·미용업자가 준수해야 하는 위생관리 기준으로 틀린 것은?

① 영업장 안의 조명도는 100룩스 이상이 되도록 유지해야 한다.
② 업소내에 이·미용업 신고증, 개설자의 면허증원본, 이·미용요금표를 게시하여야 한다.
③ 1회용 면도날은 손님 1인에 한하여 사용해야 한다.
④ 소독을 한 기구와 소독을 하지 아니한 기구는 다른 용기에 보관하여야 한다.

정답 해설 영업장 안의 조명도는 75룩스 이상이 되도록 유지해야 한다.

53 이·미용사의 면허를 받을 수 있는 자는?

① 금치산자
② 정신병자 또는 간질병자
③ 결핵환자
④ 면허취소 후 1년이 경과된 자

정답 해설 면허취소 후 1년이 경과한 경우 다시 면허를 받을 수 있다.

54 화장수를 바른 후에 시원한 느낌은 무엇 때문인가?

① 알코올
② 붕산
③ 글리세린
④ 케라틴

정답 해설 화장수의 알코올 성분(에탄올)은 청량감과 수렴효과를 부여하며 휘발성이 있다.

55 화장품의 굳기를 증가시켜 주는 것으로 고형의 유성성분의 고급 지방산에 고급 알코올이 결합된 에스테르를 말하는 것은?

① 바셀린
② 피자마유
③ 밍크오일
④ 왁스

정답 해설 왁스는 화장품의 굳기를 증가, 고급지방산에 고급알코올 결합이 된 에스테르를 말한다.

56 에센셜 오일의 사용법으로 틀린 것은?

① 공기와 빛에 의해 쉽게 분해되어 갈색 유리병에 넣고 밀봉해야 한다.
② 식물성 오일이라 패치 테스트는 실시하지 않아도 된다.
③ 희석해서 사용하여야 하며 점막이나 점액 부위의 직접 사용은 피해야 한다.
④ 희석하기 위해 사용되는 것은 캐리어 오일이다.

정답 해설 사용 전 안전성 확보를 위해 패치 테스트를 실시하여야 한다.

57 여드름 관리에 사용되는 화장품의 올바른 기능은?

① 피지증가 유도효과
② 수렴작용효과
③ 박테리아 증식효과
④ 각질의 증가효과

정답 해설 여드름 피부의 경우 모공을 닫아주는 수렴화장수가 좋다.

58 다음 화장품 성분 중 아줄렌은 피부에 어떤 작용을 하는가?

① 미백
② 자극
③ 진정
④ 색소침착

정답 해설 피부 진정작용을 하는 것은 아줄렌이다.

59 화장품에 배합되는 에탄올의 역할이 아닌 것은?

① 청량감
② 수렴효과
③ 보습작용
④ 소독작용

정답 해설 보습작용은 글리세린의 역할이다.

60 각질제거용 화장품의 설명이 아닌 것은?

① 물리적, 화학적, 효소를 이용한 방법들이 있다.
② 각질효과는 BHA보다 약한 AHA의 사용이 안전성을 좋게 한다.
③ 죽은 각질을 제거하여 피부표면을 매끄럽게 한다.
④ AHA의 성분이 피부에 민감하게 작용하여 자극을 줄 수 있어 pH 3.5~10% 이하로 사용한다.

정답 해설 각질효과는 AHA보다 약한 BHA의 사용이 안전성을 좋게 한다.

적중 모의고사 3회 분

01 다음 중 메이크업(Makeup)을 뜻하는 용어로 적당하지 <u>않는</u> 것은?

① 아방가르드(Avant garde)　② 페인팅(Painting)
③ 마뀌아쥬(Maquillage)　　④ 토일렛(Toilet)

> **정답해설** 메이크업은 페인팅, 트레싱, 토일렛, 마뀌아쥬라는 용어로 표현된다.

02 다음 중 메이크업의 목적을 설명한 것으로 옳지 <u>않은</u> 것은?

① 피부보호
② 피부의 표현과 색조에 의한 용모 변화
③ 시각적인 아름다움
④ 부의 창출

> **정답해설** 메이크업이 목적은 피부보호, 용모변화, 아름다움 등이며 부의 창출과는 직접적인 연관성은 없다.

03 메이크업의 기원설에 포함되지 <u>않는</u> 것은?

① 본능설(이성유인설)　② 보호설
③ 위장설　　　　　　　④ 기후표시설

> **정답해설** 기원설에는 본능설(미화설, 이성유인설), 보호설, 위장설, 신분표시설, 장식설, 종교설 등이 있다.

04 고구려 시대의 화장을 설명한 것으로 옳지 <u>않은</u> 것은?

① 시녀로 보이는 여인도 볼과 입술에 연지화장을 했다.
② 높은 신분의 여인들만 치장을 하였다.
③ 무녀와 악공은 연지로 치장을 했다.
④ 눈썹은 길지 않게 곡선형으로 그리며 둥근 얼굴을 선호했다.

> **정답해설** 고구려 시대는 대부분의 사람들이 머리치장과 함께 얼굴 치장에도 열중했던 것을 엿볼 수 있다.

05 서양의 메이크업 역사에서 기독교의 금욕주의적인 영향으로 화장을 경시하는 경향이 나타났던 시대는?

① 그리스 시대　　② 중세 시대
③ 르네상스 시대　④ 바로크 시대

> **정답해설** 기독교의 금욕주의적인 영향으로 화장이 경시되었던 시대는 중세 시대이다.

06 다음 중 이상적인 얼굴형의 비율에 대한 설명으로 옳은 것은?

① 얼굴의 가로와 세로의 비율은 1.5 : 1이며 이마가 턱보다 조금 더 넓은 것이 적당하다.
② 얼굴길이는 이마에서 눈까지, 눈에서 코끝까지, 코끝에서 입까지 입에서 턱까지의 4등분이 적당하다.
③ 입술은 가로와 세로의 비율이 2:1이 적당하며 입술의 가로길이는 눈의 가로길이의 3배 정도가 적당하다.
④ 눈의 세로 길이는 가로길이의 1/5이 적당하다.

> **정답해설** 얼굴의 가로와 세로의 비율은 1.5 : 1이며 이마가 턱보다 조금 더 넓은 것이 적당하다.

07 일반적으로 얼굴윤곽 수정 시 쉐이딩을 넣는 부위로 옳지 <u>않은</u> 것은?

① 코벽　　　　② 광대뼈 아래
③ 눈썹뼈　　　④ 입술 밑

> **정답해설** 얼굴윤곽 수정 시 쉐이딩 처리 부위는 주로 코벽, 광대뼈 아래, 턱선, 코밑, 입술 밑이며 눈썹뼈는 대부분 하이라이트 처리의 부위이다.

08 다음 중 아이라인에 의한 수정 메이크업의 내용으로 적당하지 <u>않은</u> 것은?

① 처진 눈은 실제 선보다 눈꼬리 부분을 올려 그려준다.
② 동그란 눈은 눈머리와 눈꼬리 쪽을 굵게 그리며 눈꼬리 쪽을 길게 빼어준다.
③ 가는 눈은 눈의 중앙 부분을 넓고 강하게 그려준다.
④ 외겹 눈은 아이라인이 드러나게 크게 그려준다.

> **정답해설** 외겹 눈의 경우는 아이라인이 눈에 튀지 않게 자연스럽게 표현한다.

09 일반적인 베이스 메이크업 순서로 가장 옳은 것은?

① 페이스 파우더-메이크업 베이스-파운데이션
② 파운데이션-페이스 파우더-메이크업 베이스
③ 메이크업 베이스-페이스 파우더-파운데이션
④ 메이크업 베이스-파운데이션-페이스 파우더

> **정답해설** 메이크업 베이스-파운데이션-페이스 파우더의 순이다.

10 다음 중 파운데이션을 바르는 기법 중 상흔이나 주근깨, 붉은 기 등을 감추는데 좋으며 명암 조절로 깨끗한 피부로 보이게 하는데 가장 유리한 기법은?

① 두드리고 두드리기　　② 두드리고 문지르기
③ 문지르고 두드리기　　④ 문지르고 문지르기

> **정답해설** 바르는 기법 중 두드리고 두드리기로 바르면 좋은 경우는 상흔(흉터)이나 주근깨, 붉은 기 등을 감출 때이다.

11 다음 중 아이 섀도우(Eye shadow)의 컬러 명칭이 <u>아닌</u> 것은?

① 베이스 컬러(Base color)
② 브로우 컬러(Brow color)
③ 포인트 컬러(Point color)
④ 하이라이트 컬러(Highlight color)

정답해설 아이 섀도우의 컬러 명칭은 베이스 컬러, 포인트 컬러, 쉐이딩 컬러(섀도우 컬러), 메인 컬러, 하이라이트 컬러와 언더 컬러이다.

12 파운데이션(Foundation) 사용 기법에 대한 내용으로 옳지 <u>않은</u> 것은?

① 얼굴의 피부 결에 따라 안에서 밖으로 바른다.
② 피부의 상태와 피부 톤을 고려한 파운데이션의 종류와 색의 선택을 해야 한다.
③ 딱딱한 스펀지가 피부 표면의 표현에 좋다.
④ 페이스라인이나 얼굴과 목의 경계선은 색상과 펴 바름에 주의해야 한다.

정답해설 부드러운 스펀지가 피부 표면의 손상을 최소화 시킬 수 있다.

13 다음 중 색의 삼속성이 <u>아닌</u> 것은?

① 색상　　　　　　　② 명도
③ 채도　　　　　　　④ 톤

정답해설 톤은 색상에 명도와 채도를 혼합한 개념으로 색의 삼속성에는 들어가지 않는다.

14 다음 중 원색에 대한 내용으로 <u>틀린</u> 것은?

① 색채를 무한하게 다양하게 할 수 있는 색이다.
② 화가들에 의한 원색은 빨강, 노랑, 파랑이다.
③ 혼합으로 만들 수 없는 색이다.
④ 삼원색의 물감을 배합하면 흰색이 만들어진다.

정답해설 삼원색의 물감을 배합하면 검정색이 만들어진다.

15 다음 중 조명에서의 K로 표시되는 것은?

① 색농도　　　　　　② 색밝기
③ 색온도　　　　　　④ 색감각

정답해설 조명에서의 색온도는 캘빈 온도로 절대온도 K로 표시된다.

16 메이크업 베이스 색상과 적합한 피부의 연결이 옳지 <u>않은</u> 것은?

① 화이트계열 – 피지량이 많은 피부
② 옐로우계열 – 조금 검은 피부
③ 그린계열 – 창백한 피부
④ 퍼플계열 – 누렇게 뜬 피부

정답해설 그린계열은 붉은 피부, 모세혈관 확장피부, 여드름 자국이 있는 피부 등 붉은 기가 있는 피부에 적합하다.

17 아이브로우 메이크업(눈썹 화장)에 이용되는 도구가 <u>아닌</u> 것은?

① 아이래쉬 컬러(Eyelash curler)
② 콤 브러시(Comb brush)
③ 아이브로우 브러시(Eyebrow brush)
④ 스크루 브러시(Screw brush)

정답해설 아이래쉬 컬러(Eyelash curler)는 눈썹이 아닌 속눈썹에 사용되는 도구이다.

18 다음 중 아이 섀도우의 기능으로 옳지 <u>않은</u> 것은?

① 눈두덩의 피부를 보호한다.
② 눈에 색감과 음영을 부여한다.
③ 다채로운 색상으로 다양한 이미지를 표현한다.
④ 눈매를 수정하고 보완한다.

정답해설 아이 섀도우로 피부보호 역할을 하지는 못한다.

19 다음 중 립스틱 위에 발라 립스틱의 지속성을 높여주는 기능을 하는 립 메이크업의 제품으로 적당한 것은?

① 립크림　　　　　　② 립그로스
③ 립코트　　　　　　④ 립라이너

정답해설 립코트는 립스틱 위에 발라 립스틱의 지속성을 높여준다.

20 봄 메이크업(Spring makeup)에 대한 내용으로 <u>틀린</u> 것은?

① 고명도, 저채도의 파스텔 톤이 주를 이룬다.
② 옐로우, 그린, 핑크계의 컬러가 중심이다.
③ 봄의 이미지로 메이크업을 하는 것이다.
④ 질감은 매트한 느낌이 들도록 표현한다.

정답해설 봄 메이크업의 질감은 촉촉한 느낌이 들도록 표현한다.

21 다음 중 한복에 어울리는 눈썹 메이크업으로 옳은 것은?

① 화살형의 활동적 눈썹
② 아치형의 곡선형 눈썹
③ 얇은 일자형 눈썹
④ 각진형의 짧은 눈썹

정답해설 한복에 어울리는 눈썹은 아치형의 부드러운 가는듯한 곡선형 눈썹이다.

22 다음 중 데이 메이크업을 가장 잘 표현한 것은?

① 밤에 하는 메이크업으로 직업적인 화장을 말한다.
② 낮에 하는 메이크업으로 일상적인 화장을 말한다.
③ 하루종일 하고 있어야 하는 메이크업을 말한다.
④ 특별한 날에 하는 메이크업을 말한다.

정답해설 데이 메이크업은 낮 화장으로 일상적인 화장을 말한다.

23 일반적인 남자 메이크업에 대한 내용으로 가장 옳지 <u>않은</u> 것은?

① 피부표현은 두께감이 없이 자연스러워야 한다.
② 눈썹은 본래의 눈썹형태를 살려 채워주듯 그린다.
③ 아이 메이크업은 청색 계열을 사용하여 포인트를 준다.
④ 입술은 윤곽은 살리되 입술색은 터치하듯 발라준다.

정답해설 아이 메이크업은 거의 드러나지 않도록 브라운 계열의 아이 섀도우로 자연스럽게 연출한다.

24 다음 중 한복 메이크업에 대한 내용으로 옳지 <u>않은</u> 것은?

① 한복의 색상과 어울리는 동일계통이나 유사계통의 색상을 선택한다.
② 고름이나 끝동, 포인트 문양의 색상과 포인트 색상이 어울리게 표현한다.
③ 한복의 화려함을 강조하기 위해 무조건 펄감이 있는 색상을 선택한다.
④ 한복의 질감이 고려된 메이크업이 되어야 한다.

정답해설 한복의 이미지에 맞게 색상이 선택되어야 한다.

25 다음 중 컬러광고 메이크업에 대한 내용으로 옳은 것은?

① 커버력은 없어도 지속력은 있는 제품을 사용한다.
② 조명 아래에서는 본래의 크기보다 작게 보인다.
③ 조명에 따라 색상이 다르게 표현되어 보일 수 있다.
④ 본래의 색보다 한 톤 어둡게 보인다.

정답해설 광고 메이크업은 조명에 따라 색상이 다르게 표현되어 보일 수 있다.

26 지각신경 분포를 따라 군집 수포성 발진이 생기며 통증이 동반되는 것으로 바이러스성 질환은?

① 농포
② 두드러기
③ 착색
④ 단순포진

정답해설 단순포진은 군집 수포성 발진으로 바이러스성 질환이다.

27 기본적인 피부유형을 구분하는 기준으로 가장 옳은 것은?

① 피지상태
② 주름정도
③ 피부의 색
④ 홍반상태

정답해설 기본적인 피부 유형의 분석기준은 피지상태이다.

28 건성 피부에 대한 내용으로 옳은 것은?

① 진피수분부족은 피부조직이 매끄럽다.
② 표피수분부족은 표피성 잔주름이 형성된다.
③ 진피수분부족은 외부에서 당김이 심하다.
④ 진피수분부족, 표피수분부족, 내피수분부족으로 나누어진다.

정답해설 표피수분부족은 표피에 잔주름의 형성이 쉽다.

29 피부표피층에 존재하는 멜라노사이트(색소세포)가 분포되어 있는 곳은?

① 기저층
② 투명층
③ 유극층
④ 과립층

정답해설 멜라노사이트는 표피의 기저층에 분포되어 있다.

30 다음 중 피부의 면역에서 항체를 생성하며 면역역할을 수행하는 림프구는?

① A림프구
② T림프구
③ B림프구
④ D림프구

정답해설 B림프구와 T림프구가 있으며 B림프구에서 항체를 생성하여 면역역할을 수행한다.

31 다음 중 비타민D에 대한 설명으로 틀린 것은?

① 지용성 비타민이다.
② 프로비타민으로 자외선 조사에 의해 만들어져서 체내 공급 뼈의 발육을 촉진한다.
③ 피부각화에 중요, 과용시 탈모를 유발한다.
④ 결핍 시 표피가 두꺼워지고 구루병, 골연화증, 골다공증이 나타난다.

정답해설 ③은 비타민A에 대한 내용이다.

32 자외선에 대한 설명으로 틀린 것은?

① 피부에 제일 깊게 침투하는 것은 자외선A이다.
② 자외선B(UV-B)의 파장 범위는 290 ~ 320nm이다.
③ 자외선B는 유리에 의하여 차단할 수 있다.
④ 자외선C는 오존층에 의해 차단될 수 없다.

정답해설 자외선C는 오존층에 의해 차단될 수 있다.

33 병의 증상이 없어 보이는데 균을 배출하는 사람이므로 색출이 어려워 관리상 중요하게 취급되어야 하는 대상자는?

① 현성환자
② 건강보균자
③ 회복기보균자
④ 회복기 환자

정답해설 감염병 관리상 어려움이 있으며 가장 중요하게 취급해야 할 대상자는 건강보균자이다.

34 기생충의 감염 중 주로 돼지고기 등의 생식에 의해 감염될 수 있는 것은?

① 간흡충증
② 유구조충
③ 무구조충
④ 폐흡충증

정답해설 돼지고기 생식으로 감염되는 것은 유구조충(갈고리촌충)이다.

35 영아사망률의 계산방식에 들어가는 내용이 아닌 것은?

① 그해의 4세미만 사망자수
② 그해의 1세미만 사망자수
③ ×1000
④ 어느 해의 연간 출생아수

정답해설 그해의 1세 미만 사망자수/ 어느 해의 연간 출생아수 ×1000이다.

36 세계보건기구(WHO) 보건행정의 범위에 포함되는 것은?

① 만성병 관리
② 병원관리
③ 환경위생
④ 산업환경

정답해설 보건관련 통계의 수집 및 분석, 보존, 보건교육, 환경위생, 의료 서비스, 보건간호, 모자보건, 감염병관리가 보건행정의 범위이다.

37 다음 중 물에 의한 감염병이 아닌 것은?

① 장티푸스
② 파라티푸스
③ 트라코마
④ 콜레라

정답해설 물에 의한 감염병은 장티푸스, 파라티푸스, 콜레라, 이질 등이다.

38 다음 파상풍에 대한 내용으로 옳지 않은 것은?

① 오염된 흙이나 먼지에 의해 감염된다.
② 경련과 마비증상이 나타난다.
③ 아나톡신을 접종한다.
④ 못에 상처를 입으면 무조건 감염된다.

정답해설 파상풍은 파상풍균에 오염된 흙이나 먼지로 감염되며 균이 묻어있지 않은 못의 경우에는 감염되지 않는다.

39 다음 중 제 1군 법정 감염병에 속하는 것은?

① 황열
② 말라리아
③ 요충증
④ 장티푸스

정답해설 제군 감염병은 장티푸스, 황열은 제 4군 감염병이며 말라리아는 제3군 감염병, 요충증은 제5군 감염병이다.

40 소독용 알코올의 소독력이 강할 때의 농도는?

① 20 ~ 40%
② 70 ~ 80%
③ 30 ~ 60%
④ 0.1 ~ 0.5%

정답해설 알코올제는 70 ~ 80%의 농도일 때 소독력이 강하다.

41 100℃에서 15~20분간 물에 넣어 끓이는 것은 어떤 소독법인가?

① 고압증기멸균법
② 건열멸균법
③ 자비소독법
④ 여과소독법

정답해설 습열소독인 자비 소독은 100℃에서 15~20분간 물에 넣어 끓이는 것이다.

42 다음 중 혐기성 세균이 <u>아닌</u> 것은?

① 백일해균　　　　　② 가스괴저균
③ 파상풍균　　　　　④ 박테리오이데스균

정답 해설 혐기성균은 가스괴저균, 파상풍균, 박테리오이데스균으로 산소를 필요로 하지 않는 균이다.

43 가장 적합한 세균증식 수소이온 농도의 범위는?

① pH 3.0 범위　　　　② pH 7.0 범위
③ pH 9.0 범위　　　　④ pH 12.0

정답 해설 세균증식의 최적 수소이온 농도는 중성의 범위인 pH6.0 ~ 8.0에 있다.

44 소독에 영향을 미치는 요인이 <u>아닌</u> 것은?

① 농도　　　　　　　② 시간
③ 온도　　　　　　　④ 기압

정답 해설 소독에 영향을 미치는 요인으로는 수분, 온도, 농도, 시간, 열, 자외선 등이다.

45 자주 사용하는 타월의 소독을 적당히 하였을 경우 발생할 수 있는 감염병으로 옳은 것은?

① 장티푸스　　　　　② 트라코마
③ 세균성 이질　　　　④ 결핵

정답 해설 타월의 소독을 철저히 하지 않았을 경우의 감염병은 트라코마이다.

46 다음 중 소독약의 살균력 지표로 가장 많이 이용되는 것은?

① 염소　　　　　　　② 승홍수
③ 알코올　　　　　　④ 석탄산

정답 해설 석탄산은 살균력의 지표로 가장 많이 이용된다.

47 다음 중 이·미용업 영업에서 과태료 부과 대상인자는?

① 위생관리 의무를 위반한 자
② 무신고 영업자
③ 변경신고를 하지 않은 자
④ 영업소 폐쇄명령을 받고 계속 영업을 한 자

정답 해설 위생관리 의무를 위반한 자는 과태료 부과 대상이다.

48 공중위생영업의 이·미용업의 지위 승계를 받은 영업자가 꼭 갖추어야 할 조건은?

① 면허증을 소지해야 한다.
② 상속인이어야 한다.
③ 개설할 금액이 충분해야 한다.
④ 양도 계약서를 소지해야 한다.

정답 해설 이·미용영업자의 지위 승계는 면허를 소지한 자에 한한다.

49 이·미용업자의 변경 신고사항에 포함되는 것은?

① 샴푸대 위치를 변경할 때
② 미용기기를 2대 이상 변경할 때
③ 업소의 요금을 변경할 때
④ 신고한 영업장 면적의 3분의 1 이상의 변경

정답 해설 변경 신고는 영업장 면적의 3분의 1이상의 변경, 영업소 소재지의 변경, 영업소 명칭 및 상호의 변경, 대표자 성명의 변경(법인)이다.

50 영업정지에 따른 과징금부과의 산출 기준은?

① 처분일이 속한 년도의 전년도 1년간 총 매출액
② 처분일이 속한 년도의 금년도 1년간 총 매출액
③ 처분일이 속한 년도의 전년도 2년간 총 매출액
④ 처분일이 속한 년도의 금년도 2년간 총 매출액

정답 해설 처분일이 속한 년도의 전년도 1년가 총 매출액이 산출의 기준이 된다.

51 영업소의 출입이나 검사, 위생감시 실시주기 및 횟수, 위생감시 기준을 정하는 령은?

① 시장·군수·구청장령 ② 시·도지사령
③ 보건복지부령 ④ 대통령령

정답해설 영업소의 출입이나 검사, 위생감시 실시주기 및 횟수, 위생감시 기준은 보건복지부령으로 정한다.

52 다음 중 이·미용영업소 내에 게시해야 하는 것은?

① 요금표 ② 영업 시설 현황도
③ 종업원의 면허증 원본 ④ 교육필증

정답해설 이·미용업 신고증, 이·미용 요금표, 면허증 원본이 게시되어야 한다.

53 면허증을 잃어버려 재교부를 받은 경우 잃어버렸던 면허증을 찾았을 때 누구에게 이를 반납해야 하는가?

① 행정지원부 장관 ② 시·도지사
③ 보건복지부 장관 ④ 시장·군수·구청장

정답해설 시장·군수·구청장에게 지체없이 반납해야 한다.

54 다음 중 화장비누의 주요 요건이 <u>아닌</u> 것은?

① 방향성 ② 자극성
③ 용해성 ④ 기포성

정답해설 화장비누의 요건은 안전성, 용해성, 기포성, 자극성이다.

55 다음 중 네일 에나멜(nail enamel)에 대한 내용으로 옳은 것은?

① 사용목적은 손톱을 두껍게 하기 위함이다.
② 피막 형성제로는 톨루엔이 함유된 것을 사용한다.
③ 에나멜은 주로 니트로셀룰로오즈를 주성분으로 한다.
④ 안료가 배합되어 있지 않은 것을 주로 사용한다.

정답해설 에나멜은 니트로셀룰로오즈를 주성분으로 한다.

56 에센셜 오일 중 살균, 소독작용이 강하며 여드름 치유에 효과적인 오일은?

① 로즈마리 ② 레몬
③ 라벤더 ④ 티트리

정답해설 티트리는 살균, 소독작용이 강해 여드름 치유에 효과적이다.

57 자외선 차단제 중 산란제에 해당하는 것은?

① 옥틸디메칠 파바 ② 산화아연
③ 벤조페논 ④ 옥틸메톡시신나메이트

정답해설 물리적 자외선 차단제(산란제)는 자외선을 반사하고 분산하는 제품으로 산화아연, 이산화티탄이 있다.

58 기초 화장품을 사용하는 목적으로 옳은 것은?

① 피부상태 개선 ② 피부보호
③ 피부 명암조절 ④ 피부결점 보완

정답해설 기초 화장품의 사용목적은 세안, 피부정돈, 피부보호이다.

59 다음 중 화장품의 제품의 형태가 <u>아닌</u> 것은?

① 가용화 제품 ② 유화 제품
③ 분산 제품 ④ 경화 제품

정답해설 화장품의 제형에는 가용화, 유화, 분산이 있다.

60 일반적으로 사용하는 화장수에 대한 내용으로 틀린 것은?

① 스킨로션이라고도 불린다.
② 지성 피부의 건조를 목적으로 사용한다.
③ 정제수, 에탄올, 보습제를 기본으로 한다.
④ 사용목적에 따라 산이나 알칼리, 수렴제 등의 성분이 배합된다.

정답해설 화장수가 지성피부의 건조를 목적으로 사용되지는 않는다.

01 20C 메이크업(Makeup)이라는 용어를 대중화 시키는데 공헌한 사람은?

① 맥스 팩터
② 리차드 크라슈
③ 찰스 네슬러
④ 셰익스피어

정답해설 20C 헐리우드 전성기에 맥스 팩터(Max Factor)가 메이크업이란 말을 대중화시켰다.

02 다음 중 기원설에서 본능설(종족 보존설)의 욕망에 대해 설명한 내용으로 옳지 <u>않은</u> 것은?

① 아름답게 보이려는 인간의 본능적인 욕망
② 미를 표현하여 자신의 우월성을 나타내려는 욕망
③ 미로 인해 이성에게 매력을 발산하려는 욕망
④ 채색의 아름다움으로 위장을 하려는 욕망

정답해설 본능설(종족 보존설)의 욕망에 위장하려는 욕망은 없다.

03 다음 중 메이크업의 미적 기능으로 볼 수 <u>없는</u> 것은?

① 아름다움을 추구하는 기능
② 미적 변화의 기능
③ 외형적, 물리적 기능
④ 의사 소통의 기능

정답해설 의사 소통은 심리적 기능이다.

04 조선시대 궁중에 일시적으로 화장품을 전담하는 곳이 설치되었는데 이곳의 이름을 무엇이라고 칭했는가?

① 화염서
② 보염서
③ 보품서
④ 화품서

정답해설 궁중에 보염서라는 화장품을 전담하는 곳이 설치된 적이 있다.

05 서양의 메이크업 역사에서 1970년대의 메이크업을 설명한 내용으로 옳은 것은?

① 펑크라는 하위문화가 형성되었다.
② 개성과 다양성 보다는 정체된 문화로 백인 모델만이 존재했다.
③ 이집트 시대와 같이 눈썹이 꺾인 형태로 두툽게 했다.
④ 편안함과 자연스러움보다는 인위적이며 단조로웠다.

정답해설 1970년대는 펑크라는 하위문화가 형성되었으며 흑인모델이 등장하였다.

06 다음 중 일반적인 얼굴형의 수정 메이크업은 어떤 얼굴형으로 보여지도록 하는 메이크업인가?

① 타원형(계란형)
② 둥근형
③ 사각형
④ 역삼각형

정답해설 다른 형태의 얼굴형을 타원형의 얼굴로 보여지도록 수정 메이크업을 하는 것이 일반적이다.

07 다음 중 치크 메이크업의 기법으로 적합하지 <u>않은</u> 것은?

① 브러시를 이용해 미리 색상을 조절한다.
② 한 번에 깨끗한 터치로 마무리 되어야 한다.
③ 짙은 부위를 중심으로 주변은 점차 연하게 그라데이션 되어야 한다.
④ 넓게 바를 때는 중심에서 바깥쪽을 향해 바른다.

정답해설 치크 메이크업은 여러 번 터치하여 원하는 색상을 얻는다.

08 페이스 파우더를 바르는 방법 중 브러시를 이용할 경우의 내용에 대한 설명이 <u>아닌</u> 것은?

① 파우더 브러시를 이용해 얼굴 전체에 도포한다.
② 페이스 파우더 제거용 브러시로 털어준다.
③ 얼굴의 측면에서 중앙으로 굴리듯 도포한다.
④ 털 때는 밖에서 안으로 털어준다.

정답해설 페이스 파우더를 털 때는 안에서 밖으로 털어준다.

09 다음 중 아이 섀도우(Eye shadow) 색상 선택법에서 고려해야 할 사항이 <u>아닌</u> 것은?

① 의상색
② 계절
③ 이미지를 고려한 색
④ 시술자 기분에 따른 색

정답해설 의상색과 동계열이나 조화가 잘 되는 색, 계절을 고려한 색, 색의 감성을 이용한 색, 눈의 형태를 고려한 색, 이미지를 고려한 색, T.P.O에 맞는색, 유행색, 선호색 등이다.

10 기본적인 아이라이너 메이크업(Eye liner makeup)에 대한 내용으로 틀린 것은?

① 펜슬이나 붓 등으로 그린다.
② 검정색을 기본으로 청색, 회색, 갈색, 보라색, 녹색, 흰색 등 다양한 색이 있다.
③ 언더 아이라이너는 눈을 감은 상태에서 눈꼬리 쪽만 안에서 밖으로 그려준다.
④ 아이라인과 아래쪽 아이라인의 비율은 7:3 정도로 한다.

정답해설 언더 아이라이너는 눈을 뜬 상태에서 눈꼬리 쪽만 안에서 밖으로 그려준다.

11 다음 중 기본형 눈썹그리기의 내용으로 <u>틀린</u> 것은?

① 눈썹 앞머리는 콧망울 지점을 수직으로 올렸을 때 동일 선상에 눈썹앞머리가 위치하도록 한다.
② 눈썹산은 눈썹전체 길이를 3등분으로 할 때 눈썹 머리에서 2/3 지점이다.
③ 눈썹 꼬리길이는 콧망울과 눈꼬리의 각도가 45도 되었을 때 연장해서 만나는 지점에 위치하도록 한다.
④ 눈썹산은 눈을 위로 치켜뜰 때 눈동자 튀어나온 중심부의 바로 위쪽에 위치하도록 한다.

정답 해설 눈썹산은 눈을 위로 치켜뜰 때 눈썹의 근육이 삼각으로 패이는 지점에 위치하도록 한다.

12 립 메이크업(Lip Makeup)에 대한 내용으로 <u>틀린</u> 것은?

① 중요한 포인트 메이크업 역할을 한다.
② 입술의 모양과 색상에 따라 느낌이 달라진다.
③ 섀도우 컬러만 고려하여 립의 색상을 선택한다.
④ 윗입술과 아랫입술은 1 : 1.5가 적당한 비율이다.

정답 해설 피부톤과 섀도우 컬러, 의상컬러를 고려하여 립의 색상을 선택해야 한다.

13 모든 파장이 유사한 강도를 갖는 햇빛과 같은 빛을 무엇이라 하는가?

① 백색광
② 흑색광
③ 광색광
④ 청색광

정답 해설 햇빛과 같은 빛으로 모든 파장이 유사한 강도를 가질 때 백색광이라고 한다.

14 인간이 색으로 인지하여 볼 수 있는 광선은?

① 자외선
② 가시광선
③ 적외선
④ 시시광선

정답 해설 인간이 색으로 인지하여 볼 수 있는 광선은 가시광선이다.

15 다음 중 색온도에 대한 내용으로 옳은 것은?

① 온도가 높을수록 붉은 빛이며 온도가 낮을수록 푸른빛이다.
② 물체의 색온도는 흑체의 캘빈 온도(절대온도 K)로 표시된다.
③ 온도에 따라 빛의 색이 파란 색으로만 발생한다.
④ 색온도는 광원의 빛을 색으로 나타내는 방법이다.

정답 해설 물체의 색온도는 흑체의 캘빈 온도(절대온도 K)로 수치적으로 표시된다.

16 다음 중 눈 주위가 조금 검어진 부분을 가리기에 가장 적합한 메이크업 베이스 색상은?

① 옐로우 계열
② 그린 계열
③ 핑크 계열
④ 퍼플 계열

정답 해설 어두운 피부를 중화시킬 때 가장 적합한 메이크업 베이스 색상은 옐로우 계열이다.

17 크림류의 화장품을 용기에서 덜어낼 때 사용하는 도구로 가장 적당한 것은?

① 페이스 브러시(Face brush)
② 스파튤라(Spatular)
③ 파렛트(Palette)
④ 아이래쉬 컬러(Eyelash curler)

정답 해설 스파튤라(Spatular)는 화장품을 덜어내거나 색상을 믹스할 때 사용한다.

18 다음 중 페이스 파우더의 기능으로 옳지 <u>않은</u> 것은?

① 기초 및 색조 메이크업을 오래 유지시켜준다.
② 자외선으로부터 피부를 보호한다.
③ 땀이나 피지를 흡수하여 번들거림을 방지한다.
④ 크림 타입으로 흉터나 잡티를 감추는 역할을 한다.

정답 해설 페이스 파우더는 대부분 분말형태로 크림타입은 없다.

19 치크 메이크업 색상에 따른 이미지를 표현한 것으로 옳은 것은?

① 핑크 계열은 귀여움, 어림, 화사함 등의 이미지
② 오렌지 계열은 현대적, 세련됨 등의 이미지
③ 브라운 계열은 활동적, 건강함 등의 이미지
④ 로즈 계열은 차분함, 차가움 등의 이미지

정답 해설 핑크 계열은 귀여움, 어림, 화사함 등의 이미지로 피부 혈색을 밝게 한다.

20 여름 메이크업(Summer makeup)에 대한 내용으로 가장 적합하지 <u>않은</u> 것은?

① 시원하고 상쾌함을 주는 메이크업이다.
② 따뜻한 난색계의 색상이 더 효과적이다.
③ 한여름에는 저명도와 저채도의 컬러를 이용한다.
④ 원 포인트 메이크업이 좋다.

정답 해설 여름은 한색계의 색상으로 시원하고 산뜻하게 표현하는 게 더 효과적이다.

21 다음 중 겨울 메이크업(Winter makeup)의 색조로 가장 옳은 것은?

① 와인과 딥 레드 계열   ② 핑크와 그린 계열
③ 카키와 브라운 계열   ④ 블루와 화이트 계열

정답 해설 겨울 메이크업에는 와인과 딥 레드 계열이 가장 잘 어울린다.

22 얼굴형에 따른 메이크업에서 다이아몬드형의 메이크업으로 옳지 않은 것은?

① 튀어나온 광대뼈와 턱 끝을 부드럽게 쉐이딩 한다.
② 화살형 눈썹으로 눈썹의 앞머리에 포인트를 주어 시선을 분산시킨다.
③ 아이섀도우는 눈 앞머리에 포인트를 준 그라데이션을 한다.
④ 치크는 귀에서 구각쪽으로 딥 브라운 톤의 색상을 이용해 사선의 느낌으로 펴 바른다.

정답 해설 치크는 볼뼈를 중심으로 따뜻한 톤의 색상을 이용해 부드러운 느낌으로 엷고 폭넓게 펴 바른다.

23 웨딩 메이크업(Wedding makeup)에 대한 내용으로 옳지 않은 것은?

① 의식과 격식을 갖춘 메이크업
② 신부와 신랑의 이미지와 얼굴형을 고려한 메이크업
③ 예식장소와 시간, 분위기, 조명 등을 고려한 연출
④ 신랑과 신부가 각각 개성적으로 돋보이는 메이크업

정답 해설 신랑과 신부의 조화로움까지 살피는 메이크업이 되어야 한다.

24 한복 메이크업에서 기본 고려해야 할 사항으로 가장 옳은 것은?

① 동일함   ② 단아함
③ 현대적   ④ 권위적

정답 해설 한복 메이크업은 우아함과 단아함을 기본으로 하고 있다.

25 다음 중 TV드라마에 출연하는 배우 메이크업에서 고려 사항이 아닌 것은?

① 카메라의 위치   ② 배경 세트
③ 의상색   ④ 감독의 위치

정답 해설 TV드라마 메이크업에서는 카메라의 조명, 카메라 위치, 배경 세트, 의상색 등을 고려해야 한다.

26 다음 중 표피의 층과 관련이 없는 층은?

① 망상층   ② 투명층
③ 유극층   ④ 각질층

정답 해설 망상층은 진피의 층이다.

27 다음 중 대한선(아포크린선)의 분포가 가장 많은 부위는?

① 볼   ② 상지와 하지
③ 이마   ④ 겨드랑이

정답 해설 대한선(아포크린선)은 털과 존재하는 한선으로 겨드랑이에 가장 많이 분포되어 있다.

28 피부의 깊은 주름의 주 원인은?

① 수면의 부족으로
② 피하조직의 지방과 수분의 감소로
③ 콜라겐 섬유의 구조 변화로
④ 각질층의 수분 및 지방의 양이 적어져서

정답 해설 진피의 망상층에 있는 콜라겐과 엘라스틴은 피부의 탄력을 유지시키는데 탄력도가 떨어지면 주름의 원인이 된다.

29 손바닥과 발바닥 등 피부층이 비교적 두터운 부위에 분포되어 있으며 수분침투를 방지, 피부를 윤기있게 해주는 기능이 있는 엘라이딘이라는 단백질을 함유한 표피 세포층은?

① 각질층   ② 유두층
③ 투명층   ④ 망상층

정답 해설 투명층은 무색, 무핵으로 손바닥, 발바닥의 두꺼운 부분에 분포되어 수분침투를 방지한다.

30 다음 중 피부의 가장 이상적인 pH 범위는?

① pH 0.1~2.5   ② pH 6.5~8.5
③ pH 2.5~4.5   ④ pH 4.5~6.5

정답 해설 일반적인 피부의 pH는 pH 4.5~6.5이다.

31 표피의 부속기관에 포함되지 않는 것은?

① 손발톱   ② 유선
③ 피지선   ④ 흉선

정답 해설 표피의 부속기관은 손발톱, 피지선, 유선이다.

32 체내에서 부족하면 괴혈병을 유발시키고 피부와 잇몸에서 피가 나게 하며 빈혈을 일으켜 피부가 창백하게 보이게 하는 것은?

① 비타민K
② 비타민C
③ 비타민B
④ 비타민A

정답해설 비타민C의 부족시 괴혈병과 색소, 기미가 생긴다.

33 공중보건사업의 대상으로 가장 옳게 설명된 것은?

① 저소득층의 빈민만 대상으로 한다.
② 질병이 있는 사람만 대상으로 한다.
③ 지역의 전체 주민을 대상으로 한다.
④ 비위생적인 사람을 대상으로 한다.

정답해설 공중보건사업의 대상은 지역주민을 대상으로 한다.

34 폐흡충증의 숙주 중 제1 중간 숙주에 해당되는 것은?

① 게
② 가재
③ 다슬기
④ 왜우렁

정답해설 페디스토마(폐흡충증)의 제1 중간 숙주는 다슬기이다.

35 테트로도톡신은 어느 것에 있는 독소인가?

① 복어
② 감자
③ 버섯
④ 조개

정답해설 복어에 있는 독소는 테트로도톡신이다.

36 다음 중 파리에 의해서 감염될 수 있는 감염병이 <u>아닌</u> 것은?

① 장티푸스
② 발진열
③ 콜레라
④ 세균성 이질

정답해설 파리에 의한 감염병은 파라티푸스, 장티푸스, 이질, 콜레라이다.

37 다음 중 염소소독의 장점이라고 볼 수 <u>없는</u> 것은?

① 경제적이다.
② 냄새가 없다.
③ 잔류효과가 크다.
④ 소독력이 강하다.

정답해설 염소소독의 단점은 냄새와 맛을 느끼게 함과 독성의 강함이다.

38 조명을 할 때 눈의 보호를 위한 가장 좋은 조명 방법은?

① 간접조명
② 반직접조명
③ 반간접조명
④ 직접조명

정답해설 눈을 보호하는 조명으로는 간접조명이 가장 좋다.

39 감염병 예방법 중 제1군 감염병에 속하는 것은?

① 장티푸스
② 인플루엔자
③ 발진티푸스
④ 발진열

정답해설 제군 감염병에는 콜레라, 장티푸스, 파라티푸스, 장출혈성 대장균 감염증, 세균성 이질, A형 간염이 있다.

40 미용 용품이나 기구 등을 청결하게 세척하는 것은 소독방법 중 어디에 해당되는가?

① 여과(Filtration)
② 정균(Microbiostasis)
③ 희석(Dilution)
④ 방부(Antiseptic)

정답해설 기구의 세척은 희석의 의미가 가장 크다.

41 쓰레기통의 소독용제로 가장 적합하지 <u>않는</u> 것은?

① 포르말린수
② 크레졸수
③ 석탄산수
④ 과산화수소

정답해설 쓰레기통 소독은 크레졸, 석탄산, 포르말린수가 적당하다.

42 다음 중 수건의 소독에 알맞지 <u>않은</u> 소독방법은?

① 건열소독　　　　　② 자비소독
③ 증기소독　　　　　④ 역성비누소독

> **정답 해설** 수건소독에는 자비소독, 증기소독, 역성비누소독이 있다.

43 세균이 가장 잘 자라는 최적의 수소 이온(pH) 농도는?

① 강산성　　　　　② 약산성
③ 중성　　　　　④ 강알칼리성

> **정답 해설** 세균 증식에 좋은 최적 수소 이온농도는 중성이다.

44 산소가 있어야 잘 성장할 수 있는 균의 명칭을 무엇이라 하는가?

① 호기성균　　　　　② 혐기성균
③ 통성혐기성균　　　　　④ 호혐기성균

> **정답 해설** 산소가 있어야 성장하는 균은 호기성균이다.

45 다음 중 아포를 가진 병원균의 소독으로 가장 적당한 것은?

① 고압증기 멸균소독　　　　　② 일광 소독
③ 알코올 소독　　　　　④ 크레졸 소독

> **정답 해설** 고압증기 멸균은 아포를 포함한 모든 미생물을 완전히 사멸시킨다.

46 소독약의 보존에 대한 설명 중 적합하지 <u>않은</u> 것은?

① 직사일광을 받지 않도록 한다.
② 냉 · 암소에 보관하는 것이 좋다.
③ 남은 소독약은 재사용의 용도로 밀폐시켜 보관한다.
④ 라벨이 오염되지 않도록 한다.

> **정답 해설** 남은 액은 약의 효력이 떨어지므로 버리는 것이 좋다.

47 과태료 처분에 불복이 있는 자는 그 처분의 고지를 받은 날로부터 며칠 이내에 처분권자에게 이의를 제기할 수 있는가?

① 10일　　　　　② 20일
③ 30일　　　　　④ 50일

> **정답 해설** 과태료 처분에 불복이 있는 자은 30일 이내에 처분권자에게 이의를 제기할 수 있다.

48 다음 중 공중위생감시원을 둘 수 있는 곳은?

① 보건소　　　　　② 동사무소
③ 시 · 군 · 구　　　　　④ 위생영업소

> **정답 해설** 보건복지부, 특별시, 광역시 · 도 및 시 · 군 · 구에 관계공무원의 업무를 위해 공중위생 감시원을 둔다.

49 다음 이 · 미용기구의 소독기준 중 <u>잘못된</u> 것은?

① 열탕소독 – 100℃ 이상의 물에 10분 이상
② 자외선소독 – 85㎼이상의 자외선을 20분 이상
③ 건열멸균소독 – 100℃ 이상의 건조 열에 20분 이상
④ 증기소독 – 100℃ 이상의 습한 열에 10분 이상

> **정답 해설** 증기소독은 100℃ 이상의 습한 열에서 20분 이상 쐬어주어야 한다.

50 이 · 미용 기구의 보관에 대한 내용으로 가장 옳은 것은?

① 소독을 한 기구와 소독을 하지 않은 기구로 분리 보관한다.
② 용도별로 구분하여 보관한다.
③ 사용 빈도별로 구분하여 보관한다.
④ 기구 용구함에 반드시 보관한다.

> **정답 해설** 기구소독의 분리는 위생보관상 필요하다.

51 이 · 미용 영업장의 소재지를 변경할 때 취할 수 있는 조치 사항으로 옳은 것은?

① 시장 · 군수 · 구청장에게 사전에 허가를 받는다.
② 시장 · 군수 · 구청장에게 사전에 신고를 한다.
③ 시장 · 군수 · 구청장에게 변경을 통보한다.
④ 시장 · 군수 · 구청장에게 변경 신고를 한다.

> **정답 해설** 소재지 변경신고는 시장 · 군수 · 구청장에게 한다.

52 위생서비스 평가의 결과에 따라 나온 위생관리 등급은 누구에게 통보하고 공포하여야 하는가?

① 공중위생 영업자　　② 시장 · 군수 · 구청장
③ 시 · 도지사　　　　④ 보건소장

> **정답 해설** 위생관리등급을 공중위생영업자에게 통보한다.

53 영업소 폐쇄명령을 받은 후 동일 장소에서 폐쇄명령을 받은 영업과 동일한 종류의 영업을 할 수 있는 기준은?

① 폐쇄명령을 받은 후 6월이 지나면 동일한 종류의 영업을 할 수 있다.
② 폐쇄 명령을 받은 후 1년 지나면 동일한 종류의 영업을 할 수 있다.
③ 어떠한 경우에도 같은 장소에서는 동일한 영업을 할 수 없다.
④ 폐쇄 명령을 받은 후 3월이 지나면 동일한 종류의 영업을 할 수 있다.

> **정답 해설** 영업소 폐쇄명령을 받은 후 6개월이 경과되면 동일한 종류의 영업을 할 수 있다.

54 피부관리 제품 성분 중 진정 효과를 가지는 것이 <u>아닌</u> 것은?

① 아줄렌(azulene)　　② 카모마일 추출물(chamomile extracts)
③ 비사볼롤(bisabolol) ④ 알코올(alcohol)

> **정답 해설** 알콜(에탄올)은 청량감과 수렴효과이다.

55 화장수에 널리 배합되는 알코올(alcohol) 성분은 어느 것인가?

① 프로판올(propanol)　　② 부탄올(butanol)
③ 에탄올(ethanol)　　　④ 메탄올(methanol)

> **정답 해설** 화장품에 사용되는 알코올은 에탄올이다.

56 다음 중 보습제에 대한 설명으로 틀린 것은?

① 피부에 도포하여 건조증상을 완화하는 물질이다.
② 적절한 흡습과 흡습의 지속성이 있어야 한다.
③ 다른 성분과의 상용성이 좋아야 한다.
④ 응고점이 높을수록 좋다.

> **정답 해설** 보습제는 응고점이 낮을수록 좋다.

57 다음 중에서 향수의 지속시간이 가장 긴 것은?

① 오데퍼퓸　　　　② 퍼퓸
③ 오데코롱　　　　④ 샤워코롱

> **정답 해설** 향수의 지속시간이 6~7시간으로 가장 긴 것은 퍼퓸이다.

58 자외선 차단지수를 표기하는 용어로 옳은 것은?

① FDA　　　　　② SPF
③ SCI　　　　　④ WHO

> **정답 해설** SPF은 Sun Protection Factor의 약자로 자외선 차단지수라고 한다.

59 천연 보습인자의 구성 성분 중 하나로 40%를 차지하는 중요한 성분은?

① 요소　　　　　② 젖산염
③ 무기염　　　　④ 아미노산

> **정답 해설** 각질층에 존재하고 있는 수용성 성분들을 총칭하여 천연보습 인자(NMF)라고 하며 가장 많이 차지하는 것은 아미노산(40%)이다.

60 오일의 설명으로 옳은 것은?

① 식물성 오일은 향은 좋으나 부패하기 쉽다.
② 동물성 오일은 무색투명하고 냄새가 없다.
③ 광물성 오일은 색이 진하고 피부 흡수가 늦다.
④ 합성 오일은 냄새가 좋지 않고 정제한 것을 사용한다.

> **정답 해설** 식물성, 동물성오일은 피부친화성은 우수하지만 불포화 결합이 많아 변질과 산패가 쉽게 이루어진다.

01 다음 중 메이크업의 기능으로 가장 알맞지 않은 것은?

① 미적 기능 　　　　② 공격적 기능
③ 사회적 기능 　　　　④ 심리적 기능

정답해설 메이크업의 기능에는 미적, 심리적, 사회적 기능이 있다.

02 메이크업(Makeup)에 대한 설명 중 틀린 것은?

① 메이크업은 화장을 뜻하며 화장품을 바르거나 문질러서 얼굴을 곱게 꾸미는 것을 의미한다.
② 화장이라는 말은 개화 이후에 사용된 외래어로 가화나 가식, 꾸밈 등의 의미를 지니고 있다.
③ 화장에 대한 순수 한국어는 장식품, 장렴, 장구이다.
④ 메이크업은 페인팅, 트레싱, 토일렛, 마뀌아쥬 등으로 표현 된다.

정답해설 화장에 대한 순수 한국어는 단장, 장식, 야용이며 화장품은 장식품, 장렴, 장구였다.

03 메이크업의 기원설에서 보호설에 대한 설명으로 옳은 것은?

① 피부를 보호하는 차원에서 메이크업을 했다는 설이다.
② 매력을 발산하고 타인으로부터 위엄까지 있어 보이려고 했다는 설이다.
③ 사냥과 전쟁에서 승리하고자 메이크업을 했다는 설이다.
④ 장식을 하므로 우월성을 나타내려고 했다는 설이다.

정답해설 보호설은 외부로부터 피부를 보호하는 차원에서 메이크업을 했다는 설이다.

04 다음 중 굴참나무와 너도밤나무의 재를 이용해 메이크업을 한 부위로 적당한 것은?

① 볼 　　　　② 입술
③ 눈썹 　　　　④ 눈두덩

정답해설 굴참나무, 너도밤나무는 눈썹용 재료로 사용되었다.

05 서양의 메이크업 역사에서 1940년대의 내용으로 옳지 않은 것은?

① 처음 컬러필름의 등장
② 화장품 색조가 다양
③ 영화의 분장용으로 개발된 팬케익 사용
④ 옅은 색조의 청순한 이미지의 입술 강조

정답해설 1940년대 컬러필름의 등장으로 두터워진 눈 화장에 선명한 빨간색 입술의 관능적이며 생동감 있는 화장형태가 나타났다.

06 골상이 메이크업에 필요한 이유로 가장 적합한 것은?

① 골상에 대한 지식으로 관상을 볼 수 있어서 필요하다.
② 타인의 일상의 생활이나 생김새에 따라 성격을 판단하게 되므로 골상의 이해가 필요하다.
③ 여성스러운 화장을 할 수 있어서 골상의 이해가 필요하다.
④ 동일한 메이크업을 할 때 골상의 지식이 필요하다.

정답해설 사람들은 타인의 생김새나 습관에서 성격을 판단하므로 골상에 대한 지식이 메이크업에서 필요하다.

07 다음 중 얼굴형의 수정에서 하이라이트를 T존에 이마는 가로로 길게 하고 콧등은 짧게 넣고 얼굴의 위쪽 이마 끝과 얼굴의 아래쪽 턱 끝에 쉐이딩 처리를 했을 경우의 어떤 얼굴형의 수정인가?

① 긴형 　　　　② 원형
③ 다이아몬드형 　　　　④ 삼각형

정답해설 긴형 얼굴의 수정메이크업에 대한 설명이다.

08 아이홀 부분까지도 포인트 컬러를 펴 바르고 눈썹아래를 강하게 하이라이트 컬러를 주어 눈을 입체적으로 표현해야 하는 눈은?

① 간격이 좁은 눈 　　　　② 돌출된 눈
③ 외겹 눈 　　　　④ 짝눈

정답해설 외겹 눈의 경우 입체적으로 보이는 아이 메이크업을 해야 한다.

09 다음 수정 메이크업에서 하이라이트와 섀도우를 길게 주어 코가 길어 보이게 표현해야 하는 코로 가장 적합한 것은?

① 높은 코 　　　　② 짧은 코
③ 넓은 코 　　　　④ 가는 코

정답해설 짧은 코의 경우 코가 길어보이게 표현되어야 한다.

10 다음 중 파운데이션 바르는 기법이 아닌 것은?

① 긋기 기법 　　　　② 블랜딩 기법
③ 패딩 기법 　　　　④ 포인트 기법

정답해설 파운데이션 바르는 기법에는 긋기 기법, 블랜딩 기법, 패딩기법 슬라이딩 기법이 있다.

11 아이 섀도우 메이크업(Eye shadow makeup)을 가장 잘 표현한 것은?

① 속눈썹을 길고 풍성하게 하여 깊이 있고 선명한 눈매를 만드는 것
② 눈매를 또렷하고 생동감 있게 연출하는 것
③ 눈에 색감 및 음영을 주어 전체적인 분위기나 입체감을 주는 것
④ 얼굴 전체에 생동감을 주기 위해 사용하는 것

정답 해설 아이 섀도우 메이크업은 눈에 색감 및 음영을 주어 전체적인 분위기나 입체감을 주는 것이다.

12 다음 중 입술라인 그리는 테크닉이 아닌 것은?

① 라운드 커브(Round curve)
② 스트레이트 커브(Straight curve)
③ 아웃 커브(Out curve)
④ 인 커브(In curve)

정답 해설 기본적인 테크닉에는 인 커브(In curve), 스트레이트 커브(Straight curve), 아웃 커브(Out curve)가 있다.

13 색상환에 제시된 모든 색을 모두 기술할 수 있는 기본적인 색이 아닌 것은?

① 빨강
② 노랑
③ 보라
④ 파랑

정답 해설 빨강, 노랑, 녹색, 파랑의 네가지 기본적인 색으로 색상환에서의 모든 색은 기술될 수 있다.

14 서로 다른 두 가지 색이 하나의 광원에서는 같은 색으로 보이는 것을 무엇이라고 하는가?

① 연색성
② 메타메리즘
③ 메타즘
④ 스펙트럼

정답 해설 서로 다른 두 가지 색이 하나의 광원에서는 같은 색으로 보이는데 이것을 메타메리즘(조건등색)이라고 한다.

15 다음 중 색상 대비에 대한 내용으로 옳은 것은?

① 동일한 초록색도 파란 바탕보다 빨간 바탕에서 더 선명한 초록색으로 보이는 현상이다.
② 동일한 하얀색도 명도가 낮은 검정색 바탕에서 더 밝게 보이는 현상이다.
③ 같은 주황이라도 채도가 낮은 바탕에서 더 선명하게 보이는 현상이다.
④ 보색끼리 놓았을 때 색상이 더 뚜렷하고 선명하게 보이는 현상이다.

정답 해설 색상대비는 동일한 초록색도 파란바탕보다 빨간 바탕에서 더 선명한 초록색으로 보이는 현상이다.

16 다음 중 선탠한 피부처럼 건강한 피부색을 표현할 때 사용하면 가장 좋은 메이크업 베이스의 색상은?

① 오렌지 계열
② 옐로우 계열
③ 핑크 계열
④ 화이트 계열

정답 해설 선탠한 피부처럼 건강한 피부색을 표현할 때는 오렌지 계열의 색상이 좋다.

17 아이 메이크업에서 속눈썹을 집어 C자형의 컬을 형성하여 속눈썹이 위쪽으로 올라가게 돕는 역할을 하는 도구로 가장 알맞은 것은?

① 콤 브러시(Comb brush)
② 아이래쉬 컬러(Eyelash curler)
③ 파렛트(Palette)
④ 스크루 브러시(Screw brush)

정답 해설 아이래쉬 컬러(Eyelash curler)는 속눈썹을 집어 C자형의 컬을 형성하여 속눈썹이 위쪽으로 올라가게 돕는 역할을 하는 도구이다.

18 아이 섀도우의 제품의 종류와 기능이 바르지 않게 연결된 것은?

① 케익타입 – 피부 밀착감이 좋고 누에 자극이 없으며 색상이 다양하다.
② 크림타입 – 유분이 함유된 타입으로 발색도가 선명하고 지속력이 높다.
③ 분말타입 – 수분이 함유된 타입으로 지속력이 높다.
④ 펜슬타입 – 휴대와 사용이 간편하지만 색상표현과 그라데이션의 표현이 어렵다.

정답 해설 아이 섀도우 제품 종류에는 케익타입, 크림타입, 펜슬타입이 있다.

19 다음 중 입술의 형태에 따른 색구분에서 가장 옳지 않은 것은?

① 입술이 큰 경우는 짙은 색상
② 입술이 작은 경우는 옅은 색이나 펄감이 있는 색상
③ 입술이 튀어 나온 경우는 옅은 색상
④ 입술에 주름이 많은 경우는 유분기 적은 연한 색상

정답 해설 입술이 튀어 나온 경우는 짙은 색상이 좋다.

20 다음 중 봄 메이크업(Spring makeup)의 색조로 옳은 것은?

① 고명도와 저채도의 메이크업 색조
② 저명도와 고채도의 메이크업 색조
③ 고채도와 고명도의 메이크업 색조
④ 저명도와 저채도의 메이크업 색조

정답 해설 봄 메이크업(Spring makeup)의 색조는 고명도와 저채도의 메이크업 색조가 적당하다.

21 둥근 얼굴형에 어울리는 메이크업으로 옳지 <u>않은</u> 것은?

① 치크는 귀에서 코벽 위쪽을 향해 펴 바른다.
② 눈썹은 전체적으로 올라간 듯 각이 지게 그려준다.
③ 눈은 눈꼬리가 처지지 않게 그라데이션 한다.
④ 입술은 약간 각진 입술형태로 눈썹의 각도와 비슷하게 한다.

22 다음 중 장방형의 메이크업에서 중요시 되는 포인트의 선은 어떤 선인가?

① 가로선　　　　② 세로선
③ 곡선　　　　④ 직선

23 상황에 따른 메이크업 중 파티날 하는 메이크업으로 옳지 <u>않은</u> 것은?

① 데이 메이크업과 비슷한 자연스러운 메이크업이다.
② 펄이 들어간 제품의 사용으로 화려하게 표현한다.
③ 명도대비나 보색대비를 이용한 입체감을 준다.
④ 눈매를 강하고 선명하게 표현한다.

24 흑백 광고 메이크업의 내용으로 옳지 <u>않은</u> 것은?

① 색에 따른 명도를 감안한 메이크업을 한다.
② 포인트 메이크업은 짙은 색이 밝게 표현된다.
③ 메이크업의 색상에 따른 이미지를 구별하기 어렵다.
④ 진갈색과 붉은색의 사용은 사진을 어둡고 진하게 보이게 한다.

25 웨딩 메이크업에서 신부 메이크업의 내용으로 옳지 <u>않은</u> 것은?

① 목 전체도 자연스럽게 연결되는 메이크업이 되어야 한다.
② 신부의 피부톤은 화사함이 드러나는 메이크업을 해야 한다.
③ 돋보이게 하기 위한 강한 선의 메이크업으로 강한 이미지가 강조되게 한다.
④ 자연스러운 연결로 부드러운 이미지가 되도록 해야 한다.

26 피부의 구조 중 콜라겐과 엘라스틴이 자리 잡고 있는 층은?

① 표피　　　　② 진피
③ 피하조직　　　　④ 각질층

27 다음 중 민감성 피부의 특징으로 옳은 것은?

① 피부 번들거림이 심하다.
② 피부에 잔주름이 쉽게 생긴다.
③ 모세혈관이 약화, 확장되어 보인다 .
④ 표피가 얇으며 외부자극에 쉽게 붉어진다.

28 지성 피부에 대한 설명 중 틀린 것은?

① 지성 피부는 정상 피부보다 피지분비량이 많다.
② 피부결이 섬세하지만 피부가 얇고 붉은 색이 많다.
③ 지성 피부가 생기는 원인은 남성호르몬인 안드로겐이나 여성호르몬인 프로게스테론의 기능이 활발해져 생긴다.
④ 지성 피부의 관리는 피지제거 및 세정을 주목적으로 한다.

29 다음 중 지방은 어떤 형태로 분해되어 흡수되는가?

① 아미노산　　　　② 포도당
③ 탄수화물　　　　④ 글리세린

30 다음 중 멜라닌 생성 저하 물질인 것은?

① 콜라겐　　　　② 비타민 C
③ 티로시나제　　　　④ 엘라스틴

31 다음 중 간반(기미)을 설명한 내용으로 **틀린** 것은?

① 크기와 모양이 일정한 형태이다.
② 과색소 침착성 질환이다.
③ 일광노출, 임신기간, 폐경기에 흔히 발생한다.
④ 연한 갈색, 암갈색, 검정색 등의 색소반점이다.

정답해설 간반(기미)는 다양한 크기와 모양으로 주로 얼굴 부위에 많이 발생한다.

32 자외선이 피부에 미치는 작용 중 긍정적인 측면이 **아닌** 것은?

① 살균
② 비타민D 합성 유도
③ 홍반반응
④ 혈액순환 촉진

정답해설 자외선이 피부에 미치는 긍정적인 작용에는 살균, 소독, 비타민D 합성유도, 혈액순환 촉진

33 감염병 감염 후 형성된 면역은?

① 자연 수동면역
② 자연 능동면역
③ 인공 수동면역
④ 인공 능동면역

정답해설 감염병 감염 후에 형성된 면역은 자연 능동면역이다.

34 음용수의 일반적 오염지표로 삼는 것은?

① 탁도
② 경도
③ 대장균 수
④ 일반세균 수

정답해설 음용수의 일반적인 오염지표로 삼는 것은 대장균 수이다.

35 트라코마에 대한 설명 중 **틀린** 것은?

① 전염원은 환자의 눈물이나 콧물 등이다.
② 예방접종으로 면역이 된다.
③ 실명의 원인이 되기도 한다.
④ 병원체는 바이러스이다.

정답해설 트라코마는 예방접종으로 면역이 되는 것은 아니다.

36 다음 중 질병이 걸리는 과정의 요소들에 포함되지 <u>않는</u> 것은?

① 숙주
② 환경
③ 병인
④ 성격

정답해설 질병 발생의 3대 요소는 병인, 환경, 숙주이다.

37 다음 중 식중독의 종류에 포함되지 <u>않는</u> 것은?

① 자연 식중독
② 화학성 식중독
③ 문화성 식중독
④ 알레르기성 식중독

정답해설 식중독의 종류에는 자연 식중독, 화학성 식중독, 세균성 식중독(감염형 식중독과 독소형 식중독), 알레르기성 식중독이 있다.

38 다음 인구의 형태에서 인구 증가형은?

① 피라미드형
② 항아리형
③ 종형
④ 별형

정답해설 피라미드형(인구증가형), 항아리형(인구 감퇴형), 종형(인구정지형), 별형(도시형), 호로형(농촌형)

39 기생충 질환에서 중간숙주가 없는 기생충이 <u>아닌</u> 것은?

① 회충
② 편충
③ 흡충
④ 요충

정답해설 중간숙주가 없는 기생충은 회충, 요충, 구충, 편충이다.

40 살균작용의 기전 중 산화에 의한 작용이 <u>아닌</u> 것은?

① 과산화수소
② 염소
③ 알코올
④ 오존

정답해설 산화에 의한 작용은 과산화수소, 염소, 오존에 의한 소독이 있다.

41 램프를 이용해 불꽃에 20초 이상 가열하여 미생물을 멸균시키는 방법은?

① 화염멸균법
② 소각 멸균법
③ 건열멸균법
④ 간헐 멸균법

정답해설 불꽃에 20초 이상 가열하여 미생물을 멸균시키는 방법은 화염 멸균법에 대한 내용이다.

42 다음 중 우유와 같은 식품소독에 이용되는 것은?

① 고온살균
② 저온살균
③ 고압살균
④ 자외선 살균

정답해설 저온살균은 우유나 식품소독에 이용된다.

43 플라스틱이나 전자기기 및 열에 불안정한 제품들을 소독하기에 효과적인 방법은?

① 열탕소독
② 습열소독
③ 가스소독
④ 건열소독

정답해설 플라스틱이나 열에 불안정한 제품, 전자기기의 소독은 가스소독이 적당하다.

44 사전에 소독제를 조제하여 두었다가 필요 시 사용하여도 무방한 것은?

① 승홍수
② 생석회 분말
③ 석회유
④ 석탄산수

정답해설 석탄산수는 사전에 조제해 두어도 약효에는 별 이상이 없어 소독 시 사용해도 된다.

45 이 · 미용 도구 중 네일 도구의 위생 및 소독의 내용으로 **틀린** 것은?

① 퍼, 푸셔는 30분간 알코올에 담가 소독한다.
② 일회용 파일의 경우 재사용을 위해 자외선 소독한다.
③ 네일 볼은 사용 전 70%의 알코올 솜으로 닦아준다.
④ 네일 브러시는 자외선 소독기에서 소독한다.

정답해설 일회용 파일의 경우 재사용하지 않아야 한다.

46 능률적인 소독을 위해서 고려해야 할 점이 <u>아닌</u> 것은?

① 수분
② 보관
③ 온도
④ 농도

정답해설 능률적인 소독을 위해서는 수분, 온도, 농도, 작업시간이 고려되어야 한다.

47 보건복지부령이 정하는 기준의 위생교육을 받아야 하는 시간은?

① 연간 1시간
② 연간 2시간
③ 연간 3시간
④ 연간 4시간

정답해설 공중위생업자는 연간 3시간의 위생교육을 받아야 한다.

48 이 · 미용사의 업무범위에 대한 설명으로 옳지 <u>않은</u> 것은?

① 미용사의 감독을 받아 보조원은 그 업무를 행할 수 있다.
② 미용사가 아니더라도 필요한 경우 학교 내에서는 미용업무를 행할 수 있다.
③ 사회복지시설에서 봉사활동으로 이루어진 미용업무를 행할 수 있다.
④ 기본적으로 미용사가 아닌 경우 미용업무에 종사할 수 없다.

정답해설 보건복지부령에 의한 영업소 외의 장소에서는 미용업무를 행할 수 있는 경우를 제외하고는 미용업무를 행할 수 없다. 학교 내의 미용업무는 포함되지 않는다.

49 이 · 미용사의 면허를 받을 수 있는 자는?

① 면허 취소 후 2년이 경과한 자
② 금치산자
③ 면허취소 후 6개월 된 자
④ 정신질환자

정답해설 금치산자, 정신질환자, 보건복지부령으로 정하는 감염병 환자, 대통령령으로 정하는 약물중독자, 면허가 취소된 후 1년이 경과되지 않은 자는 면허를 받을 수 없다.

50 공중위생 영업소 출입 · 검사를 하는 공무원이 영업자에게 제시하는 것으로 옳은 것은?

① 전년도 검사 기록부
② 관계공무원 권한을 표시하는 증표
③ 관련공무원 신분증
④ 세무관련 기록부

정답해설 출입 · 검사 관련 공무원이 영업자에게 제시해야 하는 것은 관계공무원 권한을 표시하는 증표이다.

51 공익상이나 선량한 풍속유지를 위해 이·미용업의 영업행위에 대해 필요한 제한을 할 수 있는 자는?

① 시·도지사
② 시장·군수·구청장
③ 이·미용업 관심자
④ 보건복지부장관

정답 해설 시·도지사는 선량한 풍속의 유지를 위하여 필요하다고 인정하는 때에는 영업자 및 종업원에 대하여 영업시간과 영업행위에 관한 필요한 제한을 할 수 있다.

52 신고를 하지 않고 영업소의 소재지 변경을 하였을 경우 1차 위반 시 행정처분 기준은?

① 경고
② 영업정지 6월
③ 영업정지 9월
④ 영업장 폐쇄명령

정답 해설 영업소 소재지를 변경신고를 하지 않고 변경하였을 경우 1차 위반 시 행정처분기준은 영업장 폐쇄이다.

53 다음 중 1년 이하의 징역 또는 1천만원 이하의 벌금형에 포함되지 않는 경우는?

① 일부시설 개선명령을 받은 후에도 시설을 사용한자
② 영업신고를 하지 않은 자
③ 영업소 폐쇄명령을 후에도 계속해서 영업을 한 자
④ 영업정지 기간 중 영업을 한 자

정답 해설 시설 개선명령을 위반한 자는 1년 이하의 징역이나 1천만원 이하의 벌금형에 포함되지 않는다.

54 계면활성제에 대한 설명으로 틀린 것은?

① 양쪽성 계면활성제는 세정작용이 있으며 피부자극이 없고 기포형성 작용이 약하다.
② 재생피부자극은 양이온성·음이온성·양쪽성·비이온성의 순이다.
③ 양쪽성 계면활성제는 물에 용해 시 친수성기에 양이온, 음이 온을 동시에 갖는 것으로 저자극성 제품, 유아용 제품에 많이 사용된다.
④ 계면활성제의 분류는 세정제와 분산제로만 구분된다.

정답 해설 계면활성제의 분류는 유화제, 가용화제, 세정제, 분산제로 구분할 수 있다.

55 다음 중 물에 오일성분이 혼합되어 있는 유화상태는?

① O/W형
② W/O형
③ W/W형
④ O/O형

정답 해설 물에 오일성분은 수중유(O/W형)의 유화상태이다.

56 보습제에 대한 내용으로 틀린 것은?

① 피부에 도포하여 건조증상을 완화하는 물질이다.
② 적절한 흡습과 흡습의 지속성이 있어야 한다.
③ 다른 성분과의 상용성이 좋아야 한다.
④ 응고점이 높을수록 좋다.

정답 해설 응고점이 낮을수록 좋다.

57 다음 중 방향화장품인 향수의 유형이 아닌 것은?

① 데오도란트
② 오데코롱
③ 샤워코롱
④ 오데토일렛

정답 해설 향수의 유형에는 퍼퓸, 오데퍼퓸, 오데토일렛, 오데코롱, 샤워코롱이 있으며 데오도란트는 체취억제제로 바디화장품에 속한다.

58 화장수에 대한 내용으로 틀린 것은?

① 화장수는 스킨로션이라고도 불린다.
② 화장수는 유연화장수만 있다.
③ 세안에 의해 제거되지 않은 노폐물을 닦아낸다.
④ 피부결을 정돈하고 수분을 공급한다.

정답 해설 화장수에는 유연화장수와 수렴화장수(아스트리젠트)가 있다.

59 오일 중 액체상 왁스에 속하고 인체 피지와 지방산의 조성이 유사하여 피부 친화성이 좋으며 다른 식물성 오일에 비해 쉽게 산화되지 않아 보존안정성이 높은 것은?

① 아보카도 오일
② 아몬드 오일
③ 호호바 오일
④ 맥아 오일

정답 해설 호호바 오일은 액체 왁스에 속하며 피부 친화성이 좋아 잘 흡수되며 쉽게 산화되지 않고 모공 속의 노폐물을 용해시켜 지성 피부에 좋다.

60 기능성 화장품의 사용목적으로 틀린 것은?

① 미백개선 관리
② 주름개선 관리
③ 혈액순환 촉진
④ 자외선 차단 관리

정답 해설 혈액순환 촉진은 아로마 화장품의 사용목적에 포함된다.

01 기원설 중 특정 지역별로 신성시 하는 색이나 향에 의미를 부여하고 채색이나 문신을 부적의 의미로 사용되었다는 설은?

① 본능설　　　　② 보호설
③ 종교설　　　　④ 위장설

정답해설 기원설 중 종교설에 대한 내용이다.

02 다음 중 메이크업의 정의에 대한 내용으로 가장 옳은 것은?

① 짙은 무대화장으로 얼굴의 가림을 통해 아름다움을 연출하는 것이다.
② 색조의 다양성에 의해 밝은 색상에 의한 아름다움만을 연출하는 것이다.
③ 색조 화장품을 이용하여 장점은 부각시키며 단점은 보완하여 목적에 맞는 얼굴 이미지로 연출하는 것이다.
④ 얼굴의 장점과 단점보다는 닮고자 하는 인물과 같게 하고자 연출하는 것이다.

정답해설 메이크업은 기초화장의 틀 위에 색조 화장품을 이용하여 장점은 부각시키며 단점은 보완하여 목적에 맞는 얼굴 이미지로 연출하는 것이다.

03 다음 중 고려시대의 분대화장에 대한 내용으로 옳은 것은?

① 분대화장은 기생들이 하는 짙은 화장을 뜻한다.
② 일반 가정집에서 분대화장을 가르쳤다.
③ 분대화장은 여염집 여인들에게도 유행되었다.
④ 분대화장의 영향은 당대에 그쳤다.

정답해설 분대화장은 기생들이 하는 짙은 화장을 의미한다.

04 서양 메이크업 역사에서 코올(Kohl) 등의 색채화장을 비롯한 다양한 향수와 꺽인 듯한 눈썹과 물고기 꼬리 모양의 눈화장을 한 나라는?

① 그리스　　　　② 로마
③ 이집트　　　　④ 프랑스

정답해설 이집트의 화장에 대한 내용이다.

05 그리스의 메이크업의 특징으로 옳지 않은 것은?

① 볼과 입술에 단사를 발랐다.
② 눈은 검정색 코올로 강조했다.
③ 백납으로 얼굴을 하얗게 칠했다.
④ 눈썹을 미간이 넓어보이게 그렸다.

정답해설 눈썹은 미간이 좁아보이게 그렸다.

06 다음 중 수정 메이크업을 가장 잘 설명한 것은?

① 원하는 눈과 입의 형태를 만들기 위해 색조화장을 하여 수정하는 것이다.
② 원하는 얼굴형을 만들기 위해 파운데이션의 사용으로 입체화장을 하는 것이다.
③ 원하는 얼굴을 만들기 위해 다양한 색조를 이용해 얼굴의 형태나 얼굴의 구조를 수정하는 것을 말한다.
④ 원하는 이미지를 만들기 아이브로우 색조로 얼굴을 수정하는 것을 말한다.

정답해설 얼굴 수정 메이크업은 원하는 얼굴을 만들기 위해 다양한 색조를 이용해 얼굴의 형태나 눈, 코, 입, 볼 등의 얼굴의 구조를 수정하는 것을 말한다.

07 일반적인 얼굴의 수정 메이크업에서 쉐이딩 처리에 적합하지 않은 부위는?

① T존　　　　② U존
③ S존　　　　④ 헤어라인 존

정답해설 T존은 이마와 콧등부위로 일반적으로 하이라이트 처리에 적합한 부위이다.

08 다음 중 눈썹의 형태에 따른 느낌이 다른 하나는?

① 일자형은 남성적 느낌이며 젊어보이는 느낌이다.
② 아치형은 여성적, 안정적, 노숙한 느낌이다.
③ 화살형은 동적, 지적, 개성적인 느낌이다.
④ 각진형은 정적, 여성적, 비활동적 느낌이다.

정답해설 각진형은 세련됨, 단정함, 활동적, 동적, 성숙함, 샤프한 느낌이다.

09 다음 중 립 메이크업의 수정에서 긴 얼굴형의 경우에 가장 적합한 립의 표현은?

① 수평적인 느낌으로 입꼬리 쪽만 약간 올린다.
② 수직적 느낌이 들도록 입술산이 강조되게 한다.
③ 입술이 작아 보이도록 도톰하게 그린다.
④ 아웃커브로 크게 표현하고 입꼬리는 내린다.

정답해설 긴 얼굴의 립 메이크업은 수평적인 느낌으로 입꼬리 쪽만 약간 올리는 것이 효과적이다.

10 다음 중 눈과 눈 사이의 간격이 넓을 경우의 아이 섀도우 표현 방법으로 가장 적절한 것은?

① 눈머리에 포인트 컬러를 준다.
② 눈꼬리에 포인트 컬러를 준다.
③ 아이 홀에 강한 포인트 컬러를 준다.
④ 쌍꺼풀 라인에 포인트 컬러를 준다.

정답해설 눈과 눈 사이의 간격이 넓을 경우 눈머리에 포인트 컬러를 준다.

11 파운데이션을 펴 바르는 기법 중 두드리는 기법은?

① 패팅(Patting) ② 슬라이딩(Sliding)
③ 그라데이션(Gradation) ④ 블랜딩(Blending)

정답 해설 두드리는 기법은 패딩(Patting) 기법이라고 한다.

12 마스카라 메이크업(Mascara makeup)에 대한 내용으로 틀린 것은?

① 속눈썹이 처져 있거나 일자인 경우에 마스카라를 하기 전 보통은 뷰러를 사용한다.
② 마스카라의 경우 브러시의 사용은 하지 않는다.
③ 속눈썹 바깥쪽을 3~4회 정도 쓸어주고 속눈썹 안쪽을 지그재그로 3~4회 올려준다.
④ 아래 속눈썹은 마스카라 브러시를 세워 좌우로 3~4회 쓸어준다.

정답 해설 속눈썹 브러시로 속눈썹을 쓸어주어 자연스럽게 연출한다.

13 다음 중 색채에 대한 내용으로 틀린 것은?

① 조명이 충분하면 대상의 선명한 색을 볼 수 있다.
② 흰색, 회색, 검정색은 유채색이라고 한다.
③ 유채색은 색상의 속성을 갖는다.
④ 유사한 색끼리 원으로 근접 배열을 한 것을 색상환이라고 한다.

정답 해설 흰색, 회색, 검정색은 무채색이라고 한다.

14 다음 중 광원에 대한 내용으로 옳지 않은 것은?

① 광원색은 촛불과 같이 그 자체가 빛을 발하는 색이다.
② 백열등 아래에서는 물체가 붉게 보인다.
③ 광원색이 다르면 물체의 색도 다르게 보인다.
④ 형광등 아래에서는 물체가 노랗게 보인다.

정답 해설 형광등 아래에서는 물체가 푸르게 보인다.

15 다음 중 색에 대한 내용으로 틀린 것은?

① 색의 시인성: 색을 인지할 수 있는 성질을 말하며 색을 잘 구별할 때 시인성이 높다.
② 색의 주목성: 색의 부드러운 자극에 의해 감성에 의해 연상되는 성질이다.
③ 색의 명시도: 색상, 명도, 채도의 차이로 멀리서도 잘 보이게 하는 성질을 말한다.
④ 색의 대비: 서로 인접해 있는 색끼리 영향을 주어서 본래의 색과 다르게 느껴지는 현상이다.

정답 해설 색의 주목성은 색의 강한 자극에 의해 눈에 잘 띄는 성질이다.

16 다음 중 메이크업 베이스의 기능에 대한 내용으로 틀린 것은?

① 파운데이션이나 색조화장으로부터 피부를 보호한다.
② 피부색을 조절하여 피부색 보정역할을 한다.
③ 영양크림의 밀착력을 높인다.
④ 메이크업을 오래 유지되게 한다.

정답 해설 메이크업 베이스는 파운데이션의 밀착력을 높여 메이크업을 오래 유지되게 한다.

17 다음 중 립 메이크업에서 립 라인 밖으로 번진 립스틱을 없애거나 립 표현을 깨끗하게 하기 위해 사용하는 도구로 옳은 것은?

① 립 브러시 ② 우드스틱
③ 면봉 ④ 스파튤라

정답 해설 면봉은 립의 표현을 깨끗하게 하고 번진 립스틱을 없애거나 수정하기에 적합하다.

18 피부색에 어울리는 아이 섀도우 색상으로 연결이 옳지 않은 것은?

① 흰 피부는 파스텔톤의 핑크, 연보라, 옅은 청회색
② 희고 붉은 피부는 청회색 청보라, 청색
③ 노란색 기운이 있는 피부는 청록색, 오렌지
④ 짙은 황갈색 피부는 보라색, 청색

정답 해설 짙은 황갈색 피부는 카키색, 황금색컬러가 어울린다.

19 다음 중 립 메이크업의 기능으로 가장 적합하지 않은 것은?

① 외부자극으로부터 입술을 보호한다.
② 피부에 혈색을 부여한다.
③ 입술에 색상을 더하여 포인트를 강조한다.
④ 입술의 형태를 수정하여 원하는 이미지로 만든다.

정답 해설 피부에 혈색을 부여하는 것은 치크 메이크업의 기능이다.

20 다음 중 색조화장의 목적과 쓰임의 내용으로 틀린 것은?

① 베이스 메이크업는 피부에 색을 입혀 구릿빛 피부를 만든다.
② 아이 메이크업은 눈에 색을 입혀 위 얼굴 표정을 만든다.
③ 립 메이크업은 입술에 색을 입혀 아래 얼굴 표정을 만든다.
④ 치크 메이크업은 전체적인 혈색과 밝기, 입체감을 조절하여 전체 분위기를 조화롭게 만든다.

정답 해설 베이스 메이크업은 피부에 색을 입혀 본인에게 맞는 피부색의 아름다움을 만드는 것으로 꼭 구릿빛 피부에 맞춰져 있지는 않다.

21 다음 사계절 중 치크 메이크업이 가장 강조되며 수정과 보완보다 치크로 건강한 혈색이 강조되도록 하는 계절은?

① 봄　　　　　　　　② 여름
③ 가을　　　　　　　④ 겨울

정답해설 겨울에 치크 메이크업이 가장 강조되고 수정과 보완보다는 건강미와 혈색을 강조한 치크 메이크업이 되도록 한다.

22 다음 중 장소에 따른 메이크업에서 크게 구분지을 수 있는 것으로 가장 옳은 것은?

① 실내와 실외의 메이크업
② 낮과 밤의 메이크업
③ ~ 날에 따른 메이크업
④ 사무직과 일반직 메이크업

정답해설 장소에 따른 메이크업은 실내와 실외의 메이크업으로 나누어 살펴볼 수 있다.

23 다음 중 나이트 메이크업(Night makeup)을 표현한 것으로 옳지 않은 것은?

① 밝고 화려하며 대담한 느낌이 강조된 메이크업이다.
② 수정보다는 개성에 중점을 두는 것이 좋다.
③ 색상은 고채도, 저명도의 컬러를 이용한다.
④ 음영효과에 의한 입체감을 강하게 표현한다.

정답해설 수정보다는 개성에 중점을 두는 것이 좋은 자연스러운 화장은 데이 메이크업이다.

24 다음 중 신부 메이크업에서 가장 어울리지 않은 컬러는?

① 핑크　　　　　　　② 회색
③ 오렌지　　　　　　④ 연보라

정답해설 신부 메이크업은 기본적으로 화사함과 우아함을 주는 메이크업으로 회색은 칙칙한 이미지를 줄 수 있어 피해야 한다.

25 다음 중 흑백광고 메이크업의 내용으로 옳지 않은 것은?

① 베이스는 얼굴의 윤곽이 강조되게 피부색과 동일하거나 조금 밝은 파운데이션을 사용한다.
② 눈썹은 자연스럽게 표현되도록 할 때는 회색으로 표현한다.
③ 치크는 광대뼈 밑을 쉐이딩 처리하여 세련된 이미지를 표현한다.
④ 립은 다크 브라운이나 다크 로즈색은 옅은 색으로 표현된다.

정답해설 다크 브라운이나 다크 로즈색은 선명하고 짙은 계열의 립스틱으로 표현된다.

26 다음 중 피부유형에 대한 설명이 옳은 것은?

① 민감성 피부 – 피부가 붉어져 있고 피부조직이 섬세하다.
② 건성 피부 – 기미, 버짐증상이 나타나는 피부이다.
③ 중성 피부 – 피부가 거칠고 윤기가 없다.
④ 지성 피부 – 윤기가 있으며 피부 표면이 매끄럽다.

정답해설 민감성 피부의 경우 피부조직이 섬세하고 피부가 붉어져 있다.

27 다음 피부의 감각 중 가장 둔한 것은?

① 촉각　　　　　　　② 온각
③ 냉각　　　　　　　④ 통각

정답해설 통각이 가장 예민하고 온각이 가장 둔하다.

28 피지선에 대한 설명으로 맞지 않는 것은?

① 진피 중에 위치하는 피지를 분비하는 선이다.
② 피지선의 1일 분비량은 5~10g 정도이다.
③ 피지선은 손바닥에는 전혀 없다.
④ 코 주위에 피지선이 많다.

정답해설 피지의 1일 분비량은 1~2g 이다.

29 다음의 분비선 중 모낭에 부착되어 있는 것은?

① 소한선(에크린 선)　　② 모세혈관
③ 내분비선　　　　　　④ 대한선(아포크린 선)

정답해설 한선 중 모낭과 연결되어 있는 것은 대한선(아포크린 선)이다.

30 피부표면의 pH에 가장 크게 영향을 주는 것은?

① 호르몬의 분비　　　② 각질 생성
③ 땀의 분비　　　　　④ 침의 분비

정답해설 피부의 pH는 수소이온농도로 땀의 분비에 의해 영향을 받는다.

31 다음 영양소 중에서 생체 내의 항산화 작용으로 피부노화를 조절해 주는 것은?

① 비타민 K
② 비타민 E
③ 인지질
④ 칼슘

정답 해설 비타민 E는 호르몬 생성 및 생식기능과 관계, 항산화작용으로 노화 방지, 혈액순환을 촉진시킨다.

32 피부의 새로운 세포 형성은 어디에서 이루어지는가?

① 투명층
② 과립층
③ 기저층
④ 유극층

정답 해설 피부구조에 있어 기저층의 가장 중요한 역할은 새로운 세포의 형성이며 생성된 세포는 28일 주기로 사멸하게 된다.

33 건강자와 다름 없이 감염에 의한 임상증상은 전혀 없으면서 병원체를 보유하고 있는 감염자를 잘 표현한 것은?

① 만성 보균자
② 회복기 보균자
③ 건강 보균자
④ 병후 보균자

정답 해설 감염에 임상증상이 전혀 없어 건강자와 같이 보이지만 병원체를 보유하고 있는 감염자는 건강보균자이다.

34 무구조충의 예방대책에 대한 내용으로 가장 옳은 것은?

① 쇠고기를 잘 익혀 먹는다.
② 돼지고기를 잘 익혀 먹는다.
③ 흐르는 물에 야채는 3번 이상 씻어 먹는다.
④ 민물고기의 생식을 금한다.

정답 해설 무구조충은 쇠고기를 익혀 먹으므로 예방할 수 있다.

35 보건기획이 전개되는 과정으로 가장 옳은 것은?

① 전체 – 예측 – 목표설정 – 구체적인 행동계획
② 구체적인 행동계획 – 평가 – 목표설정 – 예측
③ 환경분석 – 평가 – 예측 – 시정
④ 전체 – 환경분석 – 예측 – 목표설정

정답 해설 보건기획의 전개는 전체를 놓고 예측을 하며 예측된 것에 목표를 설정한 후 구체적으로 행동을 계획하는 것이다.

36 세계보건기구(WHO)의 기능으로 볼 수 없는 것은?

① 회원국에 대한 보건관계 자료 공급
② 국제적 보건사업의 지휘 조정
③ 보건문제 기술지원 및 자문
④ 회원국에 대한 보건정책 조정

정답 해설 WHO의 기능에서 기술지원 및 자문, 보건사업의 지휘 조정, 보건관계 자료 제공, 국제검역대책 등이다.

37 일반적으로 수혈에 의해 감염될 수 있는 질병은?

① 간염
② 이질
③ 장티푸스
④ 콜레라

정답 해설 수혈로 감염될 수 있는 것은 간염, 후천성면역결핍증(AIDS) 등이다.

38 매개곤충이 전파하는 전염병과 그 연결이 옳지 않은 것은?

① 벼룩 – 페스트
② 모기 – 일본뇌염
③ 파리 – 사상충
④ 진드기 – 유행성 출혈열

정답 해설 사상충은 모기에 의한 전염이며 파리는 장티푸스, 이질 등이다.

39 장티푸스에 대한 설명으로 옳은 것은?

① 식물매개 감염병이다.
② 우리나라에서는 제2군 법정 감염병이다.
③ 대장점막에 궤양성 병변을 일으킨다.
④ 일종의 열병으로 경구침입 감염병이다.

정답 해설 장티푸스는 경구침입 전염병이다.(소화기계전염병)

40 중량 백만분율을 표시하는 단위는 다음 중 어느 것인가?

① ppl
② ‰
③ ppm
④ ppb

정답 해설 백만분율의 표시단위는 ppm이다.

41 금속제품의 자비소독 시 어느 때 금속제품을 물에 넣는 것이 가장 좋은가?

① 가열시작 전에 물에 넣는다.
② 끓기 시작한 후에 물에 넣는다.
③ 가열 시작 직후에 물에 넣는다.
④ 수온이 미지근할 때 물에 넣는다.

정답 해설 자비소독시 금속제품은 물이 끓기 시작한 후 넣는 것이 좋다.

42 다음 중 소독의 주된 원리는 어느 것에 해당하는가?

① 균체 원형질 중의 지방물 변성
② 균체 원형질 중의 수분 변성
③ 균체 원형질 중의 단백질 변성
④ 균체 원형질 중의 탄수화물 변성

정답 해설 소독의 주된 원리로 단백질의 변성을 들 수 있다.

43 살균작용 기전으로 다음 중 산화작용을 주로 이용하는 소독제로 알맞은 것은?

① 오존   ② 알코올
③ 석탄산   ④ 머큐로크롬

정답 해설 산화작용에 의한 소독법으로는 과산화수소, 오존(O_3), 벤조일퍼옥사이드, 과망간산 칼륨, 염소가 있다.

44 석탄산 90배 희석액이 어느 소독제 135배의 희석액과 같은 살균력을 나타낸다면 이때 이 소독제의 석탄산계수는?

① 0.5   ② 1.0
③ 1.5   ④ 2.0

정답 해설 어느 소독약의 희석배수(135)/석탄산 희석배수90 = 1.5

45 물에 가장 난용성인 소독제는 다음 중 어느 것인가?

① 승홍   ② 과산화수소
③ 크레졸   ④ 석탄산

정답 해설 크레졸이 가장 잘 녹지 않는 난용성의 소독제이다.

46 소독약품과 적정 사용 농도와의 연결이 가장 알맞지 <u>않은</u> 것은?

① 승홍수 – 1%   ② 석탄산 – 3%
③ 크레졸 – 3%   ④ 알콜 – 70%

정답 해설 소독시 승홍수의 사용 농도는 0.1%이다.

47 이·미용 영업자에게 과태료를 부과하거나 징수할 수 있는 처분권자가 아닌 것은?

① 전복지부장관   ② 시장
③ 군수   ④ 구청장

정답 해설 과태료의 부과와 징수는 시장·군수·구청장이 한다.

48 이·미용사의 면허취소나 공중위생영업의 정지 및 일부 시설의 사용 중지, 영업소 폐쇄명령 등의 처분을 하려고 하는 때에 실시해야 하는 절차는?

① 개선통보   ② 공시
③ 청문   ④ 발행

정답 해설 면허취소 및 정지, 명령 등의 처분을 하고자 할 때는 청문을 실시할 수 있다.

49 공중위생영업소 위생관리 등급에 의한 구분 중 최우수업소에 내려지는 등급은?

① 백색등급   ② 녹색등급
③ 황색등급   ④ 청색등급

정답 해설 최우수–녹색, 우수–황색, 일반 업소–백색

50 공중위생영업자가 준수해야 할 위생관리기준은 어느 령으로 정하고 있는가?

① 대통령령   ② 행정부령
③ 국무총리령   ④ 보건복지부령

정답 해설 위생관리 기준은 보건복지부령이다.

51 미용사 면허증의 재교부의 사유로 옳지 <u>않은</u> 것은?

① 면허증의 기재사항에 변경이 있을 경우
② 영업장소의 상호나 소재지가 변경될 경우
③ 면허증을 분실했을 경우
④ 면허증이 헐어 못쓰게 된 경우

정답 해설 영업장의 상호나 소재지 변경은 신고사항이다.

52 이 · 미용업 영업자가 준수해야 하는 위생관리기준으로 옳지 않은 것은?

① 손님이 잘 보이는 곳에 준수사항을 게시해야 한다.
② 이 · 미용요금표를 게시해야 한다.
③ 영업장 안의 조명도를 75룩스 이상 되게 한다.
④ 1회용 면도날은 손님 1인에 한해서 사용해야 한다.

정답 해설 준수사항을 게시해야 하는 기준은 없다.

53 신고를 하지 않고 영업소의 명칭이나 상호를 변경한 경우의 1차 위반시 행정 처분 기준은?

① 경고 또는 개선명령   ② 영업정지 15일
③ 영업정지 1월   ④ 영업소폐쇄명령

정답 해설 신고를 아니하고 영업소의 명칭 및 상호의 3분의 1이상 변경한 때 1차에 경고 또는 개선명령-2차에 영업정지15일-3차에 영업정지1월-4차에 영업소폐쇄명령이다.

54 다음 중 음이온성 계면활성제가 아닌 것은?

① 헤어린스   ② 비누
③ 샴푸   ④ 클렌징폼

정답 해설 헤어린스는 양이온성 계면활성제이다.

55 화장수를 바른 후 청량감이 드는 시원함은 무엇 때문인가?

① 붕산   ② 글리세린
③ 알코올   ④ 크림

정답 해설 알코올에 의해 청량감이 든다.

56 브랜딩한 아로마 오일에 대한 내용으로 옳지 않은 것은?

① 갈색병에 담아 냉장 보관한다.
② 6개월 정도 사용할 수 있다.
③ 날짜 등을 적은 라벨을 붙인다.
④ 공기가 통하게 뚜껑의 일부에 구멍을 내어둔다.

정답 해설 뚜껑은 잘 닫아서 보관하여야 한다.

57 피부 표면의 수분 증발을 억제하여 피부를 부드럽게 해주는 물질은?

① 보습제   ② 계면활성제
③ 유연제   ④ 방부제

정답 해설 피부를 부드럽게 하는 것은 유연제이다.

58 클린징 크림의 조건과 거리가 먼 것은?

① 피부의 유형에 적절해야 한다.
② 피부깊이 빨리 흡수되어야 한다.
③ 피부의 표면을 손상시켜서는 안 된다.
④ 체온에 의하여 액화되어야 한다.

정답 해설 클린징 크림은 피부청결을 목적으로 모공 속에 남아있는 먼지나 때를 제거하는 크림으로 피부 깊이 흡수되어야 하는 것은 아니다.

59 화장품에 사용되는 오일이 아닌 것은?

① 식물성 오일   ② 동물성 오일
③ 광물성 오일   ④ 염료성 오일

정답 해설 화장품에 사용되는 오일에는 식물성 오일, 동물성 오일, 광물성 오일, 합성 오일이 있다.

60 향수에 대한 설명으로 가장 옳지 않은 것은?

① 영어로 퍼퓸(Perfume)이라고 불린다.
② 이성유혹과 결부되어 처음으로 이용되었다.
③ 고대 그리스에서는 질병을 없애기 위해 향나는 식물을 태우기도 했다.
④ 900년경 아랍인들이 증류에 의해 향을 얻는 방법을 발명했다.

정답 해설 향수는 종교의식과 결부되어 처음으로 이용되었다.

01 메이크업의 기원에 대한 설명으로 옳지 않은 것은?

① 벽화나 토우의 유물과 문헌들로 짐작할 수 있다.
② 문헌으로 기원에 대한 정확한 기록이 있다.
③ 주술적의미의 종교적 행위나 보호차원에서 했다.
④ 피부에 색을 바르고 칠하는 것에서 시작되었다.

정답 해설 메이크업의 기원에 대한 정확한 기록은 없다.

02 우리나라의 옅은 화장을 표현한 용어로 옳은 것은?

① 담장   ② 농장
③ 단장   ④ 성장

정답 해설 짙은 색조화장의 경우 농장, 단장, 성장으로 구분하고 옅은 화장인 경우를 담장이라 하였다.

03 메이크업의 기능 중 사고방식이나 가치추구의 방향을 제시하는 기능으로 캐릭터 메이크업과 미디어 메이크업, 분장 등의 인물묘사를 위한 기능으로 볼 수 있는 것은?

① 미적 기능   ② 가시적 기능
③ 사회적 기능   ④ 심리적 기능

정답 해설 심리적 기능에 대한 내용이다.

04 다음 중 사전적 의미의 화장(化粧)에 대한 정의로 가장 옳은 것은?

① 얼굴을 작게 하기 위해 연출하는 것이다.
② 화장품과 의상으로 아름다움을 연출하는 것이다.
③ 화장품을 바르거나 문질러서 얼굴을 곱게 꾸미는 것을 의미한다.
④ 입술화장과 눈썹화장을 짙게 하는 것을 의미한다.

정답 해설 화장품을 바르거나 문질러서 얼굴을 곱게 꾸미는 것을 의미한다.

05 우리나라 북방인(읍루인)이 돼지기름을 사용한 것은 무엇을 예방하기 위한 것인가?

① 동상   ② 상흔
③ 기미   ④ 화상

정답 해설 돼지기름으로 겨울철 동상을 예방하였다.

06 다음 중 얼굴의 황금비율에서 틀린 내용은?

① 얼굴 폭은 5등분으로 구분 지었을 때 귀에서 눈꼬리까지, 눈꼬리에서 눈앞머리까지, 눈과 눈 사이이다.
② 얼굴길이는 3등분으로 구분 지었을 때 이마의 머리카락이 난 부분에서 눈썹까지, 눈썹에서 코끝까지, 코끝에서 턱까지의 간격이다.
③ 귀는 코와 동일한 높이를 유지하는 것이다.
④ 눈썹의 길이는 콧망울과 눈동자를 잇는 연장선상에 눈썹 꼬리가 위치하는 것이다.

정답 해설 눈썹의 길이는 콧망울과 눈꼬리를 잇는 연장선상에 눈썹꼬리가 위치하는 것이다.

07 다음 중 다이아몬드형 얼굴형의 수정으로 옳은 것은?

① 양쪽 이마부분과 관자놀이 부분을 넓어 보이게 처리하고 턱 양쪽부분의 각과 이마 중심부를 쉐이딩 처리하여 좁아 보이도록 한다.
② 이마 중심부 끝과 턱중심부 끝, 광대뼈부분의 튀어나온 부분은 쉐이딩 처리하고 이마 양쪽부분과 볼은 하이라이트 처리하여 넓어보이게 한다.
③ 이마와 턱은 하이라이트 처리하여 길어 보이게 하고 양쪽 튀어나온 부분은 쉐이딩 처리하여 좁아 보이도록 한다.
④ 아래턱 끝 부분은 쉐이딩 처리하여 좁아 보이도록 하고 광대뼈 부분의 튀어나온 부분은 하이라이트 처리한다.

정답 해설 다이아몬드형의 얼굴 수정은 이마 끝과 턱끝, 광대뼈의 튀어나온 부분은 쉐이딩 처리하고 이마 양쪽부분과 볼은 하이라이트 처리하여 넓어보이게 한다.

08 다음 중 사각형의 얼굴형에 가장 어울리지 않는 눈썹은?

① 각진 눈썹   ② 아치형 눈썹
③ 화살형 눈썹   ④ 곡선적인 눈썹

정답 해설 사각형의 각진 얼굴에는 각진 눈썹이 가장 어울리지 않는 눈썹이다.

09 눈두덩이 들어간 눈의 경우 아이섀도우 표현으로 가장 옳은 것은?

① 펄감이 있는 색상으로 눈머리와 눈꼬리를 발라준다.
② 눈두덩 전체를 차가운 색으로 발라준다.
③ 어두운 색이나 차가운 색을 사용하여 아이 홀 부분에 발라 준다.
④ 밝은 색이나 펄감이 있는 색상으로 아이 홀 부분에 발라준다.

정답 해설 눈두덩이 들어간 눈은 밝은 색이나 펄감이 있는 색상으로 아이 홀 부분에 발라주어 눈두덩이 돌출되어 보이도록 해야 한다.

10 다음 중 아이라인으로 너무 강조하지 않는 것이 좋은 눈은?

① 큰 눈의 경우 　　　　② 작은 눈의 경우
③ 처진 눈의 경우 　　　④ 가는 눈의 경우

정답해설 큰 눈의 경우는 아이라인이 강조되지 않는 것이 좋다.

11 다음 중 파운데이션의 사용 기법에 대한 내용으로 옳지 않은 것은?

① 메이크업 베이스를 바른 이후에 파운데이션을 펴 바른다.
② O존와 T존 부분은 주름이 쉽게 지게 되므로 두껍게 바른다.
③ 확장과 축소부분을 고려한 파운데이션의 색과 피부를 고려한 타입을 선택한다.
④ 소량씩 여러 번 두드리듯 발라 주는 것이 더 오래 유지될 수 있다.

정답해설 O존(눈과 입 주위)과 T존(이마 중심과 콧등) 부분은 주름이 쉽게 지게 되므로 얇게 꼼꼼히 바른다.

12 다음 중 치크 메이크업에 사용되는 기법의 내용으로 틀린 것은?

① 한 방향, 양 방향, 원형터치 등이 활용된다.
② 선이 생기지 않도록 해야 한다.
③ 짙은 부분에서 점차 옅게 펴 바르며 피부와 색감이 자연스럽게 연결되도록 해야 한다.
④ 긴 얼굴형일 경우 귀에서 코나 입쪽을 향하는 세로 터치를 하는 것이 좋다.

정답해설 긴 얼굴형일 경우 귀에서 눈머리 쪽을 향한 가로터치를 하는 것이 좋다.

13 다음 중 가시광선의 파장의 범위로 옳은 것은?

① 380nm~780nm 　　② 280nm~320nm
③ 780nm~870nm 　　④ 870nm~900nm

정답해설 가시광선의 파장 범위는 380nm~780nm이다.

14 다음 중 색의 보여짐을 결정하는 광원의 성질을 무엇이라고 하는가?

① 연색성 　　　　② 혼합성
③ 조건성 　　　　④ 희소성

정답해설 색의 보여짐을 결정하는 광원의 성질을 연색성이라고 한다.

15 다음 중 톤의 개념을 가장 잘 설명한 것은?

① 색상에 명도와 채도를 포함한 복합적인 개념
② 색상에 명도가 강조된 개념
③ 색상에 채도가 강조된 개념
④ 색상에 무채색을 강조한 복합적인 개념

정답해설 톤은 색상에 명도와 채도가 합쳐진 복합적인 개념이다.

16 다음 중 메이크업 베이스의 색상 선택으로 가장 옳은 것은?

① 피부색과 관계없이 좋아하는 색상을 선택한다.
② 피부색과 유사한 색상을 선택하는 것이 바람직하다.
③ 피부색과 보색관계에 있는 색상을 선택하는 것이 바람직하다.
④ 연령별 색상을 선택하는 것이 바람직하다.

정답해설 메이크업 베이스의 색상은 피부색과 보색관계에 있는 색상을 선택하는 것이 바람직하다.

17 다음 중 부채모양의 브러시로 여분의 파우더를 털어낼 때 사용되는 브러시는?

① 스크루 브러시(Screw brush)
② 파운데이션 브러시(Foundation brush)
③ 팬 브러시(Fan brush)
④ 아이 섀도우 브러시(Eye shadow brush)

정답해설 팬 브러시(Fan brush)는 부채모양의 브러시로 여분의 파우더를 털어낼 때 사용되는 브러시이다.

18 다음 중 파운데이션의 종류에 포함되지 않는 것은?

① 베이스 컬러 　　　② 컨실러
③ 스킨커버 　　　　④ 팬 케익

정답해설 파운데이션의 종류에 베이스 컬러는 포함되지 않는다.

19 아이브로우 메이크업의 종류와 기능으로 옳지 않은 것은?

① 펜슬타입은 연필타입으로 눈썹에 자극 없이 메우듯 부드럽게 그릴 수 있다.
② 샤프타입은 깎는 번거로움이 없이 돌리면 나오는 방식으로 실용적이다.
③ 섀도우타입은 펜슬타입보다 부자연스러운 눈썹표현이 된다.
④ 케이크타입은 지속성이 좋으나 섬세한 기술이 필요하다.

정답해설 섀도우타입은 펜슬타입보다 자연스러운 눈썹표현이 된다.

20 다음 중 일반적인 색조화장의 순서로 옳은 것은?

① 메이크업 베이스 – 파우더 – 파운데이션 – 아이섀도우 – 아이라인 – 마스카라 – 립 메이크업
② 메이크업 베이스 – 파운데이션 – 파우더 – 아이섀도우 – 아이라인 – 마스카라 – 립 메이크업
③ 파운데이션 – 파우더 – 메이크업 베이스 – 아이섀도우 – 아이라인 – 마스카라 – 립 메이크업
④ 메이크업 베이스 – 파운데이션 – 파우더 – 립 메이크업 – 아이라인 – 마스카라 – 아이섀도우

정답해설 일반적으로 메이크업 베이스 – 파운데이션 – 파우더 – 아이섀도우 – 아이라인 – 마스카라 – 립 메이크업의 순이다.

21 다음 중 여름철 메이크업의 특징으로 적당하지 않은 것은?

① 비격식 화장
② 자외선으로부터 보호
③ 방수효과에 중점
④ 눈과 입이 모두 강조되는 투 포인트 메이크업

22 얼굴형별 메이크업에서 사각형, 삼각형, 역삼각형, 다이아몬드형 등의 각진 얼굴형에 립 메이크업 라인의 공통점으로 옳은 것은?

① 부드러운 처진선
② 차가운 각진선
③ 부드러운 곡선
④ 크게 보이는 외각선

23 나이트 메이크업(Night makeup)에서 베이스 메이크업의 표현으로 가장 옳은 것은?

① 약간의 두께감과 커버력이 있게 표현하며 입체감을 강하게 표현한다.
② 얇은 두께감으로 커버력이 약하게 하며 자연스러운 표현이 되게 한다.
③ 약간의 두께감은 있게 하고 입체감은 약하게 표현한다.
④ 메이크업에서 라인이 강조되지 않도록 하며 대비색상은 없도록 한다.

24 웨딩메이크업(Wedding makeup)에 대한 내용으로 틀린 것은?

① 신부 메이크업은 이미지를 고려한 아름다움이 되어야 한다.
② 신랑 메이크업은 자연스러움이 고려된 메이크업이 되어야 한다.
③ 신부 메이크업은 화장의 지속시간이 고려되어야 한다.
④ 신랑 메이크업은 입체감을 위해 베이스를 두껍게 표현한다.

25 흑백광고 사진 메이크업에서 베이스 메이크업에 대한 내용으로 옳지 않은 것은?

① 분홍빛 베이스 메이크업은 피부를 밝게 보이게 한다.
② 유분기를 제거하는 메이크업이 되어야 한다.
③ 충분한 파우더로 지속력을 높인다.
④ 촬영 시 반사가 일어나지 않도록 해야 한다.

26 피부의 진피층을 구성하고 있는 단백질은?

① 알부민
② 콜라겐
③ 글로블린
④ 시스틴

27 피지선의 노화현상을 나타낸 것으로 옳은 것은?

① 피부중화 능력이 상승된다.
② 피지분비가 감소된다.
③ 피지의 분비가 많아진다.
④ pH의 산성도가 강해진다.

28 일반적으로 피부는 대략 며칠을 주기로 생성과 사멸을 반복하는가?

① 18일
② 28일
③ 38일
④ 48일

29 피부의 색소 중 표피에 진피의 동맥성 모세혈관이 얇게 비쳐 보여 붉은 혈색을 나타내는 것은?

① 카로틴
② 알부민
③ 헤모글로빈
④ 멜라닌

30 피지와 땀의 분비 저하로 유, 수분의 균형이 정상적이지 못하고, 피부결이 얇으며 탄력 저하와 주름이 쉽게 형성되는 피부는?

① 건성 피부
② 지성 피부
③ 이상 피부
④ 민감 피부

31 피부 노화인자 중에서 외부인자가 <u>아닌</u> 것은?

① 나이　　　　　　② 자외선
③ 산화　　　　　　④ 건조

정답해설 노화 원인 중 나이는 내부인자이다.

32 다음 중 아스코르브산이라 불리는 항산화 비타민은?

① 비타민K　　　　② 비타민C
③ 비타민B　　　　④ 비타민A

정답해설 비타민C(아스코르빈산)를 항산화 비타민 아스코르브산이라 부른다.

33 공중보건의 3대 요소에 포함되지 <u>않는</u> 것은?

① 감염병 치료　　　② 감염병 예방
③ 건강과 능률의 향상　④ 수명 연장

정답해설 공중보건은 예방과 증진이지 치료차원이 아니다.

34 잉어, 참붕어, 피라미 등 민물고기의 생식으로 주로 감염될 수 있는 것은?

① 구충증　　　　　② 폐흡충증
③ 유구조충증　　　④ 간흡충증

정답해설 간디스토마(간흡충증)의 제1중간숙주는 왜우렁이, 제2중간숙주는 잉어, 참붕어, 피라미이다.

35 어패류 등의 생식이 원인이 되어 주로 여름철에 발병하며 급성 장염 등의 증상이 나타나는 식중독은?

① 도상구균 식중독　　② 보툴리누스균 식중독
③ 장염비브리오 식중독　④ 병원성대장균 식중독

정답해설 장염비브리오 식중독은 어패류의 생식이 원인이 되어 급성 장염 증상이 나타난다.

36 감염병의 전파예방상 환경위생의 개선으로 인한 의미가 가장 <u>적은</u> 것은?

① 장티푸스　　　　② 유행성 이하선염
③ 콜레라　　　　　④ 세균성 이질

정답해설 장티푸스, 콜레라, 세균성이질은 환경을 개선하면 전파가 차단될 수 있는 감염병이다.

37 B.C.G는 어느 질병의 예방방법인가?

① 홍역　　　　　　② 결핵
③ 천연두　　　　　④ 임질

정답해설 BCG는 생후 4주 이내에 접종하는 결핵의 예방방법이다.

38 그림자가 가장 뚜렷이 나타날 수 있는 조명방법은?

① 간접조명　　　　② 반직접조명
③ 반간접조명　　　④ 직접조명

정답해설 직접조명법은 직접적으로 비추는 것으로 그림자가 가장 뚜렷하게 나타난다.

39 다음 중 감염병 질환이 <u>아닌</u> 것은?

① 폴리오　　　　　② 풍진
③ 성병　　　　　　④ 당뇨병

정답해설 당뇨병은 성인병으로 감염되는 감염병은 아니다.

40 소독에 관한 내용의 설명이 가장 잘 표현된 것은?

① 소독과 방부, 멸균은 같은 의미로 사용된다.
② 소독은 멸균된 상태를 뜻한다.
③ 소독으로 방부가 가능하나 멸균을 의미하지는 않는다.
④ 소독과 방부는 같은 뜻으로 사용된다.

정답해설 소독은 병원미생물의 생활력을 파괴, 멸살시켜서 감염, 증식력을 없애지만 세균의 포자에까지는 작용 못한다.

41 하수도 주위에 주로 사용되는 소독제는?

① 포르말린   ② 역성비누
③ 과망간산칼슘   ④ 생석회

하수도 주변이나 화장실의 분변의 소독제로 생석회가 효과적이다.

42 가죽제품의 소독법으로 가장 알맞은 것은?

① 건열소독   ② 약품소독법
③ 증기소독   ④ 비누소독

가죽제품의 소독은 약품에 의한 소독이 적당하다.

43 살아있는 세포에서만 증식하며 크기가 가장 작아서 전자현미경으로만 관찰이 가능한 것은?

① 구균   ② 간균
③ 원생동물   ④ 바이러스

바이러스는 살아있는 세포내에서만 증식하며 가장 작아 전자현미경으로만 관찰이 가능하다.

44 95%의 에틸 알코올 200cc를 70% 정도의 에틸 알코올로 만들어서 소독용으로 사용하려고 할 때 얼마의 물을 더 첨가해야 되는가?

① 약 140cc   ② 약 50cc
③ 약 70cc   ④ 약 25cc

95−70=25, 70:25=200:X, X=(25×200)/70≒71.4

45 자비소독시 금속제품의 녹슴을 방지하는데 효과적인 약품은?

① 1~2%의 염화칼슘   ② 1~2%의 승홍수
③ 1~2%의 탄산나트륨   ④ 1~2%의 알코올

탄산나트륨(NaCO₃) 1~2% 넣으면 금속부식을 방지한다.

46 단백질 응고작용과 가장 관계가 <u>없는</u> 것은?

① 포르말린   ② 알코올
③ 과산화수소   ④ 석탄산

석탄산, 승홍수, 알코올, 포르말린은 균체의 원형질 중 단백질의 변성을 이용한 것이다.

47 공중위생관리법의 공중위생영업을 가장 잘 표현한 것은?

① 다수인에게 공중위생을 준수하여 시행하는 영업
② 다수인을 대상으로 위생관리 서비스를 제공하는 영업
③ 영업공중에게 위생적으로 관리하는 영업
④ 공중위생서비스를 전달하는 영업

공중위생영업은 다수인을 대상으로 위생관리 서비스를 제공하는 영업이다.

48 위생서비스 평가에 따른 위생관리등급 별 영업소에 대한 위생감시를 실시해야 하는 자는?

① 보건복지부장관   ② 노동부장관
③ 행정자치부장관   ④ 법무부장관

위생서비스 평가결과에 따른 등급별 위생감시기준은 보건복지부장관의 업무이다.

49 이 · 미용업의 신고에 대한 내용으로 가장 옳은 것은?

① 이 · 미용사 면허를 받은 사람만 신고할 수 있다.
② 일반인 누구나 신고할 수 있다.
③ 이 · 미용업무 실무경력 1년 이상인 자만 신고할 수 있다.
④ 미용사자격증을 소지해야 신고할 수 있다.

이 · 미용업의 신고는 면허를 받은 자만 할 수 있다.

50 공중위생영업자가 지위를 승계한 경우 시장 · 군수 · 구청장에게 언제까지 신고해야 하는가?

① 20일 이내   ② 1월 이내
③ 2월 이내   ④ 3월 이내

승계한 지 1개월 이내에 신고하여야 한다.

51 공중위생영업자가 중요한 사항을 변경하고자 할 경우 시장·군수·구청장에게 취해야 하는 절차는?

① 통보 　　　　　　② 인가
③ 신고 　　　　　　④ 허가

정답해설 주요 사항의 변경 시 변경신고를 해야 한다.

52 법령위반자에 대해 행정처분을 하려고 할 경우 청문을 실시해야 하는데 청문대상이 <u>아닌</u> 것은?

① 영업소 폐쇄명령을 하고자 할 때
② 면허를 취소하고자 할 때
③ 면허를 정지하고 할 때
④ 벌금을 책정하고자 할 때

정답해설 청문을 실시할 수 있는 경우는 면허취소 및 정지, 명령 등의 처분을 하고자 할 때이다.

53 이·미용사가 면허증을 타인에게 대여한 경우의 1차 위반 행정처분기준은?

① 업무정지 1월 　　　② 면허정지 6월
③ 면허정지 3월 　　　④ 영업정지 2월

정답해설 면허증을 대여한 경우 1차에 면허정지 3월, 2차에 면허정지 6월, 3차에 면허취소이다.

54 피부관리 제품 성분 중 청량감과 수렴효과를 가지는 것은?

① 아줄렌 　　　　　　② 비사볼롤
③ 카모마일 추출물 　　④ 알코올

정답해설 알코올(에탄올)은 청량감과 수렴효과를 가지며 아줄렌, 카모마일 추출물, 비사볼롤은 진정 효과를 가진다.

5 화장품의 4대 요건과 내용이 옳지 <u>않게</u> 연결된 것은?

① 안전성 - 보관 시 일광에 노출이 없을 것
② 안정성 - 보관 시 변질이나 변색 및 미생물오염이 없을 것
③ 사용성 - 사용감이 좋고 잘 스며들 것
④ 유효성 - 적절한 보습, 노화억제, 미백, 자외선 차단, 세정, 색채효과를 부여할 것

정답해설 안전성- 피부에 자극, 독성, 알러지 반응이 없을 것이다.

56 다음 중 계면활성제에 대한 설명으로 <u>틀린</u> 것은?

① 둥근 머리모양이 친수성기이다.
② 물과 기름의 경계면인 계면의 성질을 변화시킬 수 있는 특성이 있다.
③ 자극은 양이온성>음이온성>양쪽성>비이온 순이다.
④ 양이온성은 비누, 샴푸, 클렌징폼 등에 사용된다.

정답해설 양이온성은 헤어린스, 헤어트리트먼트에 사용된다.

57 다음 중 부향률의 순서로 옳은 것은?

① 퍼퓸>오데퍼퓸>샤워코롱>오데토일렛>오데코롱
② 퍼퓸>오데퍼퓸>오데토일렛>오데코롱>샤워코롱
③ 퍼퓸>오데토일렛>오데코롱>오데퍼퓸>샤워코롱
④ 퍼퓸>오데토일렛>오데퍼퓸>샤워코롱>오데코롱

정답해설 퍼퓸>오데퍼퓸>오데토일렛>오데코롱>샤워코롱의 순이다.

58 화장품 제조의 주요 기술 중 메이크업 화장품에 주로 사용되며 고체입자를 물에 균등히 퍼지게 하는 제조 방법은?

① 유화 　　　　　　② 분산
③ 세정 　　　　　　④ 가용화

정답해설 분산은 메이크업 화장품에 사용되는 제조방법이며 고체 입자를 물에 균등히 분산시키는 제조방법이다.

59 화장품에 대한 내용으로 <u>틀린</u> 것은?

① 사용되는 성분은 정제수, 알코올, 오일, 왁스, 계면활성제, 보습제, 방부제, 색소 등이다.
② 성분은 크게 수성성분과 유성성분으로 나눌 수 있다.
③ 보습제의 기능은 수분공급과 유지작용이다.
④ 수성성분 중 대표적인 것은 왁스로 보습의 기능을 갖는다.

정답해설 글리세린은 수성성분 중 대표적인 것으로 보습의 기능을 갖는다.

60 캐리어 오일(Carrier Oil) 중 액상 왁스에 속하며 피부 친화성이 좋고 보존 안정성이 높은 것은?

① 맥아 오일 　　　　② 아몬드 오일
③ 호호바 오일 　　　④ 아보카도 오일

정답해설 호호바 오일은 액상 왁스로 피부 친화성이 좋으며 식물성 오일에 비해 쉽게 산화되어 보존 안정성이 높다.

적중 적중 모의고사 8회 분

01 다음 중 일반적인 메이크업의 정의로 옳지 <u>않은</u> 것은?

① 화장품이나 도구의 사용으로 신체의 장점을 부각하고 단점을 수정하고 보완하는 미적 행위이다.
② 얼굴을 관리하여 아름답게 꾸미고 원하는 얼굴로 만드는 작업을 의미한다.
③ 기초적인 화장과 색의 강·약 정도로 얼굴을 표현하는 화장을 의미한다.
④ 분장은 메이크업에 포함시키지 않는다.

> **정답 해설** 일반적인 메이크업의 정의에는 기초화장, 색조화장을 말하며 분장은 색조화장에 포함시킨다.

02 메이크업의 기원에 대한 추정으로 옳지 <u>않은</u> 것은?

① 벽화　　　　　② 토우
③ 안면채색　　　④ 청동기 시대

> **정답 해설** 구석기시대 집단생활을 하기 시작한 때부터 메이크업(화장을 한 것)으로 추정해 볼 수 있다.

03 다음 중 메이크업의 일반적인 영역에 의한 분류로 볼 수 <u>없는</u> 것은?

① 기본 메이크업　　② 미디어 메이크업
③ 출장 메이크업　　④ 웨딩 메이크업

> **정답 해설** 일반적인 영역은 기본, 웨딩, 미디어 메이크업으로 나누어 살펴볼 수 있다.

04 우리나라 관의 허가에 의해 판매되었던 분화장품은?

① 서가분　　　② 동가분
③ 박가분　　　④ 백가분

> **정답 해설** 박가분이 관의 허가에 의해 판매되었던 분화장품이다.

05 서양의 메이크업 역사에서 화장이 장식화, 대담화, 특이함의 형태가 나타났던 시대로 눈에 꽃모양의 포인트를 그려주기도 한 년도는?

① 1940년대　　② 1960년대
③ 1970년대　　④ 1980년대

> **정답 해설** 1960년대 화장은 더욱 장식화 되고 극단적으로 대담해 졌으며 평범하지 않은 특이함이 주목 받았고 눈에 꽃을 닮은 형태의 포인트를 그려주기도 했다.

06 다음 중 이상형의 얼굴로 얼굴 형태에서 수정 메이크업이 필요치 <u>않은</u> 얼굴형은?

① 타원형　　　② 둥근형
③ 사각형　　　④ 다이아몬드형

> **정답 해설** 얼굴형의 기본으로 이상형의 얼굴은 타원형이며 얼굴형태 수정 메이크업은 필요치 않다.

07 일반적인 메이크업에서 아이 섀도우의 언더 컬러를 바르는 범위는?

① 눈머리에서 1/2　　② 눈꼬리에서 1/3
③ 눈머리에서 1/3　　④ 눈꼬리에서 1/4

> **정답 해설** 일반적인 메이크업의 언더 컬러는 눈꼬리에서 눈머리 쪽으로 1/3지점까지 바르는 것이 적당하다.

08 다음 중 둥근 얼굴에 가장 적합한 눈썹은?

① 아치형 눈썹　　　② 짧은 눈썹
③ 눈썹산이 각진 눈썹　④ 눈썹머리를 강조한 눈썹

> **정답 해설** 둥근 얼굴은 눈썹산이 각진 눈썹이 얼굴형 보완에 효과적이다.

09 다음 중 둥근 얼굴에 어울리는 치크 테크닉으로 가장 옳은 것은?

① 볼 뼈를 중심으로 둥글게 터치
② 귀앞 중심부에서 인중을 향해 터치
③ 귀앞 중심부에서 콧망울을 향해 터치
④ 귀앞 중심부을 둥들게 터치

> **정답 해설** 둥근 얼굴의 치크는 귀앞 중심부에서 구각보다 위쪽인 인중을 향해 터치하여 가로선으로 표현되는 것이 좋다.

10 다음 중 아이 섀도우 표현에서 베이스 색상으로 펄감이 붉은색 계열의 섀도우를 피해야 하는 눈은?

① 눈두덩이 나온 눈　② 눈두덩이 들어간 눈
③ 올라간 눈　　　　④ 작은 눈

> **정답 해설** 눈두덩이 나온 눈은 펄감이나 붉은색 계열의 섀도우는 피하는 것이 좋다.

11 입술 구각을 1~2mm정도 올려 그려주고 윗입술은 스트레이트 커브, 아랫입술은 아웃커브로 처리해 입꼬리가 올라가 보이게 해야 하는 입술은?

① 큰 입술　　　　　　　　② 입 꼬리가 처진 입술
③ 얇은 입술　　　　　　　④ 입술산이 흐린 입술

12 다음 중 메이크업 베이스의 사용 내용으로 틀린 것은?

① 사람의 여러 존을 고려한 색과 타입을 결정한다.
② 조금 씩 찍어 바른 다음 잘 펴 바른다.
③ 건성피부는 메이크업 베이스를 생략하는 것이 좋다.
④ 피부 결의 방향으로 안에서 밖으로 발라준다.

13 빛의 파장에 의해 나타난 색의 띠를 프리즘을 이용하여 합치면 얻을 수 있는 색광은?

① 백색광　　　　　　　　② 흑색광
③ 녹색광　　　　　　　　④ 황색광

14 다음 중 보색끼리의 색으로 옳지 않은 것은?

① 오렌지색과 청색　　　　② 녹색과 빨간색
③ 보라색과 노란색　　　　④ 연두색과 초록색

15 다음 중 색채의 심리효과에 대한 내용으로 틀린 것은?

① 온도감은 색에 의해 따뜻함, 차가움, 중간 정도의 온도감을 느낄 수 있다는 것이다.
② 시간성은 색에 의해 시간의 연속성이 나타난다는 것이다.
③ 중량감은 색에 의해 무게감을 느낄 수 있다는 것이다.
④ 경연감은 색에 따라 딱딱한 정도를 느낄 수 있다는 것이다.

16 다음 중 메이크업에 사용되는 스펀지(Sponge)에 대한 내용으로 옳지 않은 것은?

① 바르는 부위에 맞추어 잘라 쓴다.
② 영구적인 사용으로 사용 후에는 세척 없이 말려둔다.
③ 종류에는 라텍스 스펀지, 합성 스펀지, 해면 스펀지가 있으며 형태는 다양하다.
④ 좁은 부위의 사용은 각진 면을 이용한다.

17 파운데이션의 색상 중 얼굴을 작게 하기 위한 컬러의 용어로 옳은 것은?

① 쉐이딩 컬러　　　　　　② 하이라이트 컬러
③ 베이스 컬러　　　　　　④ 화이트 컬러

18 파운데이션 색상을 고르는 방법으로 옳은 것은?

① 뺨과 코에 발라보고 색상테스트는 종이위에 발라본다.
② 뺨과 목 부분에 발라보고 색상 테스트는 손목 안쪽에 발라본다.
③ 이마와 턱에 발라보고 색상 테스트는 손가락 위에 발라 본다.
④ 이마와 코에 발라보고 색상 테스트는 손등에 발라본다.

19 다음 중 아이브로우 메이크업의 기능으로 틀린 것은?

① 얼굴의 형태를 바꿀 수 있다.
② 얼굴 표정을 변화시킨다.
③ 얼굴의 균형을 맞춰준다.
④ 얼굴형과 눈매를 보완할 수 있다.

20 다음 중 기초 화장에서 마지막 단계에 바르는 것으로 가장 적합한 것은?

① 스킨　　　　　　　　　② 에센스
③ 로션　　　　　　　　　④ 선크림

21 여름철 베이스 메이크업의 활용으로 옳지 <u>않은</u> 것은?

① 다갈색피부 표현이나 산뜻한 느낌의 피부표현을 한다.
② 메이크업 베이스를 얇게 사용한다.
③ 파우더 파운데이션을 두껍게 바른다.
④ 가벼운 느낌을 연출한다.

22 얼굴형별 메이크업에서 역삼각형의 메이크업으로 가장 옳은 것은?

① 이마의 양쪽에 하이라이트를 주고 턱 중앙도 하이라이트를 준다.
② 베이스는 뾰족한 턱끝과 넓은 이마의 양쪽에 쉐이딩 한다.
③ 눈썹은 길게 각지게 그려준다.
④ 입술은 작고 얇게 그리며 짙은 색상을 사용한다.

23 다음 중 데이 메이크업(Day makeup)에 대한 내용으로 가장 옳지 <u>않은</u> 것은?

① 자연스럽게 보이는 화장을 해야 한다.
② 중명도, 저채도의 색상이 좋다.
③ 베이스 메이크업은 입체감을 살리는 것이 자연스럽다.
④ 베이스 메이크업은 액상타입을 사용하는 것이 좋다.

24 다음 중 신부 메이크업의 아이 섀도우 메이크업에 대한 내용으로 옳지 <u>않은</u> 것은?

① 여러 번 덧발라 지속성과 발색력을 좋게 한다.
② 이미지보다는 무조건 화사함을 주는 색을 사용한다.
③ 단계적인 그라데이션으로 섬세한 입체감을 살린다.
④ 색상은 화사한 핑크계열이나 오렌지 계열이 좋다.

25 다음 중 컬러광고 사진 메이크업의 베이스 메이크업으로 옳지 <u>않은</u> 것은?

① 메이크업 베이스는 피부톤에 맞게 소량을 바른다.
② 파운데이션은 밝은 조명에 의해 한 톤 밝게 표현된다.
③ 지속력이 우수하고 커버력이 좋은 스틱 파운데이션이나 팬케익을 사용한다.
④ 배경색보다 본인의 피부색을 찾아 표현한다.

26 광노화의 현상으로 틀린 것은?

① 면역성감소   ② 색소침착
③ 표피두께 증가   ④ 탄력증가

27 노화 피부에 따른 화장품에서 멜라닌 생성 저해제가 <u>아닌</u> 것은?

① 바타민 D   ② 코직산
③ 하이드로퀴논   ④ 알부틴

28 다음 중 피부의 기능에 따른 설명으로 옳지 <u>않은</u> 것은?

① 피부는 외부의 온도를 감지하고 흡수한다.
② 영양분교환 기능은 자외선을 받아 비타민 D로 전환된다.
③ 보호기능은 피부표면의 산성막으로 박테리아의 감염이나 미생물의 침입을 막는 것이다.
④ 저장기능은 신체 중 가장 큰 저장기관인 진피조직에서 각종 영양분과 수분을 보유한다.

29 피부표피층에서 멜라노사이트(Melanocyte)가 분포되어 있는 곳은?

① 각질층   ② 투명층
③ 유극층   ④ 기저층

30 다음 중 피부의 면역에 관한 설명이 옳은 것은?

① 표피의 각질형성세포는 면역조절과 관련이 없다.
② T림프구는 항원전달 세포이다.
③ B림프구에서 면역글로불린이라는 항체를 생성한다.
④ 세포성 면역에는 소체, 항체 등이 있다.

31 다음 중 비타민에 대한 설명 중 <u>틀린</u> 것은?

① 비타민 C의 많은 양이 피부에서 합성된다.
② 비타민 A를 통칭하는 용어는 레티노이드이다.
③ 비타민 A 결핍으로 피부가 건조해지고 거칠어진다.
④ 교원질 형성에 중요한 역할을 하는 것은 비타민 C이다.

> **정답 해설** 비타민 D의 많은 양이 피부에서 합성된다.

32 다음 중 자외선B(UV-B)의 파장 범위는?

① $200 \sim 250nm$ ② $250 \sim 280nm$
③ $290 \sim 320nm$ ④ $350 \sim 400nm$

> **정답 해설** 자외선B(UV-B)의 파장 범위는 $290 \sim 320nm$의 중파장 자외선이다.

33 감염병 관리상 어려움이 있으며 가장 중요하게 취급해야 할 대상자로 옳은 것은?

① 현성환자   ② 건강 보균자
③ 회복기 보균자   ④ 잠복기 환자

> **정답 해설** 건강 보균자는 병의 증상 없이 건강해 보이는데 균을 배출하는 사람이므로 색출이 어려워 관리상 중요하게 취급되어야 한다.

34 다음 기생충의 감염 중 주로 송어와 연어 등의 생식에 의해 감염될 수 있는 것은?

① 간흡충증   ② 무구조충증
③ 긴촌충증   ④ 폐흡충증

> **정답 해설** 송어나 연어의 생식으로 감염되는 것은 긴촌충증(광절열두조충증)이다.

35 다음 중 영아사망률의 계산 공식에 들어가는 내용으로 옳은 것은?

① 그해의 1~4세 사망자수와 총 인구
② 그해의 생후 30일 이내의 사망아 수와 어느 해의 연간 출생아수
③ 연간 출생아수와 총 인구
④ 그해의 1세 미만 사망자수와 어느 해의 연간 출생아수

> **정답 해설** 그 해의 1세 미만 사망자수/ 어느 해의 연간 출생아수 ×1000 (출생 1000명에 대한 생후 1년 미만의 사망 영유아 수이다).

36 세계보건기구(WHO)에서 규정한 보건행정의 범위에 포함되지 <u>않는</u> 것은?

① 만성병 관리   ② 보건간호
③ 환경위생   ④ 감염병 관리

> **정답 해설** WHO 보건행정 범위는 보건관련 통계의 수집, 분석, 보존, 보건교육, 환경위생, 의료서비스, 보건간호, 모자보건, 감염병관리는 보건행정의 범위에 들지만 만성병 관리는 속하지 않는다.

37 다음 중 절지동물에 의한 감염병이 <u>아닌</u> 것은?

① 페스트   ② 탄저
③ 발진티푸스   ④ 유행성 일본뇌염

> **정답 해설** 절지동물은 등뼈가 없는 무척추동물로 몸과 다리에 마디가 있는 동물 무리를 말한다. 탄저는 돼지나 소, 말에 의해 매개되는 감염병이다.

38 다음 중 공기의 자정작용 현상이라고 할 수 <u>없는</u> 것은?

① 자외선에 의한 살균작용
② 산화작용
③ 공기 자체의 희석작용
④ 식물의 이산화탄소의 생산작용

> **정답 해설** 공기의 자정작용에는 산화작용, 강력한 희석력, 강우에 의한 용해성 가스의 용해 흡수와 부유물 미립물의 세척, 태양광선에 의한 살균 정화, 식물의 이산화탄소 흡수, 산소 배출에 의한 정화작용이 있다.

39 다음 중 제 4군 법정 감염병에 속하는 것은?

① 세균성 이질   ② 황열
③ 디프테리아   ④ 장티푸스

> **정답 해설** 황열은 제 4군 감염병이다.

40 일반적으로 소독용 승홍수의 희석 농도는?

① $1 \sim 3\%$ ② $2 \sim 5\%$
③ $5 \sim 8\%$ ④ $0.1 \sim 0.5\%$

> **정답 해설** 승홍수의 희석농도는 $0.1 \sim 0.5\%$ 정도이다.

41 습열소독인 자비 소독에 사용하는 물의 온도 및 시간은?

① 150℃에서 30분간
② 135℃에서 60분간
③ 100℃에서 20분간
④ 1000℃에서 20분간

> 정답 해설 자비소독은 100℃에서 15~20분간 물에 넣어 끓이는 것이다.

42 호기성 세균이 <u>아닌</u> 것은?

① 백일해균
② 디프테리아균
③ 파상풍균
④ 결핵균

> 정답 해설 호기성 세균은 산소가 필요한 균으로 결핵균, 백일해균, 디프테리아균, 녹농균 등이 있으며 파상풍균은 혐기성균이다.

43 세균증식에 가장 적합한 최적 수소이온 농도는?

① pH 2.5 ~ 4.5
② pH 6.0 ~ 8.0
③ pH 9.0 ~ 12.0
④ pH 12.0 ~ 15.5

> 정답 해설 pH 7.0이 중성이며 세균증식의 최적 수소이온 농도는 중성의 범위에 있다.

44 석탄산 10% 용액 400mL를 2% 용액으로 만들고자 할 때 첨가해야 하는 물의 양은?

① 1200mL
② 1400mL
③ 1600mL
④ 1800mL

> 정답 해설 용질/400mL×100 = 10%, 용질은 40
> 40/용액×100 = 2%, 용액은 2000mL
> 2000mL−400mL = 1600mL

45 이·미용실에서 주로 사용하는 타월의 소독을 확실하게 하지 않았을 때 발생할 수 있는 감염병은?

① 장티푸스
② 트라코마
③ 파라티푸스
④ 황열

> 정답 해설 타월로 인해 발병할 수 있는 감염병은 트라코마이다.

46 다음 중 석탄산 소독에 대한 내용으로 옳지 <u>않은</u> 것은?

① 금속성기구 소독에 부적합하다.
② 단백질을 응고시키는 작용이 있다.
③ 살균효과가 저온에서는 떨어진다.
④ 바이러스나 포자에 효과적이다.

> 정답 해설 석탄산 소독의 단점은 바이러스와 아포에 대해서는 효력이 없다.

47 다음 중 이·미용업 영업에서 과태료를 부과할 수 있는 대상이 아닌 자는?

① 무신고 영업자
② 위생관리 의무를 위반한 자
③ 관계공무원 출입·검사를 방해하는 자
④ 위생교육을 받지 않은 자

> 정답 해설 영업을 신고하지 않은 자는 과태료가 아닌 벌칙대상자로 1년 이하의 징역 또는 1천만원 이하의 벌금형이다.

48 다음 중 이·미용사 면허를 받을 수 <u>없는</u> 자는?

① 교육부장관이 인정하는 학교인 고등기술학교에서 10개월 이상 이·미용에 대한 소정의 과정을 이수한 자
② 고등학교에서 이·미용에 관련 학과를 졸업한 자
③ 국가기술자격법에 의해 시험에 응시해 이·미용사의 자격을 취득한 자
④ 전문대학이나 학위인정 학교에서 이·미용에 관한 학과를 졸업한 자

> 정답 해설 교육부장관이 인정하는 고등기술학교에서 1년 이상 이·미용에 관한 소정의 과정을 이수한 자는 면허를 받을 수 있다.

49 이·미용업자의 변경 신고사항에 포함되지 <u>않는</u> 것은?

① 영업소의 명칭 또는 상호 변경
② 대표자의 성명(법인의 경우에 한함)
③ 업소의 소재지 변경
④ 신고한 영업장 면적의 5분의 1 이상의 변경

> 정답 해설 변경 신고는 영업장 면적의 3분의 1 이상을 변경할 때이다.

50 다음 중 과징금 징수에서 기한 내에 과징금을 납부하지 아니하였을 경우에 이를 징수하는 방법은?

① 부가가치세 체납처분의 예에 의해 징수
② 지방세 체납처분의 예에 의해 징수
③ 종합소득세 체납처분의 예에 의해 징수
④ 공인법인세 체납처부의 예에 의해 징수

> 정답 해설 과징금 납부를 기피한 경우 지방세체납처분의 예에 따라 징수한다.

51 공중위생감시원을 둘 수 있는 곳으로 옳은 것은?

> ㉠ 광역시   ㉡ 도   ㉢ 특별시   ㉣ 군

① ㉡, ㉢
② ㉠, ㉢
③ ㉠, ㉡, ㉢
④ ㉠, ㉡, ㉢, ㉣

정답 해설 시, 도, 군, 구에 관계공무원의 업무를 위해 공중위생감시원을 둔다.

52 다음 중 이 · 미용 업소 내에 게시해야 하는 것이 <u>아닌</u> 것은?

① 개설자의 면허증 원본
② 이 · 미용업 신고증
③ 이 · 미용 요금표
④ 근무자의 면허증 원본

정답 해설 영업신고자(원장)의 면허증 원본이 게시되어야 하며 근무자의 면허증은 게시하지 않아도 된다.

53 다음 중 공중위생 영업소에 대해 위생서비스 평가의 계획을 수립하는 자는?

① 안전행정부장관
② 시 · 도지사
③ 교동부 장관
④ 시장 · 군수 · 구청장

정답 해설 시 · 도지사는 공중위생 영업소의 위생관리수준 향상을 위해 위생서비스 평가계획을 수립한다.

54 다음 중 화장품의 4대 요건이 <u>아닌</u> 것은?

① 사용성
② 안전성
③ 안정성
④ 기능성

정답 해설 화장품의 4대 요건은 안전성, 안정성, 사용성, 유효성이다.

55 다음 중 네일 에나멜(nail enamel)에 대한 내용으로 옳지 <u>않은</u> 것은?

① 사용목적은 손톱을 아름답게 하기 위함이다.
② 피막 형성제로는 톨루엔이 함유된 것을 사용한다.
③ 에나멜은 주로 니트로셀룰로오즈를 주성분으로 한다.
④ 안료가 배합되어 아름다운 색채를 부여하며 네일 컬러(nail color)라고도 한다.

정답 해설 에나멜의 피막 형성제로는 니트로셀룰로오즈가 사용된다.

56 에센셜 오일 중 햇빛에 노출되었을 때 색소 침착의 우려가 있어서 사용 시 유의해야 하는 오일은?

① 로즈마리
② 레몬
③ 라벤더
④ 티트리

정답 해설 레몬 에센셜 오일은 햇빛에 노출 시 색소 침착의 우려가 있어 사용 시 유의해야 한다.

57 다음 중 피부표면에 장벽을 만들어 물리적으로 자외선을 반사하고 분산하는 제품의 자외선 차단 성분은?

① 파라아미노안식향산(PABA)
② 벤조페논
③ 이산화티탄
④ 옥틸메톡시신나메이트

정답 해설 물리적 자외선 차단제(산란제)는 피부표면에 장벽을 만들어 자외선을 반사하고 분산하는 제품으로 산화아연(징크옥사이드), 이산화티탄(티타늄디옥사이드)이 있다.

58 다음 중 기초 화장품을 사용하는 목적으로 옳지 <u>않은</u> 것은?

① 피부정돈
② 피부보호
③ 세안
④ 피부결점 보완

정답 해설 기초 화장품의 사용목적은 세안, 피부정돈, 피부보호이며 피부 결점 보완은 색조 화장품의 목적에 해당된다.

59 일정기간 동안 안정한 상태로 유성 성분을 물에 균일하게 혼합시키는 화장품 제조기술은?

① 가용화
② 경화
③ 분산
④ 유화

정답 해설 유화기술은 유성성분을 물에 균일하게 혼합하는 기술로 많은 양의 유성성분을 물에 일정기간 안정한 상태로 균일하게 혼합되게 하는 기술이다.

60 다음 중 화장품 원료의 알코올에 대한 작용으로 틀린 것은?

① 피부에 자극을 줄 수도 있다.
② 흡수작용이 강해 건조의 목적으로 사용한다.
③ 소독작용이 있어 화장수나 양모제 등에 사용한다.
④ 다른 물질과 혼합해 녹이는 성질이 있다.

정답 해설 알코올은 휘발성이 강하고 피부에 청량감, 수렴작용, 소독과 살균효과가 있으나 피부를 건조시키는 목적으로 사용되지는 않는다.

Beautician

01 다음 중 메이크업의 기능과 연결이 틀린 것은?

① 미적 기능 – 아름다움을 추구하는 기능
② 미적 기능 – 미적 변화의 기능
③ 심리적 기능 – 관습, 예의, 직업을 표시하는 기능
④ 심리적 기능 – 소통의 심리적 기능

정답해설 관습, 예의, 직업을 표시하는 기능은 사회적 기능이다.

02 현행법령에 따른 미용업(화장·분장)의 영업에 포함되지 않는 것은?

① 눈썹 손질(의료기기나 의약품을 사용하지 아니하는)
② 화장
③ 분장
④ 피부관리

정답해설 현행법령에 따른 미용업(화장·분장)은 얼굴 등 신체의 화장·분장 및 눈썹손질(의료기기나 의약품을 사용하지 아니하는)을 하는 영업이다.

03 다음 중 기원설에서 장식설에 대한 설명으로 옳은 것은?

① 피부를 보호하는 차원에서 메이크업을 했다는 설이다.
② 매력을 발산하고 타인으로부터 위엄까지 있어 보이려고 했다는 설이다.
③ 사냥과 전쟁에서 승리하고자 메이크업을 했다는 설이다.
④ 색채나 문신을 새겨 장식을 하므로 우월성을 나타내려고 했다는 설이다.

정답해설 장식설은 원시 시대 나체에 색채나 문신을 새겨 장식을 하므로 우월성을 나타내려고 했다는 설이다.

04 다음 중 메이크업 종사자의 자세로 옳지 않은 것은?

① 예약시간 및 준비상태를 미리 파악한다.
② 안전규정과 수칙에 충실해야 한다.
③ 고객의 건강상태는 굳이 파악할 필요는 없다.
④ 고객에게 공정함과 공평함을 유지해야 한다.

정답해설 고객의 건강상태도 미리 파악되어야 한다.

05 삼국시대의 나라 중 곡선형의 짧은 눈썹에 둥근 얼굴을 선호하고 연지화장을 즐겼던 나라는?

① 고구려
② 백제
③ 고려
④ 신라

정답해설 고구려의 여인은 곡선형의 짧은 눈썹에 둥근 얼굴을 선호하고 연지화장을 즐겼다.

06 다음 중 이상적인 얼굴의 비율을 이야기할 때 얼굴의 가로와 세로 등분은 몇 등분으로 나누어 살펴보는가?

① 가로3 세로3
② 가로5 세로3
③ 가로3 세로5
④ 가로5 세로5

정답해설 이상적인 얼굴의 비율은 얼굴에서 가로 5등분, 세로 3등분에 의한 위치와 크기를 살펴보는 것이다.

07 다음 중 메이크업의 가장 기본적인 수정 방법으로 하이라이트에 대한 내용으로 옳지 않은 것은?

① 밝게 표현된다.
② 넓어 보인다.
③ 높아 보인다.
④ 작게 보인다.

정답해설 하이라이트는 밝고 넓고 높아 보이며 확대의 효과도 있으며 작게 보이는 효과는 쉐이딩 효과이다.

08 얼굴형에 따른 아이섀도우의 표현으로 가장 바람직하지 않는 것은?

① 둥근형 – 약간 눈꼬리가 올라간 느낌으로 발라준다.
② 긴형 – 가로선의 느낌으로 길게 발라준다.
③ 삼각형 – 눈의 윤곽이 넓어 보이게 발라준다.
④ 역삼각형 – 차가운 색상으로 발라준다.

정답해설 역삼각형 얼굴의 경우 날카롭게 보일 수 있어 차가운 색상보다는 따뜻한 색 계열로 발라주는 것이 효과적이다.

09 아이 섀도우 메이크업에서 큰 눈의 경우에 처리하는 방법으로 가장 옳지 않은 것은?

① 짙은 색보다는 옅은 색으로 자연스럽게 표현한다.
② 쌍꺼풀 라인을 어두운 컬러를 이용하여 표현한다.
③ 포인트 컬러도 약하게 처리하는 것이 좋다.
④ 언더 컬러는 눈꼬리 쪽의 1/3만 옅은 컬러로 연출한다.

정답해설 쌍거풀 라인을 어두운 컬러로 사용하면 큰 눈이 더 크게 보일 수 있다.

10 전체적으로 1~2mm 넓게 그리고 색상을 밝게 하고 아랫입술 중앙에 펄 제품을 발라 부피감을 주어야 하는 입술은?

① 두꺼운 입술
② 얇은 입술
③ 작은 입술
④ 돌출된 입술

정답해설 작은 입술은 전체적으로 1~2mm 넓게 그리고 색상을 밝게 한다.

11 메이크업 베이스(Makeup base) 기법으로 틀린 것은?

① 파운데이션을 사용하기 전에 펴 바른다.
② 라텍스나 손으로 두드리며 바른다.
③ 두껍지 않게 바른다.
④ 메이크업 베이스의 양을 많이 바른다.

정답 해설 메이크업 베이스의 양을 많이 펴 바를 경우 파운데이션의 밀림현상이 있을 수 있어 적당량을 바르는 것이 중요하다.

12 다음 중 아이 메이크업(Eye makeup)에 필요한 눈의 명칭이 아닌 것은?

① 눈머리　　　　　　② 섀도우
③ 아이 홀　　　　　　④ 언더라인

정답 해설 섀도우는 눈의 명칭은 아니다.

13 백색광선을 프리즘을 통과시켰을 때 굴절률에 따라 색채를 지각할 수 있는데 이때 파장에 따른 색이 다른 것은?

① 보라색 380nm~450nm　② 파란색 450nm~500nm
③ 녹색 570nm~590nm　④ 주황색 590nm~620nm

정답 해설 녹색 500nm~570nm, 노란색 570nm~590nm, 빨간색 620nm~780nm이다.

14 다음 중 색에 대한 내용으로 틀린 것은?

① 난색은 따뜻하게 지각되는 색이다.
② 한색은 차갑게 지각되는 색이다.
③ 색의 대비는 서로 인접해 있는 색끼리 영향을 주어서 본래의 색과 다르게 느껴지는 현상이다.
④ 보색관계는 원래의 색보다 더 흐리게 보이고 채도가 낮게 보이는 색의 관계이다.

정답 해설 보색관계는 원래의 색보다 더 선명하게 보이고 채도도 더 높게 보이는 색의 관계이다.

15 다음 중 색과 이미지에 대한 내용으로 가장 옳지 않은 것은?

① 빨강(Rad) - 활동적, 정열 등을 연상시키며 강한 이미지를 준다.
② 흰색(White)- 신선함, 안정 등을 연상시키며 편안한 이미지를 준다.
③ 보라(Purple)- 우아함, 화려함 등을 연상시키며 신비한 이미지를 준다.
④ 파랑(Blue)- 청춘, 청량감 등을 연상시키며 젊은 이미지를 준다.

정답 해설 녹색(Green)이 신선함, 안정 등을 연상시키며 편안한 이미지를 주며 흰색(White)은 순수, 청결, 신성 등을 연상시키며 깨끗한 이미지이다.

16 메이크업 베이스(Makeup base)의 종류와 기능으로 옳지 않은 것은?

① 언더 베이스(Under base) - 피부의 지방분을 흡수하며 화장의 지속성을 높인다.
② 커버 베이스(Cover base)- 기미나 주근깨, 눈 밑의 그림자 등을 커버한다.
③ 파우더 컬러(Powder color)- 유분기를 조절한다.
④ 컨트롤 컬러(Control color)- 피부색을 조절한다.

정답 해설 메이크업 베이스의 종류에는 언더 베이스, 커버 베이스, 컨트롤 컬러가 있다.

17 다음 중 포인트 메이크업(Point makeup)의 도구로 볼 수 없는 것은?

① 립 브러시　　　　　② 아이 섀도우 브러시
③ 아이라인 붓 펜　　　④ 퍼프

정답 해설 퍼프는 베이스 메이크업에 이용되는 도구이다.

18 다음 중 컨실러에 대한 내용으로 틀린 것은?

① 피부의 상처, 자국, 음영 등 함몰된 부위의 피부 톤을 조절해 주는 효과가 있다.
② 커버력이 우수하여 부분커버에 이용된다.
③ 기미, 주근깨, 잔주름 등의 결점 커버에는 효과적이지 않다.
④ 펜슬, 크림, 스틱타입이 있다.

정답 해설 기미, 주근깨 점, 문신 잔주름 등의 결점 커버에도 효과적이다.

19 다음 중 아이라인의 기능으로 틀린 것은?

① 눈매를 부드럽게 한다.
② 생동감 있게 표현한다.
③ 또렷한 눈매를 연출한다.
④ 눈의 형태를 수정한다.

정답 해설 아이라인은 눈매를 부드럽게 하는 것이 아니라 선명하게 한다.

20 다음 중 일반적인 기초화장의 순서로 가장 옳은 것은?

① 스킨 - 로션 - 에센스 - 아이크림 - 영양크림 - 선크림
② 로션 - 스킨 - 에센스 - 아이크림 - 선크림 - 영양크림
③ 에센스 - 아이크림 - 영양크림 - 스킨 - 로션 - 선크림
④ 에센스 - 스킨 - 로션 - 선크림 - 아이크림 - 영양크림

정답 해설 일반적인 순서는 스킨 - 로션 - 에센스 - 아이크림 - 영양크림 - 선크림이 순이다.

21 가을 메이크업의 대표적인 색조로 가장 적당하지 않은 것은?

① 브라운 계열　　　　② 골드 계열
③ 화이트 계열　　　　④ 카키 계열

정답 해설 화이트 계열은 여름의 대표적인 색조에 포함된다.

22 삼각형 얼굴에 어울리는 메이크업으로 옳지 않은 것은?

① 베이스는 넓은 이마로 보이도록 폭넓게 바르고 관자놀이 부분도 엷은 색으로 넓게 펴 바른다.
② 아이 섀도우는 올라간 듯한 그라데이션을 한다.
③ 입술의 경우 눈썹의 상승각과 유사한 각도로 전체적으로 각이 지게 그린다.
④ 치크의 경우 전체적으로 둥근 느낌이 나도록 알맞게 펴 바른 후 턱의 양쪽 모서리는 좀 더 어둡게 표현한다.

정답 해설 입술의 경우 눈썹의 상승각과 유사한 각도로 전체적으로 부드러운 곡선형을 그린다.

23 다음 중 데이 메이크업에 대한 내용으로 옳지 않은 것은?

① 낮 화장으로 자연스러운 화장을 말한다.
② 수정보다는 개성에 중점을 두는 것이 좋다.
③ 펄 기가 있는 색상이 낮 화장을 더 돋보이게 한다.
④ 베이스 색상은 자기 피부색과 유사한 톤이 좋다.

정답 해설 사용되는 색상은 펄 기가 없는 차분한 컬러가 좋다.

24 신부 메이크업의 베이스 메이크업에 고려되어야 하는 사항이 아닌 것은?

① 잡티제거　　　　② 윤곽수정
③ 화사한 피부톤　　④ 평면적

정답 해설 사진 촬영이 고려된 입체적인 메이크업도 고려되어야 한다.

25 컬러광고 사진메이크업에서 립에 대한 내용으로 틀린 것은?

① 번짐이 적은 립 라인으로 입술형태를 그린다.
② 아이 섀도우 색과 톤을 고려한 립스틱 색을 선택한다.
③ 섬세하게 바른 후 밀착력을 높이기 위해 묽은 크림을 바른다.
④ 립코트를 립스틱 위에 덧발라 립스틱의 지속성을 높인다.

정답 해설 섬세하게 바른 후 밀착력을 높이기 위해 티슈나 파우더로 매트하게 한다.

26 피부구조 중 지방세포가 주로 위치해 있는 곳은?

① 표피　　　　② 진피
③ 피하조직　　④ 기저층

정답 해설 피하조직층에 지방세포가 분포한다.

27 피부노화 현상으로 옳지 않은 것은?

① 광노화로 면역세포와 색소세포의 감소와 변형이 있다.
② 피부노화에는 자연적인 노화의 과정으로 일어나는 것을 내인성 노화라고 한다.
③ 내인성 노화보다 광노화에서 표피가 두꺼워진다.
④ 광노화에서는 지속적인 자외선에 의한 노화이다.

정답 해설 광노화로 교원질과 탄력소의 감소와 변형이 있다.

28 기미의 생성 유발 요인으로 적합하지 않은 것은?

① 갱년기 장애　　② 갑상선 기능 저하
③ 유전적 요인　　④ 일광노출

정답 해설 기미의 생성 유발 요인은 임신, 유전적 요인, 일광노출, 갱년기, 내분비 질환, 스트레스, 경구 피임약 복용 등이다.

29 점막으로 이루어진 피부의 특징 내용으로 옳지 않은 것은?

① 미세융기가 아주 잘 발달되어 있다.
② 혀와 경구개외의 입안의 점막은 과립층이 있다.
③ 당김미세섬유사의 발달은 미약하다.
④ 세포에 다량의 글리코겐이 존재한다.

정답 해설 입안의 점막상피는 중층 편평상피이다.

30 진피조직에 투여하면 피부 처짐이나 피부주름 현상에 효과적이 며 자외선으로부터 일정부분 피부를 보호하는 것은?

① 콜라겐　　　　② 멜라닌색소
③ 엘라스틴　　　④ 무코다당류

정답 해설 피부주름에 의한 피부처짐 현상에 효과적이며 자외선으로부터 조금은 피부를 보호하는 것은 콜라겐이다.

31 다음 중 피부 노화의 현상으로 옳은 것은?

① 피부의 노화는 피부의 두께와 관계없이 탄력에만 관계한다.
② 내인성 노화보다 광노화에서 표피두께가 두꺼워진다.
③ 내인성 노화와 광노화 모두 진피의 두께는 그대로다.
④ 광노화로 인해 색소침착이 일어나지는 않는다.

정답 해설 내인성 노화보다 광노화(광선에 노출)에서 표피두께가 두꺼워진다.

32 비타민 D 결핍일 때 뼈 발육에 변형을 일으켜 성장기 어린이의 대사성 질환인 것은?

① 괴혈증　　　　　② 구루병
③ 담석증　　　　　④ 골막파열증

정답 해설 비타민 D가 결핍되어 뼈에 이상을 일으키는 것은 구루병이다.

33 이 · 미용업소의 실내 쾌적한 습도범위로 적합한 것은?

① 20~30%　　　　② 30~40%
③ 40~70%　　　　④ 70~100%

정답 해설 이 · 미용업소의 실내 적정 습도는 40~70%이다.

34 다음 중 감염병의 3대 요소로 구성된 것은?

① 숙주, 공기, 환경　　　② 환경, 공기, 병원체
③ 병원체, 숙주, 환경　　④ 감수성, 환경, 병원체

정답 해설 감염병 3대 요인은 병원체(병인), 숙주(숙주의 감수성), 환경이다.

35 수인성 감염병에 속하는 것으로 옳은 것은?

① 세균성 이질　　　② 파상풍
③ 유행성 출혈열　　④ 성홍열

정답 해설 수인성 감염병에는 장티푸스, 콜레라, 이질 파라티푸스, 소아마비(폴리오), A형 간염 등이 있다.

36 다음 중 공중보건학의 범위에서 보건 관리 분야에 포함되지 않는 사업은?

① 보건 행정　　　　② 산업 보건
③ 보건 통계　　　　④ 사회 보장 제도

정답 해설 공중보건학의 범위에는 보건 관리 분야(보건교육, 보건행정, 보건영양, 모자보건, 학교보건, 성인보건 가족계획, 사회보장제도 등), 질병관리 분야(역학, 감염병 관리, 기생충 질병관리, 비 감염성 질병관리), 환경보건 분야(환경위생 식품위생, 환경오염, 산업보건 등)로 나누어 볼 수 있다.

37 스스로의 힘으로 의료문제 해결이 어려운 생활 무능력자나 저소득층을 대상으로 공적인 의료보장제도는?

① 의료보호　　　　② 의료보험
③ 연금보험　　　　④ 실업보호

정답 해설 의료보호는 생활 보호 대상자에게 의료를 보장하는 제도로 의료비의 전부나 일부를 부담한다.

38 다음 인공조명을 할 때 고려해야 하는 사항이 아닌 것은?

① 유해 가스의 발생이 없고 광색은 주광색에 가까운 것이 좋다.
② 폭발이나 발화의 위험이 없어야하며 열의 발생이 적어야 한다.
③ 조도는 균등한 직접조명이 되도록 해야 한다.
④ 충분한 조도를 위한 빛이 들어오는 위치는 좌상방이 좋다.

정답 해설 조명은 간접조명이 되도록 해야 한다.

39 식중 독 중 솔라닌(solanin)이 원인이 되는 것과 관계가 있는 것은?

① 감자　　　　　② 조개
③ 가재　　　　　④ 복어

정답 해설 감자의 싹에 주로 있는 독성물질인 솔라닌은 식중독과 관계가 있다.

40 다음의 내용에 해당하는 것으로 옳은 것은?

> 미생물의 발육 및 그 작용을 제거하거나 정지시킴으로 음식물의 부패 및 발효를 방지하는 것

① 소독　　　　　② 방부
③ 살균　　　　　④ 멸균

정답 해설 방부는 미생물의 발육 및 작용을 정지시키거나 제거해 부패와 발효를 방지하는 것이다.

41 소독제의 사용 시 주의 사항이 <u>아닌</u> 것은?

① 농도 표시   ② 취급 방법
③ 세균오염   ④ 알코올 사용

> **정답해설** 소독제 사용시 주의 사항으로는 취급 방법, 농도표시, 세균오염, 필요량, 목적에 따른 사용 등이다.

42 주로 물의 살균에 많이 이용되고 있는 소독용으로 산화력이 강한 것은?

① 오존(O_3)   ② 포름알데히드
③ 에탄올   ④ E.O 가스

> **정답해설** 물의 살균에 많이 이용되며 산화력이 강한 것은 오존이다.

43 소독제를 수돗물로 희석하여 사용하려 할 경우 가장 주의해야 할 점은?

① 물의 온도   ② 물의 척도
③ 물의 경도   ④ 물의 탁도

> **정답해설** 수돗물로 소독제를 희석할 경우 물의 경도에 주의해야 한다.

44 금속제품 기구소독에 가장 <u>부적합한</u> 것은?

① 승홍수   ② 크레졸수
③ 알코올   ④ 역성비누

> **정답해설** 승홍은 독성이 있으며 금속 부식성이 강하므로 금속제품의 소독에 부적합하다.

45 하수도 주변에 주로 사용되는 소독제는?

① 포름 알데히드   ② 생석회
③ 역성비누   ④ 알코올

> **정답해설** 하수도 주위의 소독에는 주로 생석회를 소독제로 사용한다.

46 다음 중 개달전염(介達傳染)과 무관한 것은?

① 서적   ② 식품
③ 수건   ④ 완구

> **정답해설** 개달전염은 수건, 의복, 생활용구, 완구, 서적, 인쇄물 등에 의해 전염되며 식품은 식품에 의한 전염이다.

47 다음 중 위생교육을 받은 자는 위생교육을 받은 날부터 (　　) 이내에 위생교육을 받은 업종과 동일 업종의 영업을 하려는 경우 해당 영업에 대해 위생 교육을 받은 것으로 인정되는가?

① 1년   ② 2년
③ 3년   ④ 4년

> **정답해설** 위생교육을 받은 날로부터 2년 이내에 위생교육을 받은 업종과 같은 업종의 영업을 하려는 경우 위생교육을 받은 것으로 본다.

48 시·도지사는 공중위생관리상 필요가 인정되는 때에는 공중위생영업자에게 필요한 (　　)를(을) 할 수 있다. 무엇을 하게 할 수 있는가?

① 청문   ② 보고
③ 감독   ④ 증명

> **정답해설** 시·도지사, 시장·군수·구청장은 공중위생관리법에 따라 공중위생관리상 필요가 인정되는 때에 공중위생영업자에게 필요한 보고를 하게 할 수 있다.

49 다음 중 미용사가 해도 되는 업무에 해당하는 것은?

① 의약품을 사용하는 눈썹손질
② 의약품을 사용하는 제모
③ 의료기기를 사용하는 피부관리
④ 얼굴의 손질 및 화장

> **정답해설** 의료기기나 의약품을 사용하지 않는 업무들이어야 한다.

50 손님에게 음란행위를 알선한 사람의 경우 1차 위반에 대해 행할 수 있는 행정처분기준이 영업소와 업주에 맞게 짝지어진 것은?

① 영업정지 1월 – 면허정지 1월
② 영업정지 2월 – 면허정지 2월
③ 영업정지 1월 – 면허정지 2월
④ 영업정지 2월 – 면허정지 3월

> **정답해설** 음란행위 알선자에 대한 1차 위반에 대한 행정처분 기준은 영업소 영업정지 2월 업주는 면허정지 2월이다.

51 이·미용업에서 과태료 부과대상이 <u>아닌</u> 경우는?

① 위생관리 의무를 지키지 아니한 자
② 법령에 따른 중요사항을 변경하고 변경 신고를 하지 아니한 자
③ 자영업소외의 장소에서 이용이나 미용업무를 행한 자
④ 관계 공무원의 출입 및 검사를 거부하거나 기피 방해한 자

52 다음 중 이·미용업 영업장 내의 조명도 기준은?

① 55룩스 이상
② 75룩스 이상
③ 95룩스 이상
④ 100룩스 이상

53 이·미용업 영업신고 시 신고인이 전자정부법에 따른 행정정보 공동이용 확인에 동의하지 아니할 경우 첨부하여야 하는 서류가 <u>아닌</u> 것은?

① 이·미용사 자격증
② 교육필증
③ 영업시설 및 설비개요서
④ 이·미용사 면허증

54 동물성 단백질의 일종이며 피부의 탄력유지 및 피부의 스프링 역할을 하는 것은?

① 엘라스틴
② 콜라겐
③ 아줄렌
④ 케라틴

55 다음 중 화장품의 피부흡수에 대한 설명으로 옳은 것은?

① 수분이 많으면 피부흡수율이 높다.
② 분자량이 적으면 피부흡수율이 높다.
③ 피부 흡수력은 동물성 〈 식물성 〈 광물성 오일 순이다.
④ 피부 흡수력은 크림류 〈 로션류 〈 화장수류의 순이다.

56 식물의 꽃, 잎, 뿌리, 씨, 줄기, 등에서 추출한 휘발성 오일은?

① 광물성 오일
② 에센셜 오일
③ 밍크오일
④ 동물성 오일

57 화장품 성분 중 여드름 피부에 맞는 것과 가장 거리가 <u>먼</u> 것은?

① 알부틴
② 하마멜리스
③ 캄퍼
④ 로즈마리 추출물

58 제조 방법 중 메이크업 화장품에 주로 사용되는 것은?

① 가용화
② 분산
③ 융화
④ 유화

59 다음 중 보습제가 갖추어야 할 조건이 <u>아닌</u> 것은?

① 휘발성이 있을 것
② 적절한 보습능력
③ 응고점이 낮을 것
④ 혼용성이 좋을 것

60 기능성 화장품에 포함되지 <u>않는</u> 것은?

① 여드름에 좋은 제품
② 주름개선에 좋은 제품
③ 미백에 좋은 제품
④ 자외선으로부터 피부를 보호하는데 좋은 제품

01 메이크업의 기원설의 내용에 포함되지 <u>않는</u> 것은?

① 위장술　　　　　　② 주술적 의미
③ 성선설　　　　　　④ 신분의 표시

정답해설 인간의 본성은 선하다는 성선설과는 관련이 없다.

02 미용업(메이크업)의 직무범위에서 얼굴·신체를 아름답게 하거나 상황과 목적에 맞게 실행할 수 있는 범위에 포함되지 <u>않는</u> 것은?

① 모발상태 분석　　　② 디자인
③ 메이크업　　　　　④ 뷰티코디네이션

정답해설 얼굴·신체를 아름답게 하거나 상황과 목적에 맞는 이미지 분석, 디자인, 메이크업, 뷰티코디네이션, 후속관리 등을 실행하기 위한 관리법이 수행 직무에 포함되며 모발상태 분석은 포함되지 않는다.

03 화장품 행상인 매구부가 있었으며 일시적이나마 궁중에 화장품을 전담하는 보염서라는 곳이 설치되었던 시대는?

① 조선시대　　　　　② 고려시대
③ 해방이후　　　　　④ 백제시대

정답해설 보염서와 매구부가 있었던 시대는 조선시대이다.

04 다음 중 메이크업 아티스트의 자세로 바람직하지 않은 것은?

① 항상 깨끗함이 유지되어야 한다.
② 메이크업 도구들은 시술시 편한 위치에 놓아야 한다.
③ 일회용의 경우 새로운 것으로 사용해야 한다.
④ 고객에게 고가의 서비스를 받도록 권유해야 한다.

정답해설 고객의 취향에 맞는 서비스가 선택되도록 해야 한다.

05 우리나라 이마와 뺨, 입술에 바르는 연지화장의 재료로 사용되어진 것은?

① 철쭉　　　　　　　② 홍화
③ 소나무　　　　　　④ 밤나무

정답해설 붉은 염료로 쓰인 홍화(잇꽃)라는 식물로 연지를 만들었다.

06 다음 중 얼굴의 폭을 5등분으로 구분지었을 때 구분의 내용으로 틀린 것은?

① 귀에서 눈꼬리까지　　② 눈꼬리에서 눈앞머리까지
③ 눈과 눈 사이　　　　④ 눈은 얼굴 폭의 1/3에 해당

정답해설 가로 5등분의 폭 중 1에 해당하므로 얼굴 폭의 1/5이다. 눈의 세로 길이가 가로길이의 1/30이다.

07 다음 중 메이크업의 가장 기본적인 수정방법으로 쉐이딩에 대한 내용으로 옳지 않은 것은?

① 어둡게 표현된다.　　② 넓어 보인다.
③ 낮아 보인다.　　　　④ 작아 보인다.

정답해설 쉐이딩 효과는 어둡고 좁고 낮아 보이며 작게 보이는 축소의 효과가 있고 넓어 보이는 효과는 하이라이트효과이다.

08 얼굴형에 어울리는 눈썹 형태로 가장 적합하지 <u>않은</u> 것은?

① 타원형 – 어떤 눈썹이든 다 잘 어울린다.
② 둥근형 – 올라간 듯 각진 눈썹으로 그려준다.
③ 사각형 – 부드러운 곡선으로 가늘지 않게 아치형으로 그려준다.
④ 장방형 – 세로선이 강조되게 수직적 느낌의 화살형으로 그려준다.

정답해설 장방형은 수평적인 느낌의 일자형 눈썹으로 자연스러운 굵기의 가로선을 만든다.

09 눈의 수정 메이크업에서 포인트 컬러로 눈머리 부분은 가늘게 시작하여 점차 눈꼬리 쪽을 사선방향으로 폭넓게 바르며 올려주고 언더 컬러로 눈꼬리쪽을 연결시켜 올려주면 좋은 눈은?

① 처진 눈　　　　　　② 올라간 눈
③ 외겹 눈　　　　　　④ 작은 눈

정답해설 처진 눈의 경우 눈꼬리를 올려주는 수정 메이크업을 해야 한다.

10 다음 중 입술의 수정 메이크업의 수정 범위로 적당한 것은?

① 1~2mm　　　　　② 2~3mm
③ 3~4mm　　　　　④ 4~5mm

정답해설 입술의 수정은 1~2mm의 범위에서 줄이고 늘여야 한다.

11 다음 코의 수정 메이크업에 대한 내용으로 옳지 않은 것은?

① 작은 코는 전체를 어둡게 표현 한 후 코벽을 밝게 표현하여 높아 보이게 한다.
② 낮은 코는 코벽을 짙은 색으로 하고 콧등은 밝은 색을 사용하여 높아 보이게 한다.
③ 큰 코는 코 전체를 짙은 색을 사용하여 두드러지지 않게 표현한다.
④ 높은 코는 코 전체를 짙은 색으로 사용하되 코벽과 콧망울은 옅은 색을 사용한다.

정답해설 작은 코는 전체를 밝게 표현한 후 코벽을 짙게 표현하여 높아 보이게 한다.

12 일반적으로 파운데이션을 사용하는 순서로 옳은 것은?

① 메이크업 베이스 – 파운데이션
② 파운데이션 – 메이크업 베이스
③ 페이스 파우더 – 파운데이션
④ 클렌징 크림 – 파운데이션

정답해설 파운데이션은 일반적으로 메이크업 베이스 사용 후에 바른다.

13 다음 중 빛과 색채에 대한 내용으로 틀린 것은?

① 빛은 파장에 따라 다른 색감을 일으킨다.
② 물체의 색은 빛의 반사에 의해 감지되는 것이다.
③ 가시광선의 파장은 380nm~780nm이다.
④ 여러 파장의 빛이 고르게 섞여 있을 경우 흑색으로 지각된다.

정답해설 여러 파장의 빛이 고르게 섞여 있을 경우 백색으로 지각된다.

14 시인성이 높은 배색으로 꾸며진 것은?

① 흰색 바탕에 검정색 원
② 검정색 바탕에 노란색 원
③ 초록색 바탕에 빨간색 원
④ 보라색 바탕에 노란색 원

정답해설 시인성은 색을 인지할 수 있는 성질을 말하며 색을 잘 구별할 때 시인성이 높다. 검정과 노랑일 때 시인성이 가장 높다.

15 다음 내용 중 틀린 것은?

① 먼셀은 색상, 명도, 채도의 3속성을 구분을 지었다.
② PCCS의 표색계는 명도와 채도를 톤의 개념으로 정리한 것이다.
③ 관용색명이란 색의 속성을 파악하여 체계적으로 분류한 색명체계이다.
④ 우리나라 오방색은 5가지의 색으로 청색, 백색, 적색, 흑색, 황색이다.

정답해설 계통색명이란 색의 속성을 파악하여 체계적으로 분류한 색명체계이며 관용색명은 오래전부터 고유명명을 가지고 있는 것으로 식물이나 동물, 광물 등에서 유래된 색이 명칭이다.

16 베이스 메이크업에 사용되는 스펀지(Sponge)의 기능으로 옳은 것은?

① 파운데이션을 피부에 펴 바를 때 사용한다.
② 파우더를 피부에 펴 바를 때 사용한다.
③ 여분의 파우더를 털어낼 때 사용된다.
④ 화장품을 덜어낼 때 사용한다.

정답해설 스펀지(Sponge)는 파운데이션이나 메이크업 베이스를 펴 바를 때 사용한다.

17 다음 중 압축공기를 이용하여 물감이나 도료를 뿜어내는 기구로 바디페이팅, 마스크 착색 등에 사용되는 분장용 도구는?

① 스펀지(Sponge)
② 에어브러시(Air brush)
③ 스파튤라(Sponge)
④ 가위(Scissors)

정답해설 에어브러시(Air brush)가 압축공기를 이용한 분장도구이다.

18 파운데이션의 종류와 기능이 잘못 연결된 것은?

① 리퀴드 파운데이션은 수분함량이 가장 많아 촉촉하며 피부 친화력과 밀착력이 좋고 투명하고 자연스럽게 표현된다.
② 크림형 파운데이션은 외부로부터 효과적인 보호막 역할을 하며 모든 피부에 일반적으로 사용된다.
③ 스틱형 파운데이션은 유분과 수분의 배합을 적절히 한 고체화된 제품으로 커버력이 우수해 결점보완에 좋다.
④ 파우더 파운데이션은 수용성 파운데이션으로 스펀지를 적셔 바르며 촉촉함이 좋다.

정답해설 파우더 파운데이션은 매트한 타입으로 넓은 면을 빠르게 메이크업할 때나 여름철에 많이 사용된다.

19 다음 중 마스카라의 기능으로 옳지 않은 것은?

① 속눈썹을 길어 보게 연출한다.
② 속눈썹의 형태를 그대로 유지시킨다.
③ 선명한 눈매로 표현한다.
④ 눈을 커보이게 연출한다.

정답해설 마스카라는 형태를 변형시켜 처진 속눈썹을 올려주며 속눈썹의 두께도 두껍게 해준다.

20 다음 중 봄 메이크업의 컬러로 적당하지 않는 것은?

① 옅은 그린
② 옅은 핑크
③ 밝은 오렌지
④ 짙은 갈색

정답해설 짙은 갈색은 봄 메이크업의 컬러로 적당하지 않다.

21 다음 중 가을 메이크업의 특징으로 옳지 <u>않은</u> 것은?

① 격식 화장의 형식
② 촉촉한 질감의 메이크업
③ 라인을 강조한 메이크업
④ 중명도, 저채도 톤의 색

정답 해설 촉촉한 질감표현은 봄 메이크업의 특징이다.

22 얼굴형별 메이크업에서 부드러운 곡선으로 가늘지 않게 눈썹을 그리면 가장 좋은 얼굴형은?

① 사각형　　　　　② 둥근형
③ 장방형　　　　　④ 다이아몬드형

정답 해설 사각형 얼굴형의 눈썹은 부드러운 곡선으로 가늘지 않게 그리는 것이 좋다.

23 다음 중 T.P.O 메이크업에 들어가지 않는 메이크업으로 알맞은 것은?

① Time(시간)　　　② Place(장소)
③ People(사람들)　④ Occasion(경우나 상황)

정답 해설 Time(시간), Place(장소), Occasion(경우나 상황)에 따른 메이크업을 말한다.

24 다음 중 신랑 메이크업에 대한 내용으로 틀린 것은?

① 파운데이션은 피부색보다 밝은 색상으로 발라준다.
② 숱이 없는 경우 한올 한올 심듯이 그려 준다.
③ 브라운 계열로 윤곽 수정의 음영만 주어 표현한다.
④ 입술선이 흐린 경우는 선을 그려준 후 면봉으로 닦아 자연스럽게 윤곽만 드러나게 한다.

정답 해설 피부색과 거의 동일한 색상으로 발라 바르지 않은 듯 자연스럽게 보이게 한다.

25 다음 중 아나운서 메이크업에 대한 내용으로 옳은 것은?

① 소식전달자로서의 역할을 담당하는 메이크업으로 눈에 튀는 화려한 메이크업 색상을 선택한다.
② 많은 색이나 선을 사용한 메이크업으로 시청자의 눈에 즐겁게 한다.
③ 지적이고 단정한 표현보다 화려한 색상이나 펄을 사용한 메이크업이 좋다.
④ TV화면에서는 따뜻한 색상이 더 잘 어울린다.

정답 해설 화려하고 복잡한 메이크업이 아닌 건강하고 지적이며 단정해 보이는 메이크업 표현이 좋으며 TV화면에서는 따뜻한 색상이 더 잘 어울린다.

26 피부의 면역에 관한 설명으로 옳은 것은?

① B림프구는 면역글로불린이라고 불리는 항체를 생성한다.
② 랑게르한스 세포가 피부 혈액순환작용을 담당한다.
③ T 림프구는 림프구의 50%를 차지하며 정상피부에 존재한다.
④ 면역을 담당하는 림프구는 B, T, P 림프구이다.

정답 해설 B 림프구는 항체를 생성하여 면역역할을 수행한다.

27 피부의 구조에서 표피와 진피의 경계선의 형태는?

① 물결상　　　　　② 사선
③ 직선　　　　　　④ 점선

정답 해설 표피와 진피의 경계선의 형태는 물결상이다.

28 사람의 피부 표면의 형태는 보통 어떤 형태인가?

① 원형 또는 오각형
② 삼각 또는 사각형
③ 삼각 또는 원형
④ 삼각 또는 마름모꼴의 다각형

정답 해설 소구와 소능에 의해 형성된 피부 표면의 형태는 마름모꼴의 다각형이나 불규칙한 삼각형의 형태이다.

29 건강한 피부를 유지를 위한 방법이 <u>아닌</u> 것은?

① 적당한 수분을 항상 유지
② 두꺼운 각질층은 제거
③ 잦은 일광욕
④ 충분한 수면

정답 해설 잦은 일광욕은 피부 건조로 인한 피부노화와 색소침착을 초래한다.

30 영양소의 분해되어 흡수과정의 연결이 옳은 것은?

① 탄수화물 – 아미노산　② 지방 – 포도당
③ 단백질 – 아미노산　　④ 비타민–글리세린

정답 해설 단백질-아미노산, 탄수화물-포도당, 지방-글리세린으로 분해되어 흡수된다.

31 햇빛에 장시간 노출되었을 때 피부변화를 일으겨서 노화로 진행되는 형태는?

① 광노화
② 생리적 노화
③ 피부노화
④ 내인성 노화

정답 해설 광노화는 햇빛에 장시간 노출되었을 때 일어난다.

32 자외선 차단지수의 설명이 바르지 않은 것은?

① SPF 1이란 대략 1시간을 의미한다.
② 자외선 차단지수를 SPF 라고 한다.
③ 자외선에 노출 시간에 따라 차단제를 선택한다.
④ 가능한 색소침착 부위는 차단제를 사용하는 것이 좋다.

정답 해설 SPF지수는 자외선으로부터 차단되는 지속 시간을 의미하는데 SPF 10이란 대략 15분정도의 차단을 의미한다.

33 결핵이나 파상풍 등의 예방접종에 의해 얻어지는 면역은?

① 자연 수동면역
② 인공 능동면역
③ 인공 수동면역
④ 자연 능동면역

정답 해설 예방접종에 의해 얻어지는 면역은 인공 능동면역이다.

34 세계보건기구가 제시한 것으로 한 나라의 건강수준을 타 국가들과 비교하는 지표로 이용되는 것은?

① 비례사망지수, 평균수명, 조사망율
② 인구증가율, 평균 수명, 조사망율
③ 평균수명, 비례사망지수, 국민소득
④ 의료시설, 조사망율, 주거형태

정답 해설 WHO(세계보건기구)에서 제시한 것으로 한 나라의 건강수준을 타 국가와 비교할 수 있는 것으로는 비례사망지수, 평균수명, 조사망율이다.

35 다음 중 결핵예방접종에 사용되는 것은?

① MMR
② BCG
③ PPD
④ DPT

정답 해설 BCG는 생후 4주 이내에 하는 결핵 예방접종이다.

36 다음 중 질병 발생의 3대 요소로 이루어진 것은?

① 숙주, 이력, 환경
② 감정, 이력, 숙주
③ 감정, 환경, 병력
④ 병인, 숙주, 환경

정답 해설 질병 발생의 3대 요소로 질병이 걸리는 과정에 걸치게 되는 요소들을 말한다. 병의 요인이 되는 병인과 병이 걸리게 되는 환경, 병이 걸리게 되는 숙주가 있어야 한다.

37 세계보건기구에서 정의하는 범위로 보건행정의 범위에 포함되지 않는 것은?

① 모자보건
② 감염병 관리
③ 산업행정
④ 보건간호

정답 해설 세계보건기구에서 정의하는 보건행정 범위에는 보건관계기록 및 보존, 보건교육, 모자보건, 보건간호, 재해예방, 감염병관리, 의료이다.

38 상수에 실시하는 대장균 검출의 주된 의의는?

① 오염의 지표가 된다.
② 소독상태가 불량하다.
③ 감염병 발생의 우려가 있다.
④ 위생 상태가 불량하다.

정답 해설 대장균 수는 상수의 오염 지표가 된다.

39 생식하였을 때 폐흡충 감염 발생이 우려되는 것은?

① 가제의 생식
② 우렁이의 생식
③ 은어의 생식
④ 소고기의 생식

정답 해설 가제(제2중간숙주)생식-폐흡충증, 우렁이(1중간숙주)생식- 간디스토마, 은어(2중간숙주)생식- 요꼬가와흡충증, 소고기생식- 무구조충증

40 미생물의 종류에 포함되지 않는 것은?

① 곰팡이
② 세균
③ 좀
④ 효모

정답 해설 미생물은 육안으로 보이지 않는 미세한 생물로 곰팡이, 효모, 세균이 있다.

41 계면활성제 중 살균력이 가장 강한 것은?

① 양이온성   ② 음이온성
③ 비이온성   ④ 양쪽이온성

정답해설 계면활성제 중에는 양이온성 계면활성제가 가장 살균력이 강하며 헤어린스나 헤어트리트먼트 등에 사용된다.

42 다음 중 물리적 소독법이 <u>아닌</u> 것은?

① 크레졸 소독법 ② 습열 멸균법
③ 고압증기 멸균법 ④ 자비 소독법

정답해설 크레졸 소독은 약품을 이용한 소독으로 화학적 소독법에 속한다.

43 빗이나 브러시 등의 재질에 관계없이 소독하기에 가장 적합한 것은?

① 알코올 솜으로 닦는다.
② 고압증기 멸균기에 소독한다.
③ 일반 물에 담근 후 씻어낸다.
④ 세척한 후 자외선 소독기로 소독한다.

정답해설 빗과 브러시의 소독은 세제를 풀어 세척 후 자외선 소독기를 사용하는 것이 좋다.

44 석탄산 소독제의 단점이 <u>아닌</u> 것은?

① 유기물 접촉 시에는 소독력이 약화된다.
② 피부에 대해 자극성을 갖고 있다.
③ 금속제품을 부식시킨다.
④ 독성과 취기가 강하다.

정답해설 석탄산에 의한 소독력은 유기물 접촉의 영향을 받지 않는다.

45 미생물의 증식에서 영양 부족, 건조 등으로 생존이 어려운 환경 속에서 생존하기 위한 방편으로 세균이 생성하는 것은?

① 조막   ② 아포
③ 점질   ④ 세포벽

정답해설 세균이 열악한 환경에서 생존을 위해 방어막을 만드는 균의 경우 아포를 형성하여 아포균이라고 한다.

46 다음 소독제의 구비조건이 <u>아닌</u> 것은?

① 사용이 간편할 것
② 용해성이 낮을 것
③ 구입비용이 저렴하고 인체에 해가 없을 것
④ 높은 살균력

정답해설 소독제의 구비조건에 용해성(용해되는 성질)이 높아야 한다.

47 이·미용업 영업장의 조명도로 적합한 것은?

① 30룩스 이상 ② 50룩스 이상
③ 75룩스 이상 ④ 100룩스 이상

정답해설 중위생관리법상의 이·미용 영업장의 조명은 75룩스 이상이어야 한다.

48 이·미용사면허를 발급받고자 할 때 누구로부터 발급받을 수 있는가?

① 특별시나 광역시장, 군수 ② 도지사, 시장
③ 도지사, 시장, 군수, 구청장 ④ 시장, 군수, 구청장

정답해설 이·미용사면허의 발급은 시장·군수·구청장이 한다.

49 영업소 폐쇄명령을 받은 후에도 계속하여 영업을 하는 때의 조치사항으로 옳은 것은?

① 위법 영업소임을 알리는 게시물 부착
② 위법 영업소의 출입자 통제
③ 위법 영업소의 출입을 금지
④ 위법 영업소의 강제 폐쇄 강행

정답해설 폐쇄명령 후에도 계속 영업을 할 때 영업소의 간판이나 영업표지물 제거, 게시물 부착, 사용되는 가구나 시설물의 봉인을 조치사항으로 할 수 있다.

50 위생교육에 대한 설명으로 틀린 것은?

① 교육부장관이 허가한 단체는 위생교육을 실시할 수 있다.
② 영업소 신고자는 원칙적으로 위생교육을 미리 받아야 한다.
③ 공중위생영업자는 위생교육을 매년 받아야 한다.
④ 위생교육을 대상자 중 직접종사하지 아니하거나 2인 이상 장소에서 영업하는 자는 종업원 중에 영업장별로 공중위생에 관한 책임자를 정하고 그 책임자로 하여 위생교육을 받게 하여야 한다.

정답해설 위생교육은 교육부장관이 아닌 시장·군수·구청장이 필요하다고 인정하는 경우 관련단체나 전문기관에 위임할 수 있다.

51 신고한 영업장 면적의 어느 정도 증감하였을 때 변경신고를 해야 하는가?

① 2분의 1   ② 3분의 1
③ 4분의 1   ④ 5분의 1

정답해설 신고한 영업장의 1/3 이상이 증감하였을 때는 변경신고를 해야 한다.

52 과태료처분에 불복이 있는 자는 그러한 처분의 고지를 받은 날로부터 처분권자에게 어느 정도 기일 안에 이의를 제기할 수 있는가?

① 15일   ② 30일
③ 1월 15일   ④ 3월

정답해설 과태료처분에 불복이 있는 자는 그 처분의 고지를 받은 날부터 30일 안에 처분권자에게 이의를 제기할 수 있다.

53 이·미용업 영업신고 없이 영업을 한 자의 벌칙기준은 1년 이하의 징역 또는 얼마 이하의 벌금형인가?

① 300만원 이하의 벌금   ② 500만원 이하의 벌금
③ 800만원 이하의 벌금   ④ 1000만원 이하의 벌금

정답해설 영업신고를 하지 않고 영업을 한 경우 1년 이하의 징역 또는 1천만원 이하의 벌금이다.

54 다음 중 라벤더 에센셜 오일 효능에 관한 설명으로 거리가 먼 것은?

① 이완   ② 재생
③ 화상치유   ④ 모유생산

정답해설 라벤더 에센셜 오일은 피부재생 작용, 화상치유 작용, 이완 작용이 있다.

55 SPF에 관한 설명으로 옳지 않은 것은?

① Sun Protection Factor의 약자이다.
② UV−B 방어효과 지수라고 볼 수 있다.
③ 사용 목적은 오존층으로부터 자외선이 차단되는 정도를 알아보는 것이다.
④ 자외선 차단제를 바른 피부에 최소한의 홍반을 일어나게 하는데 필요한 자외선 양을 바르지 않은 피부에 최소한의 홍반을 일어나게 하는데 필요한 자외선 양으로 나눈 값이다.

정답해설 오존층으로부터 자외선이 차단되는 정도를 알아볼 목적으로 사용되지는 않고 UV−B로부터 차단되는 효과를 목적으로 한다.

56 피부에 사용되는 AHA에 대한 내용으로 옳은 것은?

① 물리적으로 각질 제거를 위해 사용한다.
② 글리콜산의 경우 사탕수수에 함유된 것으로 피부 침투력이 좋다.
③ pH 3.5 이상, 20% 농도가 각질제거에 효과적이다.
④ BHA가 AHA보다 안전성은 떨어지나 효과가 좋다.

정답해설 AHA는 각질세포의 자연 탈피를 유도하는 필링제로 글리콜산은 사탕수수에 함유된 성분으로 피부 침투력이 좋다.

57 일반적인 화장수의 알코올 함유량은?

① 10% 전·후   ② 20% 전·후
③ 30% 전·후   ④ 70% 전·후

정답해설 화장수에 함유된 알코올은 10% 전·후 이다.

58 화장품의 분류에 대한 설명으로 틀린 것은?

① 마사지 크림, 팩은 스페셜 화장품이다.
② 퍼퓸, 오데코롱은 방향성 화장품이다.
③ 헤어샴푸와 헤어린스는 모발용 화장품이다.
④ 자외선차단제는 기능성 화장품이다.

정답해설 마사지 크림의 경우 기초화장품의 크림에 포함되며 팩의 경우 팩의 종류에 따라 기능성으로는 포함시킬 수 있다.

59 손에 주로 사용하는 제품으로 알코올을 주 베이스로 하며 소독 및 청결을 주목적으로 하는 제품은?

① 핸드 워시   ② 비누
③ 새니타이저   ④ 핸드크림

정답해설 손의 소독 및 청결를 목적으로 알코올을 주 베이스로 하는 것은 새니타이저이다.

60 피부의 미백에 사용되는 화장품 성분으로 바람직하지 않는 것은?

① 구연산, 감초추출물   ② 레몬 추출물, 비타민 C
③ 캄퍼, 카모마일   ④ 코직산, 플라센타

정답해설 피부 미백에 도움이 되는 화장품 성분은 비타민 C, 알부틴, 플라센타, 레몬 추출물, 감초추출물, 코직산, 구연산 등 이며 캄퍼나 카모마일은 여드름피부에 효과적이다.

01 다음 중 우리나라의 화장에 대한 용어 설명으로 <u>틀린</u> 것은?

① 야용 – 화사한 옷차림과 화장
② 담장 – 옅은 화장
③ 농장 – 짙은 색조화장
④ 단장 – 몸단장을 포함한 화장

정답해설 야용은 얼굴 화장만 한 경우이며 화사한 옷차림에 화려한 화장을 하였을 때는 성장이다.

02 다음 중 메이크업의 기능에 포함되지 <u>않는</u> 것은?

① 미적 기능 – 아름다움을 추구하는 기능
② 활동적 기능 – 영역을 넓히는 기능
③ 사회적 기능 – 관습, 예의, 직업을 표시하는 기능
④ 심리적 기능 – 소통의 심리적 기능

정답해설 메이크업의 기능에 활동적 기능은 포함되지 않는다.

03 다음 중 메이크업 종사자의 자세로 옳지 <u>않은</u> 것은?

① 손소독은 물론 자신의 위생관리에 철저해야 한다.
② 고객에게 선택 가능한 시술방법을 설명할 수 있어야 한다.
③ 고객카드는 늘 상황이 변하는 관계로 작성하지 않아도 된다.
④ 고객에게 공정함과 공평함을 유지해야 한다.

정답해설 고객카드는 고객에 대한 기본적인 정보 및 시술과 취향, 고객의 특성을 파악할 수 있게 작성해야 한다.

04 삼국시대 목용용품으로 원시적 형태의 비누에 사용된 재료가 <u>아닌</u> 것은?

① 감   ② 팥
③ 녹두   ④ 콩껍질

정답해설 쌀겨, 팥, 녹두, 콩 껍질 등으로 만들어진 원시 비누의 형태였다.

05 우리나라 메이크업 역사에서 분대화장과 비분대 화장이 이루어진 시대는?

① 조선시대   ② 고려시대
③ 해방이후   ④ 신라시대

정답해설 고려시대 기생중심의 분대화장과 여염집 여인의 비분대 화장이 있었다.

06 눈썹의 골상에서 내용으로 가장 옳지 <u>않은</u> 것은?

① 짙은 눈썹은 행동적, 힘, 용맹, 야성적인 느낌이다.
② 흐린 눈썹은 온화함, 온순한 느낌이다.
③ 각진 눈썹은 활동적, 엄격함, 박력 등의 느낌이다.
④ 아치형 눈썹은 젊음, 날카로움, 날렵한 느낌이다.

정답해설 아치형 눈썹은 온화함, 유순함, 부드러움, 섬세함, 고전적, 동양적, 자애로움, 친절 등의 느낌이다.

07 다음 중 얼굴의 존을 설명한 내용으로 <u>틀린</u> 것은?

① 이마와 콧등을 연결한 존은 T존이다.
② 턱선 라인 전체를 연결하는 존은 U존이다.
③ 눈주위와 입주위의 존은 O존이다.
④ 귀밑에서 턱선까지의 존은 Y존이다.

정답해설 Y존은 눈밑과 입밑의 턱 중앙을 Y자로 연결하는 존이며 귀밑에서 턱선까지 S자형으로 덥히는 볼부분의 존은 S존이다.

08 다음 중 긴 얼굴형을 보완하기 위한 눈썹의 모양으로 가장 옳은 것은?

① 직선적 눈썹   ② 아치형 눈썹
③ 각진 눈썹   ④ 화살형 눈썹

정답해설 긴형의 경우 가로선의 직선적인 눈썹이 효과적이다.

09 얼굴의 윤곽을 수정하는 메이크업에 대한 내용으로 옳지 <u>않은</u> 것은?

① 광택 펄이나 흰색을 사용해 하이라이트를 준다.
② 하이라이트는 베이스보다 1~2톤 정도 밝은 색을 사용한다.
③ 쉐이팅은 베이스보다 1~2톤 정도 어두운 색을 사용한다.
④ 하이라이트와 쉐이딩 처리로 입체감을 표현하다.

정답해설 얼굴의 윤곽을 수정을 위한 하이라이트 처리는 광택 펄이나 흰색이 아닌 베이스보다 1~2톤 정도 밝은 색을 사용한다.

10 아이 섀도우 메이크업에서 눈머리와 눈꼬리 쪽을 짙게 하 눈매를 길어 보이게 하며 포인트 컬러는 어두운 색을 사용하 언더컬러도 눈꼬리 쪽으로 길게 발라 주어야 하는 눈은?

① 동그란 눈   ② 눈두덩이 나온 눈
③ 큰 눈   ④ 작은 눈

정답해설 동그란 눈의 경우 눈머리와 눈꼬리 쪽을 짙게 하여 눈이 길어 보이도록 연출해야 한다.

11 다음 중 일반적으로 돌출된 입술에 사용되는 색상으로 가장 적합하지 <u>않은</u> 것은?

① 브라운 계열　　　② 레드 계열
③ 퍼플 계열　　　　④ 핑크 계열

정답해설 돌출된 입술은 립 라인을 강하게 그리고 짙은 색의 브라운 계열, 레드 계열, 퍼플 계열의 색상으로 연출하며 핑크 계열은 입술이 더 돌출되어 보일 수 있다.

12 다음 중 치크 메이크업의 기본 위치로 옳은 것은?

① 검은 눈동자의 바깥부분에서 수직으로 내려 코끝의 연결선 위쪽에 위치한다.
② 검은 눈동자의 바깥부분에서 수직으로 내려 입끝의 연결선 위쪽에 위치한다.
③ 눈머리 부분에서 수직으로 내려와 코끝의 연결선 위쪽에 위치한다.
④ 눈머리 부분에서 수직으로 내려와 입끝의 연결선 위쪽에 위치한다.

정답해설 치크의 위치는 검은 눈동자의 바깥부분에서 수직으로 내려 코끝의 연결선 위쪽에 위치한다.

13 다음 인간의 색의 판별에서 틀린 내용은?

① 약 200개의 색을 변별할 수 있다.
② 약 500단계의 밝기를 구분할 수 있다.
③ 채도는 한 가지 색에 약 12단계를 구별할 수 있다.
④ 이론적으로는 200만 가지의 색을 구별할 수 있다.

정답해설 채도는 한 가지 색에 약 20단계를 구별할 수 있으며 미국 국립 표준청에 의한 보고에서는 7500가지의 색이름이 사용되고 있다.

14 다음 중 가시광선의 영역을 장파장, 중파장, 단파장으로 나눌 때 색상과 파장이 틀린 것은?

① 장파장– 주황　　　② 중파장– 초록
③ 단파장– 노랑　　　④ 장파장– 빨강

정답해설 장파장은 빨강과 주황, 중파장은 노랑과 초록, 단파장은 파랑과 보라이다.

15 다음 중 색온도에 따른 내용으로 옳지 <u>않은</u> 것은?

① 캘빈 온도(절대온도 K)로 표시된다.
② 온도가 낮을수록 붉은 빛이며 온도가 높을수록 푸른빛이다.
③ 광원의 빛을 수치적인 표시로 나타내는 방법이다.
④ 일반적인 화장한 날은 평균주광인 7500K이다. 청색이다.

정답해설 일반적인 화장한 날은 평균주광인 5500K로 백색이며 이를 기준으로 적색이나 청색을 띤다.

16 다음 중 베이스 메이크업의 도구에 포함되지 <u>않는</u> 것은?

① 스펀지(Sponge)
② 파운데이션 브러시(Foundation brush)
③ 파우더 퍼프(Powder puff)
④ 스크루 브러시(Screw brush)

정답해설 스크루 브러시(Screw brush)는 아이 메이크업의 도구에 포함된다.

17 분장용으로 블랙 스펀지(곰보 스펀지)라고 하는 것의 기능으로 옳지 <u>않은</u> 것은?

① 수염 자국을 표현　　② 긁힌 자국을 표현
③ 기미, 주근깨의 표현　　④ 대머리의 표현

정답해설 블랙 스펀지는 수염자국, 긁힌 자국, 기미, 주근깨 등의 표현에 사용된다.

18 다음 중 파운데이션의 기능에 대한 내용으로 옳지 <u>않은</u> 것은?

① 외부의 유해자극으로부터 피부를 보호한다.
② 이상적인 피부색을 표현한다.
③ 평면적인 얼굴을 표현한다.
④ 피부의 결점을 커버한다.

정답해설 2~3단계의 파운데이션 색상을 이용하여 얼굴에 입체감을 준다.

19 다음 중 아이라인의 종류에 따른 기능으로 틀린 것은?

① 리퀴드 타입 – 색상이 선명하고 뚜렷하게 표현된다.
② 케익 타입 – 광택이 없어 자연스럽게 표현된다.
③ 펜슬 타입 – 사용이 편리하며 자연스러운 눈매로 표현된다.
④ 붓펜 타입 – 색상이 연하게 표현되며 광택이 있다.

정답해설 붓펜 타입은 색상이 진하게 표현되며 광택은 없다.

20 다음 중 기초화장의 3가지 역할에 포함되지 <u>않는</u> 것은?

① 세안　　　　② 피부 보호
③ 피부 정돈　　④ 피부 혈색

정답해설 기초화장은 크게 3가지의 역할로 세안, 피부정돈, 피부보호이다.

21 계절별 메이크업에서 질감의 특징으로 옳지 <u>않은</u> 것은?

① 봄 – 매트한 질감　　　② 여름 – 파우더리한 질감
③ 가을 – 소프트 크리미 질감　④ 겨울 – 하드 크리미 질감

정답 해설 봄은 촉촉한 질감이 특징이다.

22 둥근 얼굴형의 메이크업에 대한 내용으로 옳은 것은?

① 노우즈 섀도우로 얼굴선을 따라 짧게 펴 발라 준다.
② 둥근 입술형태의 아웃커브로 귀여움을 감소시킨다.
③ 눈썹은 전체적으로 올라간 듯 각이 지게 그려 세로 느낌을 준다.
④ 귀 윗부분에서 눈 쪽으로 가로로 길게 펴 바른다.

정답 해설 눈썹은 전체적으로 올라간 듯 각이 지게 그려 세로 느낌을 준다.

23 다음 중 데이 메이크업에 대한 내용으로 옳지 <u>않은</u> 것은?

① 낮 화장으로 자연스러운 화장을 말한다.
② 수정보다는 개성에 중점을 두는 것이 좋다.
③ 펄 기가 있는 색상이 낮 화장을 더 돋보이게 한다.
④ 베이스 색상은 자기 피부색과 유사한 톤이 좋다.

정답 해설 사용되는 색상은 펄 기가 없는 차분한 컬러가 좋다.

24 신부나 신랑의 어머니 혼주의 메이크업에 대한 내용으로 옳은 것은?

① 눈매를 강조하기 위해 숱이 많은 인조 속눈썹을 붙인다.
② 나이와 한복의 색상에 맞는 메이크업으로 격식 있는 단아함을 표현한다.
③ 화려한 메이크업으로 시선을 집중시키는 메이크업을 한다.
④ 자연스러운 메이크업이 되도록 포인트 메이크업의 색조는 없게 한다.

정답 해설 혼주 메이크업은 나이와 한복의 색상에 맞는 메이크업으로 격식 있고 단아함이 표현되게 한다.

25 다음 중 드라마 메이크업에 대한 내용으로 옳지 <u>않은</u> 것은?

① 선명한 고화질로 인해 섬세한 메이크업이 더 요구된다.
② 사극이나 시대물인 경우는 미를 추구하는 인물의 표현이 되어야 한다.
③ 다음 회차를 고려한 연결되는 메이크업이 되어야 한다.
④ 극중 인물의 성격을 잘 나타 낼 수 있는 메이크업이 되어야 한다.

정답 해설 사극이나 시대물인 경우에도 미를 추구하는 인물의 표현이 아닌 시대나 인물에 맞는 메이크업이 되어야 한다.

26 다음 중 여드름을 유발하는 호르몬은?

① 인슐린　　　　② 안드로겐
③ 티록신　　　　④ 에스트로겐

정답 해설 여드름을 유발하는 호르몬은 남성호르몬인 안드로겐의 영향이다.

27 피부의 세포 생성에서 멜라닌 세포가 주로 분포하는 곳은?

① 투명층　　　　② 기저층
③ 유두층　　　　④ 망상층

정답 해설 멜라닌 세포는 기저층에 주로 위치한다.

28 체취선이라고 하는 땀샘으로 사춘기 이후 성호르몬의 영향으로 분비되기 시작하는 것은?

① 피지선　　　　② 대한선
③ 갑상선　　　　④ 소한선

정답 해설 대한선에 대한 내용이다.

29 홍반과 일광화상의 원인이 되는 자외선은?

① UV – A　　　　② UV – B
③ UV – C　　　　④ 가시광선

정답 해설 홍반과 일광화상의 원인이 되는 자외선은 UV – B이다.

30 노화 피부에 대한 대표적인 증세를 표현한 것은?

① 과다 피지 분비로 피부가 번들거린다.
② 피부가 끈끈하지만 매끈하다.
③ 수분과 유분이 80% 이상이다.
④ 수분과 유분이 부족하다.

정답 해설 노화피부는 수분과 유분의 부족이 대표적인 증세이다.

31 결핍 시 혈액의 응고현상이 나타나고 뼈와 치아의 주성분이 되는 영양소는?

① 인(P)
② 철분(Fe)
③ 칼슘(Ca)
④ 요오드(I)

뼈와 치아의 주성분인 칼슘에 대한 내용이다.

32 다음 중 정상적인 구성성분과 다른 이물질에 대항하여 혈액 내에서 만들어지는 방어물질을 무엇이라 하는가?

① 항원
② 항체
③ 보체
④ 항진

병을 일으키는 원인 물질(정상적인 구성 성분과 다른 이물질)은 혈액 내의 항체가 만들어져 방어한다.

33 다음 중 영양소의 3대 작용에 포함되지 않는 것은?

① 생리기능 조절
② 열량공급 감소
③ 열량공급 작용
④ 신체의 조직구성

열량, 구성, 조절소의 작용을 하며 열량감소가 아닌 열량공급이다.

34 다음 중 농작물에 가장 많이 피해를 줄 수 있는 기체는?

① 일산화탄소
② 이산화탄소
③ 탄화수소
④ 이산화황

이산화황(아황산가스, SO_2)은 식물에게 가장 피해를 많이 주는 기체로 농작물에 피해를 준다.

35 "건강격리"라고도 하며 감염병 유행지역의 입국자에 대한 감염이 의심되는 사람의 강제격리를 말하는 것은?

① 검역
② 감금
③ 감시
④ 전파예방

검역에 대한 내용이다.

36 감염병과 그 매개곤충의 연결로 옳은 것은?

① 발진티푸스 – 모기
② 일본뇌염 – 체체파리
③ 양충병(쯔쯔가무시) – 진드기
④ 말라리아 – 진드기

양충병은 진드기의 유충에 물려서 옮는 감염병이다.

37 사회보장의 종류에 따른 내용의 연결이 옳은 것은?

① 사회보험 – 기초생활보장, 사회복지서비스
② 사회보험 – 의료보장, 소득보장
③ 공적부조 – 기초생활보장, 의료보장
④ 공적부조 – 의료보장, 보건의료서비스

사회보장의 종류에는 사회보험, 공적부조, 사회복지 서비스 등으로 나누어 살펴볼 수 있으며 사회보험에 의료보장과 소득보장이 있다.

38 전체 인구의 50% 이상이 생산층 인구가 되는 인구구성의 유형으로 일명 도시형, 유입형이라고하는 것은?

① 별형(Star form)
② 농촌형 (Guitar form)
③ 종형 (Bell form)
④ 항아리형(Pot form)

별형은 일명 도시형으로 생산층 인구가 가장 많다.

39 호흡기계 감염병에 속하는 것은?

① 트라코마
② 황열
③ 디프테리아
④ 파라티푸스

디프테리아는 호흡기계 감염병에 속한다.

40 감염병 중 공기 중 비말감염에 의해서 가장 쉽게 옮겨질 수 있는 것은?

① 인플루엔자
② 대장균
③ 뇌염
④ 파라티푸스

비말감염으로 쉽게 옮겨질 수 있는 감염병은 인플루엔자이다.

41 다음 중 가장 많이 이용되는 소독약의 살균력 지표는?

① 크레졸
② 역성비누
③ 석탄산
④ 알코올

정답 해설 석탄산은 소독약의 살균력의 지표로 가장 많이 사용된다.

42 소독제의 구비조건으로 적합하지 <u>않은</u> 것은?

① 인축에 해가 없어야 할 것
② 높은 살균력을 가질 것
③ 저렴하고 구입이 용이할 것
④ 냄새가 강할 것

정답 해설 소독제는 냄새 거의 없는 것이 좋다.

43 완전 멸균으로 가장 효과적이고 빠른 소독 방법은?

① 유통증기법
② 간헐 살균법
③ 고압증기법
④ 건열소독

정답 해설 고압증기 멸균은 완전 멸균을 위한 가장 빠르고 효과적인 방법이다.

44 살아있는 세포에서만 증식하고 전자현미경으로만 관찰할 수 있는 병원체로 인체에 질병을 일으키는 것은?

① 구균
② 나선균
③ 바이러스
④ 원생동물

정답 해설 바이러스에 대한 내용이다.

45 포자(아포)를 가진 균도 사멸시킬 수 있는 방법은?

① 자비 소독법
② 고압증기 멸균법
③ 여과법
④ 자외선 조사법

정답 해설 고압증기 멸균법은 아포까지도 사멸시킨다.

46 쓰레기통이나 하수구 소독에 적합한 것은?

① 승홍수, 생석회
② 역성비누, 과산화 수소
③ 생석회, 석회유
④ 승홍수, 포르말린수

정답 해설 쓰레기통이나 하수구 소독에는 생석회나 석회유가 효과적이다.

47 과태료의 부과 및 징수 절차에 대한 설명으로 틀린 것은?

① 부과 징수는 시장·군수·구청장이 한다.
② 과태료 처분의 고지를 받은 날로부터 30일 이내에 이의 제기를 할 수 있다.
③ 과태료 처분을 받은 자의 이의 제기 시 처분권자는 이를 보건 복지부장관에게 통보한다.
④ 이의제기 없이 기간 내에 과태료를 납부하지 아니한 경우에는 지방세 체납 처분의 예에 적용된다.

정답 해설 처분권자는 지체없이 관할 법원에 사실을 통보해야한다.

48 면허의 정지명령을 받은 자의 반납한 면허증은 그 기간 동안 누가 보관하는가?

① 보건복지부장관
② 관할 시장·군수·구청장
③ 관할 시·도지사
④ 관할 행정처장

정답 해설 면허증은 관할 시장·군수·구청장이 보관한다.

49 매년 공중 위생업자가 받아야 하는 위생교육의 시간은?

① 1시간
② 2시간
③ 3시간
④ 4시간

정답 해설 위생교육 시간은 매년 3시간이다.

50 청문의 대상이 아닌 때는 어느 때인가?

① 면허취소 처분
② 면허정지 처분
③ 영업소폐쇄명령의 처분
④ 벌금으로 처벌 처분

정답 해설 청문은 면허정지, 취소 및 영업정지, 시설사용중지, 영업폐쇄명령일 때이다.

51 신고 없이 영업소의 소재지 변경 시 1차 위반의 행정처분 기준은?

① 영업장 폐쇄명령
② 영업정지 2개월
③ 영업정지 6월
④ 영업정지 1년

정답 해설 신고 없이 영업소의 소재지를 변경한 경우 1차 위반 시 영업장 폐쇄명령이다.

52 이 · 미용업 영업신고 신청에 필요한 첨부서류에 해당되는 것은?

① 이 · 미용사 자격증 원본
② 이 · 미용사 면허증 원본
③ 가족관계 증명서
④ 건축물 대장

정답 해설 면허증 원본이 필요한 구비서류에 해당한다.

53 이 · 미용실 기구의 일반 소독기준 및 방법으로 옳지 않은 것은?

① 건열멸균소독은 섭씨 100℃ 이상 – 건조한 열에 10분 이상 쐬어준다.
② 증기소독은 섭씨 100℃이상 – 습한 열에 20분 이상 쐬어준다.
③ 열탕소독은 섭씨 100℃이상 – 물 속에 10분 이상 끓여준다.
④ 석탄산수소독은 석탄산 3%와 물 97%의 수용액(석탄산수) – 10분 이상 담가둔다.

정답 해설 건열멸균소독은 섭씨 100℃ 이상의 건조한 열에 20분 이상 쐬어주어야 한다.

54 미백 기능과 가장 관련이 적은 것은?

① 비타민 C   ② 코직산
③ 캠퍼   ④ 감초

정답 해설 미백과 관련이 없는 것은 캠퍼이다.

55 다음 중 린스의 기능이 아닌 것은?

① 정전기를 방지
② 모발 표면을 보호
③ 자연스러운 광택
④ 우수한 세정력

정답 해설 우수한 세정력은 샴푸의 기능이다.

56 다음 화장수에 대한 내용으로 옳지 않은 것은?

① 유연화장수는 노화피부에 효과적이다.
② 수렴화장수는 지성피부에 효과적이다.
③ 수렴화장수를 아스트리젠트라고 부른다.
④ 유연화장수는 모공을 수축시키며 피부 결을 정리해 준다.

정답 해설 모공수축은 수렴화장수에 대한 내용이다.

57 화장품의 4대 요건에 속하는 것은?

① 치유성, 안전성   ② 사용성, 재생성
③ 안전성, 안정성   ④ 유효성, 치유성

정답 해설 화장품의 4대 요건은 안전성, 안정성, 유효성, 사용성이다.

58 아줄렌(Azulene)은 어떤 원료에서 얻어지는가?

① 카모마일(Camomile)   ② 아르니카(Arnica)
③ 조류(Algae)   ④ 로얄젤리(Royal Jelly)

정답 해설 아줄렌은 카모마일 꽃에서 얻어진다.

59 기초화장품, 메이크업 화장품에 널리 사용되는 성분으로 고형의 유성성분으로 화장품의 굳기를 증가시키는 원료에 속하는 것으로 고급지방산에 고급알코올이 서로 어울려 결합된 에스테르는?

① 왁스   ② 바셀린
③ 피마자유   ④ 솔비톨

정답 해설 왁스에 대한 설명이다.

60 다음 중 향수에 대한 설명으로 가장 적합한 것은?

① 퍼퓸 – 알코올 70%, 향수원액을 30%, 3일 정도 향이 지속된다.
② 오드 퍼퓸 – 알코올 95%이상, 향수원액 3%, 30분 정도 향이 지속된다.
③ 샤워코롱 – 알코올 80%, 물과 향수 원액 15%, 5시간 정도 향이 지속된다.
④ 헤어 토닉 – 알코올 85~95%, 향수원액 8%, 2~3시간 정도 향이 지속된다.

정답 해설 퍼퓸은 알코올 70%와 향수원액 30%를 포함한 것으로 향이 강하며 오래 지속된다. 오드 퍼퓸은 알코올 85% 이상, 향수원액 15% 정도를 포함한 것으로 퍼퓸보다 향과 지속시간이 약하다.

PART 01 　메이크업개론

Chapter 01. 메이크업의 이해

▶ 예상 문제 ································ 29쪽

1 ②	2 ③	3 ④	4 ②	5 ④	6 ③
7 ③	8 ③	9 ②	10 ①		

Chapter 02. 메이크업이 기초이론

▶ 예상 문제 ································ 46쪽

1 ③	2 ②	3 ②	4 ④	5 ①	6 ③
7 ②	8 ②	9 ③	10 ③		

Chapter 03. 색채와 메이크업

▶ 예상 문제 ································ 57쪽

1 ③	2 ③	3 ④	4 ③	5 ②	6 ①
7 ①	8 ③	9 ①	10 ③		

Chapter 04. 메이크업 기기 · 도구 및 제품

▶ 예상 문제 ································ 69쪽

1 ③	2 ④	3 ④	4 ③	5 ①	6 ④
7 ③	8 ④	9 ②	10 ①		

Chapter 05. 메이크업 시술

▶ 예상 문제 ································ 83쪽

1 ②	2 ③	3 ①	4 ①	5 ③	6 ①
7 ①	8 ②	9 ④	10 ③		

Chapter 06. 피부와 피부 부속기관

▶ 예상 문제 ································ 98쪽

1 ②	2 ③	3 ②	4 ④	5 ④	6 ④
7 ①	8 ②	9 ①	10 ②	11 ①	12 ①
13 ②	14 ①	15 ①	16 ②		

Chapter 07. 피부유형분석

▶ 예상 문제 ································ 107쪽

1 ①	2 ④	3 ①	4 ②	5 ①	6 ②	7 ③

Chapter 08. 피부와 영양

▶ 예상 문제 ································ 115쪽

1 ②	2 ③	3 ①	4 ③	5 ①	6 ③	
7 ①	8 ③	9 ①	10 ④	11 ②	12 ①	13 ④

Chapter 09. 피부와 광선

▶ 예상 문제 ································ 120쪽

1 ③	2 ④	3 ③	4 ④	5 ③	6 ②
7 ④	8 ②				

Chapter 10. 피부면역

▶ 예상 문제 ································ 124쪽

1 ②	2 ①	3 ②	4 ④	5 ④	6 ④	7 ③

Chapter 11. 피부노화

▶ 예상 문제 ································ 128쪽

1 ①	2 ①	3 ④	4 ③	5 ①	6 ②	7 ③

PART 02 　공중위생 관리학

Chapter 01. 공중보건학

▶ 예상 문제 ································ 150쪽

1 ②	2 ③	3 ①	4 ②	5 ②	6 ③
7 ①	8 ②	9 ①	10 ③	11 ②	12 ①
13 ②	14 ③	15 ④	16 ③		

Chapter 02. 소독학

▶ 예상 문제 ································ 165쪽

1 ①	2 ②	3 ①	4 ①	5 ④	6 ③
7 ①	8 ③	9 ④	10 ③	11 ②	12 ①
13 ①	14 ③	15 ①	16 ③		

Chapter 03. 공중위생관리법규(법, 시행령, 시행규칙)

▶ 예상 문제 ································ 184쪽

1 ①	2 ①	3 ②	4 ①	5 ①	6 ④

7 ①　　8 ③　　9 ③　　10 ③　　11 ④　　12 ②
13 ①　　14 ②　　15 ①　　16 ①

종합 예상문제 109제

01 ④	02 ③	03 ④	04 ③	05 ④	06 ③
07 ①	08 ④	09 ①	10 ③	11 ③	12 ③
13 ②	14 ③	15 ①	16 ②	17 ②	18 ①
19 ④	20 ①	21 ④	22 ③	23 ②	24 ④
25 ④	26 ③	27 ②	28 ③	29 ③	30 ②
31 ①	32 ④	33 ④	34 ③	35 ②	36 ③
37 ④	38 ①	39 ①	40 ②	41 ③	42 ①
43 ④	44 ③	45 ④	46 ①	47 ②	48 ④
49 ④	50 ②	51 ③	52 ②	53 ④	54 ③
55 ②	56 ③	57 ③	58 ④	59 ②	60 ③
61 ④	62 ③	63 ③	64 ④	65 ③	66 ③
67 ②	68 ③	69 ③	70 ④	71 ④	72 ③
73 ①	74 ①	75 ②	76 ③	77 ③	78 ①
79 ③	80 ①	81 ①	82 ②	83 ④	84 ②
85 ①	86 ④	87 ③	88 ③	89 ④	90 ①
91 ③	92 ③	93 ④	94 ④	95 ③	96 ③
97 ①	98 ④	99 ③	100 ③		
101 ③	102 ④	103 ③	104 ④	105 ②	106 ③
107 ④	108 ③	109 ④			

모의고사 1회 분

01 ③	02 ②	03 ④	04 ④	05 ③	06 ④
07 ①	08 ③	09 ②	10 ①	11 ②	12 ③
13 ③	14 ③	15 ②	16 ③	17 ①	18 ④
19 ④	20 ②	21 ①	22 ③	23 ②	24 ④
25 ①	26 ③	27 ①	28 ①	29 ②	30 ③
31 ②	32 ④	33 ④	34 ①	35 ②	36 ②
37 ①	38 ③	39 ④	40 ①	41 ④	42 ①
43 ③	44 ③	45 ②	46 ①	47 ①	48 ③
49 ③	50 ①	51 ④	52 ①	53 ④	54 ④
55 ②	56 ①	57 ④	58 ①	59 ④	60 ①

모의고사 2회 분

01 ②	02 ④	03 ③	04 ①	05 ①	06 ③
07 ③	08 ③	09 ③	10 ③	11 ①	12 ④
13 ③	14 ②	15 ①	16 ③	17 ②	18 ②
19 ②	20 ①	21 ③	22 ②	23 ③	24 ③
25 ①	26 ②	27 ③	28 ①	29 ④	30 ④
31 ④	32 ③	33 ③	34 ④	35 ①	36 ②
37 ①	38 ③	39 ①	40 ④	41 ④	42 ②
43 ①	44 ③	45 ②	46 ③	47 ③	48 ①
49 ②	50 ③	51 ③	52 ①	53 ④	54 ①
55 ④	56 ②	57 ②	58 ③	59 ③	60 ②

모의고사 3회 분

01 ①	02 ④	03 ④	04 ②	05 ②	06 ①
07 ③	08 ④	09 ④	10 ①	11 ②	12 ③
13 ④	14 ④	15 ③	16 ③	17 ①	18 ①
19 ③	20 ④	21 ②	22 ②	23 ③	24 ③
25 ③	26 ④	27 ①	28 ②	29 ①	30 ③
31 ③	32 ④	33 ②	34 ②	35 ①	36 ③
37 ③	38 ④	39 ④	40 ②	41 ③	42 ①
43 ②	44 ④	45 ②	46 ④	47 ①	48 ①
49 ④	50 ①	51 ③	52 ①	53 ④	54 ①
55 ③	56 ④	57 ②	58 ②	59 ④	60 ②

모의고사 4회 분

01 ①	02 ④	03 ④	04 ②	05 ①	06 ①
07 ②	08 ④	09 ④	10 ④	11 ④	12 ③
13 ①	14 ②	15 ②	16 ①	17 ②	18 ④
19 ①	20 ②	21 ①	22 ④	23 ④	24 ②
25 ④	26 ①	27 ④	28 ③	29 ④	30 ④
31 ④	32 ②	33 ③	34 ①	35 ①	36 ②
37 ②	38 ①	39 ①	40 ③	41 ④	42 ①
43 ③	44 ①	45 ①	46 ③	47 ③	48 ③
49 ④	50 ①	51 ④	52 ①	53 ①	54 ④
55 ③	56 ④	57 ②	58 ②	59 ④	60 ①

모의고사 5회 분

01 ②	02 ③	03 ①	04 ③	05 ④	06 ②
07 ①	08 ③	09 ②	10 ④	11 ③	12 ①
13 ③	14 ②	15 ①	16 ①	17 ②	18 ③
19 ③	20 ①	21 ①	22 ①	23 ①	24 ②
25 ③	26 ②	27 ④	28 ②	29 ④	30 ②
31 ①	32 ③	33 ②	34 ③	35 ②	36 ④
37 ②	38 ①	39 ③	40 ③	41 ①	42 ②
43 ③	44 ④	45 ②	46 ②	47 ③	48 ②
49 ①	50 ②	51 ①	52 ④	53 ①	54 ④
55 ①	56 ④	57 ①	58 ②	59 ③	60 ③

모의고사 6회 분

01 ③	02 ③	03 ①	04 ③	05 ④	06 ③
07 ①	08 ④	09 ①	10 ①	11 ①	12 ②
13 ②	14 ④	15 ②	16 ③	17 ③	18 ④
19 ②	20 ①	21 ④	22 ①	23 ②	24 ④
25 ④	26 ①	27 ②	28 ②	29 ④	30 ③
31 ②	32 ③	33 ③	34 ①	35 ①	36 ④
37 ①	38 ③	39 ④	40 ③	41 ②	42 ③
43 ①	44 ③	45 ③	46 ①	47 ①	48 ③
49 ②	50 ④	51 ②	52 ①	53 ①	54 ①
55 ③	56 ④	57 ③	58 ②	59 ④	60 ②

모의고사 7회 분

01 ②	02 ①	03 ④	04 ③	05 ①	06 ④
07 ②	08 ①	09 ④	10 ①	11 ②	12 ④
13 ①	14 ①	15 ①	16 ③	17 ③	18 ①
19 ③	20 ②	21 ④	22 ③	23 ①	24 ④
25 ①	26 ①	27 ②	28 ②	29 ③	30 ①
31 ①	32 ②	33 ①	34 ④	35 ③	36 ②
37 ②	38 ④	39 ④	40 ③	41 ④	42 ②
43 ④	44 ③	45 ③	46 ③	47 ②	48 ①
49 ①	50 ②	51 ③	52 ④	53 ③	54 ④
55 ①	56 ④	57 ②	58 ②	59 ④	60 ③

모의고사 8회 분

01 ④	02 ④	03 ③	04 ③	05 ②	06 ①
07 ②	08 ③	09 ②	10 ①	11 ②	12 ③
13 ①	14 ④	15 ②	16 ②	17 ①	18 ②
19 ①	20 ④	21 ③	22 ②	23 ③	24 ②
25 ④	26 ④	27 ①	28 ④	29 ④	30 ③
31 ①	32 ③	33 ②	34 ④	35 ④	36 ①
37 ②	38 ④	39 ②	40 ④	41 ③	42 ③
43 ②	44 ③	45 ②	46 ④	47 ①	48 ①
49 ④	50 ②	51 ④	52 ④	53 ②	54 ④
55 ②	56 ②	57 ③	58 ④	59 ④	60 ②

모의고사 9회 분

01 ③	02 ④	03 ④	04 ③	05 ①	06 ②
07 ④	08 ④	09 ②	10 ③	11 ④	12 ②
13 ③	14 ④	15 ②	16 ③	17 ④	18 ③
19 ①	20 ①	21 ③	22 ③	23 ③	24 ④
25 ③	26 ③	27 ①	28 ②	29 ②	30 ①
31 ②	32 ②	33 ③	34 ③	35 ①	36 ②
37 ①	38 ③	39 ①	40 ②	41 ④	42 ①
43 ③	44 ①	45 ②	46 ②	47 ②	48 ②
49 ④	50 ②	51 ②	52 ②	53 ①	54 ①
55 ②	56 ②	57 ①	58 ②	59 ①	60 ①

모의고사 10회 분

01 ③	02 ①	03 ①	04 ④	05 ②	06 ④
07 ②	08 ④	09 ①	10 ①	11 ①	12 ①
13 ④	14 ②	15 ③	16 ①	17 ②	18 ④
19 ②	20 ④	21 ②	22 ①	23 ③	24 ①
25 ④	26 ①	27 ①	28 ④	29 ①	30 ③
31 ①	32 ①	33 ②	34 ①	35 ②	36 ④
37 ①	38 ①	39 ①	40 ③	41 ①	42 ①
43 ④	44 ①	45 ②	46 ②	47 ③	48 ④
49 ①	50 ①	51 ②	52 ②	53 ④	54 ④
55 ③	56 ②	57 ①	58 ①	59 ③	60 ③

모의고사 11회 분

01 ①	02 ②	03 ③	04 ①	05 ②	06 ④
07 ④	08 ①	09 ①	10 ①	11 ④	12 ①
13 ③	14 ③	15 ④	16 ④	17 ④	18 ③
19 ④	20 ④	21 ①	22 ③	23 ③	24 ②
25 ②	26 ②	27 ②	28 ②	29 ②	30 ④
31 ③	32 ②	33 ②	34 ④	35 ①	36 ③
37 ②	38 ①	39 ③	40 ①	41 ③	42 ④
43 ③	44 ③	45 ②	46 ③	47 ①	48 ②
49 ③	50 ④	51 ①	52 ②	53 ①	54 ③
55 ④	56 ④	57 ③	58 ①	59 ①	60 ①